초음파영상물리학

집필진

마상철 전) 신한대학교
강혜경 신구대학교
곽종길 광주보건대학교
구재홍 마산대학교
권덕문 대구보건대학교
김상현 신한대학교
김연민 원광보건대학교
김정구 한서대학교
김화선 안산대학교
박영준 제주한라대학교
이광성 대전보건대학교
이영진 가천대학교
장영일 광양보건대학교
정봉재 한국국제대학교
지태정 가야대학교
천해경 백석문화대학교
최준구 극동대학교

도서출판 대학서림

머리말

음파에 대한 연구는 18C 스위스의 Charlin Jurine이 박쥐를 통해 echolocation을 처음으로 확인한 후 유럽을 중심으로 다양하게 진행되다가 1912년 유람선 타이타닉호의 인양을 계기로 해양에서의 초음파 연구가 활발히 진행되었으며 2차 세계대전 이후는 산업용에서 의료용 초음파에 대한 연구로 확대 · 발전하였다.

1942년 Karl Dussik은 최초로 초음파를 인체에 적용하였고 현대 의료 초음파의 아버지로 불리는 Jone j. Wild는 1957년 실시간으로 연부조직을 관찰함으로써 초음파검사의 중요한 기초를 제공하였다. 하지만 현재와 유사한 형태의 프로브로 실시간 초음파검사를 한 시기는 1970년대 초이다. 그 후 IT와 소프트웨어의 발달이 영상의학과 결합하면서 도플러초음파, 3차원 실시간 초음파, 융합 초음파 영상 등으로 급속히 발전하여 현재에 이르고 있다.

현재 초음파검사는 과거 청진기와 같은 역할을 할 만큼 매우 보편적인 검사법이 되었으며 모든 병·의원과 진료과에서 시행하는 중요한 영상진단법으로 자리매김하고 있다.

하지만 초음파검사를 시작한 지 50년이 넘었음에도 불구하고 이에 대한 스킬이나 증례에 대한 서적은 있어도 초음파검사의 기초가 되는 물리학에 관한 교재가 거의 부재한 상황인 것을 감안하여 그동안의 임상 경험과 강의 교재를 토대로 자료를 정리하고 보충하여 본 교재를 발간하게 되었다.

본 교재는 인체 초음파 영상과 관련한 내용을 물리적 현상으로 설명하는 데 중점을 두었다. 1장은 초음파의 역사와 용어해설, 2장부터 5장까지는 초음파의 물리적 성질과 진단장치 시스템, 6장은 도플러 초음파, 7장은 초음파검사에서 흔히 발생하는 인공음영을 다루었으며 10장부터 13장까지는 복부, 표재성장기, 생식기계 초음파검사에 대한 기초적인 내용을 수록하였다. 특히 반드시 알아야 할 내용은 각 장마다 핵심 문제와 해설로 정리하여 다시 한번 반복 학습하도록 하였다.

따라서 본 교재는 국가고사를 준비하는 미래 방사선사나 ARDMS의 초음파물리 분야를 준비하기 위한 수험서는 물론 초음파물리학에 관심이 있는 임상의 선생님들에게도 좋은 지침서가 될 것으로 기대한다. 한편 좀 더 시간을 두고 완벽하게 보완한 후에 발간하지 못하여 아쉬운 점은 있으나 다음 기회를 통해 점진적으로 수정·보완할 수 있도록 많은 관심과 격려로 응원해 주실 것으로 믿는다.

끝으로 본 교재가 세상 밖으로 나올 수 있도록 함께 노력해주신 여러 교수님과 임상의 선생님의 노고에 감사드리며 항상 교육과 후학양성에 많은 관심을 가지시고 본 교재의 출판을 흔쾌히 허락해 주신 도서출판 대학서림 윤진영 회장님과 조기현 이사님, 그리고 일러스트 작업부터 오탈자 하나하나까지 상세히 수정하시며 고생하신 편집부 직원 여러분께 진심 어린 고마움을 전한다.

2025. 8. 저자 일동

차 례

초음파물리 관련 수식 08

제1장 **초음파 역사와 용어해설** **09**

1. 초음파 역사 09
2. 초음파검사의 적용과 전망 13
3. 초음파 영상의 형성 원리 15
4. 초음파 용어해설 19

핵심문제 및 해설 31

제2장 **음파의 일반적 성질** **35**

1. 소리와 전달 35
2. 소리의 성질 36
3. 파동 36
4. 매질에서의 파의 변화 38
5. 음향변수 41
6. 음파의 변수 42

핵심문제 및 해설 50

제3장 **초음파의 물리적 특성** **55**

1. 초음파의 특성 55
2. 펄스 초음파 60
3. 인체에서의 초음파 작용 63

핵심문제 및 해설 76

제4장 **초음파 진단장치 시스템** **85**

1. 초음파 진단장치의 개요 85
2. 초음파 진단장치의 구성 86
3. 실시간 시스템 99
4. 초음파 영상조절장치 101

핵심문제 및 해설 108

제5장 **초음파 프로브와 빔포밍** **117**

1. 프로브의 종류 117
2. 빔 포밍 129
3. 대역폭과 Q-factor 136
4. 분해능 138

핵심문제 및 해설 142

제6장 **도플러 초음파** **151**

1. 도플러 효과 151
2. 도플러 초음파법 154
3. 도플러 초음파의 방식 156

핵심문제 및 해설 169

제7장 **초음파 인공음영** **179**

1. 인공음영의 형태 179
2. 인공음영의 호발 부위 180
3. 회색도 초음파의 인공음영 181
4. 색 도플러 초음파의 인공음영 190

핵심문제 및 해설 194

제8장 **초음파진단장치의 정도관리** **207**

1. 정도관리의 목적 207
2. 초음파 팬텀의 구성과 특성 208
3. 정도관리 방법 211

핵심문제 및 해설 218

제9장 **초음파의 생물학적 효과** **221**

1. 생물학적 효과와 안전성 221
2. 실시간 음향 출력 표지 기준 223
3. 생물학직 빌생기전 224

제10장 **초음파검사의 환자자세와 주사면** **227**

1. 환자자세와 프로브 각 227
2. 주사면 233
3. 초음파 주사방법 234
4. 주사면의 이해 235
5. 초음파검사에 필요한 도구 241

6. 초음파 영상의 평가 243
핵심문제 및 해설 247

제11장 **복부 초음파검사의 기초** **253**
1. 검사 전 준비 253
2. 간 초음파검사 254
3. 담낭 초음파검사 260
4. 담관 초음파검사 263
5. 비장 초음파검사 265
6. 췌장 초음파검사 267
7. 신장 초음파검사 270
핵심문제 및 해설 274

제12장 **표재성장기 초음파검사의 기초** **283**
1. 유방 초음파검사 283
2. 갑상선 초음파검사 286
3. 음낭 초음파검사 290
핵심문제 및 해설 294

제13장 **생식기계 초음파검사의 기초** **299**
1. 부인과 초음파검사 299
2. 산과 초음파검사 302
3. 전립샘과 정낭 초음파검사 306
핵심문제 및 해설 309

■ 참고문헌 317
■ 찾아보기 319

초음파영상물리 관련 수식

- 주파수 f = cycle 수 / 1 sec
- 파장(mm) = 전파속도(mm/μs) / 주파수(MHz)
- 전파속도(m/s) = 주파수(Hz) × 파장(m)
  전파속도 ~ 경도 / 밀도
- 강도(I) = $p^2 / 2\rho c$ p : 진폭, ρ : 밀도, c : 전파속도
- 펄스반복주기(PRP) = 1 / 펄스반복 주파수(Hz)
- 충격계수 = 펄스폭(s) / 펄스반복주기(s)
- 공간펄스길이 = 펄스 중의 사이클 수 × 파장
- 임피던스(Z) = ρ.c ρ : 밀도, c : 전파속도
- Snell's low : 반사각 = 입사각 × (medium 2 speed / medium 1 speed)
- 감쇠(dB) = 감쇠계수(dB/cm) × 통과거리(cm)
  dB = 10 log ratio
- 연부조직에서의 감쇠계수 = 0.5 dB/cm/MHz
- 반사체거리(mm) = [전파속도(mm/μs) × 왕복여행거리(μs)]
- 중심주파수 = 전파속도(mm/μs) / (2 × 두께(mm))
- 탐촉소자 두께(crystal thickness) = ½ × 파장
- 근거리음장 = r^2/λ r : 프로브 반직경 λ : 파장
- 거리 분해능(mm) = 공간펄스 길이(SPL) / 2
- 측 분해능(mm) = 빔폭(mm)
- 폭 분해능 = 선속두께(mm)
- Q-factor = 중심주파수 / 대역폭
- 도플러 시프트(fd) = 2f0 v.cos θ / c
- S/D ratio = PSV / PDV
- 저항지수(R.I) = (PSV − PDV) / PSV
- 맥동지수(PI) = (PSV / PDV) / mean velocity
- nyquist limit = PRF / 2

제 1 장

초음파 역사와 용어해설

수업 목표

1. 의료용 초음파의 역사에 대하여 설명할 수 있어야 한다.
2. Pulse echo법에 대하여 설명할 수 있어야 한다.
3. 에코 반사와 에코 강도의 의미를 알고 echo level을 설명할 수 있어야 한다.
4. 초음파 영상의 균질성과 불 균질성에 대하여 설명할 수 있어야 한다.
5. 낭성 에코, 고형성 에코, 혼합 에코 양상에 대하여 설명할 수 있어야 한다.
6. 후방음향음영과 측방음영이 발생하는 기전을 비교·설명할 수 있어야 한다.
7. 후방음향증강을 설명할 수 있어야 한다.
8. 투과심도에 대하여 설명할 수 있어야 한다.

01 초음파 역사

1) 초음파 발견과 역사

18세기 이탈리아의 생물학자인 라자로 스팰란자니(Lazzaro spallanzani)는 인간은 들을 수 있는 소리의 한계가 있으며, 어두운 동굴을 다니는 박쥐는 시력이 아닌 청력으로 사물을 인식한다는 가정을 세웠고, 이를 기초로 스위스 카린 쥬린(Charlin Jurine)은 박쥐의 귀를 막아 방향을 찾지 못하는 것을 보고 귀로 사물을 인식한다는 것을 확인하였다. 그 후 미국과 유럽의 음향전문가들이 "동굴의 박쥐가 어떻게 어두운 곳에서 생활할 수 있는가"에 대해 연구를 지속하면서 박쥐는 30,000~120,000 Hz의 초음파를 송수신하여 반향정위(echolocation)로 반사체를 감지하며 방향을 정하거나 장애물을 피해 먹이를 포착하고 추적한다는 사실을 알아냈다. 이를 박쥐항법(bat avigation)이라고 한다. 1826년 스위스 물리학자 다니엘 콜라동(Jean Daniel Colladon)은 공기보다 물의 전파속도가 빠르다는 사실을 알아냈으며, 1842년 오스트리아 물리학자 크리스티안 도플러(Christian Doppler)는 음원으로부터 관측자가 움직이면 원래의 진동수가 변한다는 도플러 효과(Doppler effect)를 발견하였다. 1880년 프랑스 물리학자 피에르 퀴리(Pierre Curie)와 쟈크 퀴리(Jaques Curie) 형제는 기계적 에너지와 전기적 에너지가 상호 변환하는 압전효과(piezoelectric effect)를 발견해 현재의 초음파 프로브를 만드는 획기적인 전기를 마련하였다.

1900년 이후 독일과 일본 등에서 초음파를 이용한 다양한 연구가 이루어지다가, 1912년 영국의 유람선 타이타닉호가 빙산에 의해 침몰된 것을 인양하기 위해 해양에서의 초음파 연구가 활발히 진행되었고 1928년 러시아의 과학자 소콜로프(Sergei v. Socorov)는 금속에 초음파를 투과시켜 결함을 측정하는 비파괴초음파 탐상실험을 소개하였고, 1938년 이후부터 조류공학, 어군 탐지, 의료 등의 분야에 대한 연구로 확대되었다. 1941년 파이어스톤(Floyd Firestone)은 초음파 반사경(supersonic reflectoscope)를 개발하여 pulse echo 기반의 상업용 초음파 탐지기를 제작하였다. 한편, 1924년 영국의 물리학자 애플톤(Edward Appleton)은 전리층의 라디오거리 측정실험을 하였으며, 1935년 영국의 로버트 왓슨-와트(Robert Watson-Watt)는 레이더 체계를 고안하였다. 이어 통신용은 물론 초음파 정밀세척기, 초음파 용착기, 초음파 계측기, 초음파 탐상기 등이 산업용으로 급속히 발전하였고, 최근에는 음향통신이 저전력 블루투스(BLE)나 위성항법장치(GPS) 보다 정확한 위치추적이 가능하다는 점에 착안하여 정밀위치추적에 활용하려는 연구가 다양하게 진행되고 있다. 특히 박쥐항법을 모방한 드론 음향항법이 많은 관심을 끌고 있다. 초음파의 발달 과정은 표 1-1에 정리하였다.

표 1-1. 초음파의 발달 과정

연대	개요
1800	반향정위 발견
1826	매질의 음속 차이 발견
1842	도플러효과 발견
1880	압전효과 발견
1913	소나 개발
1924	전리층 거리 측정실험
1928	비파괴초음파 탐상실험
1935	레이더 체계 고안
1941	초음파 반사경 개발
1980	위성항법시스템
2010	드론 음향항법

2) 의료용 초음파 역사

2차 세계대전 이후에는 산업용에서 의료용 초음파에 대한 연구가 활발히 진행되었다. 1942년 오스트리아 칼 두식(Karl Dussik)은 초음파 비파괴검사를 이용하여 금속을 탐지하는 것에 착안하여 최초로 진폭형태(amplitude mode, A-모드)의 초음파를 이용해 뇌종양과 뇌실의 위치를 측정하였다. A-모드는 반사파 강도를 진폭으로 변환하는 일차원적인 방법이어서 일정 부위에 제한적으로 사용되었다. A-모드는 휘도 모드(brightness mode, B-mode)의 실시간 초음파가 개발된 1970년대까지 B-모드의 보조적 수단으로 사용하였다. 1940년 말 스웨덴의 죠지 루두비그(George Ludwig)는 동물을 이용하여 연부조직의 초음파 전달특성을 연구하였고 1948년 인체를 대상으로 담석을 발견하기도 하였다. 현대 의료 초음파의 아버지로 불리는 미국의 존 줄리언 와일드(Jone j. Wild)는 1949년 미네소타 의대 방사선사 존 리드(Jone reid)와 함께 인체 연부조직에 초음파를 주사하여 반사펄스가 작용하는 것을 알아내고 펄스반사(pulse echo)를 이용해 인체의 배벽(abdominal wall)을 측정하는데 성공하였다. 한편 같은 시기 콜로라도대학의 더글라스 하우리(Douglas Howly)와 조샙 홈스(Joseph Holms)도 B-모드 pan scanner를 제작하여 사지 초음파에 적용하였다. 또한 1953년 스웨덴의 심장전문의 에들러(Inge Edler)와 그의 대학원생이던 헤르무트 헤르쯔(Helmut Herze)는 지멘스의 초음파 반사경을 이용하여 최초로 M-모드 심장초음파를 시행하여 심장초음파 시대를 여는 계기를 만들었다. 1955년 영국의 글래스고 대학(Glasgow Univ.) 산부인과 교수인 랜 도널드(Lan Donald)는 비파괴초음파를 이용하여 난소암을 발견한 바 있으며 자신이 개발한 초음파장치로 임산부를 검사하여 쌍둥이라는 사실을 확인하고 태아의 연령을 측정하는 등 산부인과 초음파 분야를 개척하는데 지대한 공을 세웠다. 그리고 1957년 와일드는 실시간 B-모드 초음파를 제작하여 연부조직을 관찰함으로써 실질적인 초음파를 시행하는 중요한 기초를 제공하였다. 하지만 현재와 같은 초음파검사는 1960년대 초에 bi-stable을 gray-scale scan converter로 대체하면서 단순 흑백의 정보에서 회색도 정보를 얻을 수 있는 접촉복합주사(contact compound scanner)로 발전하였다. 실시간 B-모드 초음파(B-mode real time ultrasound)가 처음 개발된 것은 1965년이었으나, 당시의 프로브는 매우 크고 모터에 의한 진동이 커서 제한적으로 사용하다가, 이를 꾸준히 개량하여 지금과 유사한 형태의 프로브를 사용한 것은 1970년이다. 당시에 태아의 움직임이나 심장의 움직임을 디지털 스캔 화면을 통해 실시간으로 관찰한다는 것은 놀라운 일이었으며, 이러한 결과는 초음파검사에 획기적인 발전의 전기를 마련하였다. 또한 거의 같은 시기에 B-모드 초음파에 도플러 기능을 추가한 duplex Doppler의 등장과 곧창자를 진단하는 체내초음파검사(endosonography)가 소개되기도 하였다. 1980년 이후에는 도플러 초음파(Doppler ultrasound)가 비약적으로 발달하였다. 1980년 중반에는 스펙트럴 도플러에 이어 단독 색 도플러(single color doppler image) 장치가 개발되었고, 1990년에는 이것이 개량되어 회색도 초음파 영상에 색을 덧씌우는 color flow mapping 기법이 개발되면서 목적 혈류에 대한 색 도플러 영상을 얻을 수 있게 되었다. 이러한 색 도플러는 IT와 SW가 접목하면서 여러 회사들에 의해 Doppler angiography, 2D Doppler, Doppler color flow mapping, Doppler color flow imaging(DCFI), angiodynography, Doppler color image(CDI) 등의 명칭으로 다양하게 소개되면서 영상의 질을 향상시켰다. 그러나 색 도플러는 도플러 변위가 약한 미세혈류의 정보를 수신하는 데 한계가 있어, 이것을 보완한 출력 도플러가 출현하였고 2000년대 들어 조직하모닉도플러와 초음파 조영제가 개발되면서 반사파 강도를 대폭 증대시킨 고 대조도 영상을 얻을 수 있게 되었다. 또한 3차원상과 3차원상을 실시간으로 관찰하는 4차원 영상을 실현하면서 현재에 이르게 되었다. 최근에는 골관절의 이상을 진단하는 근골격계 초음파와 종양의 유무와 진행정도는 물론 그 성향을 파악하기 위한 탄성초음파가 시행되고 있으며, 특히 30~60 MHz의 ultrasonic biomicroscope(UBM)를 이용한 고 해상력의 주사가 가능해져 유전자 치료와 세포자멸사 과정에 대한 연구가 진행되고 있다. 초음파의 역사 과정은 표 1-2에 정리하였다.

초음파검사는 의사나 방사선사가 시행한다. 초음파검사가 1950년에 시행됐다고는 하나 실질적으로 우리나라 병·의원에서 본격적으로 시행한 것은 1970년 중반부터라고 해도 과언이 아니다. 한편 대학의 방사선학과에서 교과과정으로 초음파 교과목이 개설된 것은 1980년대 초반이고 전문초음파사(sonographers) 제도가 도입된 것은 그로부터 20년 후이다. 아직 초음파검사에 대한 업무영역의 경계가 확실하지 않으며 의사는 시행할 수 있으나 한의사는 예외로 되어 있다. 방사선사의 경우도 초음파 업무를 하는데 있어 방사선사 면허와 전문 초음파사 자격의 제한이 없다. 유럽이나 미국의 경우는 방사선사가 초음파 과정을 이수하고 초음파 자격증을 취득하여 초음파 업무를 수행한다. 미국은 방사선사 업무 영역은 진단방사선, 동위원소, 치료방사선, 초음파, 특수영상기술(special imaging technology: CT, MRI, cardiovascular, interventional angiography) 등의 분야로 나뉘어 있으며, 그 중, 초음파 분야는 자격증을 필요로 하는 American Registry of Dagnostic Medical Sonograpers(ARDMS)와 자격증이 필요하지 않은 non licence ultrasound studies로 구분되어 있다. ARDMS는 진단초음파(diagnostic ultrasound), 혈관초음파(vascular ultrasound), 심장초음파(echocardiac ultrasound), 신경초음파(neuroultrasound), 유방(breast), 초음파물리와 장치(ultrasound physics&instrumentation) 등으로 세분하여 해당 분야의 자격증을 취득하고 그 분야의 초음파검사를 시행한다. 우리나라와 같이 방사선사 면허증으로 진단방사선검사, 초음파검사, 핵의학검사, 방사선치료 등 모든 분야의 업무를 담당하는 것과 차이가 있다. 현재 ARDMS는 국내에서 분야별로 응시하여 자격을 취득할 수 있다.

표 1-2. 의료용 초음파의 역사

연대	개요
1940	동물 연부조직 초음파 전파특성 파악
1942	인체 뇌종양과 뇌실의 위치측정
1949	인체 배벽 측정
1953	M 모드 초음파로 인체 심장검사
1955	비파괴초음파로 난소암 관찰, B-모드 pan scanner
1957	B모드로 연부조직 관찰
1960	gray scale scan converter, 복합접촉주사(contact compound scan)
1965	B-모드 실시간 초음파, duplex Doppler, endorectal sonography
1980	단독 색 도플러(single doppler color image)
1990	CFM 모드 색 도플러(Doppler color image)
2000	하모닉 도플러 3D&4D 초음파, ultrasound elastography

02 초음파검사의 적용과 전망

1) 초음파검사의 발전

과거에 진찰을 생각하면 목에 청진기를 걸고 있는 의사의 모습이 떠오른다. 그만큼 청진기는 가장 보편적이고 간편한 검사기구이였다. 현재 초음파는 과거의 청진기와 같이 가장 대중적이고 일반적인 검사법이 되었다. 간편하고 정확하게 환자의 내부 장기를 관찰할 수 있기 때문이다. 1990년 중반 만해도 1,000병상 규모의 종합병원에서 외래와 병실환자를 모두 합해 1일 흉부엑스선검사 건수는 100명, 초음파검사는 40~50명 정도였다. 현재 초음파검사는 그 때의 흉부 엑스선 건수보다 훨씬 더 많이 시행한다. 특히 건강검진에서 초음파검사 건수는 이 보다 몇 배 더 많다. 이와 같이 초음파검사의 비중이 증가한 것은 다른 검사에 비해 인체에 해가 없이 추적검사가 가능하고 장비가 간편하며 즉시 검사결과를 알 수 있을 뿐 아니라, 실시간 동영상을 제공하고 여러 방향에서 단면상을 얻을 수 있기 때문이다. 그리고 과거에 비해 새로운 형태의 프로브와 고주파수 프로브가 개발되어 과거에 시행하지 못했던 위장관계, 근골격계, 혈관내초음파 등, 적용부위가 확대 된 것도 이유 중의 하나이다. 또한 초음파검사가 진료에 도입된 반세기 동안 회색도 초음파에서 시작하여 도플러초음파, 실시간 3차원 초음파, 탄성초음파 등으로 발전하면서 현재는 인체 거의 모든 부위를 대상으로 발전했기 때문이다.

2) 초음파검사의 적용

(1) 스크리닝 검사(screening study)

초음파검사는 엑스선 장비에 비해 부피가 작고 간편하여 설치 장소에 제한을 받지 않는다. 검사 측면에서도 엑스선 피폭에 의한 위험이 없어 추적검사(fallow up check)가 가능하며 검사 결과를 즉시 확인할 수 있다. 특히 조영제를 사용하지 않고 실질장기의 단면상을 관찰하는 장점이 있다. 그래서 주로 증상이 나타나기 전에 예방적인 차원에서 시행(precautionary study)하는 1차적인 검사의 성격을 갖는다. 따라서 건강검진에 가장 많이 이용한다.

(2) 보완적 검사(complementary study)

질병을 확인하는 검사법에는 일정한 순서가 있다. 모든 환자에 적용되지는 않지만 일반적으로 환자가 내원하면 증상의 원인과 병력, 가족력 등을 파악하고 단순 엑스선촬영부터 시작하여 초음파, CT 또는 MRI, 동위원소, 혈관조영검사 등의 순서로 진행한다. 초음파검사는 종양의 유무를 파악하거나 물혹 또는 충실성 종괴를 쉽게 알 수 있지만 엑스선에 비해 해상력이 낮고, CT나 MRI 보다 국소적인 단면상을 나타내는 제한점이 있다. 그래서 CT, MRI, 혈관조영 등과 상호 연계하여

보다 정확한 진단을 확보하여야 한다.

(3) 정밀검사(close exam. study)

일반적으로 초음파검사는 스크리닝의 성격을 갖지만 최근에 30 MHz 이상의 고주파수 프로브가 개발되면서 혈관내초음파(intervascular ultrasound, IVUS)나 수술중초음파 또는 3차원 볼륨 프로브를 이용하여 태아 정밀초음파를 시행한다. IVUS는 혈관조영에서 관찰되지 않는 혈관 안 동맥경화의 분포와 양상(pattern)을 파악할 수 있어 협심증의 치료 계획에 많은 도움을 준다. 수술중초음파는 종양의 범위를 확인하여 절재 부위를 최소화하는데 적극 활용되고 있다. 특히 태아정밀초음파는 산모의 건강과 태아의 성장을 주기적으로 관찰하는 데 없어서는 안 될 중요한 검사법이다.

(4) 초음파 인터벤션(interventional study)

인터벤션은 영상의학과에서 진단 뿐 아니라 적극적으로 치료에 개입하는 시술법을 말한다. 인테벤션은 주로 인터벤션센터에서 투시 장치를 이용하여 시술하지만 시술시간이 길어 방사선 피폭을 많이 받는 단점이 있다. 그러나 초음파를 이용한 인터벤션(sonoguided intervention)은 방사선 피폭의 염려가 없어 반복 시술이 가능하다. 그래서 초기에는 흡인술(aspiration) 또는 조직검사(biopsy)에 국한하였으나 최근에는 초음파쇄석, 종양의 색전, 고주파열치료 등으로 다양하게 발전하고 있다.

3) 초음파검사의 전망

현재 영상의학과에서 시행하는 검사는 크게 엑스선, 초음파, 핵자기공명 등의 3개 분야로 나뉜다. 각각의 검사법에 대한 장단점이 있고 발전과정의 차이는 있으나 초음파검사는 실질적으로 도입된 1970년 이후 50년 동안, IT와 SW의 발전에 힘입어 B모드 초음파를 시작으로 도플러초음파, 색초음파, 4차원초음파 등 많은 발전을 이루었다. 그러나 다양하고 많은 장점에도 불구하고 초음파 파장에 따른 해상력 문제나 영상 재구성에 의한 왜곡문제 등 개선해야 할 문제점 등도 많다.

(1) 개선(improvement)

프로브는 초음파를 발신하고 수신하는 기구로 검사부위에 따라 서주파수 프로브와 고수파수 프로브로 구분한다. 주파수가 증가하면 파장이 짧아지고 이로 인해 분해능이 향상된다. 그래서 고주파수 프로브를 개발하기 위해 많은 노력을 한다. 대부분 1980년대 중반까지 3.0~5.0 MHz 프로브가 사용되었으나 현재는 2.0~30.0 MHz를 사용하고 있고, 연구 목적으로 60 MHz도 사용하고 있으며 대역폭도 많이 증가하였다. 주사면 측면에서도 한 방향에서 다방향으로 주사하는 메트릭스 형이 개발되었으며, 3차원 실시간 주사가 가능하게 되었다. IT와 SW의 발달이 초음파진단장치와 접목하면서 프로브의 크기와 형태 뿐 아니라 과거에 없던 기능이 추가되어 영상의 질을 향상시켰으며 CT 또는 MRI와 융합 영상을 제공하기도 한다. 특히 색 도플러와 출력 도플러, 하모닉 도플러 영상에서 미세질환의 변별력이 향상되었고, 갈락토오즈 성분의 초음파 조영제가 개발되어 정상조직과 종양조직의 대조도 증강 영상을 얻을 수 있게 되었다. 한편 tissue mimicking materials(TMM)이 다목적으로 개발되어 인체와 유사한 형태의 QC 팬텀과 도플러 팬텀을 제작하게 되었고 최근에는 전신 모형 트레이닝 팬텀이 등장하여 초음파 주사나 조직검사를 쉽게 연습할 수 있는 환경이 조성되었다.

(2) 조직 특성(tissue character)

초음파검사는 CT나 MRI에 비해 쉽게 물 성분과 고체 성분의 종괴를 구별한다. 그러나 지방과 연부조직의 미세한 구분, 미만성 질환의 평가(discrimination of diffuse disease), 종양의 진행과정과 재생조직(regenerating tissue), 그리고 측부행로(colllateral)를 구분하는 것 등에 대해 계속 연구가 진행되고 있다.

(3) 기타(others)

초음파에 대한 이용은 진단 뿐 아니라 치료와 미용 등에 다목적으로 활용되고 있다. 현재 혈관조영이나 수술 중에 시행하는 초음파검사는 이들을 단독으로 시행하는 것에 비해 매우 유용한 정보를 제공하고 있고 초음파 단층촬영(ultrasound CT)과 초음파를 이용한 암치료 등이 상용화 단계에 있다. 재활의학에서는 오래 전부터 초음파 치료가 활용되고 있으며 최근에는 피부 미용에도 많이 적용하고 있다. 또한 초음파 현미경을 사용하여 세포조직의 특성을 파악하기도 한다. 초음파는 인체에 악영향을 주지 않고 연부조직을 자극하여 활성화하는 특성이 있어 향후 더 다양한 방면에서 활용할 수 있을 것이다.

03 초음파 영상의 형성 원리

초음파(ultrasound)의 ultra는 超(초), 過(과), 限外(한외)를 나타내는 말로써 "~의 범위를 초과한"의 의미를 갖는다. 즉 초음파란 사람의 귀로 들을 수 있는 범위를 초과한 소리이다. 그리고 sonography의 어원은 라틴어 souns와 greek graphien의 합성어로 소리 또는 음파와 ~학, 또는 ~기술학이다. 그러므로 ultrasonography는 imaging with ultrasound로써 초음파를 이용하여 영상을 제공하는 학문을 말한다. 초음파의 발생은 압전원리에 의한 초음파의 생성과 매질에서 반사된 반사 초음파의 수신에 의존한다. 이것의 이해를 돕기 위해 엑스선의 발생 원리와 비교하여 설명하기로 한다.

1) 투과법과 에코-펄스법

초음파의 발생 원리는 엑스선의 발생 원리와 다르다. 엑스선은 엑스선관 안에서 가열한 필라멘트의 전자가 타켓에 충돌하여 발생하고, 초음파는 프로브에 나열한 탐촉소자에 전기에너지를 가하면 압전원리에 의해 발생한다. 이때 발생한 엑스선은 피사체에 입사하여, 해당 피사체의 질량과 밀도에 의해 흡수선량이 이뤄지고, 이것의 차이에 따라 투과 엑스선 량이 결정되어, 그 분포 차이를 영상에 나타내는 방법이다(그림 1-1(a)). 즉 엑스선이 물체를 지나가는 과정에서 발생한 투과(penetration)의 차이가 영상의 농도와 대조도를 결정한다. 이것을 투과법(penetration method)이라고 한다. 반면 초음파 발생은 그림 1-1(b)와 같이 프로브(probe)에서 발생한 초음파가 매질(피사체)을 통과하면서 그것의 밀도와 전파속도 차이에 의해 그 사이에서 반사파가 발생하고, 반사하여 돌아온 것을 다시 프로브에서 수신하여 영상을 나타내는 방법이다. 이러한 방법을 펄스-에코법((pulse echo method)이라고 한다. 엑스선관은 송신만 하지만 프로브는 송수신을 동시에 처리하는 차이점이 있다.

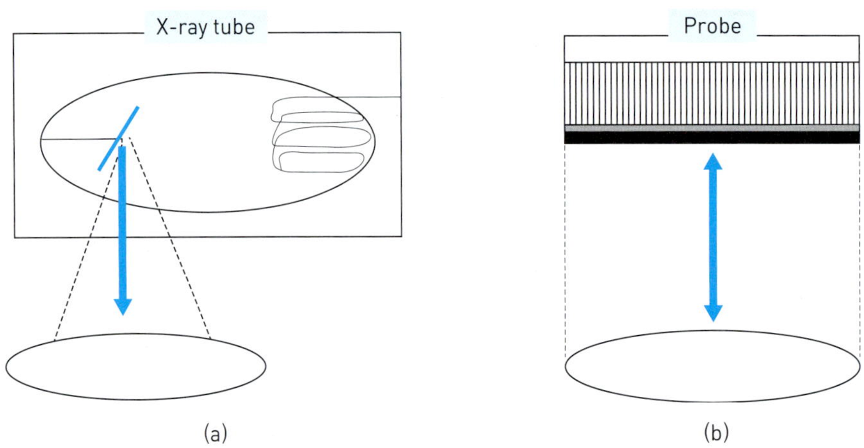

▶ 그림 1-1. 엑스선 발생(a)과 초음파 발생(b)

2) 영상 형성 방법

엑스선은 물질을 통과할 때 물질과의 상호작용에 의해 흡수율 차이가 발생한다. 흡수율이 높은 부분을 통과한 엑스선은 에너지가 많이 감소하고, 흡수율이 낮은 부분을 통과한 엑스선은 상대적으로 에너지가 적게 감소한다. 그림 1-2(a)에서와 같이 피사체 각 부분 마다의 흡수율 차이에 따라 피사체를 통과한 엑스선의 분포는 다양하다. 검출기에 도달한 다양한 분포의 엑스선은 그 에너지 강도에 따라 상이한 농도 차를 형성한다. 한편, 초음파는 매질을 통과할 때 물질과의 상호작용에 의해 반사파의 강도 차이가 발생한다. 매질의 성질이 매우 다른 부분을 통과할 때는 반사파 강도가 세지고 유사한 부분에서는 상대적으로 반사파 강도가 약하다. 이와 같이 피사체에서의 초음파 전달과정의 차이에 따라 반사파의 강도 분포가 달라진다. 이 강도 분포가 검출기에 도달하여 상이한 휘도 차이를 나타낸다. 즉, 초음파 반사는 성질이 다른 두 매질에서 일어나기 때문에 동일 매질에서는 일어나지 않는다. 그림 1-2(b)는 매질 안에 초음파 성질이 다른 원형 물질의 경계면에서 반사가 일어난 것을 보여주는 그림으로, 반사 강도에 따라 휘도가 다르게 나타난 것을 보여주고 있다.

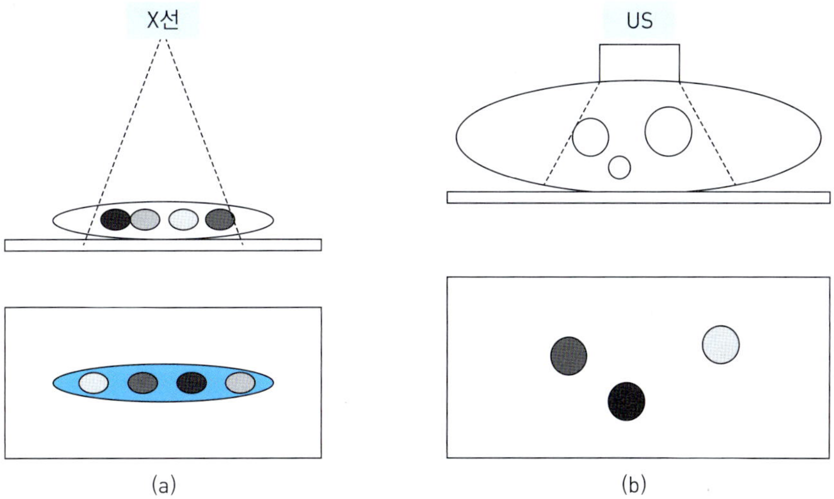

▶ 그림 1-2. 엑스선(a)과 초음파(b) 영상 형성 원리

3) 영상 구성 조건

엑스선 영상은 엑스선과 피사체의 상호작용에 의한 흡수율의 차이를 농도(density)와 대조도(contrast)로 표시한다. 그림 1-3(a)의 가슴 영상에서 흡수율이 낮은 허파는 농도가 증가하여 검게 나타나고, 흡수율이 높은 갈비뼈와 심장은 농도가 감소하여 희게 보인다. 이러한 흡수율의 차이에 의해 인접한 부분에서 농도 차에 의한 대조도가 형성된다. 그래서 엑스선 영상은 관전압과 관전류를 잘 조화시켜 알맞은 농도와 대조도를 형성시켜야 한다. 초음파 영상은 반사파의 강도가 휘도(엑스선의 농도에 해당됨)를 결정한다. 앞서 설명한 바와 같이 반사는 초음파가 진행하다 저항을 받는 경계(면)에서 일어나고, 이것의 강도는 저항의 크기에 비례한다. 즉 반사가 강하게 일어난다는 것은 소리 저항이 크다는 것을 의미한다. 영상의 측면에서 보면, 초음파 저항이 크면 휘도(brightness)가 증가하여 나타나고, 작으면 휘도는 감소하여 나타난다. 그림 1-3(b)는 간초음파 영상으로 간은 전체적으로 뿌연 회색 정도의 음영을 보이고 그 안의 정맥은 검게 나타났으며 간 아래 가로막은 흰색의 띠 형태로 나타난 것을 볼 수 있다. 이것은 간 안의 여러 세포들은 유사한

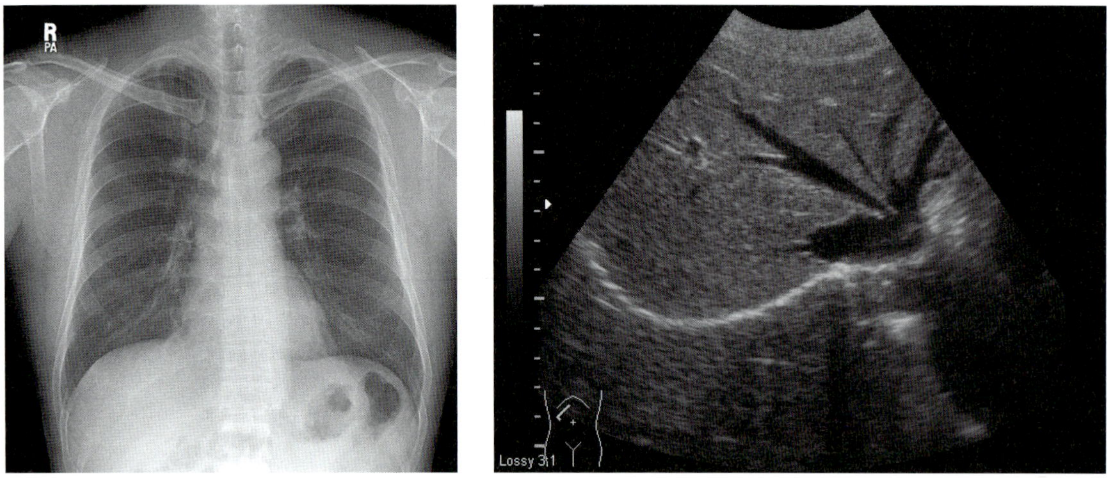

(a) (b)

▶ 그림 1-3. 엑스선 대조도 영상(a)과 초음파 휘도 영상(b)

반사 정도를 가졌고, 정맥 안의 혈액은 반사가 없으며, 가로막은 간과 허파의 경계(면)이므로 강한 반사가 일어났기 때문이다. 결과적으로 초음파 영상의 휘도는 반사파의 강도에 따라 형성되는데, 반사 강도가 센 것은 높은 휘도(흰색)로, 강도가 약한 것은 낮은 휘도(회색)로, 반사가 없는 것은 검게 나타나게 된다. 이러한 분포를 회색도(gray scale) 분포라고 한다.

4) 에코 반사, 휘도, 회색도

산 정상에 올라 함성을 지르면 잠시 후 메아리로 돌아오는데, 이러한 현상은 소리가 공기를 진행하다 앞산에 부딪쳐 반사하는 현상 때문이다. 초음파도 마찬가지로 인체의 어느 경계면(interface)에 부딪치면 반사하여 되돌아오게 되며, 이러한 것을 에코 반사(echo reflection)라고 한다. 이 에코 반사의 강약은 두 매질의 경계면에서 일어나는 반사파의 세기에 의해 결정되며, 이 세기 정도를 영상의 휘도(밝기, brightness) 분포로 변환시키면 검은색부터 흰색까지 다양한 회색 분포를 보이게 된다. 이것을 회색도(gray scale)라고 한다. 그림 1-4(a)는 빛에 의한 휘도를 나타낸 것으로 반사가 많이 일어 난 하늘과 구름은 밝게 보이고 반사가 일어나지 않은 처마 밑과 풍경은 상대적으로 어둡게 보인다. 마찬가지로 그림 1-4(b)에서 보면 반사가 많이 일어난 혈관 벽과 가로막은 높은 휘도로 보이고 반사가 없는 혈관(IVC) 안은 검게 보이며, 중등도 반사가 일어난 간은 전체적으로 회색을 보인다. 이와 같이 초음파는 빛과 유사하게 반사한다는 것을 알 수 있으며, 회색도 초음파 영상에서 반사(실제는 산란)는 영상을 형성하는 주요한 요소이다. 인체의 각 장기는 고유한 반사 정도를 가지고 있다. 그래서 장기별로 고유한 회색도를 갖는다. 그러나 동일 장기라 하더라도 개인에 따라 약간의 휘도 차이는 날 수 있으며 질병이 생기면 반사의 강도가 변하므로 당

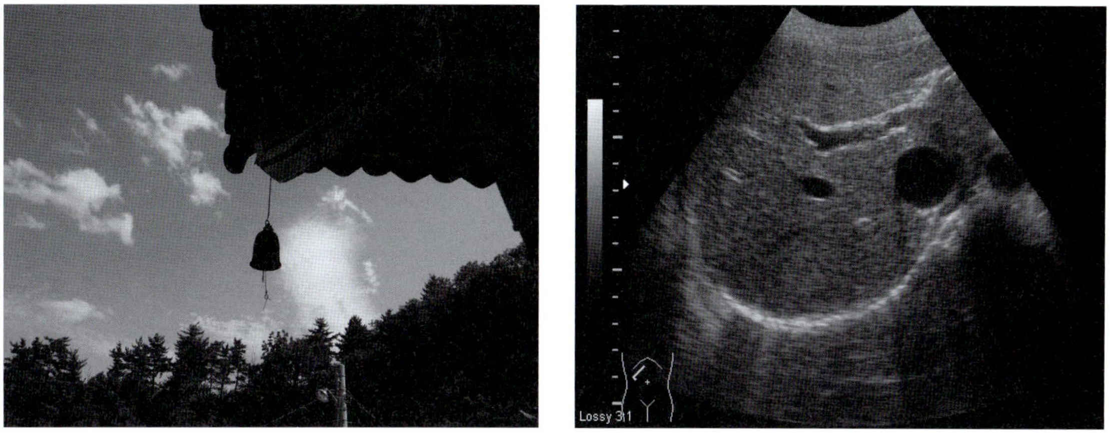

(a) (b)

▶ 그림 1-4. 빛(a)과 초음파(b) 반사에 의한 회색도 영상

연히 휘도의 변화를 동반한다. 그래서 초음파 진단에서 휘도 변화를 파악하는 것은 매우 중요하다. 초음파 반사의 에코 범위는 표 1-3과 같다. 반사는 서로 다른 두 매질 사이의 경계면(저항이 있는 곳)에서 발생하므로 동일 매질은 반사가 없다. 반사가 없으면 영상에 검게 표현되고, 이것을 무에코, echo free, anechoic 등으로 표현한다. 저에코, 동등 에코, 고에코라는 표현은 주관적이면서 상대적인 표현이다. 초음파 휘도값은 CT 휘도값(CT number)처럼 정해진 것이 아니라 영상의 일부분을 시각적으로 비교하여 상대적으로 낮으면 저에코(hypoechoic), 높으면 고에코(hyperechoic), 비슷하면 동등 에코(iosechoic)로 표현한다.

표 1-3. 에코 범위(echo level)

무에코	저에코	동등 에코	고에코
echo free	echo poor		echo rich
	sonolucent		
anechoic	hypoechoic	isoechoic	hyperechoic
	lower echo level		high echo level

04 초음파 용어해설(ultrasound terminology)

초음파 용어는 공학관계 용어, 장치구성에 관한 용어, 영상표시와 주사방법에 관한 용어, 에코 양상에 관한 용어 등으로 구분한다. 본 교재는 초음파검사를 시행하는데 필요한 물리적 현상을 이해하는 데 목적을 두고 있어 공학관계 용어에 대한 설명은 제외하기로 한다. 그리고 교재의 구성상 초음파 장치구성에 관한 용어와 영상표시법은 4장에서, 주사방법에 대해서는 9장에서 설명하도록 하고, 이 장에서는 주로 에코 반사와 에코 양상(echo pattern)에 대하여 설명하기로 한다.

1) 에코 반사와 양상에 관한 용어

(1) 반사 에코(echo reflection)

우리가 소리를 들을 수 있는 것은, 성대에서 발생한 목소리가 공기를 통해 주위의 물체에 부딪쳐 다시 되돌아 온 에코가 고막을 울리기 때문이다. 이때 되돌아 온 소리를 반사 에코라고 한다. 반사 에코는 음파가 진행하면서 저항이 있는 매질의 사이에서 발생하므로 저항이 없는 동일 매질에서는 발생하지 않는다. 그러므로 아래의 초음파 영상에서 검은 부분은 동일 매질이고 회색 부분은 동일 매질이 아니다. 물이 검게 나타나는 것은 물이기 때문에 검게 나타나는 것이 아니라 동일매질이기 때문이다. 그림 1-5(a)는 간 혈관종 영상으로 간 실질에 비해 혈관종(점선 안)이 상대적으로 희게 보이는 것은 반사 에코가 높기 때문이며, 그림 1-5(b) 영상에서 원형으로 검게 나타난 간낭종은 동일 매질이므로 반사 에코가 형성되지 않아 검게 보이는 것이다. 이것을 에코 강도의 측면에서 보면 "간혈관종은 원형의 고에코로 관찰되고", "간낭종은 원형의 무에코로 관찰된다"라고 표현한다.

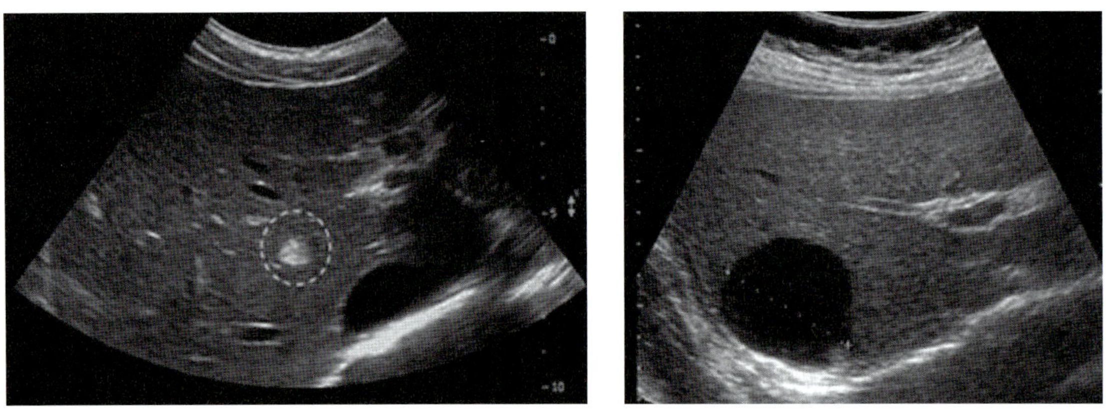

(a) (b)

▸ 그림 1-5. 간 혈관종(a)과 물혹(b)의 반사 에코

(2) 에코 강도(echo intensity)

산 정상에서 소리를 지르면 잠시 후 메아리 되어 돌아오는 경험을 한다. 소리를 크게 하면 메아리가 높게 돌아오고, 소리가 작으면 메아리가 낮게 돌아온다. 이러한 차이를 에코 강도 차이라고 한다. 즉, 에코 강도는 반사된 소리의 세기를 의미한다. 초음파의 반사파 강도가 세면 high echo 또는 strong echo, 약하면 echogenic, low echo 또는 week echo로, 중간정도면 moderately echo로 표현한다. 이러한 반사파 강도의 차이를 초음파 영상의 회색도로 변환하여 나타낼 때는 반사파가 강할수록 밝게, 약할수록 어둡게 표시한다. 그림 1-6(a)는 에코 강도와 휘도의 관계를 나타낸 것으로 반사파가 강한 부분(위)은 흰색으로, 중간 정도의 반사파를 갖는 것은 회색으로, 반사파가 약한 것(아래)은 검은색으로 표시하였다. 이것을 1-6(b)의 초음파 영상에 적용하면 간은 중등정도의 반사파가 작용하여 회색으로, 반사파가 강한 가로막은 흰색으로 콩팥은 강한 부분과 약한 부분이 혼재된 다양한 회색 분포로 나타난다.

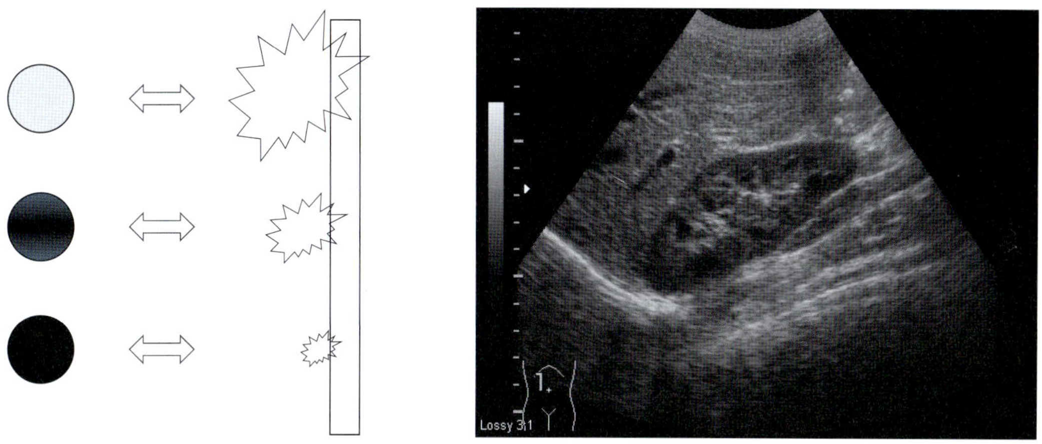

(a) (b)

▶ 그림 1-6. 에코 강도에 의한 휘도분포(a)와 초음파 영상(b)

(3) 정상 에코와 비정상 에코(normal echo&abnormal echo)

인체 각각의 모든 장기는 밀도와 전파속도가 다르다. 이로 인해 초음파 반사파 강도가 차이나고, 영상에는 각기 다른 에코 형태로 보인다. 일반적으로 정상 장기의 에코 양상은 이자와 간은 유사하거나 이자가 약간 높고, 간은 지라보다 약간 높으며, 자라는 콩팥 겉질 보다 높다. 이것이 각 장기의 정상 에코이다. 하지만 간이 이자보다 높은 에코 양상을 보이면 비정상 에코라고 하며 질병을 의심할 수 있다. 또한 간실질 자체는 유사한 에코 양상을 보여야 정상 에코인데, 높거나 또는 낮은 에코 양상을 보이는 비정상 에코가 관찰되면 그 원인이 무엇인가를 세밀하게 밝혀야 한다. 초음파검사는 정상 에코와 비정상 에코를 가려내고 비정상 에코가 무엇을 의미하는지를 밝혀내는 작업이라고 할 수 있다. 그러므로 초음파 진단을 잘하려면, 먼저 각 장기의 정상 에코를 파악하고 질환별로 에코 양상을 숙지하는 것이 무엇보다 중요하다. 그림 1-7(a)는 간의 정상 에코 양상이고 (b)는 간세포암으로 인해 간실질이 얼룩덜룩한 비정상적인 에코 양상을 보인다.

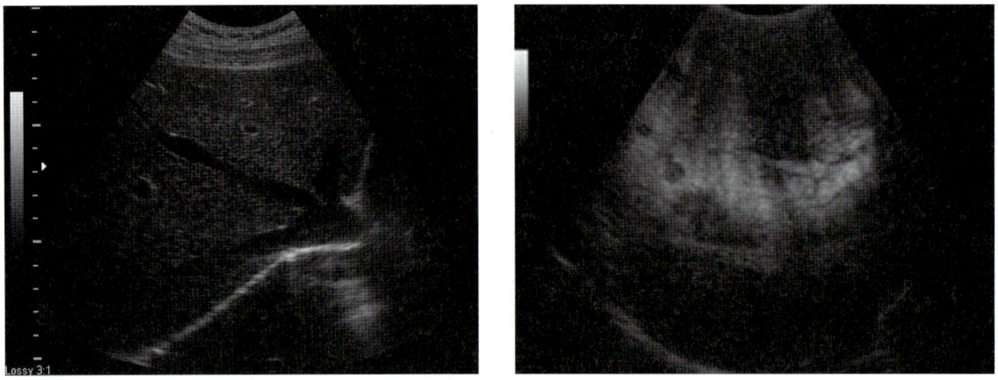

(a) (b)

▶ 그림 1-7. 정상 간(a)과 간세포암(b)

(4) 앞면 에코, 뒷면 에코, 가쪽면 에코

초음파 영상은 입체적인 인체를 이차원적인 단면상으로 나타내며, 영상을 재구성할 때 부분적인 단면상으로 나타낸다. 그래서 CT나 MRI에 비해 영상을 관찰하는 데 많은 숙련이 필요하다. 앞면 에코(anterior echo)란 초음파가 입사하는 앞쪽에서 이루어진 영상면(image plane)이고 뒷면 에코(posterior echo)는 초음파가 진행한 뒤쪽에서 이루어진 영상면을 일컫는다. 또한, 가쪽면 에코(lateral echo)는 영상의 옆쪽에서 이루어진 영상면이다. 그림 1-8(a)는 오른 콩팥의 초음파 영상으로 간과 인접한 1의 면이 콩팥의 앞면 에코이고 2로 표기한 부분이 뒷면 에코이다. 그리고 1-8(b)의 간 초음파 영상에서 1로 표시한 부분이 영상의 가쪽면(lateral plane)이 된다. 1의 가쪽면은 프로브의 위치에 따라 오른쪽일 수도 있고 머리쪽이 될 수도 있다. 이러한 것은 단면의 초음파 영상을 입체적으로 이해하는데 필요하므로 반드시 숙지하여야 한다. 자세한 내용은 10장의 초음파검사의 환자자세와 주사면의 이해에서 설명하기로 한다.

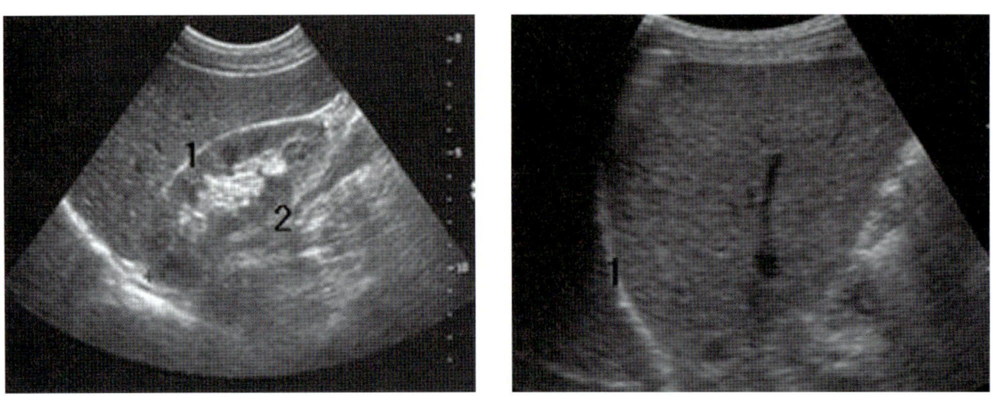

(a) (b)

▶ 그림 1-8. 콩팥 전 · 후면(a)과 간 가쪽면(b) 초음파 영상

(5) 내부 에코와 격벽 에코(internal echo, septum echo)

내부 에코는 장기 안 또는 종괴 안에 형성된 에코 분포를 말한다. 초음파검사에서 어떤 장기 내부 또는 종괴 내부의 에코 양상을 평가하는 것은 매우 중요하다. 내부 에코의 휘도 양상, 균질 또는 불균질 양상이 병변을 결정하기 때문이다. 만약 어떤 장기 안에 원형의 무에코 종괴가 있으면 낭종을 의심하지만 그 내부에 에코가 있다면 다른 질병을 의심해야 한다. 격벽 에코는 종괴 안에 두 개 이상의 벽을 이룬 종괴들로 구성된 것을 의미한다. 어떤 장기에 단순 낭종이 있는 것과 격벽을 이룬 여러 개의 낭종이 있는 것은 질병을 구분하는데 매우 중요하다. 그림 1-9(a)는 쓸개를 주사한 것으로 쓸개 아래 부분에 내부 에코(점선)가 보인다. 이것은 쓸개 안의 찌꺼기(sludge)가 반사를 일으킨 결과이다. 그림 1-9(b)는 콩팥 초음파 영상으로 콩팥 안에 여러 개의 낭종이 방(septum)을 이루고 있다. 이러한 형태를 격벽 에코가 형성되었다고 한다. 격벽의 유무는 질병을 결정하는 매우 중요한 요소이다.

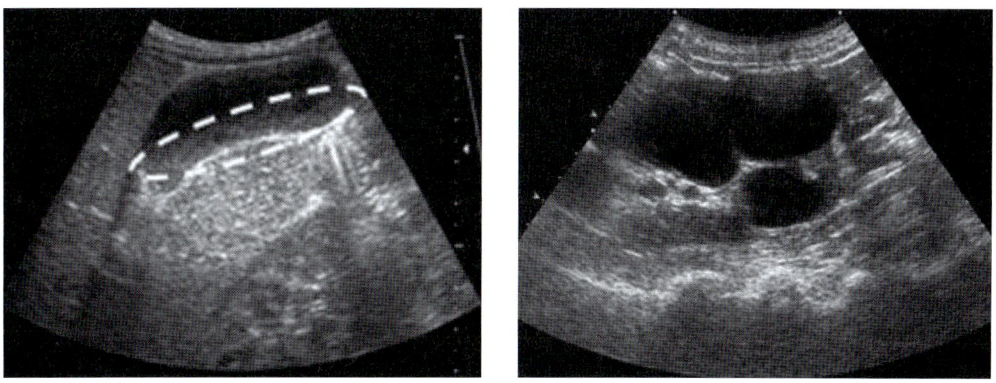

(a) (b)

▶ 그림 1-9. 쓸개의 내부 에코(a)와 다낭종 콩팥의 격벽 에코

(6) 후방음향음영(posterior acoustic shadow)

빛이 투과하지 못하는 물체의 뒤에 그림자가 진다. 초음파도 마찬가지이다. 후방음향음영은 초음파가 진행하다 강한 반사 매질에 닿으면 더 이상 진행하지 못하여 전반사가 이루어지고 그 뒤에 그림자를 형성한다. 이것을 후방음향음영이라고 한다. 초음파 영상에 후방음향음영이 관찰되면 전면에 결석이나 뼈 또는 공기가 있다는 것을 의미한다. 후방음향음영은 clean acoustic shadow와 dirty acoustic shadow로 구분한다. 그림 1-10(a)는 쓸개돌(gall bladder stone)에 의해 선명한 후방음향음영(clean acoustic shadow)이 형성된 것이고 그림 1-10(b)는 장내 가스에 의해 생긴 덜 선명한 후방음향음영(dirty acoustic shadow)이 형성된 것이다.

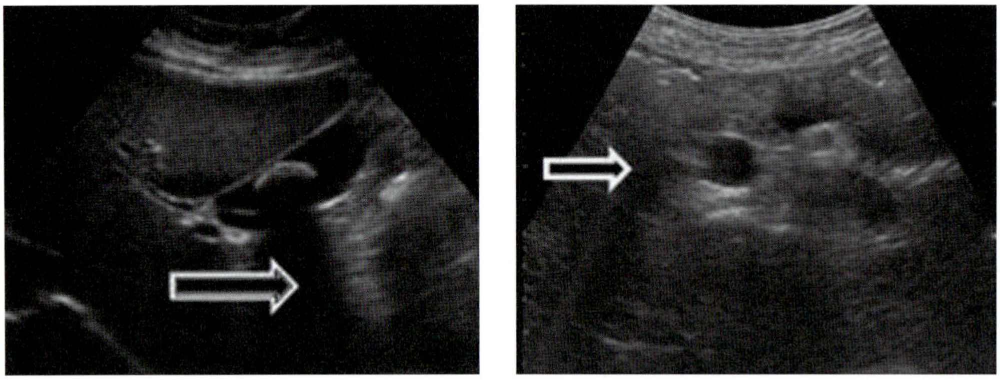

(a) (b)

▶ 그림 1-10. 쓸개돌의 후방음향음영(a: 화살표)과 공기의 후방음향음영(b: 화살표)

(7) 측방음영(lateral shadow, edge shadow)

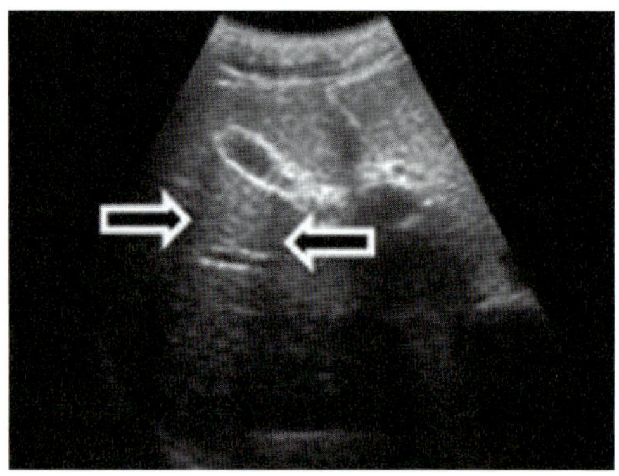

▶ 그림 1-11. 굴절에 의한 측방음영

초음파는 매질을 통과하는 과정에서 반사, 산란, 굴절, 간섭, 회절 등의 상호작용이 일어난다. 측방음영은 어떤 매질의 측면에 나타나는 그림자로 후방음향음영과는 발생하는 기전이 다르다. 후방음향음영은 초음파의 전반사에 의해 일어나는 반면, 측방음영은 굴절현상에 기인한다. 따라서 후방음향음영은 매질의 뒤에 나타나지만 측방음영은 매질의 양쪽 모서리에 나타난다. 대부분 원형 매질(round materials)의 양 측면에서 발생하고 인체 안에서는 쓸개 또는 혈관이 원형의 단면으로 잘릴 때 양 모서리에 나타난다. 그림 1-11은 간과 쓸개의 전파속도 차이에 의한 굴절로 인해 쓸개의 양쪽 끝에 발생한 측방음영을 나타낸 것이다.

(8) 후방음향증강(posterior acoustic enhancement)

후방음향증강은 말 그대로 어떤 매질의 뒤쪽에 소리의 증강이 있다는 의미이다. 초음파 에너지의 증강은 다양한 원인에 의해 형성되지만 기본적으로 매질의 앞쪽에서 에너지 소비가 적었다면 뒤쪽에서 그 만큼 에너지가 증가하여 휘도를 높히게 된다. 다시 말해 후방음향증강은 어떤 매질의 뒤쪽에 원래보다 초음파 반사파가 증가하여 이로 인해 휘도가 높게 나타나는 현상이다. 어떤 매질이란 초음파 흡수계수가 낮은 물질로 주로 물 성분이다. 역으로 설명하면 후방음향증강이 있다는 것은 그 앞에 흡수계수가 낮은 물과 같은 성분이 있다는 것을 의미한다. 그림 1-12는 쓸개와 방광 초음파 영상으로 이들 장기 뒤쪽에 후방음향증강으로 휘도가 높게 보인다.

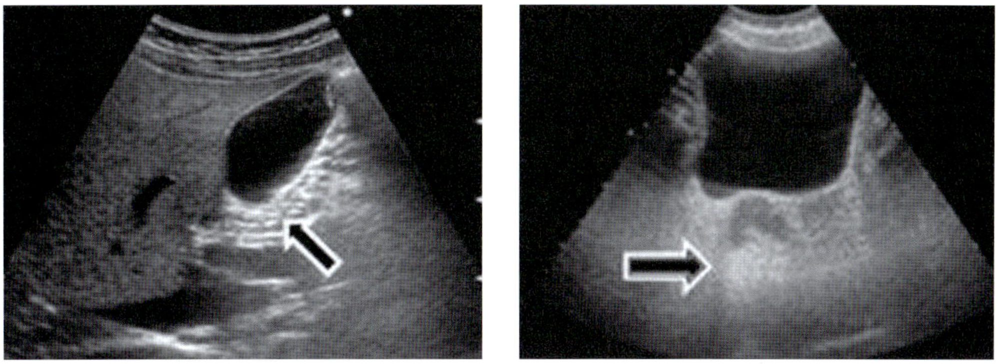

(a) (b)

▶ 그림 1-12. 쓸개(a)와 방광(b)에 의한 후방음향증강

2) 투과심도(penetration)

모든 에너지는 진행하면서 반사, 산란, 굴절, 간섭, 회절 등으로 인해 점차 그 에너지가 감소한다. 이러한 현상을 감쇠(attenuation) 또는 감약이라고 한다. 감쇠는 매질에 따라 다르고 매질 고유의 감쇠는 감쇠계수로 나타낸다. 감쇠계수가 낮은 매질을 통과할 때 "transonicity가 좋다", "transonic 하다"라고 표현한다. 일반적으로 transonicity가 좋으면 매질의 감쇠계수가 낮은 것을 의미하며, 이는 소리 저항이 없이 잘 진행하여 반사가 많이 일어나지 않는다. 이러한 매질은 영상에 회색도가 낮게 나타난다. 이를 "trnaslucent 하다" 또는 "sonolucent 하다"라고 표현한다. 그러나 transonicity가 좋다고 해서 반드시 trnaslucent 한 것은 아니다. 투과심도는 입사 시점의 원래의 에너지가 반으로 줄어드는데 요구되는 어떤 매질의 두께(깊이)를 말한다. 이는 매질의 감쇠계수와 주파수에 반비례한다. 즉, 고 주파수를 사용해 감쇠계수가 높은 매질을 입사하면 투과심도는 매우 낮아진다. 그림 1-13은 3.5 MHz의 동일 주파수로 감쇠계수가 낮은 (a) TMM과 감쇠계수가 높은 (b) TMM을 주사한 것으로써 (a)는 (b)에 비해 투과심도가 높게 나타났다. Transonicity가 좋으면 당연히 투과심도가 깊다.

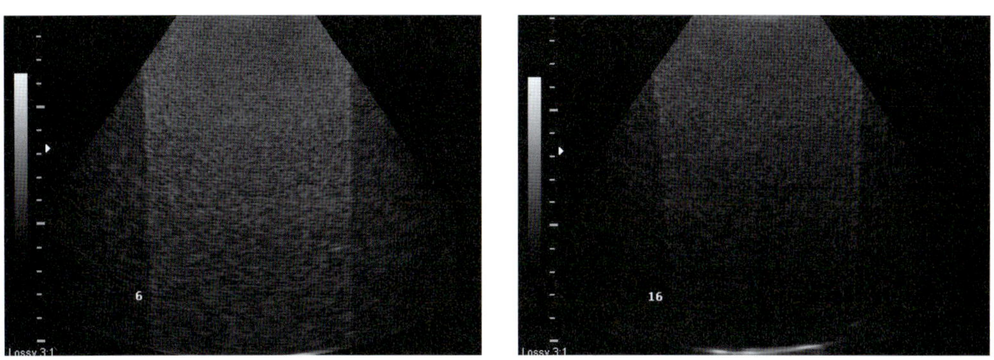

(a) (b)

▶ 그림 1-13. TMM의 투과심도 비교

3) 에코 양상(echo pattern)

(1) 낭성 에코 양상(cystic echo pattern)

초음파 반사는 매질의 성질이 다른 두 경계면 사이에서 일어나므로 성질이 같은 동일 매질에서 반사는 일어나지 않는다. 또한 반사 에코의 강약이 영상의 휘도를 결정한다. 이러한 영상의 휘도 단계를 나타낸 것이 회색도이다. 즉, 회색도는 반사파 강도를 휘도로 변환하여 그 분포를 나타낸 것이다. 반사파 강도가 세면 휘도가 높은 흰색으로, 강도가 약하면 회색으로, 강도가 없으면 검은 색으로 표현한다. 낭성의 원래 의미는 “주머니 형태”이다. 초음파 용어에서 낭성이란 “물이 찬 원형의 물주머니”를 의미한다. 물은 감쇠계수가 낮은 동일매질이므로 무에코로 나타난다. 인체에서 반사가 일어나지 않는 장기는 물주머니 형태의 쓸개와 방광이다. 또는 어떤 장기에 비정상적인 원형의 물주머니 조직은 낭성 종양(cystic mass)이라고 하며 반사가 일어나지 않는다. 그러므로 낭성 에코 양상은 낭성 조직 내부에 휘도가 없는 검은 에코 양상을 의미한다. 그림 1-14(a)는 갑상선을 세로주사 한 영상으로 하부에 원형의 낭성 에코 양상(물혹)이 보인다.

(2) 고형성 에코 양상(solid echo pattern)

고형성은 “일정한 경도와 형태를 가지고 있는 성질의 것”으로 충실성이라고도 한다. 일정한 고체 성분의 경도와 형태를 가지고 있어 낭성과 반대되는 개념이다. 고형성분은 대부분 혈액과 결합조직 등 다양한 조직 들이 모여 형성된 것이다. 따라서 반사파에 의한 집중으로 휘도가 높게 나타난다. 즉 고형성 에코 양상은 일정한 경도를 가진 종양으로 내부가 상대적으로 휘도가 높은 형태를 띤다. 그림 1-14(b)는 오른 갑상선을 가로주사한 것으로 높은 휘도의 에코 양상을 갖는 종괴를 보여준다.

(3) 혼합 에코 양상(mixed, complex)

혼합 에코는 두 가지 이상의 각기 다른 에코가 혼재되어 있는 경우이다. 각기 다른 에코는 저에코, 중등에코, 고에코 등이다. 종양은 저에코 또는 고에코의 한 가지 양상을 보이기도 하지만 이러한 에코가 혼재되어 나타나는 경우가 더 많다. 혼합 에코 양상은 장기 또는 종양 내부에 저에코, 중등에코, 고에코 등이 혼합되어 다양한 에코 양상을 보이는 상태를 말한다. 그림 1-14(c)는 왼 갑상선 가로주사로 낭성 에코 양상과 그 안에 고형성 에코 양상이 혼합된 형태를 보인다.

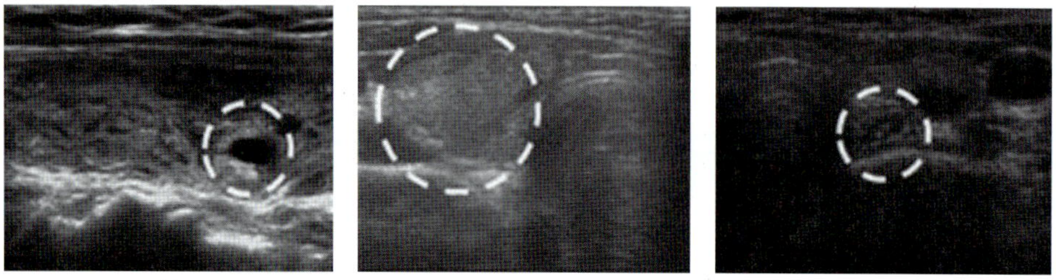
(a) (b) (c)

▶ 그림 1-14. 낭성(a), 고체성(b), 혼합(c)의 에코 양상

(4) 미만성 에코 양상(diffuse echo pattern)

미만성의 사전적 해석은 "생체 내로 병변이 퍼져 진행한 상태를 나타내는 형태학적 표현으로, 병터가 세포조직 또는 장기 내의 국소에 국한하는 것이 아니고, 넓은 범위에 걸쳐 퍼져 있는 것"을 일컫는다. 미만성 에코 양상은 염증 또는 괴사가 광범위하게 진행되어 형태학적 변화로 인해 반사에코가 불규칙하여 비정상적 에코 양상을 보이는 것을 의미한다. 그림 1-15(a)는 정상 간의 에코 양상을 보이는데 반해 1-15(b)는 지방간이 광범위하게 진행하여 전형적인 미만성 지방간의 에코 양상을 보이고 있다.

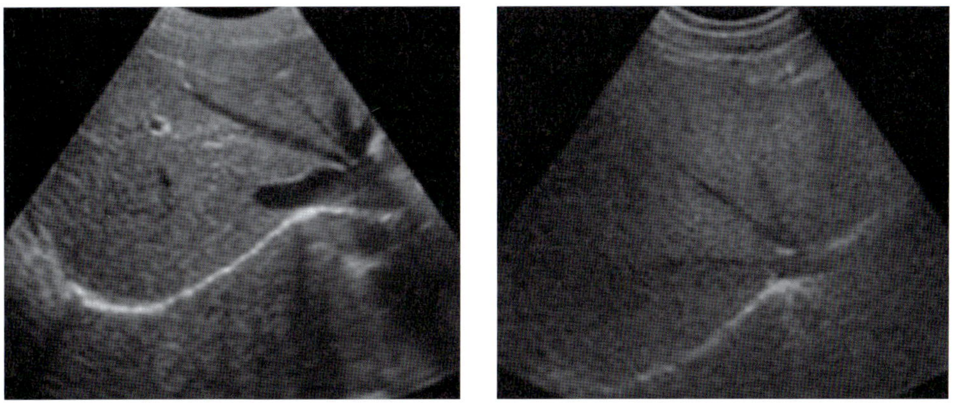

(a) (b)

▶ 그림 1-15. 정상 간(a)과 미만성 지방간의 에코 양상

(5) 균질성과 불 균질성(homogeneous&heterogeneous)

균질성의 사전적 의미는 "성분이나 특성이 고루 같은 성질"이고, 불 균질성은 "균질하지 못한 성분"이다. 초음파 균질성은 어떤 장기의 휘도 양상이 전체적으로 유사한 분포로 이루어진 것을 의미한다. 불 균질성은 균질성의 반대 의미로, 어떤 장기의 휘도 양상이 차이가 커 높은 부분과 낮은 부분이 혼합되어 있는 것을 의미한다. 그러나 불 균질성이 반드시 이상이 있는 것을 의미하지는 않는다. 지라, 갑상선, 고환 등은 균질성 장기이고 콩팥, 유방 등은 불 균질성 장기이다. 지라, 갑상선, 고환의 실질은 회색의 고른 휘도를 나타내는 반면 콩팥은 겉질과 속질, 신동부가 휘도 차이를 보이며 유방도 지방과 근육, 유방실질과 쿠퍼인대의 휘도 차이가 많아 불 균질하게 나타난다. 그러므로 초음파검사에서 균질장기는 균질하게, 불 균질장기는 불 균질하게 나타나는가를 관찰하여야 한다. 균질하게 나타나야 할 장기에 불 균질성이 관찰되면 이상이 있는 것이다. 그림 1-16(a)는 정상 간초음파 영상으로 간실질이 전체적으로 균질하게 나타나 있으며, (b)는 간경변에 의해 실질 전체가 희고 검은 대비를 이루면서 전체적으로 불규칙하게 보인다. 영상 (c)는 정상 콩팥 초음파 영상으로 겉질(renal cortex)은 회색으로 속질(renal medula)은 검은색으로 가운데

의 콩팥굴(renal sinus)은 희게 보이는 등 정상적인 불 균질성을 보이고 있으며, 영상 (d)는 콩팥의 위쪽에 물혹이 무에코로 나타나 정상 콩팥 부위와 불 균질성을 보인다. 초음파검사는 각 장기의 에코 양상과 균질성, 불 균질성 여부를 종합적으로 판단하여 질병을 판단한다.

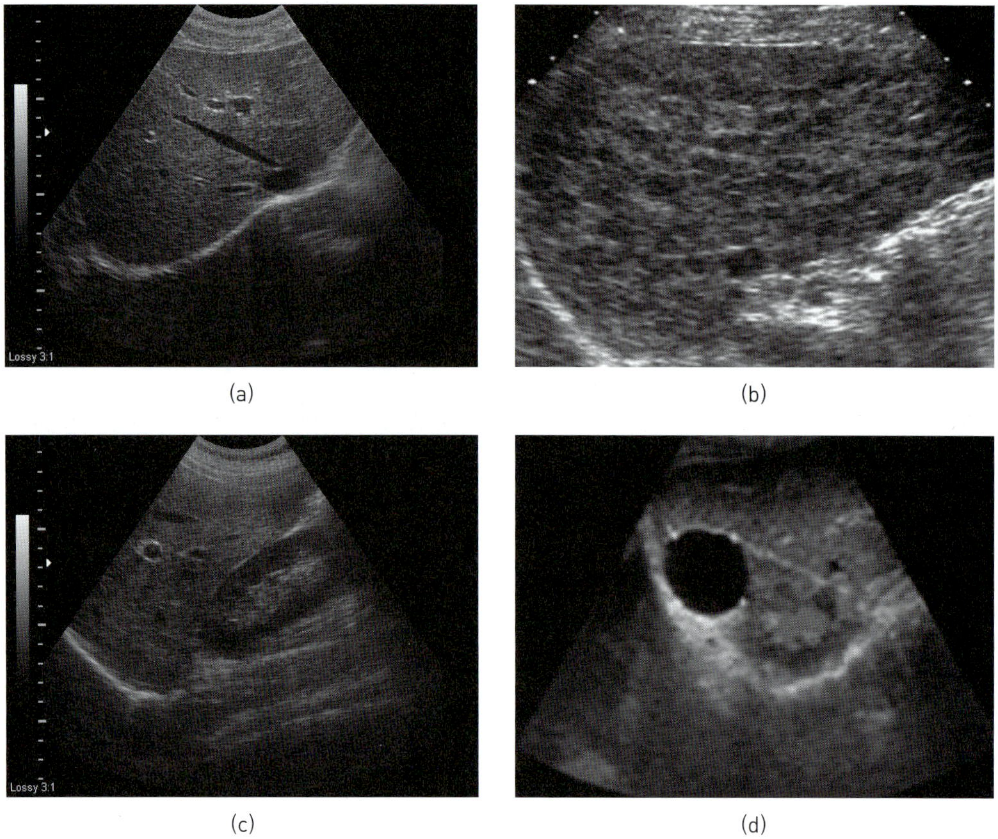

▶ 그림 1-16. 정상 간(a), 간경변증(b), 정상 콩팥(c), 콩팥 물혹(d)의 초음파 영상

4) 초음파 징후(ultrasound sign)

초음파검사에서 질병을 판단하는 기본적인 요소는 휘도의 변화와 에코의 균질성과 불 균질성의 여부이다. 과거 100년 동안 초음파검사의 누적 데이터가 쌓이면서, 각각의 질병은 각기 특이한 형태와 휘도 분포를 가지고 있다는 것을 연구하였다. 각각의 질병이 초기부터 말기까지 변화하는 과정에서 염증의 변화와 부종 또는 석회화 변성 등으로 인해 초음파 휘도의 변화와 불 균질성의 징후를 나타낸다. 따라서 이러한 것들은 질병을 판단하고 이해하는데 많은 도움을 준다. 아래는 대표적인 초음파 징후들이다.

(1) 달무리 징후(halo sign)

"Halo"는 햇무리 또는 달무리로, 해 또는 달 주위의 후광을 나타내는 말이다. 초음파 용어에서 달무리 징후는 조직이나 장기 주위에 휘도의 변화를 갖는 띠 조직이 나타난 것을 말한다. 급성 쓸개염의 경우, 쓸개 벽의 부종으로 인한 확장과 염증 반응으로 쓸개 벽 주위에 저에코의 벽 테두리가 나타난다. 이를 저음향성 환이라고 한다. 그림 1-17(a)는 쓸개 벽이 매우 두꺼워져 있고 그 주위에 희고 검은 띠가 보이는 전형적인 할로 사인(저음향성 환)을 보인다.

(2) 표적 징후(target sign)

표적 징후는 내부는 고에코를 보이고 이것을 둘러싸고 있는 저에코 부분이 마치 표적과 같아서 붙여진 이름으로 황소 눈과 유사하다하여 황소눈 징후(bulls eye sign)라고도 한다. 이것은 전형적 전이성 간암을 시사하는 것으로써 검은 테두리의 저에코는 괴사에 의한 것이다. 그림 1-17(b)는 전형적인 표적 징후를 보이는 전이성 간암으로 종양의 중앙에 고에코가 있고 주변에 저에코의 테두리가 선명하게 보인다.

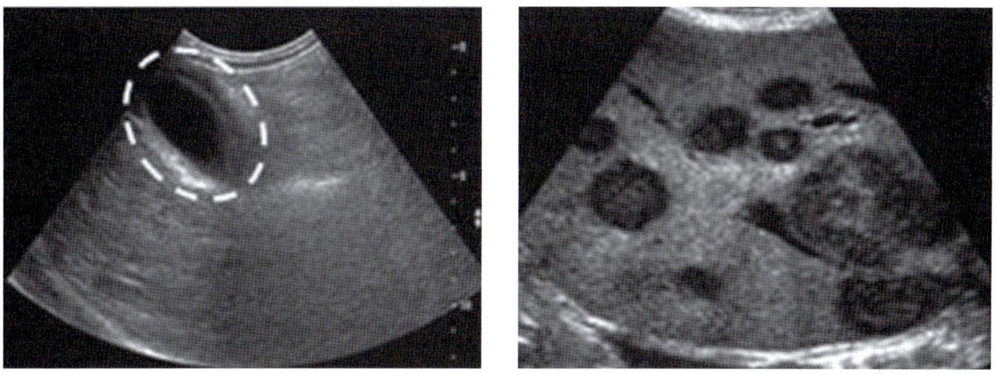

(a) (b)

▶ 그림 1-17. 달무리 징후(a)와 표적 징후(b)

(3) 코인 징후(coin sign)

코인 징후는 종양의 형태가 마치 동전과 유사해서 붙여진 이름으로, 주로 혈관종(hemangioma)에서 나타나는 징후이다. 혈관종은 진행시기에 따라 다양한 에코 양상을 보이고 크기도 매우 다양하다. 그림 1-18(a)는 간초음파로 내부에 코에코의 작은 코인 형태의 종양이 보인다.

(4) 더블채널 징후(double channel sign)

초음파의 해부학적 단면에서 보면 아래대정맥(IVC)의 앞에 주 문맥(main portal vein)이 있고 그 앞에 온 쓸개관(common bile duct, CBD)이 위치한다. 정상 주 문맥과 온 쓸개관의 직경은 11.8(±3) mm와 6 mm이다. 온쓸개관(CBD)에 결석이 있거나 바터 팽대부(Vater's ampulla)에 종양이 있으면 온 쓸개관이 확장한다. 확장한 온쓸개관은 문맥의 직경과 유사하여 온쓸개관과 문맥이 두 개의 선형의 관 형태를 보인다. 이러한 형태를 더블채널 사인이라고 한다. 더블채널이 관찰되면 온 쓸개관이 확장되었다는 것을 의미하므로 그 원인이 무엇인가를 찾는 것이 중요하다. 그림1-18(b)에서 현저하게 확장한 온 쓸개관을 볼 수 있다.

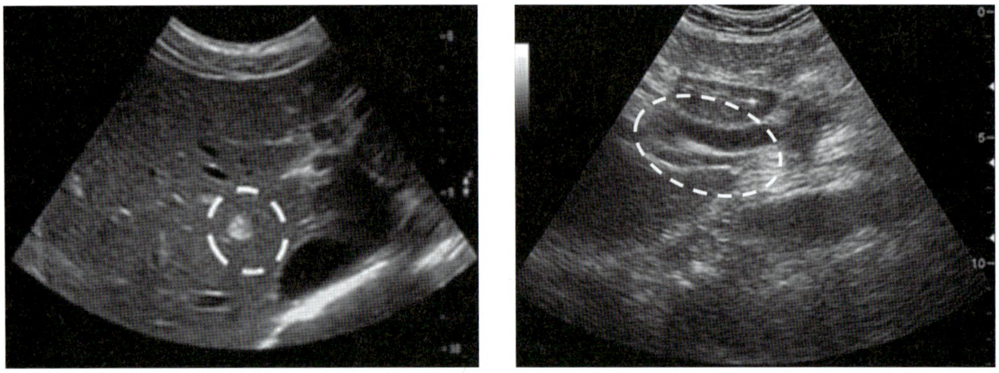

(a) (b)

▶ 그림 1-18. 코인 징후(a)와 더블채널 징후(b)

5) 모자이크 징후(mosaic sign)

모자이크는 다채로운 무늬가 들어가 있는 양식을 의미한다. 초음파의 모자이크 징후는 모자이크 양식에서 따온 용어로, 조직의 염증과 괴사에 의한 변성으로 표면이 굴곡하고 불규칙하게 변하여 조직이 마치 모자이크 포장한 것처럼 얼룩덜룩한 형태로 보이는 것을 말한다. 주로 악성암일 때 나타난다. 악성암은 울퉁불퉁하게 변성된 조직이 불규칙한 산란과 반사 때문에 매우 거친 영상으로 보인다. 그림 1-19는 악성간암으로 간 조직 전체가 모자이크 형태의 불규칙한 에코 양상을 나타내고 있다.

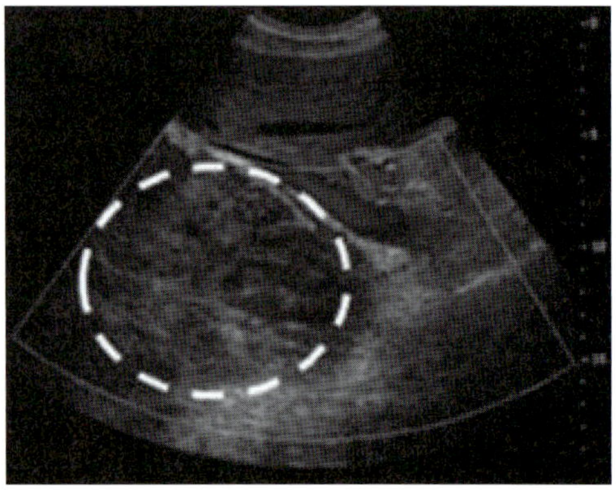

▶ 그림 1-19. 모자이크 징후

핵심문제 및 해설

아래의 문항에서 가장 알맞은 답가지 하나를 고르시오.

문항 01 인체에 가장 먼저 활용한 초음파 형태는?

① A모드 ② B모드 ③ CFM모드 ④ D모드 ⑤ M모드

해설 A모드는 반사파 강도를 진폭으로 나타낸 형태로 초음파 진단에 가장 먼저 활용하였다. 그 후 M모드, B모드, D모드, CFM모드 순으로 발전하였다.

문항 02 펄스-에코(pulse-echo)법에 의한 검사 방법으로 옳은 것은?

① 뇌CT ② 흉부x선 ③ 간초음파
④ 복부MRI ⑤ 하지혈관조영

해설 초음파검사는 매질에서 반사되어 온 신호를 수집하여 영상으로 나타내는 에코-펄스법이다. x선 검사는 투과법이다.

문항 03 다음 중 반사 에코의 의미가 다른 하나는?

① echo poor ② isoechoic ③ sonolucent
④ hypoechoic ⑤ lower echo level

해설 isoechoic는 동등 에코를 의미하며 echo poor, sonolucent, hypoechoic, lower echo level은 저에코를 의미한다.

문항 04 단일 매질에서 볼 수 있는 반사 에코는?

① anecho ② hypoecho ③ hyperecho
④ isoecho ⑤ poor echo

해설 단일 매질에서는 반사 에코가 발생하지 않아 anecho(무에코)로 나타난다.

문항 05 가장 hyperechoic 한 장기는?

① 간 ② 지라 ③ 이자
④ 갑상선 ⑤ 콩팥 속질

해설 각 장기의 에코 강도는 콩팥굴 > 이자 ≥ 간 > 지라 > 콩팥 겉질 > 콩팥 속질의 순서이다. 갑상선은 간과 유사하다.

정답 1. ① 2. ③ 3. ② 4. ① 5. ③

문항 06 초음파의 전반사가 일어나는 질환은?

① 간암　② 지방종　③ 혈관종
④ 쓸개돌　⑤ 전이성 간암

해설 전반사란 초음파가 통과하지 못하여 매질의 전면에서 모두 반사하는 것이다. 이러한 현상은 두 매질의 임피던스 차이가 클 때 발생한다. 쓸개즙과 쓸개돌 사이, 공기와 연부주직 사이에서 전반사가 발생한다.

문항 07 초음파의 굴절에 의해 나타나는 현상은?

① 측방음영　② 후방음향음영　③ 후방음향증강
④ 낭성 에코 양상　⑤ 고형성 에코 양상

해설 굴절은 전파속도가 다른 두 매질 사이에서 발생한다. 이러한 굴절현상으로 인해 원형의 낭성물질 양쪽 끝에 측방음영이 발생한다. 한편 후방음향음영은 전반사로 인해 매질의 뒤쪽에 발생한다.

문항 08 후방음향증강(acoustic enhancement)을 일으키는 장기는?

① 간　② 위장　③ 콩팥
④ 지라　⑤ 쓸개

해설 후방음향증강은 초음파 감쇠가 적은 장기의 뒤쪽에서 발생한다. 그 이유는 장기에서 초음파 감쇠가 적은 만큼 그 뒤쪽에 도달하는 에너지가 많기 때문이다. 후방음향증강을 야기하는 장기는 쓸개, 방광, 물혹 등과 같이 물을 포함한 장기 또는 종양이다.

문항 09 Transonicity가 좋은 매질은?

① 방광　② 유방　③ 이자
④ 갑상선　⑤ 전립선

해설 방광, 쓸개와 같이 물을 포함한 장기는 감쇠계수가 0.002 dB/cm로 낮아 반사파가 없이 쉽게 통과한다. 이러한 경우를 "transonicity가 좋다"고 표현한다.

문항 10 급성담낭염과 혈관종의 징후(sign)가 올바르게 연결된 것은?

① 할로사인과 코인사인　② 코인사인과 모자이크사인
③ 모자이크사인과 표적사인　④ 표적사인과 황소눈사인
⑤ 황소눈사인과 할로사인

해설 할로사인은 급성담낭염을, 코인사인은 혈관종을 시사하며, 표적사인과 모자이크사인은 전이성 간암과 악성간암을 시사한다.

정답 6. ④ 7. ① 8. ⑤ 9. ① 10. ①

문항 11 더블채널 징후(double channel sign)가 의미하는 질환은?

① 쓸개돌
② 문맥 폐쇄
③ 간정맥의 울혈
④ 아래대정맥 혈전
⑤ 먼쪽 온쓸개관 암

해설 Voter's 팽대부를 포함한 먼쪽 온쓸개관암(distal common bile duct cancer) 또는 결석은 온쓸개관을 폐색시킨다. 이로 인한 압력 증가는 온쓸개관을 문맥의 직경과 유사하게 확장시켜 이중관 형태를 보인다. 이것을 더블채널 징후(double channel sign)라고 한다.

정답 11. ⑤

제2장

음파의 일반적 성질

수업 목표

1. 소리의 성질을 설명할 수 있어야 한다.
2. 종파를 설명할 수 있어야 한다.
3. 매질에서의 음파의 변화를 설명할 수 있어야 한다.
4. 음향변수를 설명할 수 있어야 한다.
5. 각 매질의 전파속도를 알고 전파속도의 의존성에 대해 설명할 수 있어야 한다.
6. 음파의 진폭과 강도의 관계를 설명할 수 있어야 한다.
7. 음파의 공간피크강도에 대하여 설명할 수 있어야 한다.

01 소리와 전달

1) 구성 요소

모든 물체는 두드리면 소리가 난다. 소리는 물체의 진동에 의한 것으로, 진동은 공기를 통해 전파한다. 그래서 진공 상태에서 소리는 전달되지 않는다. 소리의 세 가지 구성요소는 물체(object), 음원(sound wave), 검출(detector)이다. 물체는 소리가 발생하는 근원이고, 음원은 소리가 음원의 형태로 퍼지는 공간이며, 검출은 소리가 마이크로폰 형태의 검출기에 의해 인식되는 것이다. 예를 들어 그림 2-1에서처럼 물체를 망치로 치면 물체에서 발생한 진동이 공기를 전파하고 공기의 파동이 상대방의 고막을 자극하면서 소리가 전달된다.

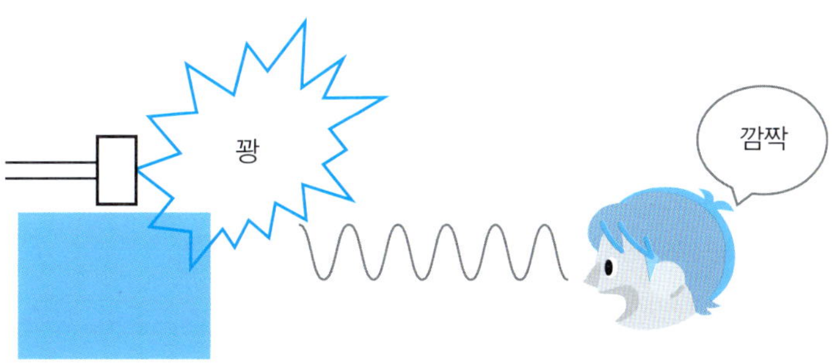

▸ 그림 2-1. 소리의 구성 요소

02 소리의 성질

소리는 높낮이인 주파수와 에너지의 세기 그리고 이들에 포함되어 있는 상대적인 진폭에 의해 성질이 결정된다.

1) 소리의 높낮이

소리의 높낮이는 저음과 고음을 나타내는 것으로 진동수가 적은 소리를 저음, 진동수가 많은 소리를 고음이라고 한다. 즉 소리의 높낮이를 결정하는 물리량은 진동수(주파수)이다. 사람은 20~20,000 Hz의 주파수 범위를 귀로 감지하고 박쥐나 고래 등은 훨씬 더 높은 주파수를 감지한다. 주파수의 단위는 Hz, KHz, MHz 등이다.

2) 소리의 세기

소리의 크기는 측정할 수 있는 물리량(W/cm^2)으로 표시한다. 소리의 크기는 파의 세기이며 단위시간에 단위면적 당 파가 전달하는 에너지이다. 소리의 세기는 진폭의 제곱에 비례한다. 단위는 dB이다(1 dB=0.1 B).

3) 소리의 음색

음색(quality of sound)은 소리에 포함되어 있는 배음들의 가지 수와 그 상대적인 진폭에 의해 결정된다. 그래서 같은 높낮이와 세기라 하더라도 누구의 목소리 인지 구별하거나 바이올린 소리와 첼로 소리를 구별할 수 있다.

03 파동

빛은 전자기파의 파동이며 소리는 공기를 통해 진행하는 파동이다. 모든 파는 진동에 의해 일어나며 물체의 진동이 공기에 전달되어 음파가 발생한다. 그리고 이러한 음파의 전달(파동)은 에너지를 한 점에서 다른 점으로 운반한다. 중요한 것은 파(wave)의 근원은 진동이고 파가 진행할 때 밖으로 퍼져나가는 것은 매질이 아니라 진동이라는 사실이다. 그림 2-2는 호수에 돌을 던졌을 때 일어나는 물의 파동을 나타낸 것이다. 잔잔한 호수에 돌을 던지면, 돌이 입수된 점으로부터 밖으로 물결이 퍼져 나가면서 파동이 생기고 이것이 외부에 전달된다. 돌이 외부로 전달된 것이 아니고 물결(파동)이 전달된 것이다. 이 물결은 그림 2-2(b)처럼 마루와 골의 형태를 이루면서 진행한다. 마찬가지로 소리도 공기를 진행하면서 수축(마루)과 이완(골)을 반복하면서 진행된다. 파동은 진행 방향과 입자운동에 따라 종파, 횡파, 측면파로 나뉜다.

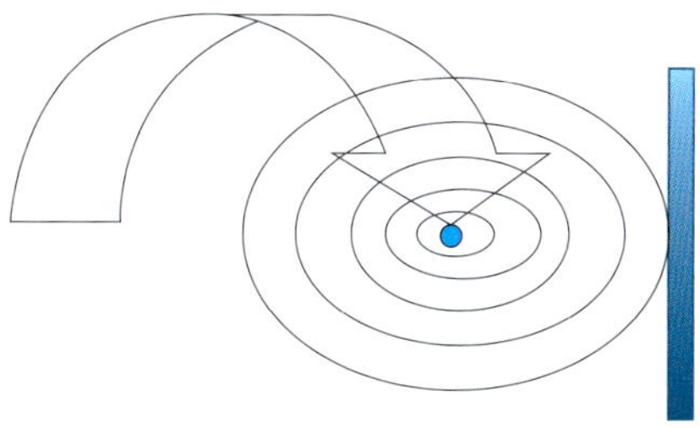

(a)

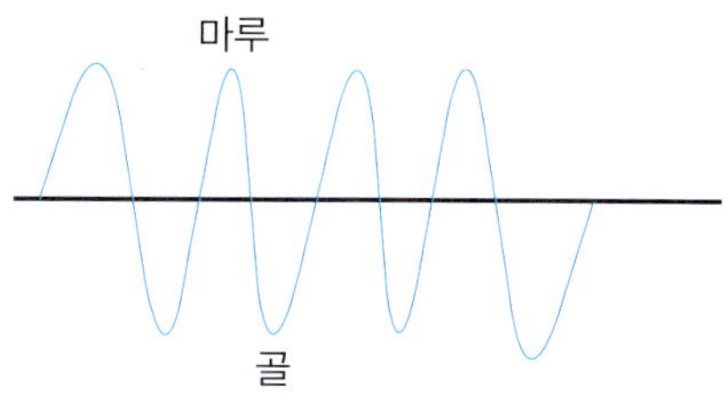

(b)

▶ 그림 2-2. 파동

(1) 종파(longitudinal wave)

파(wave)의 진행 방향과 입자운동이 같은 파의 운동을 종파라고 한다. 그림 2-3은 장구의 진동을 나타낸 것이다. 장구를 치면 진동하는 가죽 면이 그림의 화살표 방향과 같이 앞뒤로 울리면서 소리의 진행 방향과 동일 방향으로 움직인다. 이러한 형태의 파동을 종파라고 한다. 종파는 유체(流體)에서 잘 전달되는 특징이 있으며 초음파검사는 종파를 이용한다.

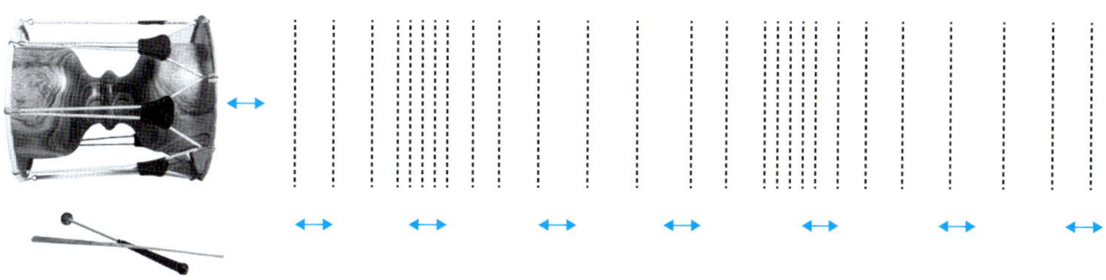

▶ 그림 2-3. 종파

(2) 횡파(transverse wave)

횡파는 파의 진행 방향과 입자의 운동 방향이 다른 파의 이동을 말한다. 즉, 그림 2-4와 같이 물체의 진동은 위 · 아래로 움직이는데 반해 소리의 진행 방향은 왼 · 오른쪽으로 움직이는 파의 이동이 횡파이다. 예를 들면 기타의 진동이 이에 해당된다. 이러한 횡파는 연부조직에서 잘 전달되지 않는다.

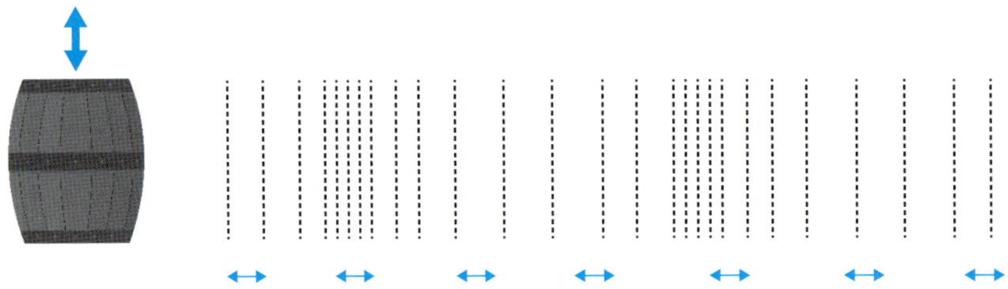

▶ 그림 2-4. 횡파

(3) 측면파

측면파는 물체를 꽈서 움직일 때 일어나는 파의 이동이다. 지진파가 여기에 해당된다.

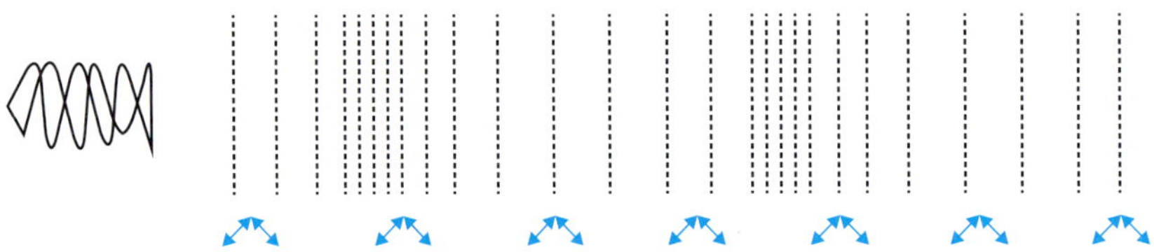

▶ 그림 2-5. 측면파

04 매질에서의 파의 변화

빛 또는 소리와 같은 파동 에너지는 공기를 통과하면서 반사, 산란, 굴절, 간섭, 회절 등의 현상을 일으키면서 파의 변화를 가져온다.

1) 반사(reflection)

파의 반사는 매질의 성질이 다른 경계면에서 일어난다. 그림 2-6(a)와 (b)는 줄의 반사를 나타낸 것으로 (a)에서 줄의 가벼운 부분과 무거운 부분이 이어져 있을 때 가벼운 부분을 밀면 그 경계에서 저항이 일어나 가벼운 부분이 밀이게 된다. 즉 저항치 만큼 반사 파형이 생기는 것이다. 여기에서 (b)와 같이 가벼운 부분을 더 밀게 되면 두꺼운 부분에 통과한 파가 생기고 가벼운 부분에 그에 저항하는 반사파가 형성된다. 그림 2-6(c)는 평면에서 반사의 법칙을 나타낸 것이다. 예를 들어, 음파가 입사파의 파면에 35°(θi)로 입사했을 때, 반사파의 파면에 35°(θr)로 반사할 때를 반사라고 한다. 즉 반사의 정의는 입사각과 반사각이 동일할 때이다.

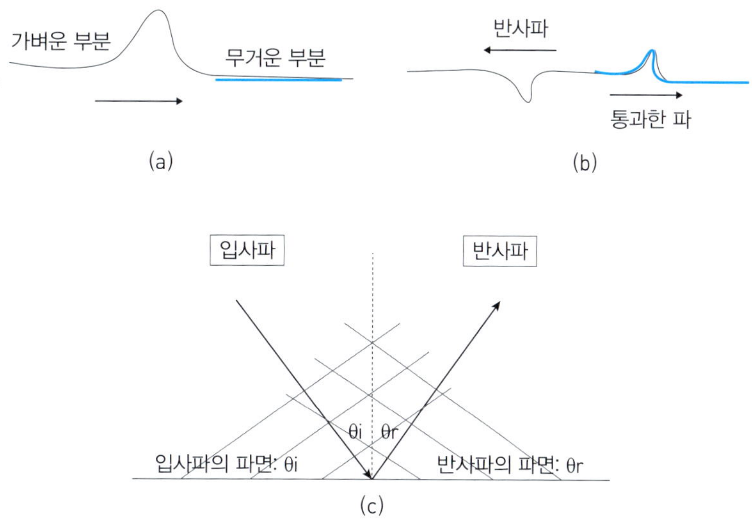

▶ 그림 2-6. 줄의 반사(a, b)와 반사의 법칙(c)

2) 산란(scattering)

산란이란 빛 또는 소리의 입사각이 매질에 작용하여 여러 방향으로 재 변환하는 것을 일컫는다. 산란파는 산란체의 크기와 산란체 면이 관여한다. 그림 2-7(a)는 공기 중의 미세 물 입자가 빛에 의해 산란을 일으켜 안개가 낀 형태로 보이며 이른 아침에 대지의 수분이 증발할 때 자주 볼 수 있는 현상이다. 그림 2-7(b)는 불 균질한 수면에 생긴 빛의 산란 현상으로 표면이 반짝반짝 빛나 보인다. 소리도 동일한 현상을 보인다.

(a) (b)

▶ 그림 2-7. 공기 중 산란(a)과 수면의 산란(b)

3) 굴절(refraction)

굴절은 파가 진행하다 진행방향이 변하는 것을 말한다. 일반적으로 음파는 전파속도가 다른 두 매질의 (경)계면을 부딪치면 일부는 반사하고 일부는 통과하게 되는데, 이때 굴절이 발생한다. 즉, 2차원 또는 3차원 파가 두 매질 사이의 (경)계면을 통과하여 새로운 매질 안으로 진행할 때 진행 방향이 달라진다. 그림 2-8(a)는 컵 안에 나무막대를 비스듬히 넣은 것으로 공기와 물의 (경)계면에서 전파속도의 차이로 인한 나무막대의 굴절 현상을 볼 수 있다. 수직입사에서는 굴절이 생기지 않는다. 그림 2-8(b)는 굴절각을 나타낸 것으로 매질1의 전파속도가 매질2의 전파속도보다 빠를 때 굴절각 θr은 입사각 θi 보다 작다는 것을 보여주고 있다.

(a)

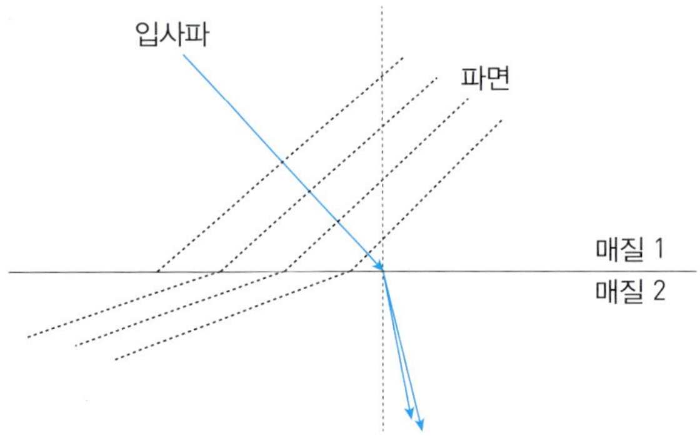

(b)

▶ 그림 2-8. 빛의 굴절(a)과 파의 구절(b)

4) 간섭(interference)

간섭은 두 개의 음파가 같은 시간에 같은 공간을 지나갈 때 중첩되어 나타나는 현상이다. 중첩 현상이 생기면 그림 2-9(a)에서 보는 바와 같이 음파가 증폭되거나 또는 소멸하여 없어지게 된다. 이때 원래의 에너지보다 중첩 에너지가 커지는 것을 보강간섭이라고 하고 에너지가 작아지는 것을 소멸간섭이라고 한다. 보강간섭은 그림 2-9(b)에서와 같이 같은 위상을 갖는 두 개의 음파가 만나는 곳에서 발생하고 소멸간섭은 위상차가 180°인 파가 만나는 곳에서 발생한다.

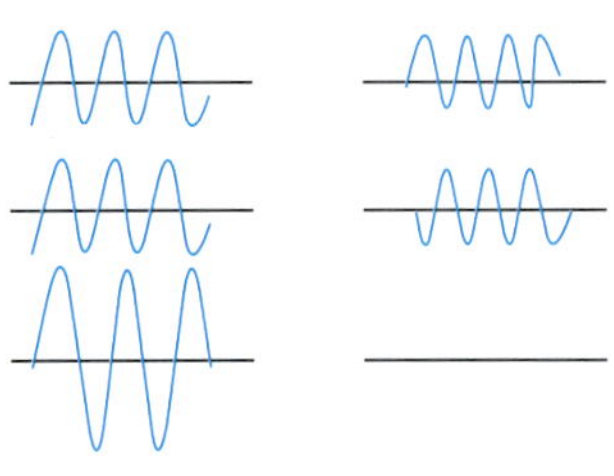

(a)

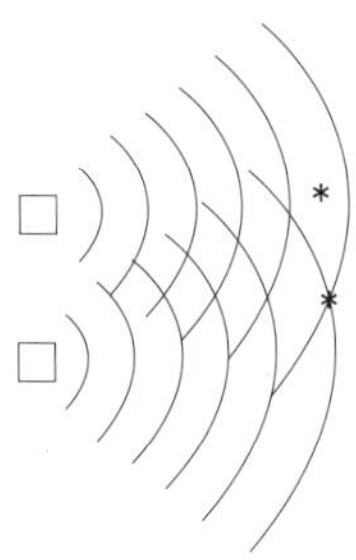

(b)

▶ 그림 2-9. 소멸간섭과 보강간섭

5) 회절(diffraction)

파가 진행하는 과정에서 장애물을 만날 때 그것을 돌아 장애물의 뒷부분까지 퍼져나가는 성질을 회절이라고 한다. 그림 2-10(a)는 물의 회절 현상으로써 돌과 같은 장애물 뒤에 물이 휘돌아 움푹 패이는 회절현상을 나타낸 것이고 그림 2-10(b)는 벽 앞에서 발생한 소리가 벽을 타고 넘어 뒤로 퍼져가는 회절현상을 나타낸 것이다.

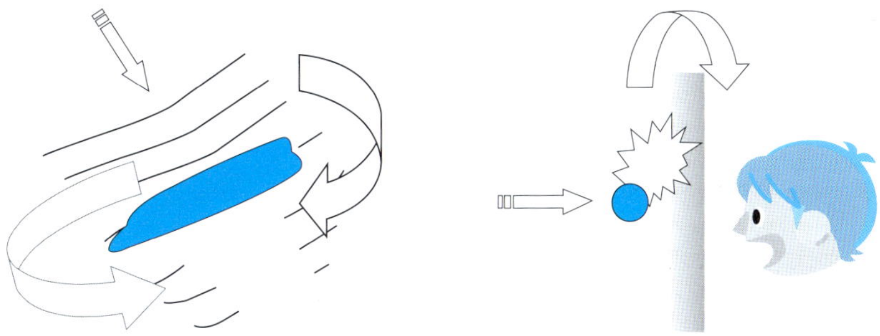

(a) (b)

▶ 그림 2-10. 물의 회절(a)과 소리의 회절(b)

05 음향변수(acoustic variables)

음파는 전파하면서 양적인 변화가 발생하는데 이것을 음향변수라고 한다. 그림 2-11에서 보면 음파는 진행하면서 수축(compression)과 이완(rarefaction)의 주기를 보이고 파동의 형태를 유지하면서 점차 감소한다. 이 과정에서 음압, 밀도, 입자운동, 온도 등이 높은 부분과 낮은 부분을 형성하면서 진행하다가 열로 변환하여 점차 감소한다.

음향변수는 다음과 같다

(1) 음압(pressure)

(2) 밀도(density)

(3) 온도(temperature)

(4) 매질의 입자운동(particle motion)

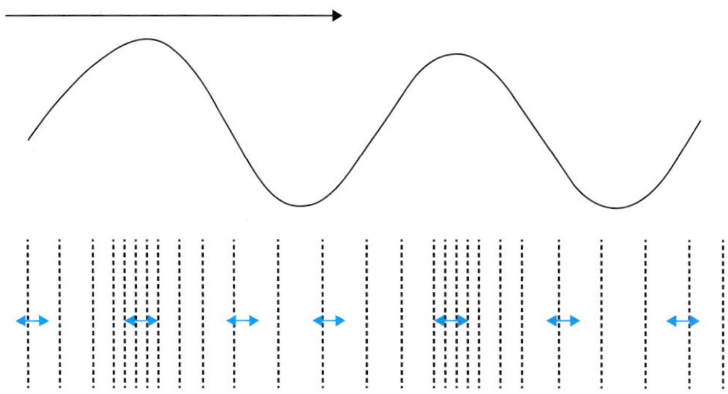

▶ 그림 2-11. 수축과 이완

06 음파의 변수

음파는 주파수, 주기, 파장, 전파속도, 진폭, 강도 등의 변수를 갖는다. 그 가운데 주파수, 주기, 진폭, 강도 등은 음원에 의해 결정되고 전파속도는 매질에 의해 결정된다. 그리고 파장은 음원과 매질 모두에 의해 결정된다.

1) 주파수

주파수는 1초 사이에 하나의 완전한 사이클이 되풀이되는 수로 정의한다. 그림 2-12는 사이클이 5개이므로 5 Hz에 해당한다. 주파수의 단위는 Hz, MHz를 사용한다. 1 MHz는 10^6 Hz이다.

주파수 $= \dfrac{cycle수}{1\ \mathrm{sec}}$ 이다.

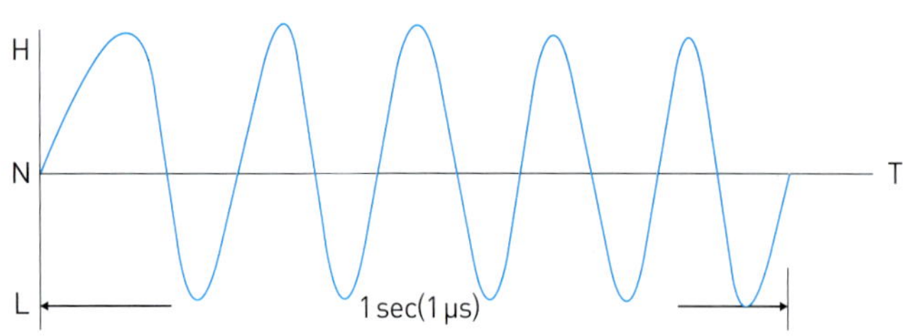

▶ 그림 2-12. 주파수

2) 주기

주기는 1사이클이 일어나는데 필요한 시간이며 주파수의 역수이다. 그림 2-13에서 주파수는 5 Hz이므로 주기는 0.2 sec이다. 주기의 단위는 s 또는 μs를 사용한다.

$$주기(s) = \frac{1}{주파수(Hz)}$$

$$주기(\mu s) = \frac{1}{주파수(MHz)}$$

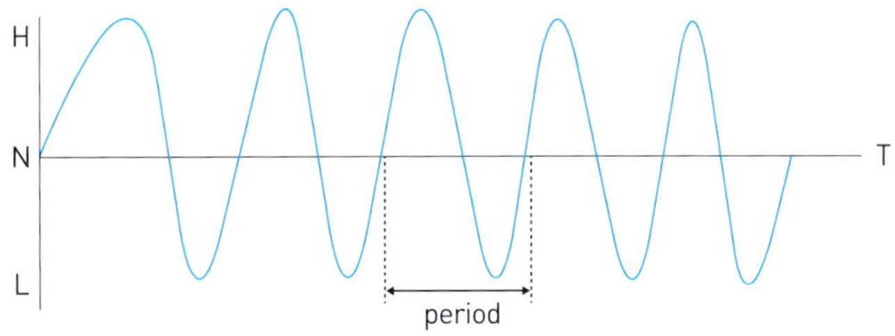

▶ 그림 2-13. 주기

3) 파장

파장은 1사이클이 차지하는 공간의 길이이며 단위는 m 또는 mm이다. 1 m는 1,000 mm이다.

$$파장(m) = \frac{전파속도(m/s)}{주파수(MHz)}$$

$$파장(mm) = \frac{전파속도(mm/\mu s)}{주파수(MHz)}$$ 이다.

예를 들어 연부조직을 5 MHz 프로브로 주사하였다면 파장은 다음과 같다.
연부조직의 전파속도는 1,540 m/s이다.

$$\frac{1.54\ mm/\mu s}{5\ MHz} = 0.31\ mm$$이다.

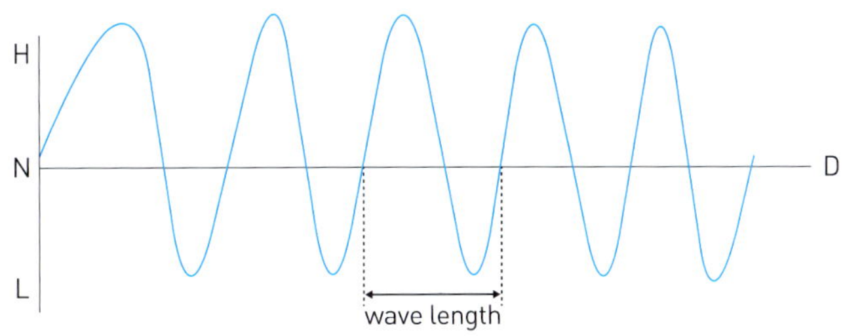

▶ 그림 2-14. 파장

연부조직에서 주기와 파장의 관계는 표 2-1과 같다. 주파수는 파장과 반비례 관계로써 3.0 MHz에서 파장은 0.44이고 7.5 MHz에서 0.21이다. 파장은 거리 분해능과 밀접한 관계가 있다. 고주파수 프로브를 사용하면 파장이 짧아져 거리 분해능이 개선된다.

표 2-1. 연부조직에서 초음파 주기와 파장의 관계

주파수(MHz)	주기(μs)	파장(mm)
2.0	0.50	0.77
3.0	0.29	0.44
5.0	0.20	0.31
7.5	0.13	0.21
10.0	0.10	0.15
15.0	0.07	0.10

전파속도 1.54 mm/μs

4) 전파속도(propagate speed, acoustic velocity)

전파속도는 음파가 매질을 통과하는 속도이며 주파수와 파장의 관계로 보면 다음과 같은 수식이 성립된다.

전파속도(m/s) = 주파수(MHz) × 파장(m)이다.

전파속도를 결정하는 것은 매질이다. 동일 매질에서 음파의 전파속도는 동일하다. 그림 2-15는 연부조직에서의 평균 전파속도를 나타낸 것이다. 연부조직에서 음파의 평균 전파속도는 1,540 m/s이므로 그림 2-15와 같이 1 μs에 1.54 mm, 2 μs에 3.08 mm, 3 μs에 4.62 mm를 진행하게 된다.

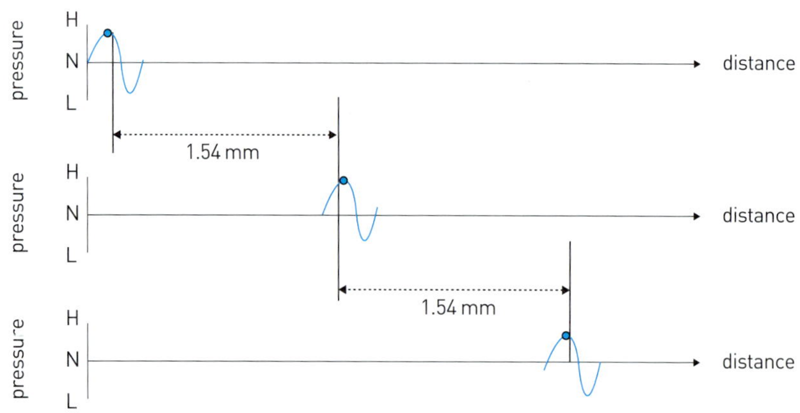

▶ 그림 2-15. 연부조직의 평균 전파속도(1,540 m/s 또는 1.54 mm/μs)

전파속도는 그 매질의 경도와 밀도에 의존한다. 경도는 외부 압력에 대한 저항이고 밀도는 매질의 농도이다. 경도가 높으면 전파속도는 빨라지고 밀도가 높으면 전파속도는 느려지는 특성을 갖는다. 경도는 압축성(compressibility), 탄력성(elasticity), 용적율(bulk modulus) 등과 밀접한 관계가 있다.

(1) 밀도(density)

밀도(ρ)는 단위면적 당 질량수로 매질의 농도이다. 밀도가 높다는 것은 일정 면적에 질량수가 많아 분자가 오밀조밀 한 것을 의미이다. 모든 매질은 근본적으로 원래의 형태를 유지하려는 물리적 성질이 있어 밀도가 증가하면 파가 전파하는데 방해를 받아 빨리 진행하지 못한다. 자동차가 아스팔트를 달릴 때보다 진흙땅을 달릴 때 빨리 갈 수 없는 것과 같다.

(2) 탄력성(elasticity)

탄력성이란 매질에 힘을 주고 난 후, 왜곡 없이 얼마나 빨리 원래의 형태와 용적으로 되돌아오는가 하는 성질이다. 왜곡의 정도는 매질의 탄력과 힘의 강도에 의존한다. 돌과 연부조직의 탄력성을 생각하면 이해가 빠를 것이다. 연부조직에서 초음파는 주위 분자의 압축과 이완의 정도에 따라 탄력 변형이 발생한다.

(3) 압축성(compressibility)

압축은 매질의 또 다른 물리적 특성을 나타낸다. 압축성은 어떤 매질에 압박을 가할 때 부피가 약간 줄어드는 성질로써 압축성이 높은 매질은 부피가 쉽게 변한다. 어떤 매질이 일정한 용적을 가졌다고 가정할 때, 전파속도는 그 매질의 압축성의 제곱에 반비례한다. 이런 의미로 볼 때 전파속도는 매질의 용적률과 비례 관계에 있다. 뼈와 고체성 매질은 압력을 가해도 부피가 줄어들지 않기 때문에 전파속도가 빠르다. 그에 반해 공기는 분자 사이가 멀리 떨어져 있어 쉽게 부피가 줄어들기 때문에(높은 압축성) 초음파가 전파하기 어렵다. 이와 같이 전파속도는 매질의 밀도와 압축성에 밀접하게 의존하는 것을 알 수 있다.

(4) 용적률(bulk modulus)

용적률은 압박(stress)과 긴장(strain)의 반 비율(negative ratio)로 정의한다. 압박은 매질에 전달되는 단위 면적 당 힘(force)이다. 긴장은 단편적인 부피의 변화이다. 매질에 힘이 가해지면 저항의 변화로 부피가 커져 용적율이 증가한다. 용적률이 증가(압축성의 감소)하면 매질의 전파속도가 빨라진다.

이와 같이 전파속도에 관여하는 요소는 여러 가지가 복합적으로 작용한다. 각 매질에 대한 전파속도와 밀도 값은 표 2-2를 참고하기 바란다. 연부조직의 전파속도는 1,459~1,580 m/s로 다양하다. 그래서 연부조직의 평균 전파속도를 1,540 m/s로 가정하고 초음파 진단장치를 제작한다. 그 이유는 전파속도가 일정하지 않으면 영상의 왜곡이 일어나기 때문이다.

표 2-2. 각 매질의 전파속도와 밀도

매질	전파속도(m/s)	밀도(kg/m^3)
공기	330	1.29
허파	660	300
물(20℃)	1,480	1,000
연부조직		
평균	1,540	1,060
지방	1,459	952
간	1,550	1,060
뇌	1,560	994
콩팥	1,565	1,041
지라	1,570	1,045
혈액	1,560	1,058
렌즈	1,620	1,142
근육	1,680	1,068
폴리스틸렌(polystyrene)	2,350	1,060
플라스틱유리(lucite)	2,680	1,180
압전물질(PZT)	3,791	7,650
두개골	4,080	1,912

5) 진폭

진폭은 최고치에서 기선치를 뺀 값으로 음향변수 중 최대 변수이다. 단위는 pressure(Mpa)를 사용한다. 그림 2-16의 진폭은 2 Mpa이다

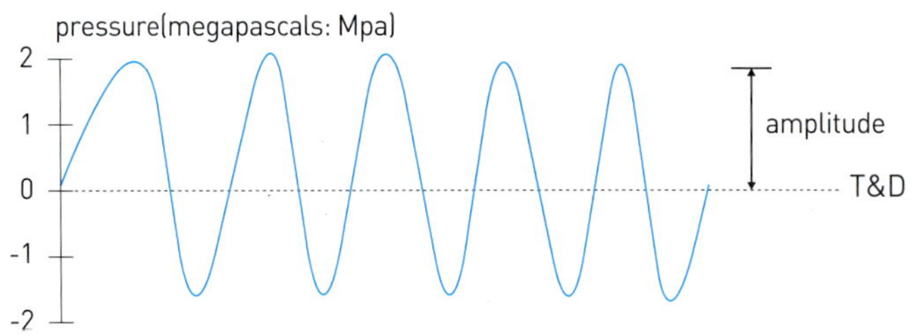

▶ 그림 2-16. 진폭

6) 강도

강도는 음파의 힘을 음속면적으로 나눈 값으로 단위는 W/cm^{2}이다. 강도는 진폭의 제곱에 비례하고 매질의 밀도와 전파속도에 반비례한다. 이것을 수식으로 나타내면 아래와 같다.

강도 $I = \dfrac{p^2}{2\rho c}$ p : 진폭의 크기, ρ : 매질의 밀도, c : 전파속도

그림 2-17은 빛의 집속과 음의 집속을 비교하여 나타낸 것이다. 그림(a)에서 볼록렌즈를 사용해 빛의 강도를 높이면 종이를 태울 수 있는 것과 마찬가지로 그림(b)와 같이 음을 집속하면 집속 부분에서 높은 강도를 얻게 된다. 이와 같은 방법으로 음속을 집속하면 강한 반사파를 수신할 수 있을 뿐 아니라 분해능을 향상할 수 있다.

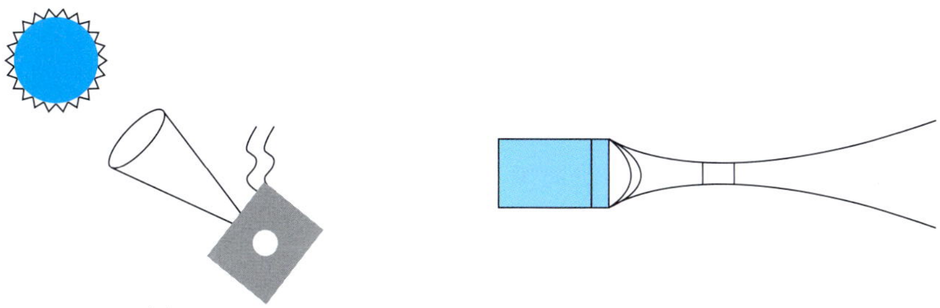

(a) (b)

▶ 그림 2-17. 빛의 집속(a)과 음의 집속(b)

초음파 프로브에서 발생한 음속은 일정한 면적을 가지고 진행한다. 그림 2-18(a)는 선속의 강도 분포를 나타낸 것이다. 음속은 가장 좁은 면적을 나타낸 곳에서 가장 높은 강도 분포를 보이다가 진행하면서 점차 강도가 낮아진다. 마치 랜턴의 중심부는 밝고 주변부로 갈수록 어두워지는 것과 같이 선속의 중앙에서 가장 높은 강도 분포를 보이고 주변부에서 점차 강도가 낮아진다. 이때 강도가 가장 높은 부분을 공간피크강도(spatial peak intensity)라고 한다. 이러한 강도 분포를 단면으로 처리하면 그림 2-18(b)와 같이 강도가 가장 높은 공간피크강도(spatial peak intensity)와 공간평균강도(spatial average intensity)를 나타낼 수 있다. 또한 초음파 선속이 진행하는 것을 시간의 개념을 생각하면 그림 2-19에서와 같이 시간피크강도(temporal peak intensity)와 시간평균강도(temporal average intensity)로 나타낼 수 있다. 시간피크강도는 초점 부위에 해당하는 시간대이며 시간평균강도는 강도가 없는 펄스 사이 부분과 피크강도를 평균한 값이다.

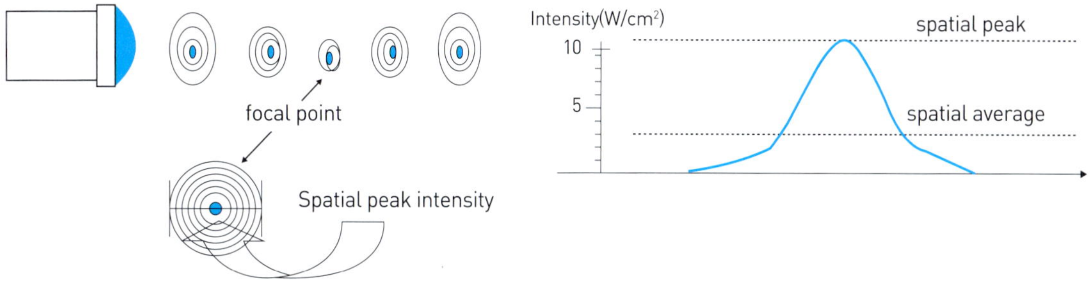

(a) (b)

▶ 그림 2-18. 선속의 강도 변화 단면

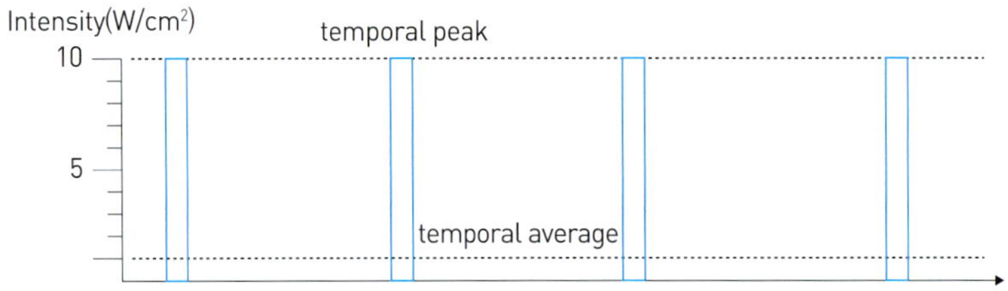

▶ 그림 2-19. 강도 대 시간 펄스초음파

초음파진단에 사용하는 펄스는 발신과 송신으로 이루어지는 펄스파(pulse wave)를 사용한다. 펄스파는 그림 2-20(a)와 같은 형태이며 펄스 안에서의 강도는 일정치 않아 펄스 초기에는 강하고 펄스 말기에는 감소하는 강도 분포를 나타낸다.

아래에 나타낸 PA는 펄스평균강도(pulse average intensity), TA는 시간평균강도(temporal average intensity), TP는 시간파크강도(temporal peak intensity)를 의미한다. 이와 같이 초음파 선속의 강도는 공간과 시간, 그리고 펄스 안에서 각각의 강도 분포 차이를 보이며, 이를 각각 최고강도(peak intensity)와 평균강도(average intensity)로 대비하여 살펴보면 아래와 같은 강도 분포로 나타낼 수 있다.

공간평균-시간평균(spatial average-temporal average, SATA)
공간피크-시간평균(spatial peak-temporal average, SPTA)
공간평균-펄스평균(spatial average-pulse average, SAPA)
공간피크-펄스평균(spatial peak-pulse average, SPPA)
공간평균-시간피크(spatial average-temporal peak, SATP)
공간피크-시간피크(spatial peak-temporal peak, SPTP)
그리고 이들에 대한 각각의 강도 분포를 계산해 낼 수 있다.
예를 들어 SPPA가 500 mW/cm^2, 충격계수(duty factor)가 2%(0.02)일 때 SPTA의 강도는?
SPTA 강도 = SPPA 강도 × duty factor = 500 × 0.02 = 10 mW/cm^{2}이다.

또한 SPTP가 6 W/cm^2, SPPA가 2 W/cm^{2}이고, duty factor가 1%라면 SPTA는?
SPTA 강도 = SPPA 강도 × duty factor = 2 × 0.01 = 0.002 W/cm^2 = 20 mW/cm^{2}이다.

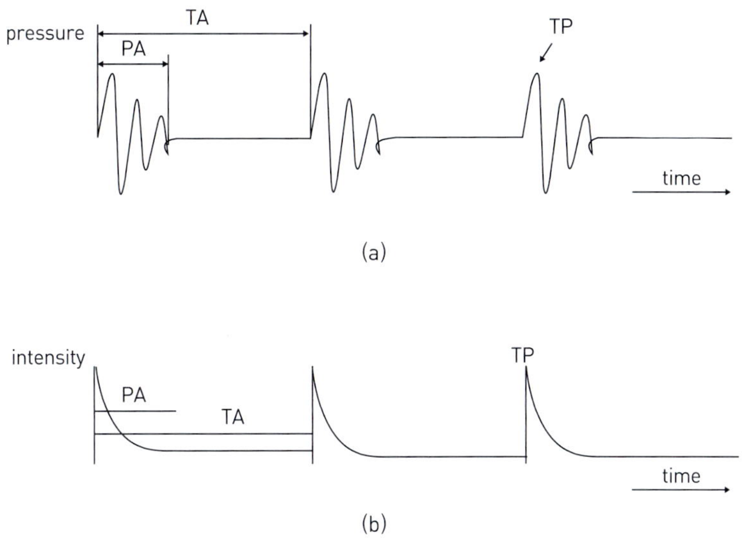

▶ 그림 2-20. damping pulse intensity

핵심문제 및 해설

아래의 문항에서 가장 알맞은 답가지 하나를 고르시오.

문항 01 소리 구성의 3대 요소인 것은?

① 음압, 밀도, 온도 ② 음원, 매질, 검출
③ 높낮이, 강도, 음색 ④ 주파수, 주기, 파장
⑤ 강도, 진폭, 전파속도

해설 소리의 3대 구성요소는 매질(object), 음원(sound wave), 검출(detector)이다. 소리는 음원에서 발생하고 매질을 통해 전달되며 검출되어 인식된다.

문항 02 음파의 진행 방향과 입자운동이 같은 파의 운동은?

① 종파 ② 횡파 ③ 측면파
④ 지진파 ⑤ 반사파

해설 종파는 파의 진행 방향과 입자운동이 같은 파의 운동을 말하며 유체(流體)에서 잘 전달되기 때문에 초음파검사에 활용한다.

문항 03 주파수의 단위는?

① dB ② Hz ③ mm/s
④ W/cm^2 ⑤ cycle/s

해설 소리세기의 단위는 dB, 전파속도의 단위는 mm/s, 강도의 수식은 W/cm^2, 주파수의 수식은 cycle/s이다.

문항 04 초음파진단에 사용하는 파동의 형태는?

① 종파 ② 횡파 ③ 측면파
④ 지진파 ⑤ 반사파

해설 초음파진단에 사용하는 파동은 유체(流體)에서 전달 특성이 양호한 종파를 사용한다.

정답 1. ② 2. ① 3. ② 4. ①

문항 05 음파의 굴절을 좌우하는 요소는?

① 밀도 ② 강도 ③ 주기
④ 주파수 ⑤ 전파속도

해설 굴절은 전파속도가 다른 두 매질 사이에서 발생한다.

문항 06 음향변수인 것은?

① 주기 ② 파장 ③ 음압
④ 주파수 ⑤ 전파속도

해설 음향변수는 음압, 밀도, 온도, 입자운동 등이다.

문항 07 음파의 변수인 것은?

① 음압 ② 밀도 ③ 온도
④ 입자운동 ⑤ 전파속도

해설 음파 변수는 주파수, 주기, 파장, 진폭, 전파속도 등이다.

문항 08 인체 연부조직을 3.5 MHz 프로브로 주사하였을 때의 파장(mm)은?

① 0.22 ② 0.33 ③ 0.44
④ 0.55 ⑤ 0.66

해설 파장 $= \frac{\text{전파속도}(mm/\mu s)}{\text{주파수}(MHz)} = 1.54(\text{mm}/\mu\text{s})/3.5(\text{MHz}) = 0.44$ mm이다.

문항 09 10 MHz의 주기는?

① 0.1 s ② 0.2 s ③ 0.3 s
④ 0.1 μs ⑤ 0.2 μs

해설 주기$(\mu s) = \frac{1}{\text{주파수}(MHz)} = 1/10 = 0.1$

정답 5. ⑤ 6. ③ 7. ⑤ 8. ③ 9. ④

문항 10 연부조직의 평균전파속도(mm/㎲)는?

① 1,45 ② 1,54 ③ 1,65
④ 1,74 ⑤ 1,85

해설 전파속도를 결정하는 것은 매질이다. 각 매질의 전파속도는 다르다. 연부조직의 평균전파속도는 1,540 m/s=1.54 mm/㎲이다.

문항 11 음향변수 중 최대 변수는?

① 주기 ② 파장 ③ 진폭
④ 주파수 ⑤ 전파속도

해설 음향변수 중 최대 변수는 진폭이며, 단위는 pressure(Mpa)이다.

문항 12 매질과 전파속도의 연결이 올바른 것은(m/s)?

① 물 330 ② 공기 1480 ③ 간 1,550
④ 두개골 1,580 ⑤ 근육 4,080

해설 공기 330 m/s, 물 1,480 m/s, 근육 1,580 m/s, 두개골 4,080 m/s

문항 13 강도 $I=\frac{p^2}{2\rho c}$이다. ρ와 c의 의미는?

① 진폭과 밀도 ② 경도와 주기 ③ 파장과 주파수
④ 밀도와 전파속도 ⑤ 탄성력과 압축력

해설 강도는 음파의 힘을 음속면적으로 나눈 값으로 단위는 W/cm^{2}이다. 강도는 진폭의 제곱에 비례하고 매질의 밀도와 전파속도에 반비례한다.

문항 14 공간피크-펄스평균(SPPA)가 300 mW/cm^2, 충격계수가 2%일 때 공간피크-시간평균(SPTA)의 강도는?

① 2 mW/cm^2 ② 4 mW/cm^2 ③ 6 mW/cm^2
④ 8 mW/cm^2 ⑤ 10 mW/cm^2

해설 SPPA 강도=SPPA 강도×duty factor=300×0.02=6 mW/cm^{2}이다.

정답 10. ② 11. ③ 12. ③ 13. ④ 14. ③

문항 15 초음파의 전파속도를 좌우하는 것은?

① 게인 ② 매질 ③ 출력
④ 주파수 ⑤ 프로브

해설 매질마다 전파속도는 다르다. 예를 들어, 공기는 330 m/s, 물 1,480 m/s, 연부조직의 평균전파속도는 1,540 m/s이다.

문항 16 매질을 전파하면서 양적인 변화를 갖는 것은?

① 주기 ② 파장 ③ 주파수
④ 전파속도 ⑤ 입자운동

해설 음파가 매질을 전파하면서 양적인 변화를 갖는 것을 음향변수라고 한다. 음향변수는 음압, 밀도, 온도, 입자운동 등이다. 음파변수는 주기, 파장, 주파수, 전파속도 등이다.

문항 17 음파 진폭의 제곱에 비례하는 것은?

① 주기 ② 강도 ③ 파장
④ 주파수 ⑤ 전파속도

해설 강도 $I = \frac{p^2}{2\rho c}$이다. p: 진폭의 크기, ρ: 매질의 밀도, c: 전파속도

문항 18 초음파 전달속도가 가장 빠른 것은?

① 뼈 ② 공기 ③ 근육
④ 지방 ⑤ 콩팥

해설 공기 330 m/s, 지방 1,459 m/s, 콩팥 1,560 m/s, 근육 1,580 m/s, 뼈 4,080 m/s

문항 19 초음파의 전파속도를 나타내는 수식은?

① 사이클수 ÷ 1초 ② 전파속도 ÷ 주파수
③ 주파수 × 파장 ④ 감쇠계수 × 통과거리
⑤ 펄스중의 사이클 수 × 파장

해설 전파속도(m/s) = 주파수(MHz) × 파장(m)이다.

정답 15. ② 16. ⑤ 17. ② 18. ① 19. ③

제3장

초음파의 물리적 특성

수업 목표

1. 초음파와 가청영역을 설명할 수 있어야 한다.
2. 초음파의 특성을 설명할 수 있어야 한다.
3. 초음파의 전파 특성을 설명할 수 있어야 한다.
4. 펄스반복주파수와 펄스반복주기를 설명할 수 있어야 한다.
5. 펄스폭과 충격계수를 설명할 수 있어야 한다.
6. 공간펄스길이를 설명할 수 있어야 한다.
7. 초음파의 반사파 강도를 좌우하는 요소를 설명할 수 있어야 한다.
8. 인체에서 초음파 산란을 발생시키는 요소를 설명할 수 있어야 한다.
9. 스넬의 법칙을 설명할 수 있어야 한다.
10. 임피던스의 의미와 각 매질의 임피던스를 알아야 한다.
11. 연부조직의 감쇠와 감쇠계수를 설명할 수 있어야 한다.
12. 각 매질의 감쇠계수를 알아야 한다.
13. 투과심도와 영상투과심도를 설명할 수 있어야 한다.
14. 3 dB rule을 설명할 수 있어야 한다.
15. 13 ㎲/cm rule을 설명할 수 있어야 한다.

01 초음파의 특성

1) 초음파와 가청영역

일반적으로 20,000 Hz 이상의 주파수를 갖는 주기적인 음압은 사람이 들을 수 없는 높은 주파수로써 초음파(ultrasound)라고 정의한다. 또한 사람이 들을 수 없는 20 Hz 이하의 주파수를 초저주파 불가청음 또는 외음파(infrasound)라고 한다. 보통 사람이 들을 수 있는 소리의 범위는 20~20,000 Hz이다. 이것을 가청영역(audible sound)이라 한다. 각각의 음파 영역은 그림 3-1과 같다.

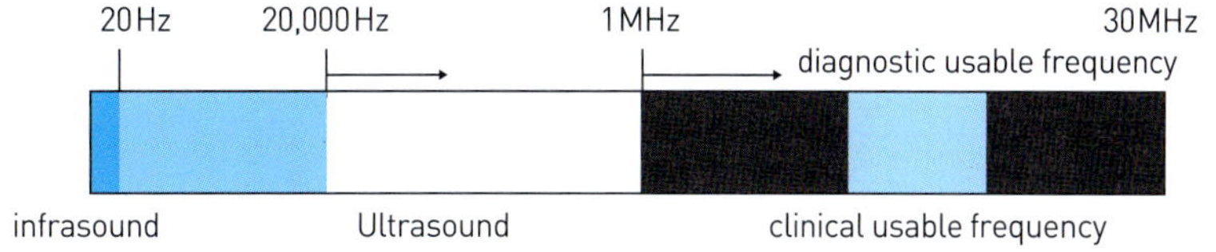

▶ 그림 3-1. 음파 영역

보통 18,000 Hz 이상이 되면 기기의 마모 음과 같이 매우 날카로운 소리가 나며 그 이상으로 주파수가 높아지면 들리지 않는다. 그러나 그림 3-2와 같이 국한된 일부 동물들은 초음파를 발신하고 반사파를 수신해 먹이를 찾거나 정보를 교환하기도 한다. 박쥐는 어두운 곳에서 100 KHz까지의 초음파를 감지해 활동하는 대표적인 동물이고 고래는 초음파를 들을 수 있을 뿐 아니라 소나(sonar) 시스템을 이용해 멀리 떨어져 있는 동료들과 정보를 교환한다. 과거에 쓰나미(tsunami)로 많은 사람이 희생됐을 때 이것을 사전에 감지한 개와 쥐 등의 동물들은 일찌감치 피신했다. 아직 확실히 밝혀지지는 않았지만 이러한 일부 동물들은 사람이 인지하지 못하는 소리와 감각을 가진 것이 분명하다.

▶ 그림 3-2. 초음파 인지 동물들

초음파검사에 사용하는 주파수는 MHz(10^6 Hz) 단위이다. 임상에서 초음파 진단에 사용하는 주파수의 범위를 유효주파수대역(diagnostic usable frequency)이라고 하는데, 이는 1~30 MHz 정도이다. 물론 실험용으로 30 MHz 이상의 초고주파수를 사용하기도 한다. 그러나 임상에서 환자 진단에 흔히 사용하는 주파수(clinical usable frequency)는 3.5~10.0 MHz이다. 그림 3-3과 같이 성인의 복부 초음파검사는 대부분 3.5~5.0 MHz가 사용되고, 갑상선, 유방, 고환 등의 표재

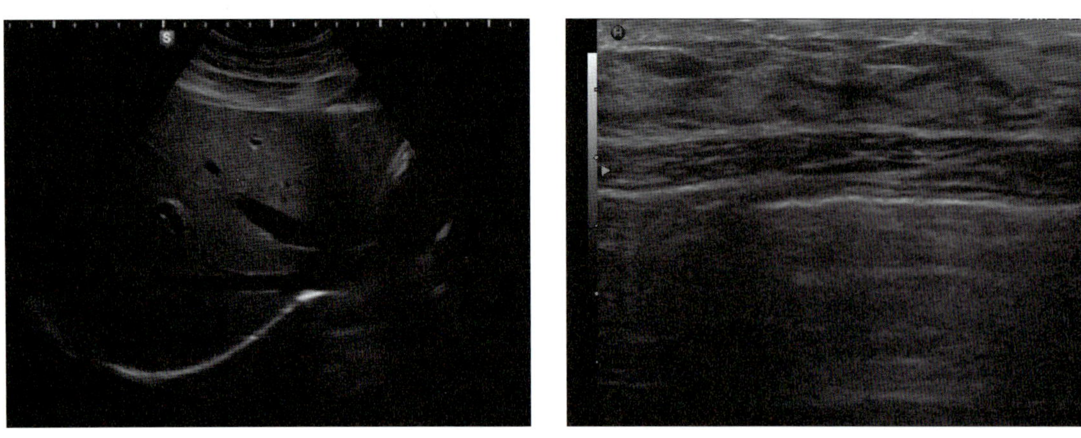

(a) (b)

▶ 그림 3-3. 주파수대별 검사부위(a: 복부(간), b: 표재성장기(유방))

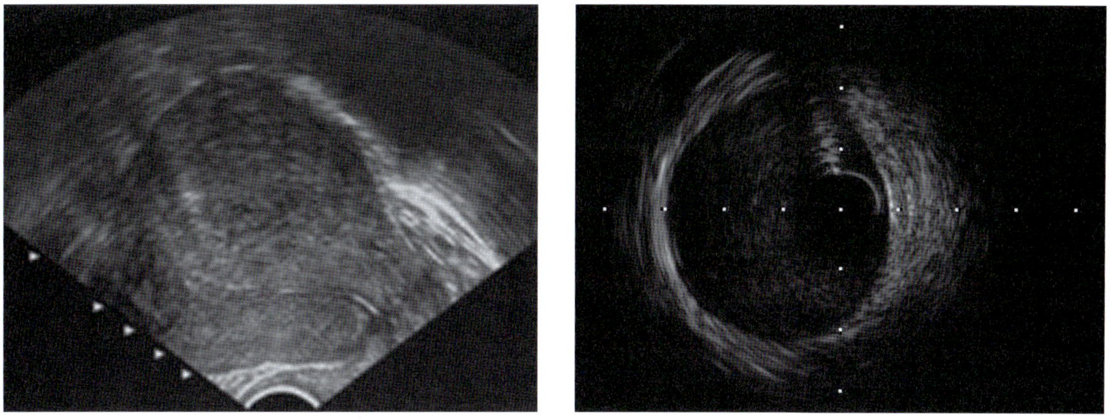

(c) (d)

▶ 그림 3-3. 주파수대별 검사부위(c: 체내초음파(자궁), d: 혈관내 초음파(심장동맥)) (계속)

성장기(superficial organ)는 7.5~10.0 MHz를 사용하며, 자궁, 난소, 전립선 등의 체내초음파검사는 10.0 MHz 정도를 사용한다. 그러나 심장동맥 경화 형태를 관찰하기 위해 혈관내초음파검사(intravascular ultrasound, IVUS)를 시행할 때는 30 MHz를 사용한다.

2) 초음파의 특성

초음파는 매질을 전파할 때 파형으로 이동하는 파동 에너지이다. 이 에너지는 이동하면서 양적인 변화를 일으키고 열로 변환하여 점차적으로 소멸한다. 이와 같이 양적인 변화를 일으키는 요소를 음향변수라고 한다. 음향변수는 이미 2장에서 설명하였다. 초음파의 전파속도는 매질에 의해서 좌우된다. 그림 3-4는 초음파 전파속도의 전달 특성을 나타낸 것으로, 공기 중에서 항상 330 m/s 속도로 전달된다. 종소리가 강하면 즉, 주파수가 높으면 빨리 전달되고 종소리가 약하면 즉, 주파수가 낮으면 늦게 전달되는 것이 아니다. 만약에 전파속도가 매질에 의존하지 않고 주파수에 의존한다면, 우리는 오케스트라 연주의 화음을 감상할 수 없을 것이다. 또한 종파는 인체 내에서 잘 전달되는 특징이 있다. 그래서 초음파를 발생시키는 프로브를 고안할 때 기계적으로 종파를 발생하도록 제작한다.

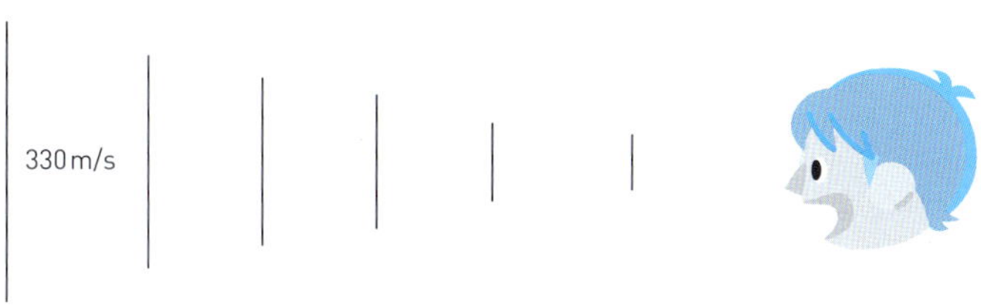

▶ 그림 3-4. 초음파의 전달 특성

초음파의 특성을 요약하면 다음과 같다.

(1) 질량은 없으나 한 곳에서 다른 곳으로 이동할 때 에너지를 갖는다.

(2) 양적인 변화를 갖는다.

(3) 전파속도를 결정하는 것은 매질이다.

(4) 기계적 종파(mechanical longitudinal wave)이다.

3) 초음파의 성질

초음파는 빛과 유사한 성질을 갖는다. 초음파는 보이지 않으므로 물리적 성질을 이해하는데 어려움이 있다. 빛의 성질을 이해하면 초음파를 이해하는 데 도움이 된다. 초음파 에너지는 매질을 통과하면서 빛과 유사하게 반사, 산란, 굴절, 간섭, 회절 등의 일으킨다. 빛이 투과하지 못하면 그림자가 생기고, 상대적으로 많이 투과하면 빛의 반사가 증가하는 것처럼, 초음파가 투과하지 못하면 소리음영(acoustic shadow)이 생기고 상대적으로 투과를 많이 한 부분의 뒤에 소리증강(acoustic enhancement) 현상이 생긴다.

초음파 영상으로 가장 잘 나타낼 수 있는 것은 액체이고, 또한 그 안에 존재하는 물질들이다. 액체는 동일 매질이면서 감쇠계수가 0.002 dB/cm로 낮고 초음파 에너지가 잘 전파하여 균질한 검은 색의 영상을 나타낸다. 그래서 쓸개 또는 방광 안에 있는 병변은 98% 이상 찾아낼 수 있다. 그림 3-5(a)는 방광에 물을 채워 그 뒤에 있는 자궁을 주사(scanning)한 것이다. 이와 같이 물은 초음파 흡수계수가 적기 때문에 음향창(sonic window)으로 활용한다. 뼈의 전파속도는 약 4,080 m/s이고 감쇠계수는 20 dB/cm이다. 이는 연부조직의 감쇠계수가 0.7~1.0 dB/cm인 것을 감안하면 매우 높은 것이다. 그래서 뼈의 표면에서 초음파는 진행하지 못하고 강하게 반사한다. 강하게 반사한 뒤에는 음영(shadow)이 생긴다. 그림 3-5(b)는 간초음파 영상으로 갈비뼈로 인해 후방음향음영(posterior acoustic shadow)이 나타난 것이다. 초음파는 기체를 잘 통과하지 못한다. 그래서 위 · 장관은 초음파검사가 어렵다. 하지만 최근에는 이것을 역이용해 위 또는 대장

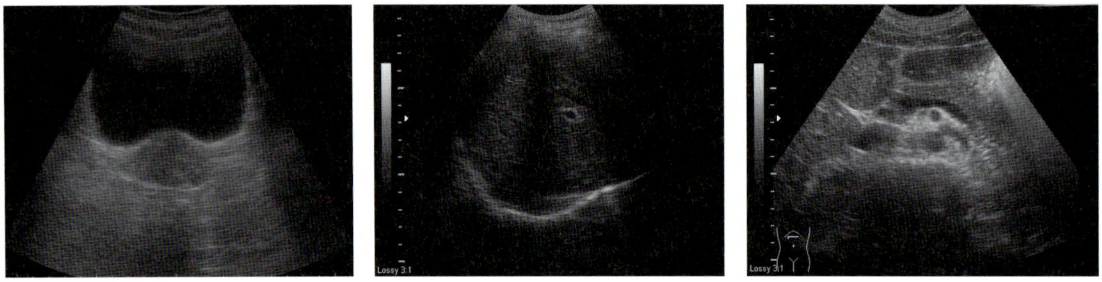

(a) (b) (c)

▶ 그림 3-5. 액체(a), 고체(b), 기체(c)에서의 초음파 영상 변화

초음파검사를 시행하기도 하지만 근본적으로 한계가 있다. 그림 3-5(c)는 이자를 주사한 영상으로 샘창자 가스로 인해 이자꼬리(pancreas tail) 부분이 보이지 않고 있다. 초음파는 주파수가 높을수록 파장이 짧아져 몸 안에서 많이 흡수된다. 그래서 복부는 3.5 MHz를 사용하고 표재성장기는 10.0 MHz를 사용한다.

초음파의 전파 특성을 요약하면 다음과 같다.

(1) 빛과 유사하게 반사, 산란, 굴절 등의 현상이 일어난다.

(2) 액체와 고체는 잘 전파한다.

(3) 기체는 전파가 어렵다.

(4) 뼈와 석회화의 표면에서 강하게 반사한다.

(5) 주파수가 높을수록 체내에서 잘 흡수되어 깊은 곳까지 도달하지 못한다.

4) 초음파검사의 장점

영상의학과에서 실시간으로 동영상을 관찰하는 방법은 투시촬영과 초음파검사 두 가지이다. 하지만 투시촬영은 방사선 피폭의 우려가 있을 뿐 아니라 단면상을 볼 수 없다. 초음파진단장치는 실시간으로 단면상은 물론 4차원 영상을 제공한다. 또한 초음파는 인체에 해가 없어 추적검사(fallow up check)가 용이하고 상대적으로 시간이 많이 소요되는 인터벤션(sonoguide intervention)을 하기에 적합하다. 엑스선을 이용해 실질장기나 혈관을 보려면 조영제를 사용하여야 한다. 초음파는 조영제를 사용하지 않고 실질장기는 물론, 혈관과 쓸개관 등을 관찰할 수 있을 뿐 아니라 도플러초음파로 혈류 동태와 함께 혈류 역학적 정보(hemodynamic information)를 얻을 수 있는 장점이 있다. 그래서 과거에 복부검사가 주류를 이루던 것이 현재는 심장, 혈관, 신생아 머리, 위 · 장관계, 골관절계까지 거의 모든 부위를 시행하고 있다. 그리고 초음파진단장치는 CT나 MRI에 비해 가격이 저렴하고 장치가 작아 설치 공간에 제약이 없어 종합병원은 물론 개인병원, 검진센터 등 거의 모든 병 · 의원에서 이용하고 있다.

초음파검사의 장점을 요약하면 다음과 같다.

(1) 국소 단면상을 실시간으로 관찰할 수 있다.

(2) 조영제를 사용하지 않고 실질장기, 심 · 혈관, 쓸개관 등을 볼 수 있다.

(3) 도플러초음파로 혈류 역학적 정보를 얻을 수 있다.

(4) 3차원 입체상과 입체 동영상을 실시간으로 얻을 수 있다.

(5) 인체에 장애가 없다.

(6) 비 침습적이다.

(7) 한 번의 검사로 많은 장기를 검사할 수 있다.

(8) 장치가 작고 이동이 편리하다.

(9) 검사 결과를 즉시 알 수 있다.

02 펄스 초음파(pulse ultrasound)

초음파는 시간상 사이클의 구성에 따라 연속파(continuous wave)와 펄스파(pulse wave)로 구분한다. 그림 3-6과 같이 연속파는 시간의 분리 없이 지속적인 사이클의 연속이 이루어지는 파형이고 펄스파는 사이클의 구성이 시간상 분리된 형태의 파형을 나타낸다. 초음파진단은 심장의 경우 연속파를 사용하기도 하지만 대부분 짧은 펄스파를 사용한다. 펄스파를 사용하는 이유는 발신 초음파에 대한 반사파(수신)정보를 효율적으로 얻기 위한 방법의 하나이다. 펄스 초음파는 펄스반복주파수, 펄스반복주기, 펄스폭, 충격계수, 공간펄스길이 등의 파라미터를 갖는다.

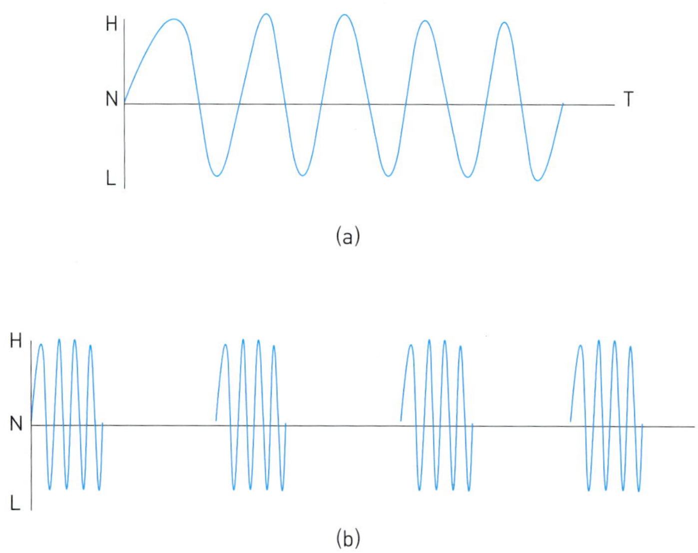

▶ 그림 3-6. 연속파(a)와 펄스파(b)

1) 펄스반복주파수(pulse repetition frequency, PRF)

펄스반복주파수(PRF)는 1초 동안에 발생하는 펄스 초음파의 수이다. 펄스중의 주파수는 연속파의 주파수와 같다. 그림 3-7의 펄스반복주파수는 4 Hz이다. 단위는 Hz, KHz, MHz 등을 사용한다. 1 MHz는 10^6 Hz이다.

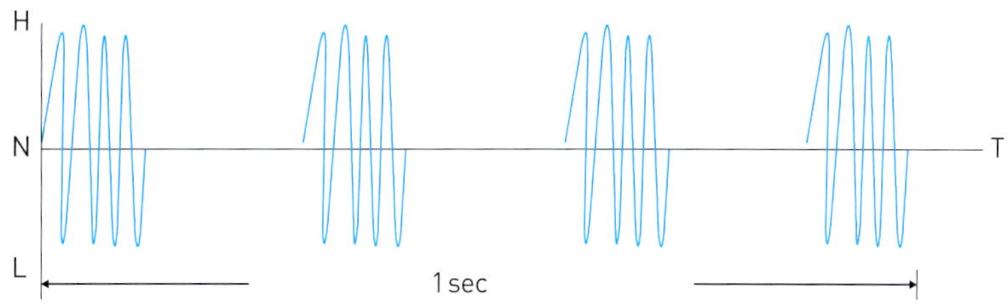

▶ 그림 3-7. 펄스반복주파수

2) 펄스반복주기(pulse repetition period, PRP)

펄스반복주기(PRP)는 시간의 개념이다. 그림 3-8과 같이 하나의 펄스가 시작해서 다음 펄스가 시작될 때까지의 시간이다. 단위는 s와 ms이다. 1 s는 1,000 ms이다. 펄스반복주기는 아래와 같은 수식이 성립된다.

$$\text{펄스반복주기(s)} = \frac{1}{\text{펄스반복주파수}(Hz)}$$

$$\text{펄스반복주기}(\mu s) = \frac{1}{\text{펄스반복주파수}(MHz)}\text{이다.}$$

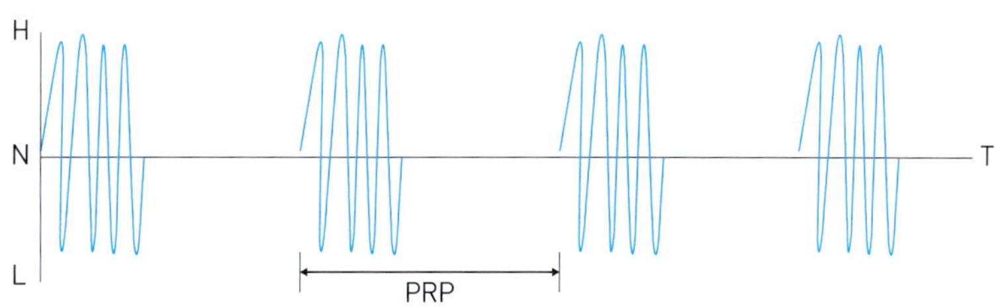

▶ 그림 3-8. 펄스반복주기

3) 펄스폭(pulse duration, PD)

펄스폭(PD)은 시간의 개념이다. 그림 3-9와 같이 한 개의 펄스가 시작해서 끝날 때까지의 시간이다. 단위는 s와 μs이다. 펄스폭은 펄스에서 발생하는 사이클의 수와 주기의 곱으로 나타낸다. 그리고 주기는 주파수의 역수이므로 아래의 수식이 성립한다.

$$\text{펄스폭(s)} = \text{펄스중의 사이클 수} \times \text{주기(s)}$$

$$\text{펄스폭}(\mu s) = \text{펄스중의 사이클 수} \times \text{주기}(\mu s) = \frac{\text{펄스중의사이클 수}}{\text{주파수}(MHz)}\text{이다.}$$

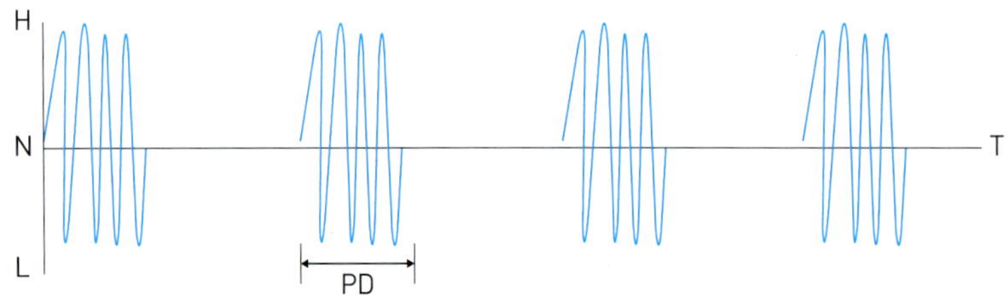

▶ 그림 3-9. 펄스폭

4) 충격계수(duty factor, DF)

충격계수(DF)는 펄스의 형태로 실제 초음파가 작동하고 있는 시간의 분수이다. 즉, 발신과 수신의 합에서 발신이 차지하는 비율을 의미한다. 그러므로 충격계수가 높다는 것은 상대적으로 발신 비율이 높은 것을 의미하며, 음향강도를 높이려면 충격계수를 증가시켜야 한다. 충격계수는 다음과 같은 수식이 성립한다.

$$충격계수 = \frac{펄스폭(s)}{펄스반복주기(s)}$$

$$충격계수 = \frac{펄스폭(\mu s)}{펄스반복주기(ms) \times 1,000}$$ 이다.

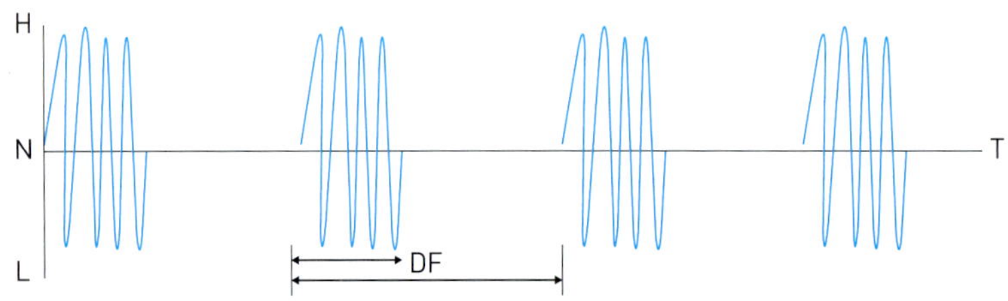

▶ 그림 3-10. 충격계수

5) 공간펄스길이(spatial pulse length, SPL)

공간펄스길이(SPL)는 그림 3-11에서처럼 하나의 펄스가 차지하는 공간의 거리이다. 즉, 공간펄

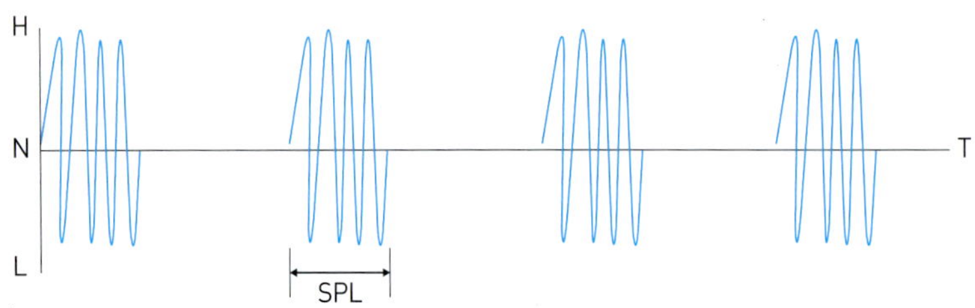

▶ 그림 3-11. 공간펄스길이

스길이는 펄스중의 사이클 수와 파장을 곱한 값이다. 파장은 전파속도를 주파수로 나눈 값이므로 아래의 수식이 성립한다. 단위는 m와 mm이다. 공간펄스길이는 거리 분해능과 밀접한 관계가 있다. 거리 분해능을 향상시키기 위해서는 댐핑을 하여 펄스중의 사이클 수를 줄이거나 주파수를 증가시켜 파장을 짧게 한다. 거리 분해능에 대한 자세한 내용은 5장에서 다루기로 한다.

$$\text{공간펄스길이(mm)} = \text{펄스중의 사이클 수} \times \text{파장(mm)}$$

$$\text{공간펄스길이(m)} = \frac{\text{펄스중의 사이클 수} \times \text{전파속도}(mm/\mu s)}{\text{주파수}(MHz)}$$

$$\text{연부조직에서의 공간펄스길이} = \frac{\text{펄스중의 사이클 수} \times 1.54}{\text{주파수}(MHz)}\text{이다.}$$

03 인체에서의 초음파 작용

초음파 영상은 입사한 초음파가 체내에서 반사, 산란, 굴절, 회절 등의 작용으로 초음파 에너지가 변화한 것을 검출하여 영상화 한 것이다. 반사는 주로 임피던스 차에 의해 발생하고 임피던스 차가 많은 조직에서는 초음파 반사량이 많아지고 상대적으로 투과심도가 감소한다. 넓은 의미에서 보면 산란도 반사의 일종이다. 산란파는 초음파 영상의 휘도를 나타내는데 가장 많이 기여한다. 굴절은 초음파가 원래의 진행 방향에서 다른 방향으로 휘는 것을 말하는데, 영상의 휘도에 크게 관여하지 않는다.

1) 반사(reflection)

초음파검사는 반사 에코법의 원리를 이용한 것으로, 반사 정보가 없으면 초음파 영상은 형성되지 않는다. 그림 3-12는 1.5 cm의 지방과 4.0 cm의 콩팥에서 발생한 초음파 반사 경로를 나타낸 것이다. 지방을 통해 입사한 초음파는 콩팥의 앞 경계면(interface)에서 반사를 일으키고 나머지는 계속 진행하여 콩팥 뒤 경계면에서 다시 반사를 일으키며, 나머지는 투과파가 되어 계속 진행한다. 되돌아온 반사파는 다시 콩팥과 지방 사이에서 반사를 일으키고 투과파는 계속 진행하게 된다. 이와 같이 입사한 초음파는 반사와 투과를 반복하면서 진행한다. 여기서 반사는 두 매질의 음향 저항이 존재하는 경계면에서 반사하는 것을 알 수 있는데, 이러한 저항을 음향 임피던스(acoustic impedance)라고 한다. 결국 몸 안에서 반사가 일어나는 중요한 요소는 조직의 임피던스 차이이다. 그러나 반사는 임피던스 외에 초음파가 매질에 입사하는 각도, 반사면의 크기 등에 의해 그 작용이 다르다.

반사파 강도를 좌우하는 인자는 다음과 같다.

- 매질의 음향 임피던스(acoustic impedance)
- 초음파 입사각도(incidence angle)
- 반사면의 크기(reflection plane size)

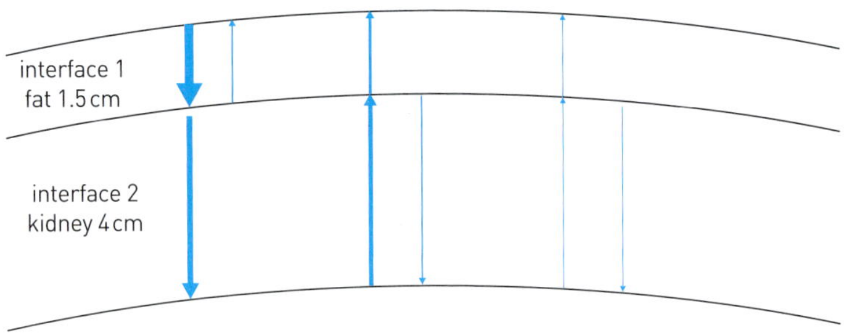

▶ 그림 3-12. 경계면에서의 반사

(1) 음향 임피던스의 차이

음향 임피던스는 매질 안에서 음향의 저항을 의미한다. 음향저항이 크면 반사파 강도가 세지고 음향저항이 작으면 반사파 강도가 약해진다. 음향 임피던스는 매질의 전파속도와 밀도를 곱한 값이다. 그림 3-13의 간 초음파 영상에서 간과 가로막 사이가 선상의 높은 휘도로 보인다. 이것은 간과 허파 그리고 그 사이에 있는 가로막의 임피던스 차가 크기 때문이다. 또한 간 안의 문맥이 흰 띠를 보이는 것은 간 실질과 문맥 벽(portal vein wall)의 임피던스 차에 의해 주위조직 보다 강한 반사파를 형성했기 때문이다.

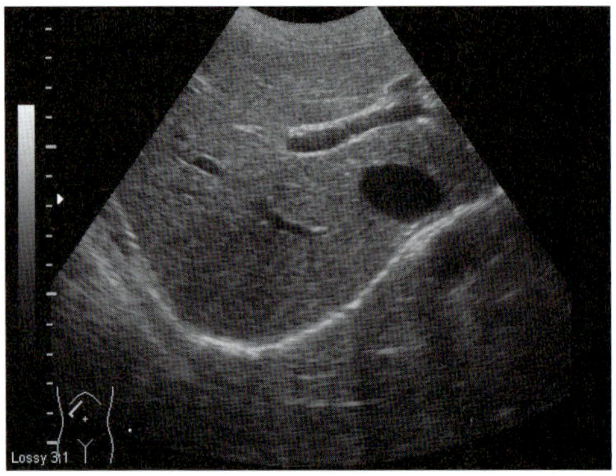

▶ 그림 3-13. 임피던스 차이로 본 간 초음파 영상

(2) 초음파의 입사 방향

입사 방향은 수직입사(direct incidence)와 사입사(oblique incidence)로 구별한다. 수직입사는 초음파가 반사면에 90°를 이루는 입사이고, 사입사는 수직입사가 아닌 모든 입사를 말한다. 반사파 강도는 사입사보다 수직입사에서 강하다. 그래서 초음파검사에서 반사파 강도를 세게 하려면 가능한 관찰 대상 부위에 수직으로 입사하여야 한다. 그림 3-14(a)는 수직입사(a)와 사입사(b)를 나타낸 것이다. (a)는 매질1과 매질2의 경계면에 90°로 입사하여 90°로 반사 한 수직입사이고, (b)는 θi 만큼 비스듬히 입사하여 θr 만큼 반사한 사입사이다. 입사각 θi와 반사각 θr의 각이 같은

경우를 반사라고 한다.

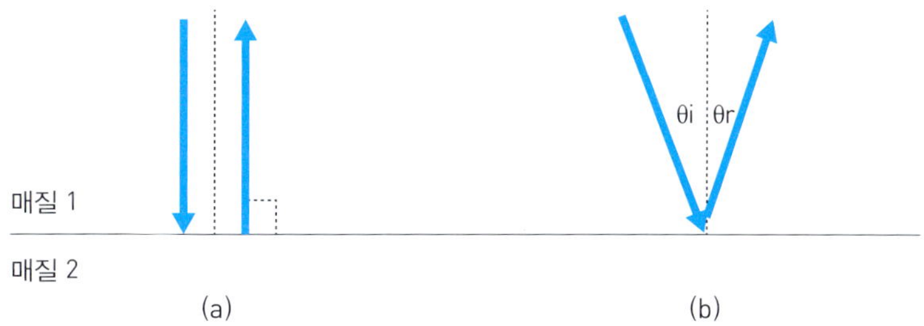

▶ 그림 3-14. 수직입사(a)와 사입사(b)

(3) 반사면의 크기

반사면은 초음파가 매질(반사체)에 접촉하는 면이다. 임피던스가 동일하더라도 반사체 면이 크면 반사파 강도가 증가한다. 벽에 공을 수직으로 던져 튕겨 나올 때의 강도와 비스듬히 던져 튕겨 나올 때의 강도를 비교하면 이해가 될 것이다. 그림 3-15는 쓸개돌의 반사파 강도를 간접적으로 나타낸 경우로써 (a)에 비해 (b)에서 후방음향음영이 짙은 것을 볼 수 있다. 이것은 (a)보다 (b)의 돌이 커서 그 앞면에서 반사파 강도가 강해진 것을 의미한다(돌의 성분이 같다는 가정임). 반사파 강도가 강하면 그 뒤에 후방음향음영이 선명하게 나타난다. 쓸개돌과 같이 모두 반사하고 투과파가 없는 경우를 전반사(total reflection)라고 한다.

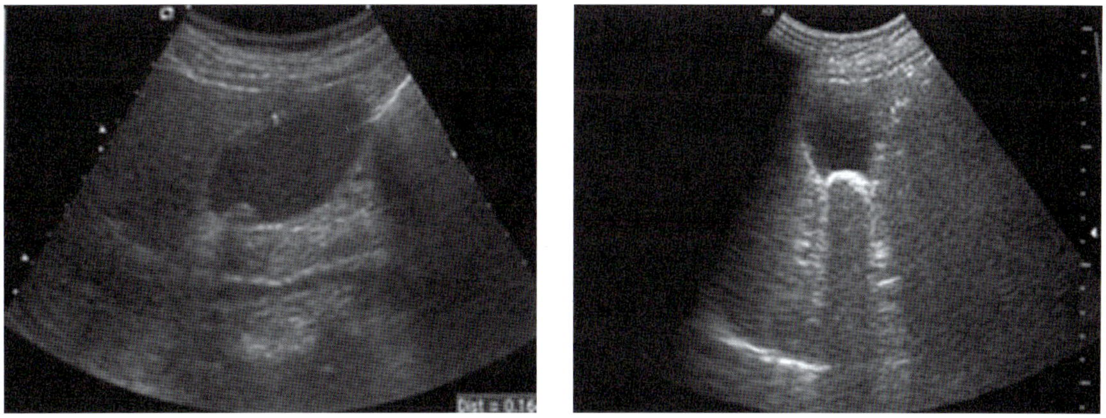

(a) (b)

▶ 그림 3-15. 쓸개돌의 반사면 크기

2) 산란(scattering)

산란은 파의 진행 방향이 여러 방향으로 재 변환하는 것을 말한다. 초음파 영상에서 산란은 가장 중요한 에코 발생원으로써 균질한 영상(homogeneous image)을 나타내게 한다. 산란이 많이 발생하는 경우는 파장보다 작은 반사체에 작용할 때이다. 이때 반사파와 산란파의 간섭으로 흰 점의 반사 에코가 발생하고, 그 점의 크기는 주파수, 그리고 선속의 크기와 대체로 비례한다. 이러한 형태의 산란을 스페클 패턴 또는 스페클 노이즈(speckle pattern, speckle noise)라고 한다. 또한 입사파와 다른 방향으로 퍼지는 성분을 후방 산란(back scattering)이라고 한다. 이러한 산란은 산란체의 크기가 작고 주파수가 높을수록, 단위 부피 당 산란체의 수가 많을수록, 산란 경계면의 임피던스가 클수록, 표면이 거칠수록 일어날 가능성이 높다. 그림 3-16은 산란을 일으키는 예를 형상화한 것으로 (a)와 같이 표면이 균질한 경우는 산란이 일어나지 않고, (b)처럼 표면이 불 균질할 경우에 반사파는 여러 방향으로 분산하여 산란파를 형성하며, (c)와 같이 혈액 안의 혈구에서 산란파는 가장 많이 발생한다.

그림 3-17은 간 초음파 영상이다. 간은 전체적으로 균질한 에코 양상을 보이고 있고 특히 원형의 점선 부분은 전형적인 조직에서의 산란파(scattering from within tissues) 양상을 나타내고 있으며 화살표는 조직과의 경계에코(echoes from tissue boundary)로 혈관 벽의 반사를 나타내고 있다.

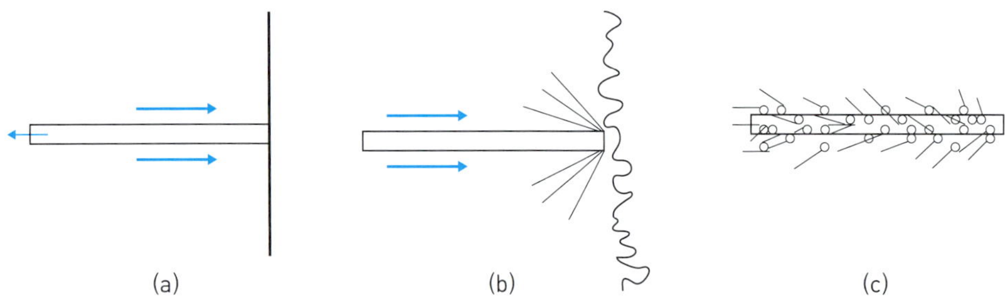

▶ 그림 3-16. 균질(a), 불 균질(b), 부유물질(c)의 산란

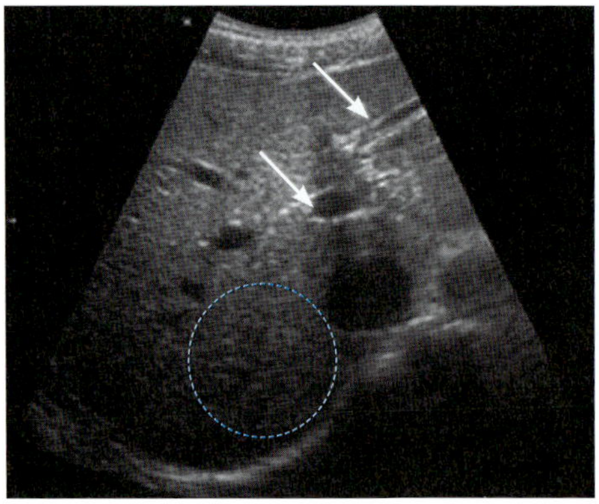

▶ 그림 3-17. 초음파 영상에서의 산란과 반사의 차이

3) 굴절(refraction)

굴절은 입사한 파가 매질의 경계면을 통과할 때 두 매질의 전파속도 차에 의해 파의 진행 방향이 변화하는 것을 말한다. 굴절은 두 매질의 전파속도가 차이 나더라도 수직입사에서는 발생하지 않

는다. 반드시 사입사에서 발생하고 전파속도가 다른 두 매질의 경계면에서 발생한다는 것에 유념하기 바란다. 그림 3-18은 어떤 매질에서의 굴절 현상을 나타낸 것으로 입사각은 θi, 굴절각은 θr로 표시하였다. 매질1에 전파속도가 매질2의 전파속도보다 빠르면 입사각 θi에 비해 굴절각 θr이 작고, 매질1의 전파속도보다 매질2의 전파속도가 빠르면 입사각 θi보다 굴절각 θr이 커진다. 이러한 굴절 현상을 Snell's 법칙이라고 한다. 또한 매질1에 비해 매질 2의 전파속도가 빨라 굴절각이 90°를 이루는 것을 임계각이라고 하고 임계각을 이루는 현상을 Grazing 현상이라고 한다.

매질1의 전파속도 > 매질2의 전파속도 = 입사각 > 굴절각

매질1의 전파속도 < 매질2의 전파속도 = 입사각 < 굴절각

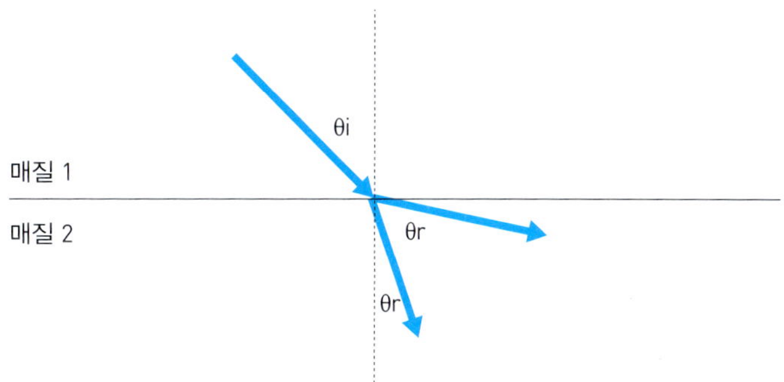

▶ 그림 3-18. 굴절 현상

굴절각은 매질1과 매질2의 전파속도 비에 입사각을 곱하여 산출한다.

예를 들어 매질1의 전파속도가 1.7 mm/μs, 매질2의 전파속도가 1.6 mm/μs이고, 입사각이 20°일 때 굴절각은?

매질1과 매질2의 전파속도 비 $= \frac{1 \cdot 6\ mm/\mu s}{1 \cdot 7\ mm/\mu s} = 0.94$

매질2에서 전파속도 감소 비 = 1 − 0.94 = 0.06 = 6%

굴절각 = 0.94 × 20 = 19°이다.

초음파 영상에서 굴절 현상은 구형 매질(round material)에서 현저하게 나타난다. 낭성 종괴(cystic mass)와 충실성 종괴(solid mass)의 구형 물질에서 굴절은 그림 3-19와 같은 형태를 보인다. (a)는 낭성 종괴가 있는 경우로, 매질 c1에 비해 매질 c2의 전파속도가 느려서 입사각에 비해 굴절각이 작아지고, 낭성 종괴의 가장자리에서 가쪽으로 초음파가 휘어 종괴의 양쪽 가장자리 부분에 음향음영이 발생한다. 이것을 굴절에 의한 측방음영(edge shadow, lateral shadow)이라고 한다. 이에 비해 (b)와 같이 고형성 종괴의 경우, 매질 c1에 비해 매질 c2의 전파속도가 빨라

입사각보다 굴절각이 커지고 종괴의 가쪽에서 안쪽으로 음파가 집속 형태를 이루면서 굴절하게 된다. 하지만 이러한 경우에는 영상의 휘도에 큰 변화가 나타나지 않는다.

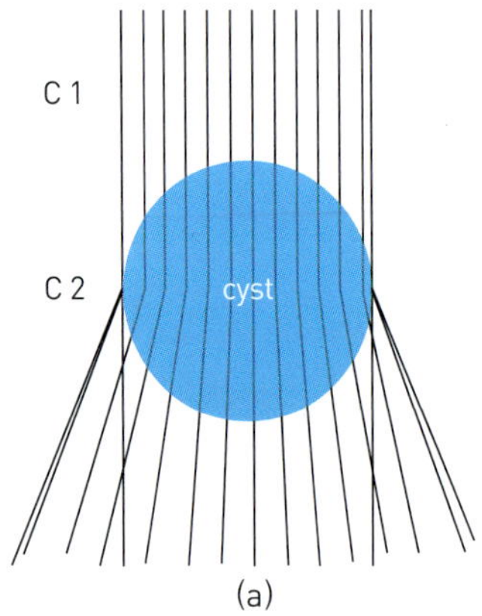

▶ 그림 3-19. 구형 물질에서의 초음파 굴절, 낭성물질(a)과 충실성 물질(b)

4) 임피던스(impedance)

임피던스는 초음파 진행에 대한 매질의 저항이며 매질의 반사 특성은 임피던스에 의해 결정된다. 임피던스는 매질의 밀도와 전파속도를 곱한 값으로 단위는 rayls($kg/m^2/s$)을 사용한다.

$z = \rho \cdot c$

z: 음향 임피던스(acoustic impedance), ρ: 밀도(density), c: 전파속도(propagate speed)

임피던스(rayls) = 밀도(kg/cm^2) × 전파속도(m/s)

그림 3-20은 두 매질 사이에서 일어나는 임피던스의 차이를 보여주고 있다. (a)는 입사파가 콩팥(임피던스 1.62 rayls)과 간(임피던스 1.65 rayls)을 통과할 때 두 매질 간의 임피던스차가 작아 대부분 투과하고 일부분 만 반사하는 것을 볼 수 있다. 그러나 (b)는 물(임피던스 1.48 rayls)과 뼈(임피던스 7.8 rayls)의 임피던스 차가 커서 그 경계면에서 대부분의 초음파가 반사하고 일부분 만 투과하는 것을 알 수 있다.

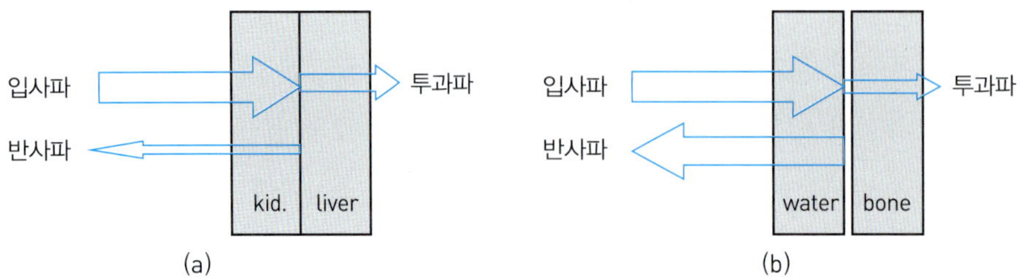

▶ 그림 3-20. 임피던스 차이의 비교(a: 저 임피던스, b: 고 임피던스)

일반적으로 반사강도계수(intensity reflection coefficient)는 반사파에 대한 입사파 강도를 비율로 나타낸다. 또한 투과강도계수(intensity penetration coefficient)는 투과파에 대한 입사파 강도를 나타낸다. 즉, 반사강도계수는 반사파 강도를 입사파 강도로 나눈 값이고, 투과강도계수는 투과파 강도를 입사파 강도로 나눈 값이다. 예를 들어 입사파 강도가 10 mW/cm^2, 반사파강도가 1 mW/cm^{2}일 때 반사강도계수는?

$$\text{반사강도계수} = \frac{\text{반사파강도}(\omega/cm^2)}{\text{입사파강도}(\omega/cm^2)} = \frac{1(\omega/cm^2)}{10(\omega/cm^2)} = 0.1\text{이다.}$$

또한, 입사파 강도가 10 mW/cm^{2}이고, 투과파 강도가 9 mW/cm^{2}일 때 투과강도계수는?

$$\text{투과강도계수} = \frac{\text{투사파강도}(\omega/cm^2)}{\text{입사파강도}(\omega/cm^2)} = \frac{9(\omega/cm^2)}{10(\omega/cm^2)} = 0.9\text{이다.}$$

수직입사인 경우 연부조직에서의 반사강도계수는 다음과 같다.

$$\text{반사강도계수} = \frac{\text{반사파강도}(\omega/cm^2)}{\text{입사파강도}(\omega/cm^2)} = \left[\frac{\text{매질2임피던스} - \text{매질1임피던스}}{\text{매질2임피던스} + \text{매질1임피던스}}\right]^2 \text{이고,}$$

$$\text{투과강도계수} = \frac{\text{투사파강도}(\omega/cm^2)}{\text{입사파강도}(\omega/cm^2)} = 1 - \text{반사강도계수이다.}$$

예를 들어, 매질1의 임피던스가 60 rayls이고, 매질2의 임피던스가 40 rayls일 때 반사파강도계수와 투과파강도계수는?

$$\text{반사파강도계수} = \left[\frac{(60-40)}{(60+40)}\right]^2 = \left(\frac{20}{100}\right)^2 = 0.2^2 = 0.04\text{이고,}$$

$$\text{투과파강도계수} = 1 - 0.04 = 0.96\text{이다.}$$

표 3-1. 매질의 임피던스

매질	임피던스(rayls)
공기	0.004
지방	1.38
물	1.48
콩팥	1.62
연부조직	1.63
간	1.65
머리뼈	7.80
강철	40.0

표 3-1은 매질에 따른 임피던스 값을 나타낸 것이다. 연부조직의 임피던스는 약 1.38~1.65 rayls로 유사한데 반해 공기와 뼈의 임피던스는 연부조직과 많은 차이가 있다. 반사는 주로 임피던스차를 갖는 두 매질의 사이에서 발생하므로 연부조직과 연부조직 사이보다 연부조직과 공기 또는 연부조직과 뼈 사이에서 강한 반사가 일어난다. 복부 초음파검사에서 장내 가스나 갈비뼈가 있으면 대부분 반사하고 투과하지 못하기 때문에 그 뒤에 있는 장기는 나타나지 않는다. 초음파

검사에서 초음파 젤(sonic jelly)을 바르는 것도 프로브 표면과 피부 사이에 있는 공기층을 제거하여 임피던스 차를 줄이기 위한 것이다.

5) 감쇠(attenuation)

사람은 10^{-12} W/m^{2}의 작은 소리부터 1 W/m^{2}의 큰 소리까지 들을 수 있다. 그러나 귀로 듣는 소리의 크기는 파의 세기에 비례하지 않는다. 세기가 크면 소리가 크게 들리기는 하지만 소리가 2배로 크게 들리려면 세기는 10배로 증가되어야 한다. 즉, 파의 세기가 10^{-2} W/m^{2}인 소리는 세기가 10^{-3} W/m^2 인 소리보다 2배로 크게 들리고 10^{-4} W/m^{2}인 소리보다는 4배로 크게 들린다. 이와 같이 귀로 느끼는 소리의 크기와 물리적으로 측정할 수 있는 세기가 다르기 때문에 소리의 크기를 로그눈금으로 표시한다. 이러한 소리의 크기 단위를 벨(B)이라고 하는데, 벨 단위는 너무 커서 일반적으로 소리는 데시벨(dB)로 표시한다. 소리의 세기를 데시벨로 표시한 양을 β라고 할 때 β와 세기 I 는 다음과 같은 수식이 성립한다.

$$\beta(\text{dB단위}) = 10 \log \frac{I}{I_0}$$

여기서 I_0는 기준으로 잡은 세기이며, 로그함수는 그 밑을 10으로 잡은 것이다. I_0는 사람이 들을 수 있는 제일 작은 소리인 $I_0 = 1.0 \times 10^{-12}$ w/m^{2}으로 잡는다. 따라서 $I_0 = 1.0 \times 10^{-10}$ w/m^2 인 소리의 세기는 다음과 같다.

$$\beta = 10 \log \frac{10^{-10}}{10^{-12}} = 10 \log 100 = 20 \text{ dB}$$

일반적으로 우리 주위에서 들리는 소리의 크기는 표 3-2와 같다.

표 3-2. 일반적인 소리의 크기

종류	크기(dB)	세기(w/m^2)
고통의 세기	120	1
록 콘서트	120	1
사이렌	100	1×10^{-2}
종로 거리	70	1×10^{-6}
보통 대화	65	3.2×10^{-6}
속삭임	30	1×10^{-10}
느낄 수 있는 제일 작은 소리	0	1×10^{-12}

이러한 소리들은 매질을 전파하면서 반사, 산란, 흡수, 굴절, 회절 등에 의해 그 진폭과 세기(강도)가 감소한다. 이러한 현상을 감쇠라고 한다. 감쇠는 주로 반사와 산란에 의해 일어나며 초음파 에너지가 조직에 흡수되어 열로 변환하기도 하지만 그 양은 아주 작다. 감쇠의 단위는 dB이다. 매질에서의 감쇠는 매질 고유의 감쇠계수(alpha)와 그것을 통과한 거리(d) 그리고 주파수(f)가 관여한다.

즉, 감쇠(dB) = alpha(dB/cm) × d(cm) × f(MHz)이다.

연부조직에서의 감쇠(dB) = 1/2 × 통과거리(cm) × 주파수(MHz)이므로

감쇠계수(dB/cm) = 1/2 × 주파수(MHz)이다.

표 3-3. 매질의 감쇠계수

매질	감쇠계수(dB/cm)
허파	41
뼈	20
공기	12
근육	3.3
콩팥	1.0
간	0.94
뇌	0.85
지방	0.63
물	0.002

감쇠계수는 단위 길이 당 진폭의 감소를 의미한다. 인체에서의 감쇠계수는 표 3-3을 참고하기 바란다. 콩팥의 감쇠계수를 기준으로 했을 때 다른 실질장기와의 감쇠계수는 거의 유사하나, 공기와 뼈는 감쇠계수가 높고 물은 상대적으로 매우 낮다. 이것은 초음파가 생체를 전파할 때 뼈와 공기는 초음파 에너지의 손실이 커서 잘 진행하지 못하고, 물은 에너지의 손실이 없어 멀리 진행할 수 있다는 의미이다. 허파의 감쇠계수는 41 dB/cm로 매우 높아 초음파검사를 할 수 없다.

그림 3-21은 각기 다른 산란체(반사체)를 사용해 제작한 초음파 조직등가물질(tissue mimicking materials, TMM)을 주사한 것이다. 그림(a) TMM은 감쇠계수가 낮아 15.0 cm까지 균등한 에코 양상을 보이고 있으나 그림(b) TMM은 (a)보다 상대적으로 감쇠계수가 높아 5.0 cm 이하는 급격한 감쇠를 나타내 영상 정보가 없는 검은 영역으로 보인다. 이 검은 영역은 무에코 영역과 다르다.

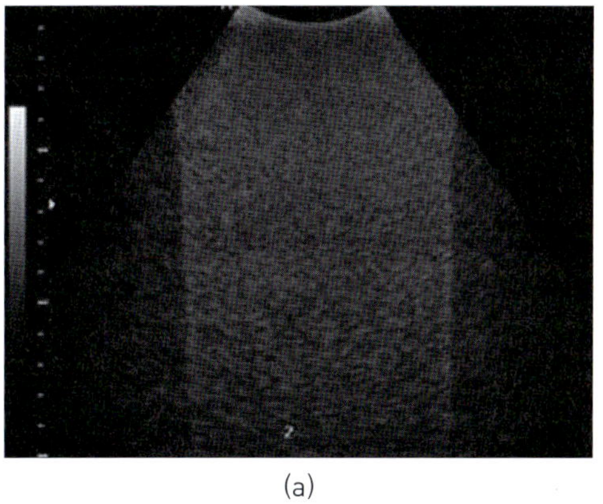

(a)

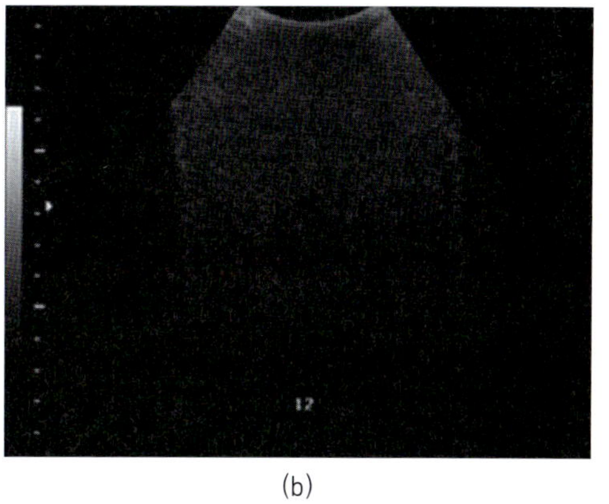

(b)

▶ 그림 3-21. 매질에 따른 감쇠계수의 차이

그리고 그림 3-22는 동일 TMM에 대해 (a)는 4.5 MHz, (b)는 3.5 MHz로 주파수를 변환하여 주사한 것이다. 주파수가 높으면 매질에서 초음파 흡수가 많아져 감쇠가 증가한다. 그래서 (a) 영상은 (b) 영상에 비해 (흡수로 인한) 감쇠계수가 증가하여 10.0 cm 이하에서 저에코 영역을 보이고 (b)영상은 상대적으로 감쇠계수가 적어 15.0 cm까지 대체로 균등한 에코 양상을 보이고 있다. 이와 같이 감쇠계수는 매질과 주파수 특성에 의존한다.

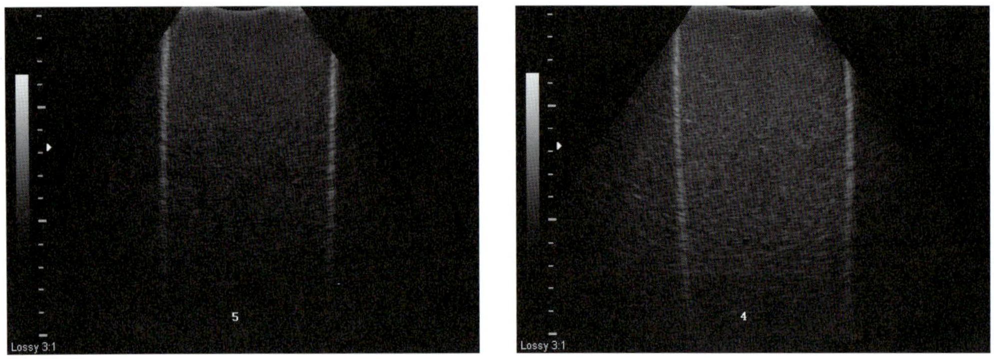

(a) (b)

▶ 그림 3-22. 주파수에 따른 감쇠계수의 차이

6) 투과심도(depth of penetration)

투과심도는 원래의 강도가 50%로 줄어드는 매질의 거리(깊이)이다. 그림 3-23처럼 10.0 mW/cm^{2}의 강도가 매질을 투과하여 3.0 cm 지점에서 원래의 강도에 50%인 5.0 mW/cm^{2}로 감소했다면 이 매질의 투과심도는 3.0 cm이다. 또한 이러한 현상이 계속 진행하여 초음파 영상에서 휘도로 나타낼 수 있는 최대 깊이의 투과심도를 영상투과심도 또는 최대투과심도(maximum depth of penetration)라고 한다.

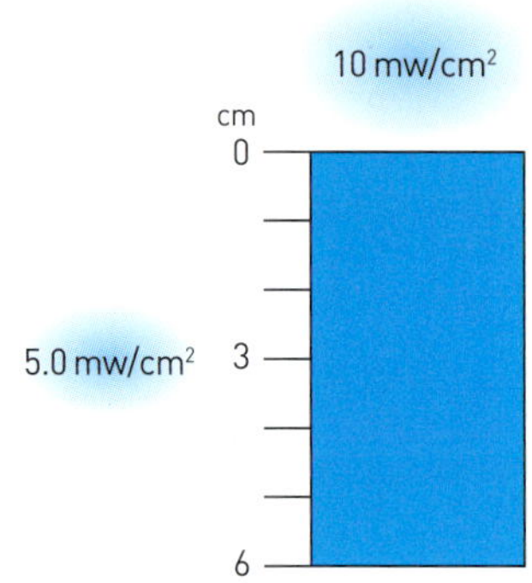

▶ 그림 3-23. 투과심도

$$\text{투과심도(cm)} = \frac{3}{\text{감쇠계수}(dB/cm)} \text{이고,}$$

$$\text{연부조직에서의 투과심도(cm)} = \frac{3}{\text{주파수}(MHz)} \text{이다.}$$

이 수식에서 3은 상수로써 원래의 강도가 반으로 줄어드는 감쇠이다. 표 3-4는 강도 변화에 따라 감쇠가 일어나는 것을 나타낸 것이다. 여기서 3 dB 마다 강도(비)가 반으로 줄어드는 것을 알 수 있다. 이것을 3 dB-rule이라고 한다.

위의 수식에 의하면 연부조직에서 주파수가 증가할수록 투과심도는 감소한다. 이는 주파수가 증가하면 평균감쇠계수가 증가하기 때문이다. 표 3-5는 주파수에 따른 평균 감쇠계수를 나타낸 것으로 연부조직에서 2.5 MHz 주파수로 1.0 cm를 통과하면 원래의 에

표 3-4. 강도 변화에 따른 감쇠

attenuation	intensity ratio	(%) intensity ratio
0	1.00	100
1	0.79	79
2	0.63	63
3	0.50	50
4	0.40	40
5	0.32	32
6	0.25	25
7	0.20	20
8	0.16	16
9	0.13	13
10	0.10	10
20	0.01	1
30	0.001	0.1
40	0.0001	0.01

너지의 21%가 감소하고 10.0 cm 통과하면 90%가 감소한다. 7.5 MHz는 1.0 cm를 통과할 때 58%가 감소하고 10.0 cm를 통과하는 지점에서 대부분 소실되는 것을 알 수 있다.

이렇게 감쇠하여 휘도를 육안으로 식별할 수 있는 최대 깊이의 투과심도를 영상투과심도라고 하는데, 이는 감쇠계수와 반비례 관계에 있다. 표 3-6은 주파수에 따른 영상투과심도를 나타낸 것이다. 일반적으로 성인의 복부초음파검사는 중심주파수 3.5 MHz 프로브를 사용하며, 이때의 영상투과심도는 15.0 cm 정도이다. 이보다 복부 두께가 두꺼운 비만 환자는 주파수를 낮춰 2.5 MHz를 이용하여 영상투과심도를 깊게 한다. 또한 표재성장기는 보통 피하 6.0 cm 이내에 위치하므로 고 주파수인 7.5 MHz 또는 그 이상의 주파수를 사용하여도 충분하다. 여기서 주파수는 환자의 크기나 검사부위에 따라 선택한다는 것을 알 수 있다.

표 3-5. 연부조직에서의 평균감쇠계수

주파수(MHz)	평균감쇠계수(dB/cm)	1 cm 통과감소(%)	10 cm 통과감소(%)
2.5	1.0	21	90
3.5	1.8	34	98
5.0	2.5	44	99.7
7.5	3.8	58	99.98
10.0	5.0	68	99.999

표 3-6. 초음파 주파수에 따른 감쇠와 영상투과심도

주파수(MHz)	감쇠계수(dB/cm)	영상투과심도(cm)
2.5	1.0	30
3.5	1.8	17
5.0	2.5	12
7.5	3.8	8
10.0	5.0	6
15.0	7.5	4

그림 3-24는 임상에서 주로 사용하는 주파수 영역에 대한 영상투과심도를 알기 쉽게 표시하였다.

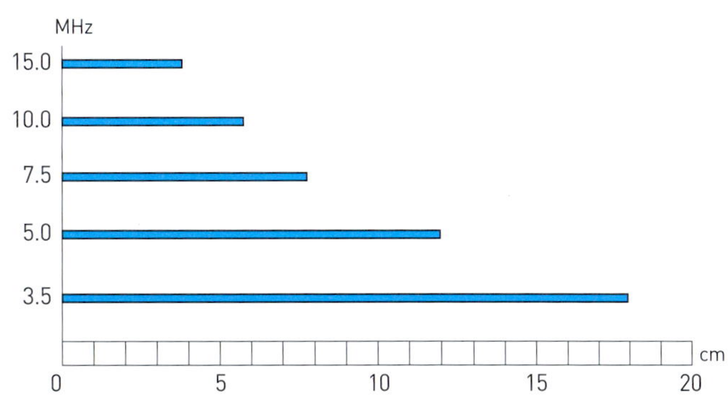

▶ 그림 3-24. 초음파 주파수에 따른 영상투과심도

7) 도달거리(거리방정식, range)

초음파 영상의 구성 요소는 크게 두 가지로 요약할 수 있다. 하나는 지금까지 설명한 바와 같이 반사파 강도에 따른 휘도 분포를 영상에 나타내는 것이고, 다른 하나는 휘도 분포를 주사선상의 정확한 위치에 표시하는 것이다. 위치 정보가 정확해야 실제 장기의 위치와 영상에서의 위치가 일치한다. 이러한 위치 정보를 알기 위해서는 도달거리를 잘 이해하여야 한다. 도달거리는 반사 또는 산란된 반사파의 거리이다. 즉 입사한 초음파가 어떤 반사체까지 도달하는 거리를 의미한다. 예를 들어 그림 3-25에서 기차(a)가 시속 50 km 속도로 (b)지점까지 왕복하는데 4시간이 걸렸다면 총 여행거리는 200 km가 된다. 따라서 (a)지점에서 (b)지점까지의 거리는 총 여행거리의 1/2인 100 km이다. 즉 도달거리는 100 km이다. 이와 같이 시속(전파속도)을 알고 왕복 여행시간을 알면 도달거리를 계산할 수 있다. 마찬가지로 초음파검사에서 연부조직의 평균 전파속도를 알고 초음파가 발신해서 수신되는 시간(왕복 여행 시간)을 알면 반사체까지의 거리를 계산할 수 있다.

즉, 반사체까지의 거리(mm) = 1/2〔전파속도(mm/μs) × 펄스왕복시간(μs)〕이다.

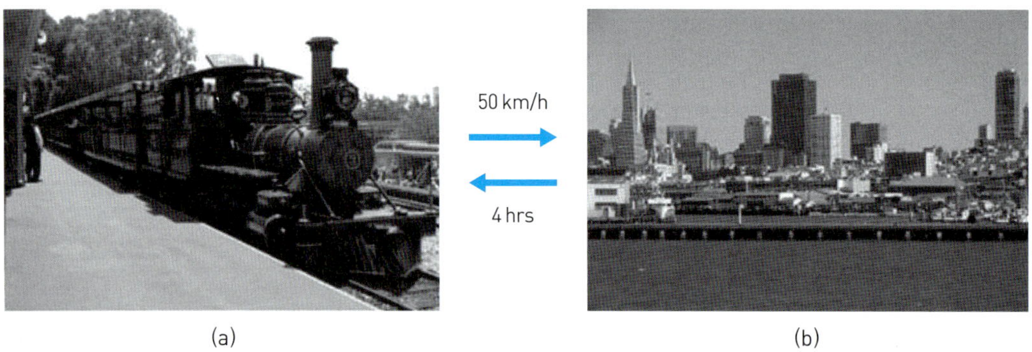

▶ 그림 3-25. 도달거리

이것을 연부조직의 평균 전파속도인 1,540 m/s에 대비하면 반사체까지 걸리는 시간은 0.65 μs/mm이다. 즉, 연부조직의 평균 전파속도는 1,540 m/s이고, 이것을 μs로 환산하면 1.54 mm/μs이다. 이것을 다시 거리로 환산하면 0.65 μs/mm이다. 따라서 연부조직에서 초음파 펄스는 1.0 mm를 가는데 0.65 μs이며, 1.0 cm를 가는데 6.5 μs가 걸리는 셈이다. 그러므로 초음파 펄스가 1.0 cm를 왕복하는데 걸리는 시간은 13.0 μs이다. 이것을 13 μs/cm 법칙이라고 한다. 그림 3-26(a)는 연부조직에서 초음파 펄스의 여행거리를 나타낸 것으로 1.0 cm를 왕복하는데 13 μs, 2.0 cm는 26 μs, 3.0 cm는 39 μs......................10.0 cm는 130 μs가 걸리는 것을 알 수 있다. (b)는 초음파 펄스가 각각의 반사체에서 반사하여 되돌아오는 시간을 도식화하였다.

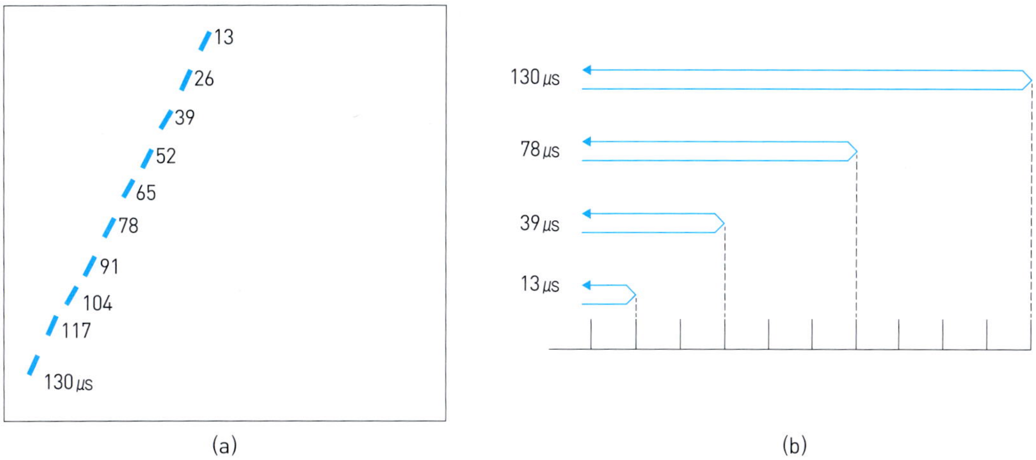

▶ 그림 3-26. 13 μs/cm rule

핵심문제 및 해설

아래의 문항에서 가장 알맞은 답가지 하나를 고르시오.

문항 01 외음파와 초음파의 조합이 옳은 것은?

① 10 Hz와 10,000 Hz ② 20 Hz와 20,000 Hz
③ 30 Hz와 30,000 Hz ④ 40 Hz와 40,000 Hz
⑤ 50 Hz와 50,000 Hz

해설 가청영역(audible sound)은 20~20,000 Hz이다. 사람이 들을 수 없는 20 Hz 이하의 주파수를 초저주파 불가청음 또는 외음파(infrasound)라고 한다. 초음파는 사람이 들을 수 없는 소리로써 20,000 Hz 이상으로 정의한다.

문항 02 초음파의 특성으로 올바른 것은?

① 기계적 횡파이다.
② 강도가 세면 전파속도가 빠르다.
③ 전파속도를 결정하는 것은 주파수이다.
④ 반사와 산란은 하지만 굴절은 하지 않는다.
⑤ 질량은 없으나 한 곳에서 다른 곳으로 이동할 때 에너지를 갖는다.

해설 초음파의 특성은 기계적 종파이다. 전파속도를 결정하는 것은 매질이다. 빛과 유사하게 반사, 산란, 굴절을 한다. 온도, 밀도, 입자운동 등의 양적인 변화를 갖는다. 질량은 없으나 한 곳에서 다른 곳으로 이동할 때 에너지를 갖는다.

문항 03 갑상선 초음파검사에 사용하는 주파수는?

① 3.5 MHz ② 7.5 MHz ③ 11.5 MHz
④ 15.5 MHz ⑤ 19.5 MHz

해설 표재성장기인 유방, 고환, 갑상선 등의 초음파검사에 사용하는 주파수는 7.5~10.0 MHz이다.

정답 1. ② 2. ⑤ 3. ②

문항 04 초음파검사의 장점으로 옳은 것은?

① 침습적이다.
② x선에 비해 추적검사가 어렵다.
③ CT와 같이 전체적인 단면상을 볼 수 있다.
④ 조영제를 사용하여야 실질장기를 볼 수 있다.
⑤ 도플러초음파로 혈류 역학적 정보를 얻을 수 있다.

해설 초음파검사의 장점은 국소 단면상을 실시간으로 관찰할 수 있다. 조영제를 사용하지 않고 실질장기, 심·혈관, 쓸개관 등을 볼 수 있다. 도플러초음파로 혈류 역학적 정보를 얻을 수 있다. 3차원 입체상과 입체 동영상을 실시간으로 얻을 수 있다. 비 침습적이다. 한 번의 검사로 많은 장기를 검사할 수 있다. 장치가 작고 이동이 편리하다.

문항 05 초음파의 전파 특성으로 옳은 것은?

① 기체는 잘 전파한다.
② 고체는 전파가 어렵다.
③ 뼈와 석회화의 표면에서 강하게 반사한다.
④ 주파수가 높을수록 깊은 곳까지 도달한다.
⑤ 산란은 일어나지만 굴절은 일어나지 않는다.

해설 초음파의 전파 특성은 기체는 전파가 어렵다. 액체와 고체는 잘 전파한다. 빛과 유사하게 반사, 산란, 굴절 등의 현상이 일어난다. 뼈와 석회화의 표면에서 강하게 반사한다. 주파수가 높을수록 체내에서 잘 흡수되어 깊은 곳까지 도달하지 못한다.

문항 06 복부 초음파검사에 이용하는 파의 형태는?

① 반사파 ② 입사파 ③ 연속파
④ 펄스파 ⑤ 충격파

해설 B모드 초음파진단장치는 짧은 펄스파를 사용한다. 심장 도플러초음파장치의 일부는 연속파를 사용하기도 한다.

문항 07 펄스 초음파에서 하나의 펄스가 시작해서 다음 펄스가 시작될 때까지의 시간이 의미하는 것은?

① 펄스폭 ② 충격계수 ③ 공간펄스길이
④ 펄스반복주기 ⑤ 펄스반복주파수

해설 펄스반복주기는 하나의 펄스가 시작해서 다음 펄스가 시작될 때까지의 시간을 의미하며, 단위는 s와 ms이다. 펄스반복주기의 수식은 다음과 같다.

$$\text{펄스반복주기(s)} = \frac{1}{\text{펄스반복주기}(Hz)}$$

정답 4. ⑤ 5. ③ 6. ④ 7. ④

문항 08 펄스초음파에서 펄스중의 사이클 수×파장(mm)이란?

① 펄스폭 ② 충격계수 ③ 공간펄스길이
④ 펄스반복주기 ⑤ 펄스반복주파수

해설 공간펄스길이는 하나의 펄스가 차지하는 공간의 거리로써, 공간펄스길이(mm)=펄스중의 사이클 수×파장(mm)이다.

문항 09 펄스 초음파의 충격계수를 나타내는 수식은?

① 1/펄스반복주기(Hz)
② 펄스폭(s)/펄스반복주기(s)
③ 펄스중의 사이클 수×주기(s)
④ 펄스중의 사이클 수×파장(mm)
⑤ 펄스중의 사이클 수×전파속도(mm/μs)/주파수(MHz)

해설 충격계수(DF)는 펄스의 형태로 실제 초음파가 작동하고 있는 시간의 분수이다.

$$\text{충격계수} = \frac{\text{펄스폭}(s)}{\text{펄스반복주기}(s)}$$

문항 10 반사파의 강도를 좌우하는 것은?

① 주기 ② 파장 ③ 주파수
④ 임피던스 ⑤ 전파속도

해설 반사파의 강도를 좌우하는 요소는 매질의 음향 임피던스, 초음파 입사각도 그리고 반사면의 크기이다.

문항 11 연부조직에서 수직입사할 때 매질1의 임피던스는 30 rayls이고, 매질2의 임피던스는 50 rayls일 때 반사파강도계수는?

① 0.032 ② 0.042 ③ 0.052
④ 0.062 ⑤ 0.072

해설 수직입사인 경우 연부조직에서의 반사강도계수는 다음과 같다.

$$\text{반사강도계수} = \frac{\text{반사파강도}(\omega/cm^2)}{\text{입사파강도}(\omega/cm^2)} = \left[\frac{\text{매질2임피던스} - \text{매질1임피던스}}{\text{매질2임피던스} + \text{매질1임피던스}}\right]^2 = (50-30/50+30)^2 = (20/80)^2 = 0.25^2 = 0.0625$$

이다.

정답 8. ③ 9. ② 10. ④ 11. ④

문항 12 초음파가 파장보다 작은 반사체에 작용하여 진행이 여러 방향으로 재 변환하는 현상은?

① 전반사 ② 임피던스 ③ 스페클 패턴
④ 스넬의 법칙 ⑤ 후방음영증강

해설 스페클 패턴(speckle pattern)은 초음파가 파장보다 작은 반사체에 작용할 경우 발생하는 산란이다. 이때 반사파와 산란파의 간섭으로 흰 점의 반사 에코가 발생한다. 이것을 스페클 노이즈(speckle noise)라고도 한다.

문항 13 매질1의 전파속도가 2.0 mm/㎲, 매질2의 전파속도가 1.5 mm/㎲이고, 입사각이 20°일 때 굴절각은?

① 10° ② 15° ③ 20° ④ 25° ⑤ 30°

해설 굴절각은 매질1과 매질2의 전파속도 비에 입사각을 곱하여 산출한다.
매질1과 매질2의 전파속도 비 = 1.5/2.0 = 0.75
굴절각 = 0.75 × 20 = 15°이다.

문항 14 초음파의 Snell's 법칙에 근거하는 것은?

① 굴절 ② 반사 ③ 산란
④ 회절 ⑤ 흡수

해설 매질에서의 초음파 굴절은 아래의 스넬의 법칙에 의한다.
매질1의 전파속도 > 매질2의 전파속도 = 입사각 > 굴절각
매질1의 전파속도 < 매질2의 전파속도 = 입사각 < 굴절각

문항 15 매질의 임피던스에 관여하는 인자는?

① 강도와 밀도 ② 주파수와 파장 ③ 주파수와 주기
④ 밀도와 전파속도 ⑤ 공간펄스길이와 파장

해설 임피던스(rayls) = 밀도(kg/cm^2) × 전파속도(m/s)이다.

문항 16 전반사를 일으키는 것은?

① 간실질과 낭종 ② 쓸개즙과 쓸개돌
③ 방광과 자궁근종 ④ 유방실질과 섬유종
⑤ 콩팥 실질과 신세포암

해설 전반사는 임피던스 차이가 큰 매질의 전면에서 발생하며 후방음향음영을 동반한다. 쓸개돌의 뒤에는 전반사에 의한 후방음향음영이 발생한다.

▶ 정답 12. ③ 13. ② 14. ① 15. ④ 16. ②

문항 17 초음파 굴절이 관여하는 매질의 요소는?

① 밀도 ② 강도 ③ 경도
④ 주파수 ⑤ 전파속도

해설 초음파 굴절은 사입사일 때 전파속도 차이가 나는 두 매질의 경계면에서 일어난다.

문항 18 매질 내에서 초음파 산란이 일어날 수 있는 조건으로 옳은 것은?

① 파장이 길 때 ② 반사체가 클 때
③ 주파수가 낮을 때 ④ 전파속도 차가 클 때
⑤ 반사체 면이 불규칙할 때

해설 초음파 산란이 많이 일어나는 조건은 주파수가 높은 경우(파장이 짧다), 초음파 파장 보다 반사체가 작을 때, 반사체면이 불규칙할 때, 혈액의 부유물이 있을 때 등이다.

문항 19 초음파의 공간펄스길이와 관계가 깊은 내용은?

① 임계각 ② 감쇠계수 ③ 임피던스
④ 거리 분해능 ⑤ 영상투과심도

해설 공간펄스길이는 거리 분해능과 밀접히 관계한다. 거리 분해능을 향상시키려면 첫째, 댐핑으로 펄스중의 사이클 수를 줄이거나 둘째, 주파수를 증가시켜 파장을 짧게 한다.

문항 20 초음파는 전파속도가 차이나는 두 매질을 입사할 때 경계면에서 굴절이 발생하여 입사각과 굴절각의 변화가 발생한다. 이러한 현상을 설명한 것은?

① 투과법 ② 도플러법 ③ Snell's 법
④ 13 ㎲/cm 법 ⑤ 에코-펄스법

해설 초음파 굴절은 두 매질 사이의 경계면에서 발생하며, 스넬의 법칙에 의하면
매질1의 전파속도가 매질2의 전파속도 보다 빠르면 입사각이 굴절각 보다 크고
매질1의 전파속도가 매질2의 전파속도 보다 느리면 굴절각이 입사각 보다 커진다.

문항 21 초음파검사에서 굴절에 의해 구형의 낭성물질의 양쪽 가장자리에 나타나는 현상은?

① 전반사 ② 측방음영 ③ 거울면현상
④ 후방음향음영 ⑤ 후방음영증강

해설 굴절에 의해 구형의 낭성물질의 양쪽 가장자리에 나타나는 현상은 측방음영(lateral shadow) 또는 엣지음영(edge shadow)이다. 주로 쓸개와 혈관의 원형 단면에서 발생한다.

정답 17. ⑤ 18. ⑤ 19. ④ 20. ③ 21. ②

문항 22 간 초음파검사에서 3.0 MHz를 사용하였을 때 투과심도(cm)는?

① 1 ② 2 ③ 3 ④ 4 ⑤ 5

해설 연부조직에서의 투과심도(cm) = $\frac{3}{주파수(MHz)}$ 이다.

문항 23 초음파 감쇠계수(dB/cm)의 연결이 올바른 것은?

① 물 0.002 ② 공기 1.0 ③ 콩팥 12
④ 허파 20 ⑤ 뼈 41

해설 초음파 에너지는 매질을 통과하면서 감쇠한다. 감쇠(dB) = 어떤 매질의 감쇠계수(dB/cm × 통과거리(cm) × 주파수(MHz)이다. 또한 연부조직의 감쇠계수(dB/cm) = 1/2 × 주파수(MHz)이다. 각각의 매질에서의 감쇠계수는 물이 가장 낮은 0.002이고 허파가 41로 가장 높다. 콩팥은 1.0, 공기 12, 뼈 20이다.

문항 24 어떤 매질에 10.0 mW/cm^{2}의 초음파 강도가 투과하여 6.0 cm 지점에서 5.0 mW/cm^{2}로 감소했다면 이 매질의 투과심도(cm)는?

① 2 ② 4 ③ 6 ④ 8 ⑤ 10

해설 투과심도는 원래의 강도가 50%로 줄어드는 매질의 거리이다.

문항 25 어떤 매질의 감쇠계수가 0.5 dB/cm일 때, 투과심도(cm)는?

① 3 ② 6 ③ 9 ④ 12 ⑤ 15

해설 투과심도(cm) = $\frac{3}{감쇠계수(dB/cm)}$ = 3/0.5 = 6이다. 3은 3 dB-rule의 상수이다.

문항 26 음향 임피던스(Rayls)의 연결이 올바른 것은?

① 강철-0.004 ② 머리뼈-1.48 ③ 연부조직-1.63
④ 물-7.80 ⑤ 공기-40.0

해설 음향 임피던스는 초음파 진행에 대한 매질의 저항이다. 임피던스(rayls) = 밀도(kg/cm^2) × 전파속도(m/s)로 나타낸다. 이에 따르면 공기 0.004, 지방 1.38, 물 1.48, 연부조직 1.63, 머리뼈 7.80, 강철 40.0 등이다.

정답 22. ① 23. ① 24. ③ 25. ② 26. ③

문항 27 초음파검사에서 투과심도를 조절하는 요소로 옳은 것은?

① 게인 ② 주파수 ③ 동적영역
④ 프로브형태 ⑤ 시간게인보상

해설 주파수가 높으면 투과심도는 감소하고 분해능은 좋아지며, 주파수가 낮으면 투과심도는 깊어지고 분해능은 나빠진다. 따라서 검사부위에 따라 투과심도와 해상력을 만족하는 범위에서 주파수를 선택하여 사용해야 한다.

문항 28 음향 임피던스가 적은 것은?

① 공기와 지방 ② 지방과 물 ③ 물과 간
④ 간과 콩팥 ⑤ 콩팥과 머리뼈

해설 공기(0.004)와 지방(1.38)의 임피던스 차는 345배, 콩팥(1.62)과 머리뼈(7.80)의 임피던스 차는 4.8배이다. 복부장기 간의 임피던스 차는 비교적 적다.

문항 29 수직입사인 경우, 매질1의 임피던스가 30 rayls이고, 매질2의 임피던스가 60 rayls일 때 반사파강도계수와 투과파강도계수는?

① 0.01과 0.99 ② 0.03과 0.97 ③ 0.05와 0.95
④ 0.07과 0.93 ⑤ 0.09와 0.91

해설 연부조직에서의 반사파강도계수와 투과파강도계수의 계산식은 다음과 같다.

$$\text{반사강도계수} = \frac{\text{반사파강도}(\omega/cm^2)}{\text{입사파강도}(\omega/cm^2)} = \left[\frac{\text{매질2임피던스} - \text{매질1임피던스}}{\text{매질2임피던스} + \text{매질1임피던스}}\right]^2 \text{이고,}$$

$$\text{투과강도계수} = \frac{\text{투사파강도}(\omega/cm^2)}{\text{입사파강도}(\omega/cm^2)} = 1 - \text{반사강도계수이다.}$$

$$\text{즉, 반사파강도계수} = \left[\frac{(60-30)}{(60+30)}\right]^2 = \left(\frac{20}{100}\right)^2 = 0.32 = 0.09\text{이고,}$$

투과파강도계수 = 1 − 0.09 = 0.91이다.

문항 30 초음파 주파수가 증가하면 비례하여 증가하는 것은?

① 파장 ② 임피던스 ③ 전파속도
④ 영상투과심도 ⑤ 평균감쇠계수

해설 초음파 주파수가 증가하면 파장이 짧아지고, 이로 인해 매질 내 흡수가 증가하여 (영상)투과심도가 감소한다. 이를 달리 표현하면 주파수의 증가로 매질의 평균감쇠계수가 증가하며 이로 인해 영상투과심도가 감소하는 것이다. 주파수의 변화와 매질의 전파속도, 임피던스는 직접적인 관계가 없다.

▶ 정답 27. ② 28. ① 29. ⑤ 30. ⑤

문항 31 초음파진단장치로 연부조직을 검사할 때 초음파 펄스가 2.0 cm를 왕복하는 데 걸리는 시간은?

① 6.5 μs ② 13.0 μs ③ 19.5 μs
④ 26.0 μs ⑤ 32.5 μs

해설 반사체까지의 거리(mm) = 1/2〔전파속도(mm/μs) × 펄스왕복시간(μs)〕이다.
연부조직의 평균 전파속도는 1,540 m/s이다. μs로 환산하면 1.54 mm/μs이다. 이것을 거리로 환산하면 0.65 μs/mm이다. 따라서 연부조직에서 초음파 펄스는 1 mm를 가는데 0.65 μs이며, 1.0 cm를 가는데 6.5 μs이고 1.0 cm를 왕복하는데 걸리는 시간은 13 μs이다. 2.0 cm를 왕복하는데 걸리는 시간은 26 μs이다.

문항 32 초음파 전파속도가 빠른 것부터 나열한 것은?

① 기체, 액체, 고체 ② 기체, 고체, 액체
③ 고체, 액체, 기체 ④ 고체, 기체, 액체
⑤ 액체, 기체, 고체

해설 초음파 전파속도는 매질의 경도에 비례하고 밀도에 반비례한다. 이것을 이해하면 고체, 액체, 기체의 순서임을 알 수 있다.

문항 33 초음파의 전파성질로 옳은 것은?

① 기체에서 잘 전달한다.
② 액체에서 강하게 반사한다.
③ 주파수가 높으면 투과심도가 깊다
④ 빛과 유사하게 반사, 산란, 굴절한다.
⑤ 매질을 지나면서 에너지가 증가한다.

해설 초음파는 고체와 액체에서 잘 전달하고 기체에서 전달하지 못한다. 또한 주파수가 높으면 매질의 흡수가 증가하여 투과심도가 낮다. 모든 에너지는 매질을 통과하면 에너지가 감소한다.

문항 34 초음파 감쇠계수가 높은 장기는?

① 간(liver) ② 뇌(brain) ③ 허파(lung)
④ 지라(spleen) ⑤ 콩팥(kidney)

해설 공기의 감쇠계수는 12이고, 공기를 함유한 허파의 감쇠계수는 41이다. 허파는 인체 장기 중에서 감쇠계수가 가장 높다.

정답 31. ④ 32. ③ 33. ④ 34. ③

문항 35 두 매질 사이의 반사계수가 큰 것은?

① 간과 허파
② 이자와 혈액
③ 지라와 콩팥
④ 쓸개와 지방
⑤ 갑상선과 근육

해설 임피던스는 매질에 대한 저항이므로, 두 매질 사이의 저항이 크면 반사계수가 증가한다. 간과 허파(공기)의 임피던스는 1.65과 0.0004로 많은 차이가 난다.

문항 36 두 매질 사이에서 발생하는 임피던스가 큰 것은?

① 간과 혈관종
② 콩팥과 콩팥암
③ 쓸개와 쓸개돌
④ 이자와 이자 낭종
⑤ 지라와 지라 결핵

해설 쓸개즙과 쓸개돌은 임피던스 차가 매우 커서 전반사를 일으키며, 이로 인해 후방음향음영이 발생하는 대표적인 질환이다.

문항 37 초음파 반사가 나타나는 요인으로 옳은 것은?

① 흡수계수
② 프로브와 주파수
③ 음향저항의 차이
④ 투과 깊이의 변화
⑤ 굴절과 회절 현상

해설 초음파 반사를 일으키는 3대 요소는 두 매질의 음향 임피던스 차이, 입사각의 방향, 반사체의 크기이다.

문항 38 초음파의 성질로 올바른 것은?

① 기계적 횡파이다
② 산란, 반사, 굴절을 한다.
③ 고체보다 기체에서 잘 전파한다.
④ 모든 매질의 전파속도는 동일하다.
⑤ 주파수가 높으면 투과심도가 깊다.

해설 초음파의 성질은 기계적 종파이며, 빛과 유사하게 산란, 반사, 굴절을 일으키고, 고체, 액체, 기체 순으로 잘 전파하고, 주파수가 높으면 투과심도가 낮아진다. 또한 전파속도는 모든 매질이 다르다.

정답 35. ① 36. ③ 37. ③ 38. ②

제4장

초음파 진단장치

수업 목표

1. 압전원리를 설명할 수 있어야 한다.
2. 프로브의 구조를 알고 각 부분의 역할을 설명할 수 있어야 한다.
3. 초음파 중심주파수를 알고 이에 관여하는 요소를 설명할 수 있어야 한다.
4. 초음파 진단장치에서 수신기의 기능을 설명할 수 있어야 한다.
5. 댐핑, 대역폭, Q-factor의 관계를 설명할 수 있어야 한다.
6. B-mode 영상표시방법에 대하여 설명할 수 있어야 한다.
7. B/M mode 영상표시방법에 대하여 설명할 수 있어야 한다.
8. B/D mode 영상표시방법에 대하여 설명할 수 있어야 한다.
9. Gain, TGC, DR에 대하여 설명할 수 있어야 한다.

01 초음파 진단장치의 개요

초음파 진단장치는 크게 하드웨어인 본체와 이를 구동시키는 소프트웨어로 구성되어 있다. 프로브는 초음파를 발생하고 수신하는 도구로 트랜스듀서 역할을 한다. 이러한 초음파 진단장치는 복잡한 과정을 통해 인체 단면 영상을 획득하여 질병유무를 판별한다. 그러므로 초음파 진단장치를 능숙하게 활용하기 위해서는 다양한 기능을 이해하는 것은 물론 많은 주사 경험이 필요하다. 기본적으로 실시간 영상과 정지상을 관찰하는 기능부터 게인(gain), 시간게인보상(time gain compensation), 동적영역(dynamic range) 등을 상호 보완적으로 조절하여 알맞은 휘도와 계조도의 영상을 만드는 기능과 영상을 부드럽게 하거나 일부분을 강조하는 기능 또는 전파속도를 조절하는 부분까지 다양한 것들이 있다. 이들 기능은 수시로 up grade되고 있으며 새로운 기능이 추가되면서 영상의 질과 진단 능력이 향상하고 있다. 최근 들어 헬스케어와 진단장비에 대한 관심이 증가하면서 많은 회사에서 다양한 제품이 출시되고 있으며 같은 기능이지만 유사한 명칭으로 부르는 경우도 있어 혼돈이 오기도 한다. 하지만 하나의 진단장치를 능숙하게 활용한다면 다른 진단장치를 접하더라도 쉽게 적응할 수 있다. 그림 4-1은 초음파 진단장치에서 흔히 사용하는 기본적인 조작 기능들을 나타낸 것이다.

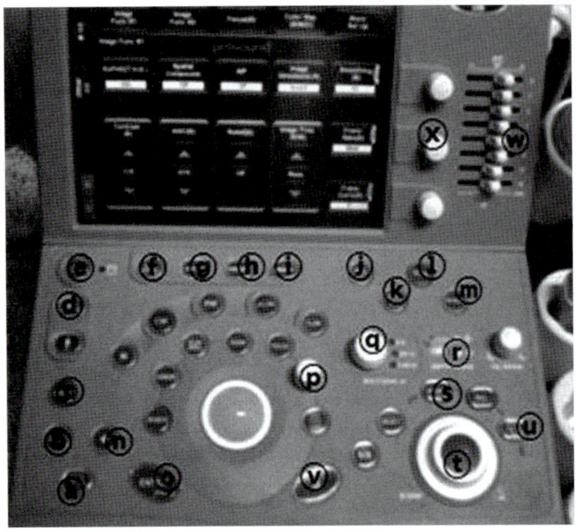

▶ 그림 4-1. 초음파 진단장치의 기능 버튼

ⓐ 프린트(print) : 영상을 프린터로 출력한다.
ⓑ 계측(measurement) : 계측할 수 있는 메뉴를 화면에 표시한다.
ⓒ 삭제(cancel) : 계측을 취소하고 다시 시행한다.
ⓓ 환자등록(new patient) : 환자의 ID와 이름을 입력한다.
ⓔ 전원 스위치(power on/off) : 장비를 켜고 끌 때 사용한다.
ⓕ 키보드(ketboard) : 터치 패널에 버츄얼 키보드를 표시한다.
ⓖ 메뉴(menu) : 각종 메뉴를 선택한다.
ⓗ 프리셋(preset) : application을 변경할 때 사용한다.
ⓘ 프로브(probe) : 프로브를 교체할 때 사용한다.
ⓙ 코멘트(comment) : 단어입력이나 화살표를 표시한다.
ⓚ M 모드 : M 모드 기능을 작동하다.
ⓛ 3D/4D : 3D 또는 4D 기능을 작동한다.
ⓜ review : 장비에 저장된 영상을 모니터 화면에 다시 표시한다.
ⓝ +스위치 : 기본적인 거리를 측정한다.
ⓞ enter/send : 각종 조작을 결정할 때 사용한다. 길게 누르면 send 스위치가 작동한다.
ⓟ 로타리 엔코더 : body mark, baseline shift 등 track ball 기능을 조정할 때 사용한다.
ⓠ multi gain : 액티브 모드의 게인을 조절한다.
ⓡ depth/range : 화면에 표시된 초음파 영상의 깊이를 조절한다.
ⓢ 저장 : 정지화면과 동영상을 저장한다.
ⓣ gain&freeze : 게인을 조절하고 버튼을 눌러 정지한다.
ⓤ 프린트 : 영상을 프린터로 출력한다.
ⓥ B/B : dual mode에서 좌우 화면을 바꿀 때 사용한다.
ⓦ TGC : 시간게인보상을 조절한다.
ⓧ 도플러조작버튼 : 표시속도 변경, baseline shift, PRF 조절 등

02 초음파 진단장치의 구성

초음파 진단장치는 초음파를 발생시켜 반사체로부터 되돌아 온 반사파를 수신하여 모니터에 영상으로 나타내는 시스템을 갖춘 진단장치이다. 초음파 진단장치 시스템은 크게 휘도를 형성하는 부분과 위치정보를 결정하는 부분으로 구분한다. 세부적으로는 master synchronizer, 발신기(pulser), 프로브(probe), 수신기와 영상처리(receiver&image processor), 선속방향조절장치(beam direction control unit), 영상표시(image display), 저장장치(storage devices) 등으로 구성되어 있다. 그림 4-2는 일반적인 초음파 진단장치 시스템을 도식화한 것이다.

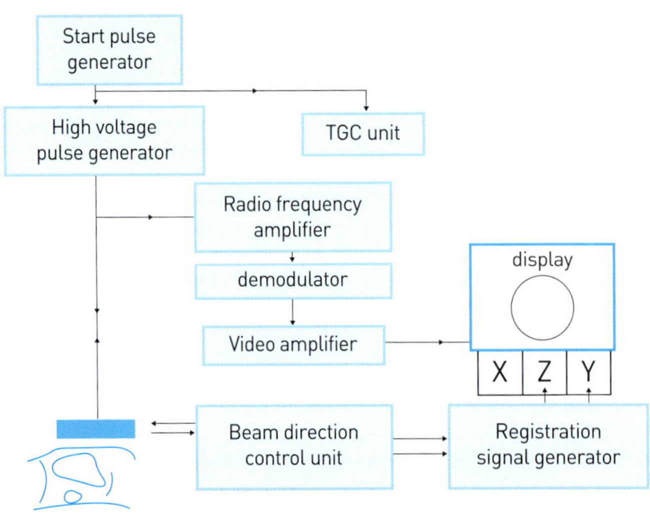

▶ 그림 4-2. 초음파 진단장치의 구성

1) Master synchronizer

Master synchronizer는 초음파 진단장치의 전체적 운영이 체계적으로 작동할 수 있게 조율하는 역할을 한다.

2) 발신기(pulser)

발신기는 synchronizer에서 발생한 전기 신호를 프로브에 보내 펄스파 시스템의 주파수를 결정하는 역할을 한다.

3) 프로브(probe)

프로브는 전기신호를 초음파 신호로 변환하여 인체에 보내고 인체에서 되돌아 온 반사 초음파를 수신하여 전기적 신호로 변환시킨다. 프로브 내부는 그림 4-3에서 보는 것처럼 압전물질, 흡음층, 결합층 등 3개의 층 구조를 가지며, 그 외에 절연체, 고주파 어스 등이 포함되어 있다. (a)는 선형 프로브(linear probe)의 내부구조이고 (b)는 볼록형 프로브(convex probe)의 내부구조이며, (c)는 내부구조의 모식도이다. 이들 각각의 구체적인 역할은 아래와 같다.

(a)

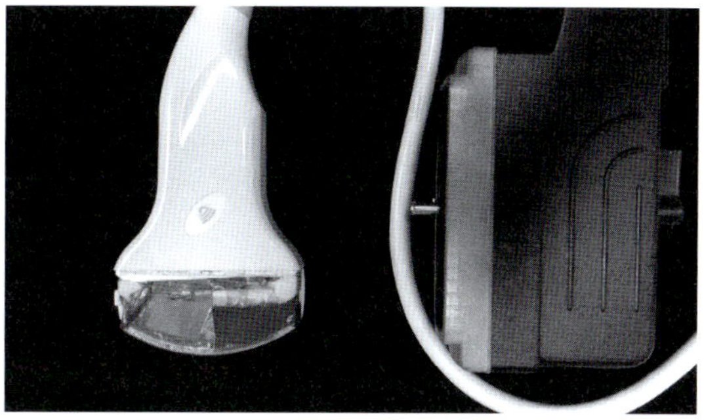

(b)

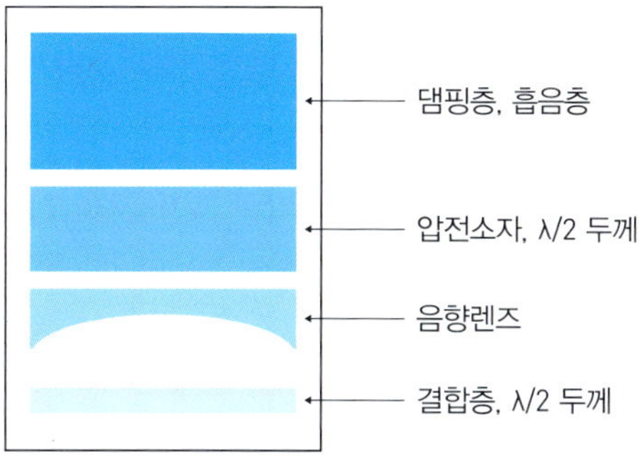

(c)

▶ 그림 4-3. 선형 프로브(a)와 볼록형 프로브(b)의 내부 구조와 diagram(c)

(1) 절연체(acoustic absorber)

프로브 절연체는 고무 또는 코르크로 구성된다. 절연체는 발생한 초음파 에너지가 케이스로 전달되는 것을 방지하여 잡음을 억제하고 외부 충격으로부터 보호하는 역할을 한다.

(2) 압전물질(piezoelectric materials)

압전물질은 누르면 전기적 성질을 갖는 물질을 의미한다. 압전물질은 그림 4-4와 같이 압력을 가하면 탈분극현상에 의해 +와 -전하를 띠는 성질을 갖게된다. 이와 같이 +와 -전하로 분극하는 것을 초전현상이라고 한다. 또한, 압전물질에 전하를 가하면 팽창과 수축을 반복하면서 초음파를 발생하는데 이러한 현상을 압전효과라고 한다. 초음파 진단장치에서 초음파를 발생하는 것은 압전원리를 이용한 것이다. 압전물질은 그림 4-5와 같이 전기적 신호를 주면 초음파가 발생하고 반사된 초음파를 수신하여 전기적인 신호로 변환시킨다. 압전물질의 소자(element)는 전기 에너지를 초음파 에너지로 변화하기 때문에 초음파 탐촉자(transducer)라고도 하고, 진동을 하면서 초음파를 발생시키기 때문에 진동자라고도 한다.

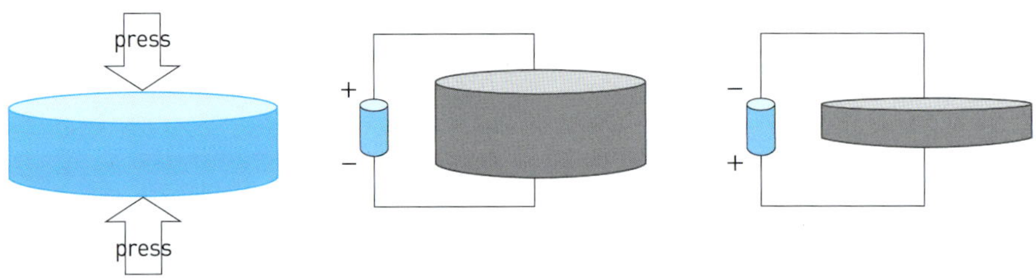

▶ 그림 4-4. 압전효과

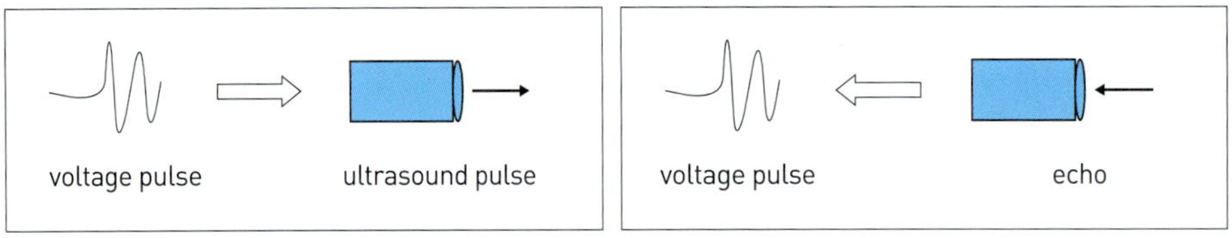

▶ 그림 4-5. 전기적 에너지와 초음파 에너지의 변환

과거에는 압전물질은 수정, 전기석(규산염) 또는 티탄산바륨($BaTiO_3$)을 사용하였으나 근래에는 고분자물질의 인공세라믹을 합성하여 사용한다. 인공세라믹과 비 압전 고분자물질(nonpiezo-electric polymer)을 합성하면 압전합성물(piezo composition)이 생성된다. 이 물질은 고온으로 가열하여 냉각시키면 강한 자장(strong electric field)을 형성하면서 낮은 임피던스(lower impedance)를 갖는다. 이를 통해 민감도(sensitivity), 해상력(resolution), 대역폭(bandwidth) 등을 개선할 수 있다. 이때 압전물질에 가열한 최고온도를 큐리온도(Qurie temperature) 또는 큐리

점(Qurie point)이라고 한다. 만약 압전물질을 큐리온도 이상으로 재차 가열하면 극성을 잃어 압전물질의 기능을 상실한다. 따라서 초음파 프로브는 고온고압멸균기로 소독하지 않는다. 일반적으로 사용하는 인공 세라믹 PZT(ceramic lead zirconate titanate)의 큐리온도는 365℃이며, 큐리온도는 압전물질에 따라 차이가 있다. 압전소자의 주파수를 결정하는 것은 압전물질의 전파속도와 두께이다. PVDF(poly vinylidene fluoride)는 박층화가 용이해서 고 중심주파수 압전물질로 사용한다. 어떤 프로브에서 원하는 초음파 주파수로 가장 잘 변환시키는 주파수를 중심주파수(operating frequency)라고 하며, 다음과 같은 수식이 성립된다.

$$\text{중심주파수} = \frac{\text{전파속도}(mm/\mu s)}{2 \times \text{두께}(mm)} \text{이다.}$$

압전소자 두께=λ/2이다. λ: 파장

압전물질의 두께와 주파수의 관계는 그림 4-6에서 보는 것과 같다. 즉, 압전물질이 두꺼우면 그림(a) 처럼 주파수가 낮고 긴 파장을 가지며, 그림 (b)와 같이 얇으면 주파수가 높은 짧은 파장을 갖는다.

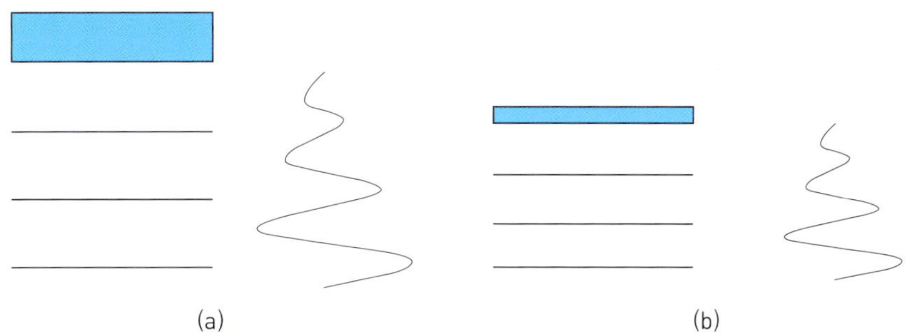

▶ 그림 4-6. 압전물질 두께에 따른 주파수 변화

중심주파수에 따른 압전물질의 두께는 표 4-1과 같다.

표 4-1. 중심주파수에 따른 압전물질의 두께

(압전소자의 전파속도 4 mm/μs)

주파수(MHz)	두께(mm)
2.5	1.0
3.5	0.6
5.0	0.4
7.5	0.3
10.0	0.2

(3) 댐핑층(damping layer)

댐핑층은 금속분과 플라스틱 또는 에폭시 혼합물을 사용하여 제작한다. 댐핑층의 위치는 압전물질의 후방이며, 역할은 펄스 중의 사이클 수를 제한하여 거리 분해능을 개선하는 것이다. 댐핑층은 말 그대로 음을 댐핑하여 흡수하는 부분이므로 흡음층이라고도 한다. 댐핑이란 음이 지속하는 시간을 제한하는 것을 의미한다. 그림 4-7(a)와 (b)는 댐핑층이 있는 경우와 없는 경우에 펄스 초음파의 길이를 나타낸 것으로 (a)는 댐핑을 하지 않아 긴 초음파 펄스(long ultrasound pulse)가 생성된 것이고, 댐핑을 한 (b)는 짧은 초음파 펄스(short ultrasound pulse)가 생성된 것을 나타낸 것이다. 하지만 댐핑을 지나치게 많이 하면 초음파 진폭이 감소하고 시스템 효율과 민감도(sensitivity)가 저하된다. 일반적으로 댐핑하여 사용하는 초음파 펄스의 사이클 수는 3개 정도이다. 펄스 중의 사이클 수가 많으면(긴 초음파 펄스) 그림 4-7(c)와 같이 대역폭(bandwidth)이 좁고 높은 Q-factor를 나타내며, 펄스 중의 사이클 수가 적으면(짧은 초음파 펄스) 대역폭이 넓고 낮은 Q-factor를 나타낸다. 초음파 진단장치는 보통 대역폭이 넓은 것을 사용한다. 대역폭과 Q-factor에 대해서는 5장에서 자세히 설명하기로 한다.

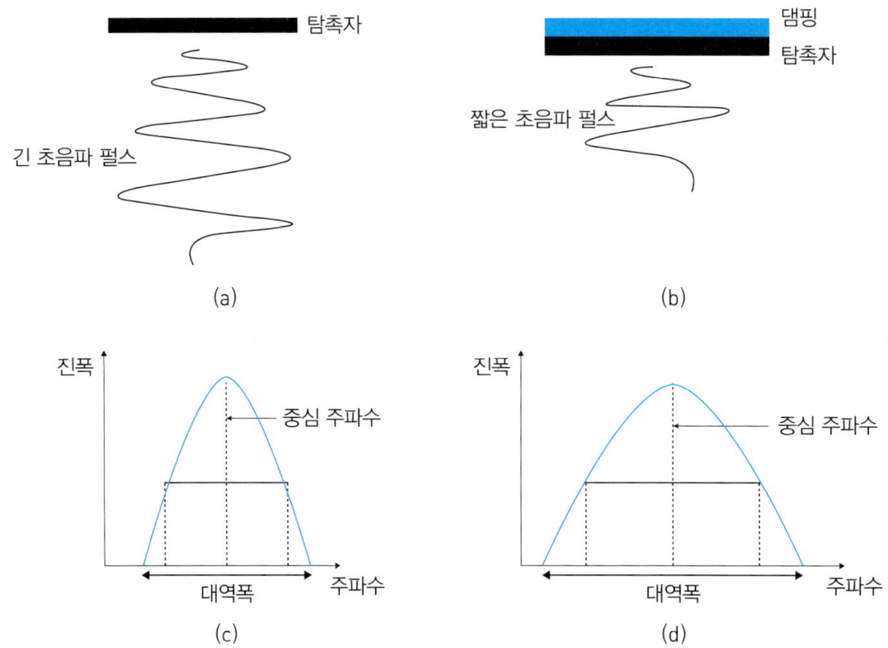

▶ 그림 4-7. (a) 댐핑을 안한 경우, (b) 댐핑을 한 경우, (c) 좁은 대역폭과 고-Q팩터, (d) 넓은 대역폭과 저-Q팩터

(4) 결합층(matching layer)

결합층은 압전물질의 앞에 위치하여, 압전물질(탐촉소자)과 피부 사이의 임피던스 차이를 결합한다는 의미이다. 압전물질과 피부 연부조직의 임피던스는 20배 이상 차이가 나서 결합층을 사용하지 않으면 초음파가 인체 안으로 진행하지 못한다. 마치 카메라 렌즈 앞에 코팅을 하여 빛의 투과를 좋게 하는 것과 유사하다. 그래서 압전물질 앞에 압전물질과 연부조직의 중간 정도 값의 임피던스 값을 갖는 물질을 끼워 넣어 초음파의 투과성을 개선하는 것이 결합층의 목적이다. 결합층의 두께는 $\lambda/4$두께이다. λ는 파장이다.

결합층의 두께 = $\lambda/4$두께 = 초음파 파장의 1/4이다.

(5) 고주파 어스

초음파 진단장치는 외부의 주파수에 대한 영향이나 전류 누설로 인한 잡음으로 초음파 영상에 영향을 미칠 수 있다. 이러한 영향을 방지하기 위해 고주파 어스를 설치한다.

4) 수신기

프로브에서 발생한 초음파 펄스는 인체 안에서 반사하여 되돌아온다. 이때 수신한 펄스 반사파는 매우 다양하고 복잡하여 수신기에서 적절히 조절하는 과정을 거쳐야 영상으로 표시할 수 있다. 수신기에서 이루어지는 주요 기능은 펄스 반사파의 증폭, 보상, 압축, 복조, 제파 등이다. 이들에 대한 자세한 내용은 아래와 같다.

(1) 수신기의 기능

① 증폭(amplification)

인체에서 반사되어 돌아 온 초음파는 오고 가는 과정에서 감쇠가 일어나 수신된 전압은 ㎶~㎷로 매우 약하다. 이것을 10만~100억 배 정도로 증폭하여야 영상으로 나타낼 수 있다. 증폭이란 수신한 약한 전압(반사파)을 영상에 표시할 수 있을 정도의 높은 전압(반사파)으로 배가시키는 것이다. 마치 청중들이 잘 들을 수 있게 마이크를 사용하여 목소리를 증폭시키는 것과 같다. 증폭은 아주 약한 전압부터 높은 전압까지 전체적으로 같은 비율로 증폭하기 때문에 overall gain 또는 receive gain이라고 한다.

$$게인 = \frac{출력전압}{입력전압}이다.$$

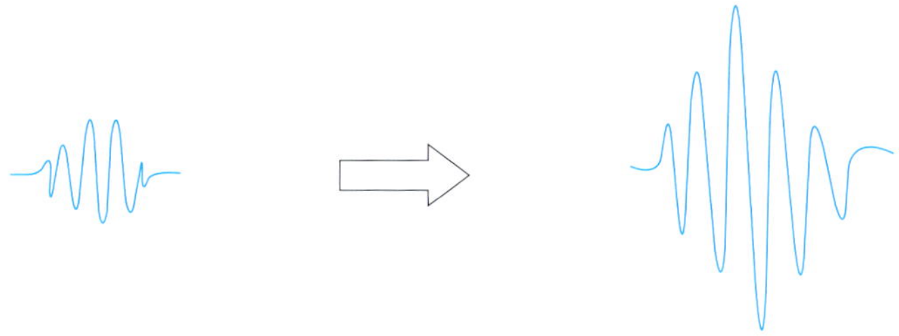

▶ 그림 4-8. 증폭

② 보상(compensation)

초음파 에너지는 인체를 통과하여 가고 오면서 점차 약해진다. 이러한 초음파 에너지를 그대로 사용하면 깊이가 깊어질수록 점차로 약한 진폭(반사파)으로 나타나게 된다. 그래서 모든 깊이에서 동일한 진폭(반사파)으로 나타나도록 깊이에 따른(기간에 따른) 감쇠치를 보정해서 전체적으로 진폭 차(반사체 차)가 없도록 하는 기능이 보상이다. 만약 보상을 하지 않으면 프로브 전면과 후면의 진폭 차로 인해 정상적인 휘도를 가진 영상을 얻을 수 없게 된다. 이와 같이 주사된 시간 차이에 따라 진폭을 보상해주기 때문에 시간게인보상(time gain compensation, TGC)이라고 하며, 깊이에 따라 보상하기 때문에 깊이게인보상(depth gain compensation, DGC)이라고도 한다. 또한 깊이(시간)에 따른 민감도의 차이를 보상하므로 민감도게인보상(densitiviry gain compensation, STC)이라고도 한다. 시간게인보상(TGC), 깊이게인보상(DGC)과 민감도게인보상(STC)은 모두 같은 의미이며 일반적으로 시간게인보상(TGC)을 가장 많이 사용한다. 그림 4-9는 시간(깊이, 민감도)에 따라 진폭이 감쇠된 만큼 TGC 증폭(amplication)을 하여 전체 깊이에서 균일한 진폭이 되도록 조절한 것이다. 세로축은 진폭을, 가로축은 시간을 나타낸다. 증폭은 전체적인 진폭을 조절하는 것이라면 보상은 깊이에 따라 감소한 진폭을 조절하여 전체적으로 균일한 진폭을 만드는 기능이라고 이해할 수 있다.

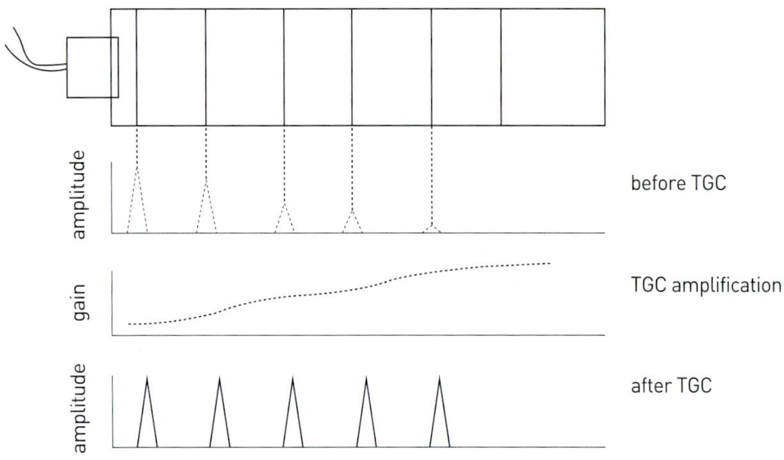

▶ 그림 4-9. TGC

③ 압축(compression)

수신기에 수신된 초음파 펄스는 매우 다양한 크기의 진폭(강도)들로 구성된다. 이들 진폭을 정리하면 포화영역(saturation level), 동적영역(dynamic range, DR), 잡음영역(noise level)으로 구분할 수 있다. 포화영역은 동적영역에 비해 상대적으로 반사파 강도가 센 영역이고 잡음영역은 동적영역에 비해 상대적으로 반사파 강도가 낮은 영역이다. 이러한 강도 차이는 매우 크기 때문에 모니터에서 모두 수용할 수 없다. 따라서 모니터에 나타낼 수 있는 정도로 압축하는 과정이 필요하다. 압축은 반사파의 최소와 최대 강도의 비를 조절하는 것이며, 이는 영상에서 명암과 계조도를 결정한다. 즉, 압축은 모니터에서 적절한 명암과 계조도를 나타낼 수 있게 반사파 강도 범위를 조절하여 결정한다. 이 범위를 동적영역(dynamic range, DR)이라고 한다. 동적영역은 큰 신호의 진폭을 작은 신호의 진폭으로 대수압축 한 값이다.

$$동적영역 = 20\log\frac{큰\ 신호진폭}{작은\ 신호진폭}$$

그림 4-10은 수신한 다양한 초음파 펄스의 진폭(강도)을 포화영역, 동적영역, 잡음영역(noise level)으로 구분하여 나타낸 것으로 압축 정도에 따라 이용 가능한 동적영역을 변화시켜 사용할 수 있다. 일반적인 초음파 진단장치의 동적영역은 30~60 dB이다.

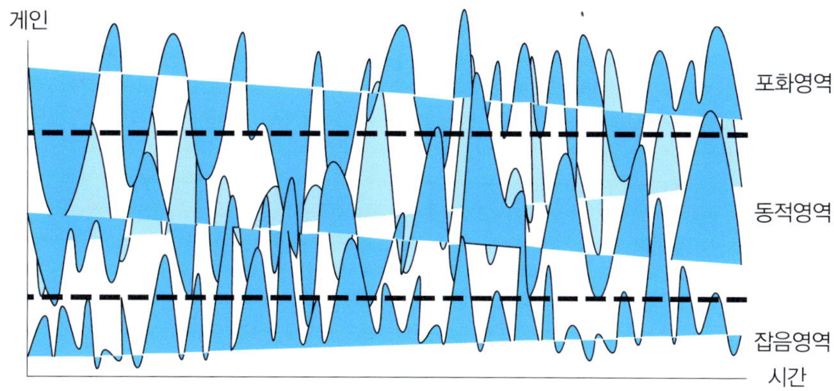

▶ 그림 4-10. 압축

④ 복조

복조는 증폭, 보상, 압축을 거친 전압을 모니터의 입력 신호(input signal)로 변환시켜주는 것을 말한다. 복조의 기능은 정류(rectification)와 보정(smoothing)이다. 정류를 통해 교류 전압을 직류 전압으로 변환하고 보정을 통해 bumps를 부드럽게 조절한다.

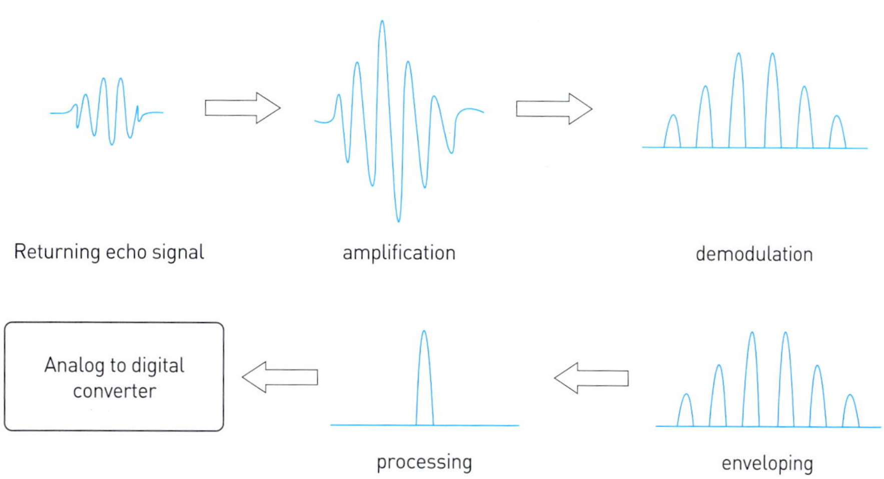

▶ 그림 4-11. 복조

⑤ 제파(rejection)

제파는 일련의 증폭, 보상, 압축, 복조 과정을 거친 초음파 펄스를 모니터로 보내기 전의 마지막 처리 단계이다. 매우 낮은 반사파는 영상에 잡음을 일으키고 해상력을 저하시켜는 원인이 된다. 따라서 그림 4-12와 같이 약한 반사파를 제거하여 영상에 나타나지 않도록 제한하는 수신기의 기능을 제파라고 한다. 대부분의 초음파 진단장치는 제파 레벨을 조절하는 기능이 있다. 제파 레벨을 조절하면 회색도가 낮은 부분을 모두 없애기도 하고 낮은 레벨의 회색도를 나타나게도 할 수 있으나, 보통은 낮은 회색도를 제거하여 잡음을 제거함으로써 시각적인 효과를 증대하는 목적으로 사용한다.

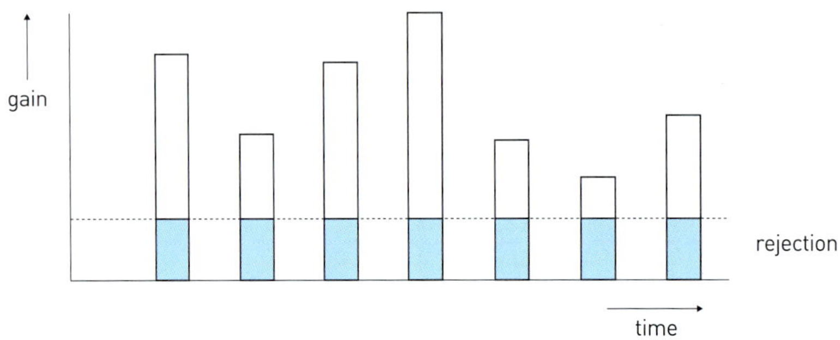

▶ 그림 4-12. 제파

5) 영상표시방법

위에서 설명한 바와 같이 수신기는 증폭, 보상, 압축, 복조, 제파를 거쳐 영상표시에 적절한 초음파 펄스를 생성한다. 영상표시방법은 진폭, 휘도, 운동 그리고 색 등의 다양한 방식이 있다. 즉, 영상표시는 수신기에 의해 처리된 초음파 펄스를 진단에 필요한 다양한 방식으로 모니터에 나타내는 것을 말한다. 이러한 영상표시방법은 A-모드, B-모드, M-모드, D-모드, CFM-모드 등으로 발전하였으며, 현재는 M-모드, D-모드는 B-모드를 병행하여 B/M-모드와 B/D-모드로 활용하고 있다. 색 도플러에서는 CFM-모드를 이용한다. 영상표시방법에 대한 자세한 내용은 아래와 같다.

(1) A 모드(A mode)

A 모드는 초음파 진단 초기에 이루어진 방식으로 일차원적인 표시 방법이다. 반사파의 강도가 spot의 편향에 의해 작동한다. 수신한 반사파 강도를 진폭의 높낮이로 나타내기 때문에 진폭 모드(amplitude mode)라고 하며, 이를 줄여서 A-모드라고 표기한다. 공간에 따른 반사파 강도를 나타내며, 반사파 강도가 세면 진폭이 증가하고 반사파 강도가 낮으면 진폭이 감소하며, 반사파가 없으면 진폭이 없다. 주로, 뇌검사, 안구검사, 물혹의 감별, 맥동 유무 등의 간단한 진단에 활용하

였으며 직접접촉복합주사(정지상 B-모드)가 개발되어 사용할 때까지 병행하여 사용하기도 하였으나 현재는 사용하지 않는다. 그림 4-13은 안구를 A-모드로 주사한 것으로 세로축은 진폭, 가로축은 거리(시간)를 나타낸다. 안구와 렌즈에서 반사파 진폭이 보이고 유리체(vitreous) 안에는 진폭이 없다. 만약 유리체 안에 종양이나 망막박리 등의 질환이 있다면 유리체가 위치한 거리에 진폭을 관찰할 수 있을 것이다.

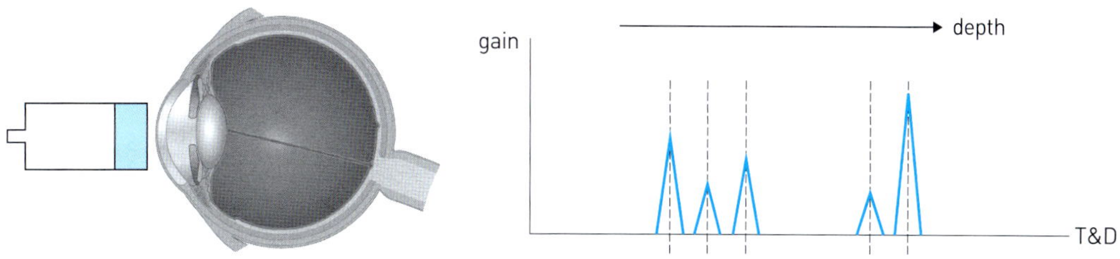

▶ 그림 4-13. A-mode

(2) B 모드(B mode)

B 모드는 brightness-mode의 약자로 반사파의 강도를 휘도로 나타내는 밝기 표시법이다. 수신한 반사파의 강도는 scan converter에 의해 휘도로 변환하며 획득 한 영상은 화면의 수직 방향에, 화면의 표시는 수평 방향에 나타낸다. 영상은 반도체 메모리로 구성된 방안지와 같은 격자로 구성된 저장 장소에서 이루어진다. 반사 강도의 분포는 휘도 값 분포로 변환되어 주사선상의 격자에 표시되어 나타나며 이것을 회색도(gray scale)라고 한다. 회색도는 한 점의 휘도 값의 범위이다. 그러나 휘도 값이 주사선 상의 격자에 모두 채워지지 않아 간격이 넓은 곳에는 그림 4-14와 같이 임의의 값을 만들어 채워 넣게 되는데, 이것을 보간(interpolation)이라고 한다.

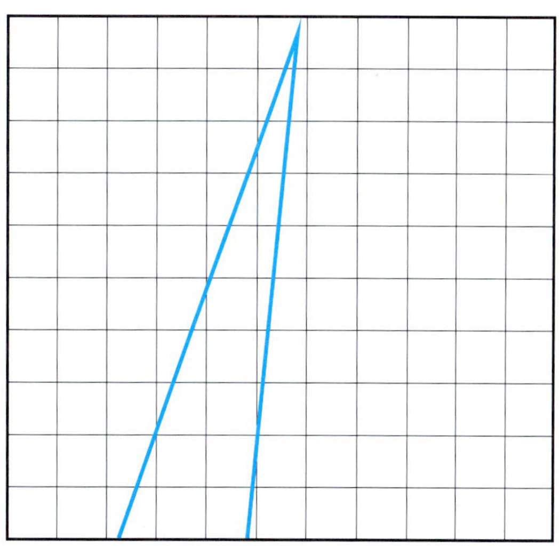

▶ 그림 4-14. 보간

그림 4-15은 반사파의 강도를 회색도로 변환하여 B 모드 초음파(회색도 초음파) 영상을 나타낸 것이다. 그림(a)에서 반사파 강도가 없는 것은 검은색으로, 반사파 강도가 있는 것은 흰색으로 표시한 것으로, 이와 같이 반사파 강도에 따른 흑백의 분포 표시를 회색도라고 한다. 반사파 강도 분포를 각각의 주사선(scan line) 상에 표시하면 회색도 초음파 영상을 얻게 된다. 회색도는 영상의 pixel이 가질 수 있는 휘도 값의 범위로써 8 bit(256단계) 이상이 되어야 한다. 참고로 6 bit는 회색도의 64단계, 7 bit는 128단계, 9 bit는 512단계이다. 이것이 스캔 컨버터 분해능(scan converter resolution)을 결정한다. 그림 4-15(b)는 컨벡스 프로브로 주사한 간 초음파 영상이다. 영상의 수평방향은 주사선에 의한 공간 분해능(spatial resolution)이 결정되고, 수직방향은 주사선에 대한 축방향의 점의 수(axial dot)로써 공간 분해능을 결정한다. 그리고 깊이는 한 점에서의 휘도 값의 범위로 대조도 분해능(contrast resolution)을 좌우한다.

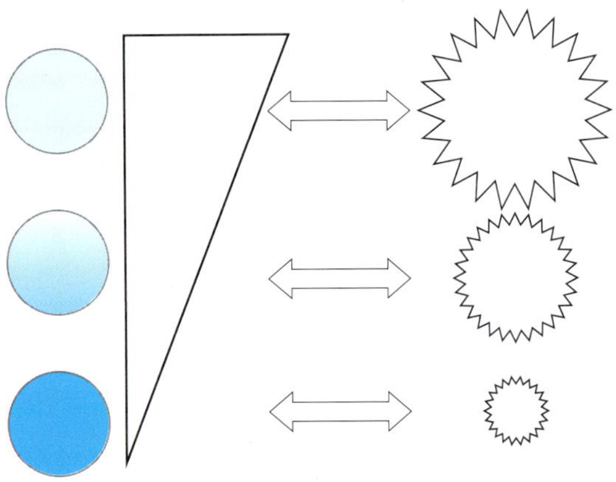

(a)

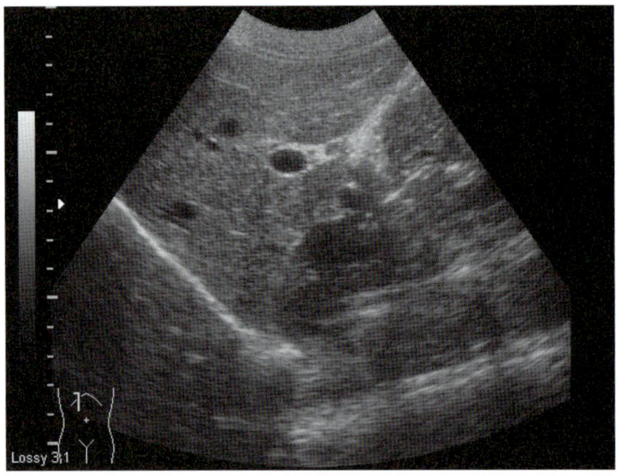

(b)

▸ 그림 4-15. 회색도 표시

(3) M 모드(M mode)

M 모드는 일차적인 표시방법으로 spot의 밝기를 시간별로 나타낸다. M 모드는 motion-mode의 약자로 심장과 같이 움직이는 장기에 적용하기 때문에 움직임 표시법이라고 한다. M-모드는 심장과 판막의 움직임을 이차원적 공간과 시간적 흐름으로 나타내 판막의 움직임과 심장의 형태를 관찰할 수 있다. 초기에는 M-모드 단독으로 사용하기도 하였으나 현재는 B 모드와 동시에 사용한다. 이것을 B/M 모드라고 한다. B/M 모드의 이점은 우선 B 모드로 오리엔테이션을 하고 원하는 부위를 선택하여 M 모드로 관찰하는 장점이 있다. 그림 4-16은 심장을 B/M 모드로 주사한 것으로 위쪽은 B-모드, 아래쪽은 M 모드가 같이 주사된 것을 볼 수 있다. B 모드를 주사한 후 원하는 부위에 M 모드의 라인(indicator)을 표시하여 M 모드 영상을 나타낸 것이다. M 모드의 세로축은 깊이이고 가로축은 시간을 나타내며 그 내부의 휘도는 반사파의 강도를 나타낸다. 심장 각 방과 실의 기

능과 판막의 개폐를 관찰할 수 있다.

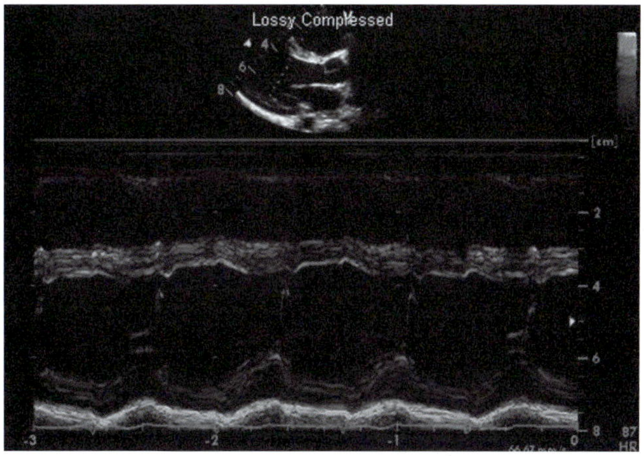

▶ 그림 4-16. B/M-mode

(4) D 모드(D mode)

D 모드는 Doppler mode의 약자로 도플러 표시법을 나타낸다. 도플러초음파는 혈류에 관한 정보를 얻는 검사법이다. 초기에는 단독 도플러법을 이용했으나 현재는 B/D 모드를 이용한다. B/D 모드는 앞에 설명한 B/M 모드와 마찬가지로, 우선 B 모드로 관찰하여 회색도 상의 혈관을 관찰하고 D 모드 대상 혈관을 선택하여 도플러 정보를 얻는다. 이러한 방법은 혈관의 오리엔테이션과 미세한 혈류의 도플러 정보를 얻는데 매우 유리하다. 도플러초음파의 종류는 펄스파도플러(pulse wave Doppler), 색 도플러(cpolr Doppler), 출력 도플러(power Doppler), 하모닉도플러(harmonic Doppler) 등이 있다. 펄스파도플러는 스펙트럼의 형태를 통해 혈류 역학적 정보를 얻는 방법으로 혈류속도, 혈류압력, 혈류량 등의 정량적 정보를 얻는다. 색 도플러는 혈류 방향에 대한 정보를 얻으며, 출력 도플러는 색 도플러에서 얻기 어려운 미세혈류의 존재 유무에 대한 정보를 얻는다. 한편, 하모닉도플러는 반사파의 일정 부분을 필터처리 하여 대조도가 증강된 영상을 얻는 방법이다. 도플러 초음파검사에 대한 자세한 내용은 6장에서 다루기로 한다. 그림 4-17은 도플러초음파 영상이다. (a)는 목동맥을 B/D 모드로 주사한 것으로 위쪽은 B 모드 영상이고, 아래쪽은 D 모드 영상으로 스펙트럼을 관찰할 수 있으며, (b)는 목동맥을 세로주사 하여 얻은 CFM 모드의 색 도플러 영상이다. (c)는 목동맥을 세로주사 한 출력 도플러 영상이다. 그리고 (d)는 조직하모닉도플러를 이용한 간초음파 영상으로 일반 영상에 비해 휘도가 증가해 있다.

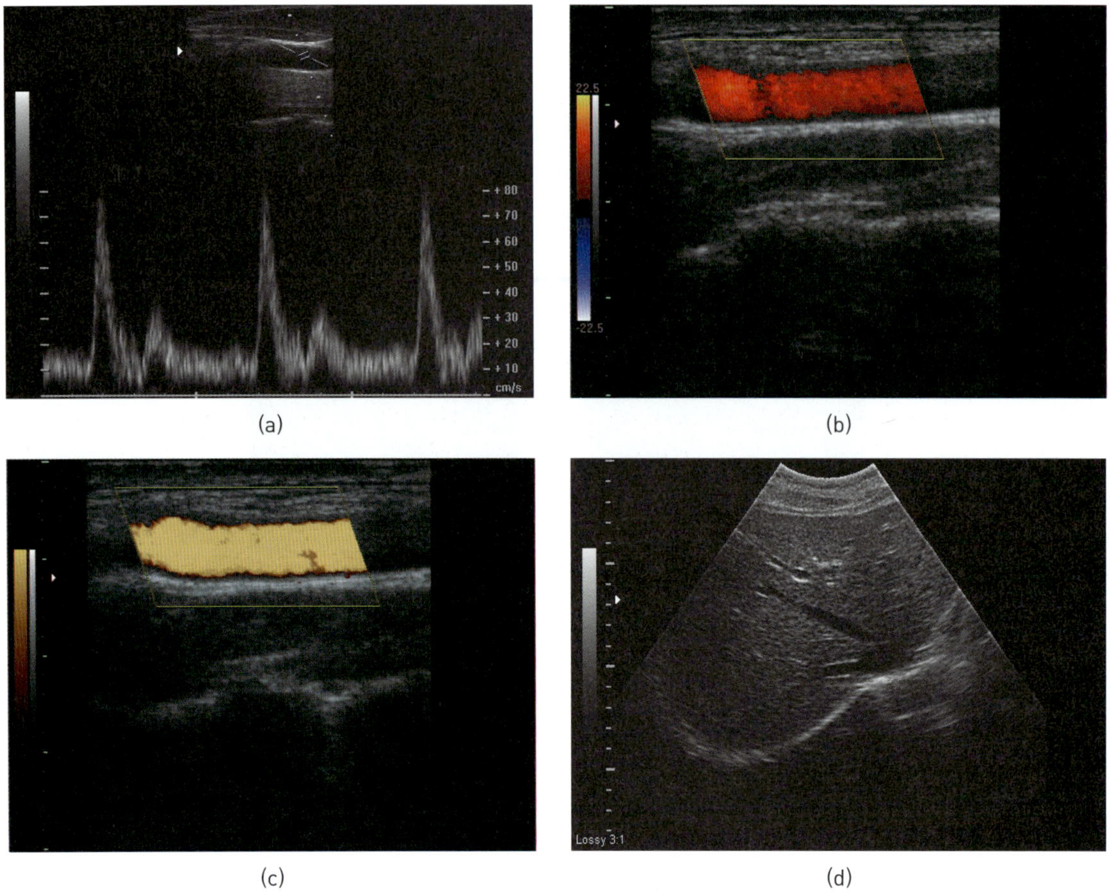

▶ 그림 4-17. 도플러 초음파 영상(a: PW Doppler, b: 색 도플러, c: 출력 도플러, d: 하모닉도플러)

6) 기록장치

지금까지 초음파 진단장치 시스템에서 순차적으로 이루어지는 과정을 설명하였다. 즉, master synchronizer, 발신기, 프로브, 수신기의 영상처리, 영상표시방법 등을 이해하였을 것이다. 이제 B 모드, B/M 모드, B/D 모드 등으로 검사하여 나타난 영상을 어떻게 기록하는가 하는 것을 알아보겠다.

초음파 진단장치는 실시간으로 동영상을 나타내거나 정지상을 나타낸다. 그리고 이러한 동영상이나 정지상을 저장하거나 기록한다. 동영상은 초음파 진단장치의 하드 메모리에 일정 부분 저장되며, 필요할 때 출력하거나 전송할 수 있다. 이러한 영상을 기록하는 방법은 soft copy와 hard copy로 구분한다. Soft copy는 hard disk, optical disk, video disk, CD, USB 등에 기록하는 방법이고 hard copy는 multi-format camera, laser camera, polaroid, echo printer 등에 기록하여 출력하는 방법이다. 2000년대 이후 디지털 초음파 진단장치는 PACS에 연동되어 있어 hard copy는 거의 사용하지 않지만 개인병원은 echo printer 또는 폴라로이드를 사용하여 간편하게 hard copy를 하고 있다. 그림 4-18(a)는 폴라로이드 필름이고 (b)는 echo printer paper 이다. 각각의 장단점이 있으나 폴라로이드 필름은 가격이 상대적으로 비싸고 즉시 관찰할 수 없는 단점이 있어 현재는 대부분 echo printer를 사용한다.

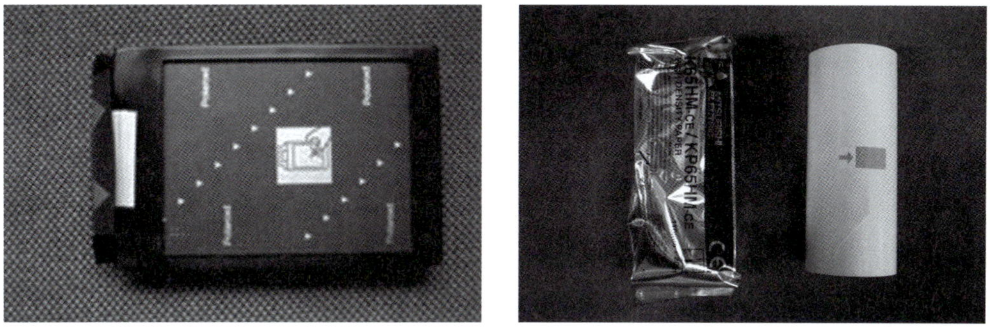

(a) (b)

▶ 그림 4-18. polaroid(a)와 echo printer paper(b)

03 실시간 시스템(real time system)

실시간(real time)이란 시간의 변화 없이 현상의 상태가 그대로 전달되는 형태를 의미한다. 초음파검사에서 실시간 영상이란 장기의 움직임이 시간의 차이 없이 모니터를 통해 그대로 표현되는 현상을 말한다. 예를 들어 심장 초음파에서 환자를 주사함과 동시에 심장의 움직임이 모니터에 전달되는 장비 체계를 실시간 시스템이라고 한다. 초음파검사는 실시간으로 움직이는 장기를 관찰하게 되면서 비약적으로 발전하였다. 움직이는 장기를 실시간으로 보려면 최소한 30 frame/sec. 이상 되어야 한다. 초기에는 실시간을 실현하기 위해 기계적인 방법을 사용하였으나 1970년대 이후에 전자적인 방법을 구현하고 있다. 기계적 방법은 탐촉자를 모터로 작동하여 회전시키는 방법이어서 회전수에 한계가 있고 모터의 작동에 의한 소음과 흔들림 등의 단점이 있었다. 전자적 방법은 선형으로 연결된 수십 개의 탐촉소자(transducer elements)를 시간차를 두고 구동하여 실시간을 구현한다. 다소자(multi-elements)를 사용하면 실시간 초음파는 물론 선속을 변형하거나 집속이 가능하다.

1) 기계적 섹터주사(mechanical sector scan)

섹터주사는 선속(beam)을 부채꼴 형태로 퍼져나가게 하는 주사방법이다. 기계적 섹터주사는 프로브 안의 탐촉자(진동자)를 전기적인 구동장치를 이용해 회전시켜 선속을 부채꼴 형태로 만드는 방법이다. 탐촉자를 회전시키는 방법은 원형으로 회전시키는 방법과 시계추처럼 진자운동을 하는 방법이 있다. 그림 4-19(a)는 기계적 회전형(rotary type)에 의한 섹터 주사 방식이다. 이는 탐촉자를 시계 방향으로 회전시키는 방식으로 4개의 탐촉자가 달린 프로브를 1회 회전시키며 4번 주사하게 한다. 만약, 프로브 안에 장착한 모터를 이용해 1초에 10회 회전시키면 40 frame/sec가 구동된다. 실제로는 탐촉자가 있는 부분 만 초음파 선속(beam)이 발생하나 빠르게 구동시키면 1초에 40회가 부채꼴 형태로 주사되는 것처럼 보인다. 한편, 그림 4-19(b)는 기계적 진자형(oscillating type) 섹터주사 방식이다. 탐촉자를 좌우로 빠르게 진자운동을 하면 부채꼴 영상이 지속적으로 나오는 것처럼 느껴져 실시간을 실현하는 방식이다. 1초에 10회 진자운동을 하면 20 frame/sec를 구현할 수 있다. 기계적 섹터주사는 모터의 소음과 진동에 의한 움직임이 심하고 부피가 커서 주사하기 불편한 단점이 있다. 특히 실시간 고속 주사가 어려워 전자적 섹터 주사가 도입된 현재는 사용하지 않는다.

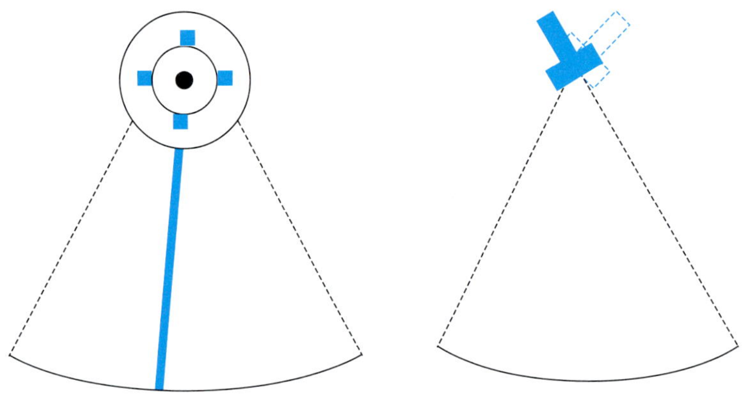

(a) (b)

▶ 그림 4-19. 회전형(a)과 진자형(b) 실시간 주사 형태

2) 전자적 섹터주사(electronic sector scan)

기계적 섹터주사는 모터의 힘으로 탐촉자를 구동하여 실시간을 구현하지만 전자 섹터주사는 여러 개의 탐촉소자를 고정시켜 각각에 시간차를 두고 전기적 자극을 주어 실시간을 구현하는 차이점이 있다. 탐촉자의 수도 기계적 섹터는 3~4개의 탐촉자를 사용하나 전자 섹터는 기계적 섹터의 10~50배의 탐촉소자를 사용한다. 전자 섹터주사는 프로브의 형태에 따라 수십 개 또는 백 수십 개의 탐촉소자를 선형(linear type)으로 배열하고 각각의 탐촉소자에 지연소자(delay circuit)를 연결해 시간차를 두고 구동한다. 시간차를 두고 구동하면 먼저 발생한 초음파 강도는 나중에 발생한 초음파 강도 보다 세서 선속이 한 방향으로 휘게 된다. 이와 같은 방법을 이용하면 부채꼴 형태의 선속을 만들 수 있다. 전자적인 방법으로 실시간을 구동하는 방법은 탐촉소자에 군을 형성해서

순차적으로 가동함으로써 가능하다. 그림 4-20은 전자적 실시간주사(electronic real time scan)를 나타낸 것이다. 예를 들면 90개의 탐촉소자를 그림과 같이 선형으로 배열하고 3개의 탐촉소자를 1개 군으로 묶어 30개의 군을 만든다. 그리고 1개 군에 1초에 3번 통전을 하면 3회에 걸쳐 초음파 선속(ultrasound beam)이 발생한다. 이것을 30개 군에 적용하면 90회에 걸쳐 제한된 초음파 선속이 나오게 되는데, 선속이 순차적으로 빠르게 진행하기 때문에 전체 탐촉소자에서 선형의 빔이 지속적으로 나오는 것처럼 보인다. 이러한 방법을 Huygen's 원리라고 한다. 마치 자전거가 빨리 달리면 자전거 바퀴살이 각각 보이지 않고 원반처럼 보이는 것과 같다. 이러한 방법은 고속 주사가 가능할 뿐 아니라 선속을 변화하거나 초점을 형성하는데 매우 유용하다. 선속에 대한 자세한 내용은 5장에서 다루기로 한다.

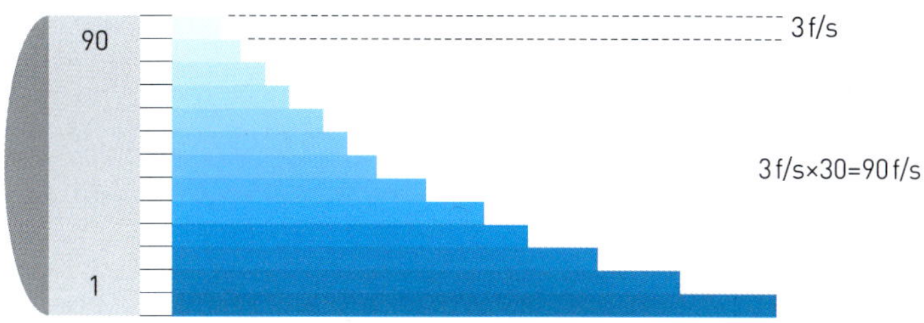

▶ 그림 4-20. 전자적 실시간주사 형태

04 초음파 영상조절장치

엑스선 촬영은 관전압, 관전류 그리고 시간의 3요소를 적절하게 활용해 최적의 농도와 대조도를 갖는 영상을 만든다. 초음파 영상은 기본적으로 게인, 시간게인보상, 동적영역의 3요소를 적절히 조절하여야 최적의 휘도와 계조도를 갖는 영상을 만든다. 그 외에 검사부위나 질병 상태에 따라 화면평균, 확대, 프레임 율, edge enhance 등의 영상조절장치를 활용한다. 따라서 방사선사는 초음파 영상의 휘도와 계조도에 관여하는 영상조절장치의 기능을 잘 파악하고 훈련하여 최적화된 영상을 만들 수 있는 능력을 배양하는 것이 중요하다. 일반적으로 많이 사용하는 회색도 초음파의 영상조절장치는 아래와 같다.

1) 회색도(B-모드) 초음파 영상조절장치

(1) 게인 조절(gain control)

게인(이득)은 출력전압을 입력전압으로 나눈 값이다. 출력전압을 높이면 게인이 증가하고 영상의 휘도는 증가한다.

$$\text{게인(gain)} = \frac{\text{출력전압}}{\text{입력전압}}$$

게인조절은 초음파검사를 하면서 가장 많이 사용하는 기능이다. 게인 버튼을 오른쪽으로 돌리면 게인이 증가하고 왼쪽으로 돌리면 감소한다. 게인 조절은 영상에서 인위적으로 반사파 강도를 조절하는 효과를 갖는다. 반사파 강도가 세면 휘도가 증가하는 것과 마찬가지로 게인을 증가하면 휘도가 높아져 영상 전체가 밝아지고 게인을 낮추면 휘도는 낮아져 영상 전체가 어두운 계조가 된다. 영상의 휘도는 개인의 선호도에 따라 주관적인 요소가 있지만 질병을 잘 나타낼 수 있는 휘도가 가장 적절한 휘도라고 할 수 있다. 그림 4-21은 다기능 초음파 팬텀을 사용하여 게인을 변화시킨 영상이다. (a)는 게인을 80으로 조절한 것으로 영상이 전체적으로 적정한 휘도 분포를 보인다. 이에 비해 (b)영상은 게인을 100으로 증가하여 휘도가 (a)보다 증가된 양상을 보이며, (c)영상은 게인을 26을 조절하여 지나치게 휘도가 낮은 것을 볼 수 있다. 게인은 TGC 또는 DR을 조절하면 변하기 때문에 숫자는 의미가 없다. 초음파 영상을 자주 관찰하여 적정 휘도 분포를 갖는 게인을 눈으로 익히는 것이 중요하다.

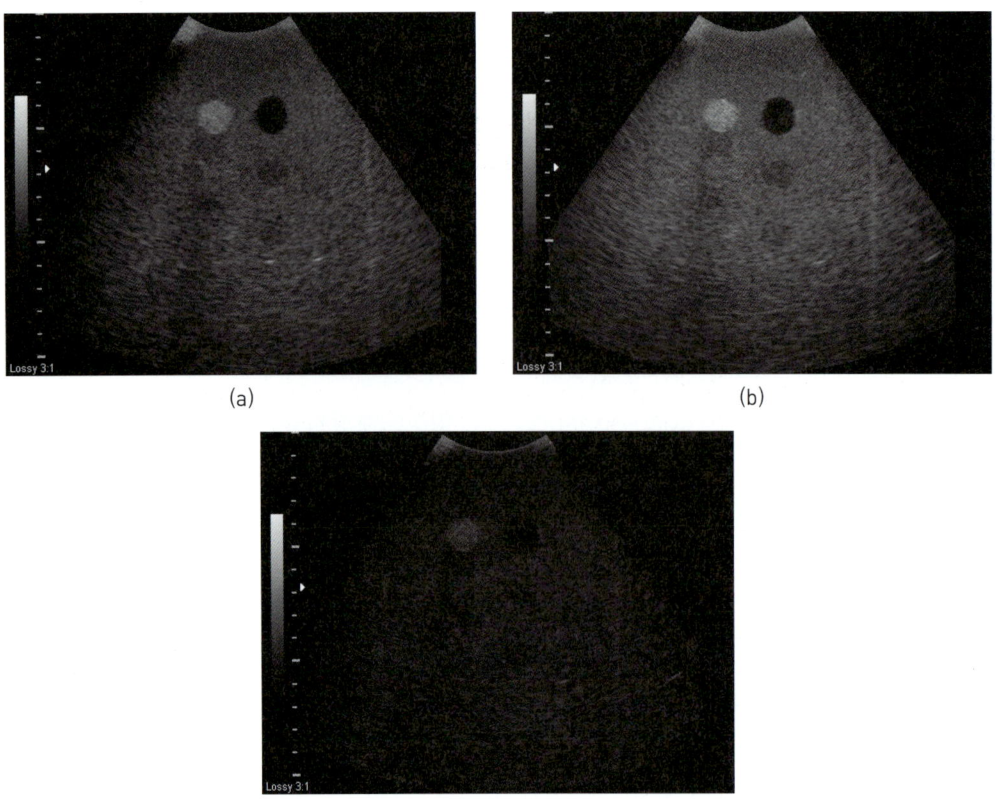

(a) (b) (c)

▶ 그림 4-21. 게인 조절 영상(a: 적정, b: 증가, c: 감소)

(2) 시간게인보상 조절(time gain compensation control)

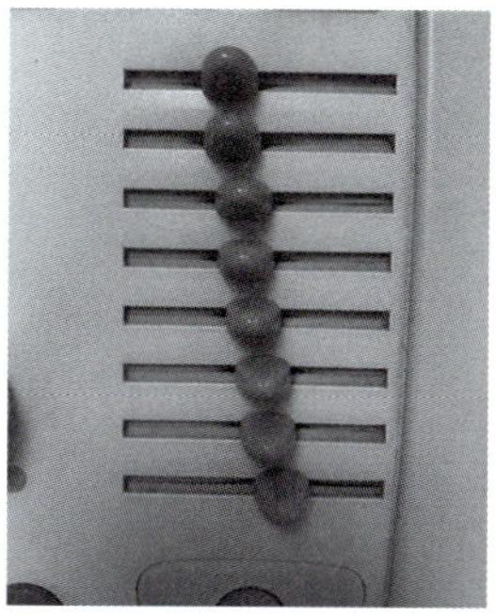

▶ 그림 4-22. TGC 조절기구

프로브에서 발생한 초음파는 매질을 왕복하면서 점차적으로 감쇠한다. 시간게인보상은 초음파 펄스가 왕복하면서 감쇠한 부분을 보상하는 기능이다. 보상을 통해 동일 매질은 깊이에 관계없이 동일한 휘도로 나타나게 한다. 만약 시간게인보상을 하지 않으면 동일한 매질임에도 불구하고 깊이가 깊어지면서 점차 휘도가 낮아지는 영상을 얻게 된다. 감쇠는 초음파가 발생한 시간의 길이에 따라 증가하므로 이것을 보상하기 위해 시간게인보상(time gain compensation, TGC)이라는 표현을 사용하며, 시간의 증가는 공간의 깊이가 증가하는 것이므로 이것을 보상하는 의미로 depth gain compensation(DGC)이라고도 한다. 한편 시간의 증가에 따라 감소하는 민감도를 보상한다는 의미로 sensitivity time compensation(STC)이라고도 한다. 그림 4-22는 TGC 조절기구를 나타낸 것으로 각각의 깊이에 따라 휘도를 조절할 수 있다. 조절기구를 오른쪽으로 밀면 휘도가 증가하고 왼쪽으로 밀면 휘도가 감소한다. 그림 4-23은 TGC를 조절하여 다기능 초음파 팬텀을 주사 한 영상이다. (a)는 전체적으로 균질하게 조절한 것에 비해 (b)는 표면으로부터 7~9 cm 깊이의 TGC가 잘못 조절되어 휘도가 높게 나타났으며, (c)는 반대로 7~9 cm 깊이의 휘도가 낮게 조절되어 전체적으로 불 균질한 영상을 보인다. 일반적으로 TGC는 검사 전에 팬텀을 이용해 한 번 조절한 후에는 자주 변경하지 않는 것이 효율적이다.

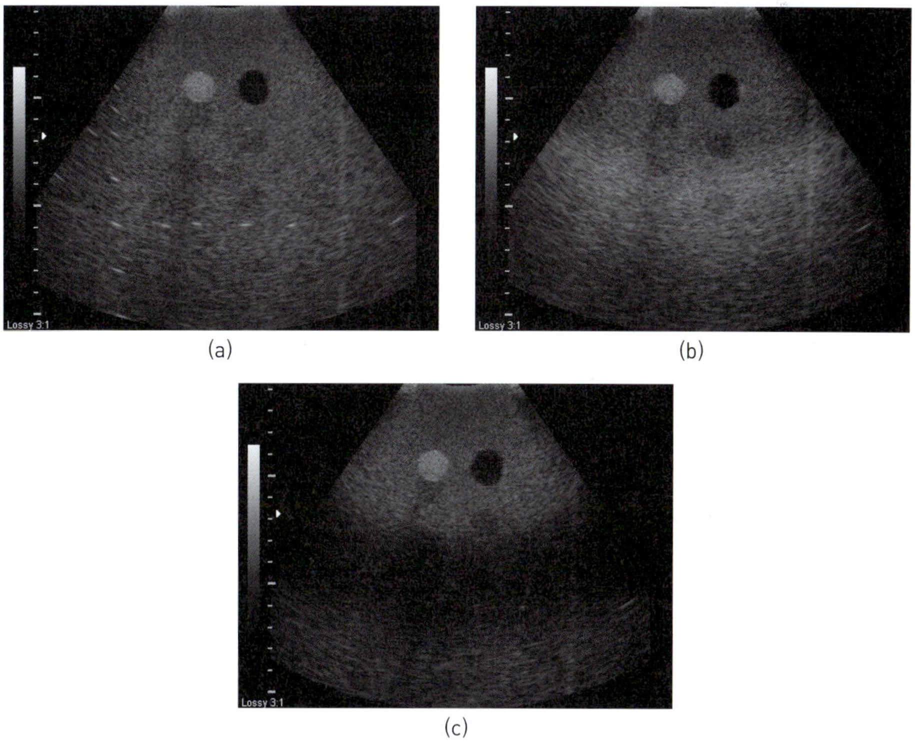

▶ 그림 4-23. TGC 조절 영상(a: 적절, b: 부적절, c: 부적절)

(3) 동적영역 조절(dynamic range control)

동적영역(dynamic range, DR)은 수신기로부터 모니터에 나타내는 에코 강약의 범위를 결정하는 기구로 압축을 통해 그 범위가 결정된다. 다시 말하면 pixel이 나타내는 휘도 값의 변화폭을 동적영역이라고 한다. 동적영역을 증가한다는 것은 휘도 값의 범위를 넓게 한다는 의미이고 DR을 감소한다는 것은 휘도 값의 범위를 좁게 한다는 의미이다. 따라서 영상을 관찰할 때는 DR을 적절히 조절하여 +15 dB부터 −15 dB까지의 계조가 모두 나타날 수 있게 하여야 한다. 그림 4-24는 다기능 초음파 팬텀을 주사하여 동적영역을 변화시킨 영상이다. 영상(a)는 DR을 적절히 조절하여 원형의 구조물들이 잘 나타났으나, (b)는 DR을 지나치게 증가시켜 계조도가 잘 형성되지 않아 밋밋한 영상을 보이고, (c)는 DR을 지나치게 감소시켜 거친 영상으로 나타났다.

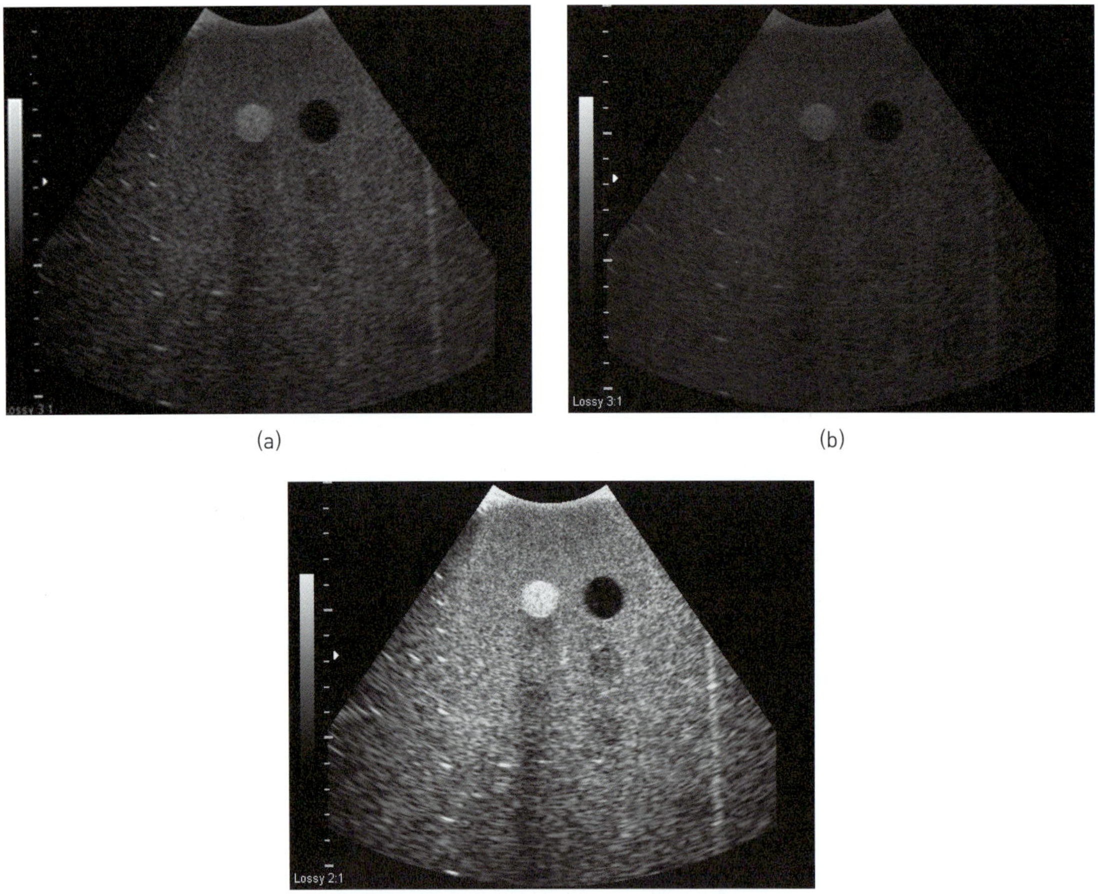

(a) (b) (c)

▶ 그림 4-24. 동적영역 조절 영상(a: 적절, b: 증가, c: 감소)

(4) 실시간 모드와 정지(real mode&freeze)

실시간(real time)은 주어진 현상을 시간과 공간의 변함없이 다른 장소에 그대로 재현하는 것이다. 초음파검사는 프로브로 인체를 주사하는 현상을 동시에 모니터에 나타내는 것이므로 실시간 초음파라고 한다. 초음파 진단장치는 실시간 주사 과정에서 주 기억장치에 저장하는 기능과 모니터에 표시하는 기능을 동시에 한다. 이것을 실시간 모드(real mode, frame control)라고 한다. 다시 말하면 실시간 모드는 write와 read가 모두 이루어진다. Write는 영상 데이터를 기억장치에 저장하는 기능이고, read는 저장된 데이터를 화면 표시를 위해 출력하는 과정이다. 현재 사용하는 디지털 초음파 진단장치는 모두 실시간 모드가 이루어진다. 정지(freeze)는 초음파 펄스의 발생을 중단시키는 것이다. 실시간으로 동영상을 표시하다가 정지상을 관찰하려면 freeze를 누르고 동영상을 보려면 한 번 더 freeze를 누른다. 초음파 진단장치의 초당 주사 횟수는 frame rate/sec.로 표시한다. 동영상을 구현하려면 최소 40 f/s 이상은 되어야 하는데, 현재 대부분의 초음파 진단장치는 120 f/s 정도이다. 이것은 매우 빠른 속도이기 때문에 실시간 동영상을 하다가 원하는 하나의 정지상을 얻는 것이 용이하지 않다. 이러한 문제점을 해결해 주는 기능이 cine memory이다. Cine memory는 스캔 컨버터(scan converter)에 memory의 개수를 늘려 여러 장의 영상을 계속 저장해 둔 상태에서 freeze를 누른 후 다시 보여주는 기능이다. 원하는 정지상을 보려면 freeze를 하고 tract ball을 이용해 쉽게 볼 수 있다.

(5) 화면평균(frame average)

화면평균은 이전의 영상과 현재의 영상을 평균하여 표시하는 기능이다. 원하는 만큼 화면평균 횟수를 지정할 수 있다. 화면 평균을 하면 순간적인 speckle이 줄어들고 영상이 부드럽게 표현된다. 그러나 과도하게 화면평균 수를 증가하면 선예도가 저하되는 단점이 있다. 그림 4-25(a)는 frame average가 0 영상이고, (b)는 frame average를 3으로 지정한 영상이다.

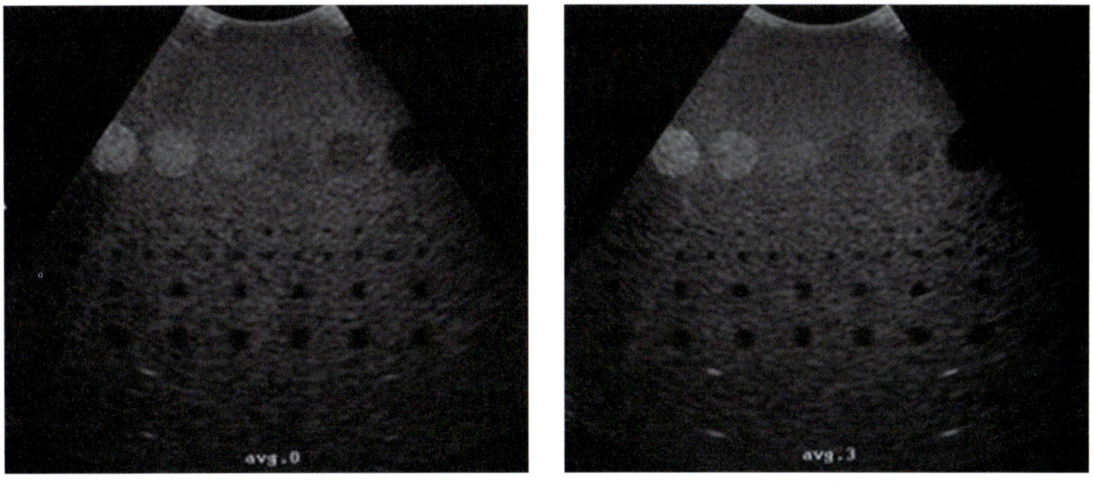

(a) (b)

▶ 그림 4-25. 화면평균 조절 영상(a: average 0, b: average 3)

(6) 확대(zoom)

초음파검사에서 확대는 자주 활용하는 기능이다. 확대는 말 그대로 영상의 전체 또는 일부분을 크게 확장해서 보는 기능이다. 특히, 작은 쓸개돌이나 유방, 갑상선의 작은 결절, 미세한 이상 여부 등은 영상을 확대하여 보면 효율적이다. 확대 방법은 write zoom과 read zoom의 두 가지 방법이 있다. 첫째, Write zoom은 memory에 dater를 저장하는 과정에서 확대하는 방법으로, 실시간 상에서 확대 영상을 보는 것이 가능하다. 둘째, read zoom은 memory에 저장되어 있는 영상을 확대하는 방법으로, freeze 후에 관심 부위를 지정하여 영상을 확대한다. 따라서 read zoom은 영상을 보면서 쉽게 확대하거나 전체 영상과 비교해서 볼 수 있는 장점이 있다. 그러나 write zoom에 비해 해상력이 저하되는 단점이 있다. 그림 4-26은 팬텀 주사에서 물혹 부분을 확대한 것이다. 오른쪽 영상은 write zoom을 한 것으로 동영상 상태에서 물혹이 확대되어 보이고, 왼쪽은 read zoom을 한 것으로 관심영역(ROI)을 표시한 물혹 부분이 정지상에서 확대되어 보인다.

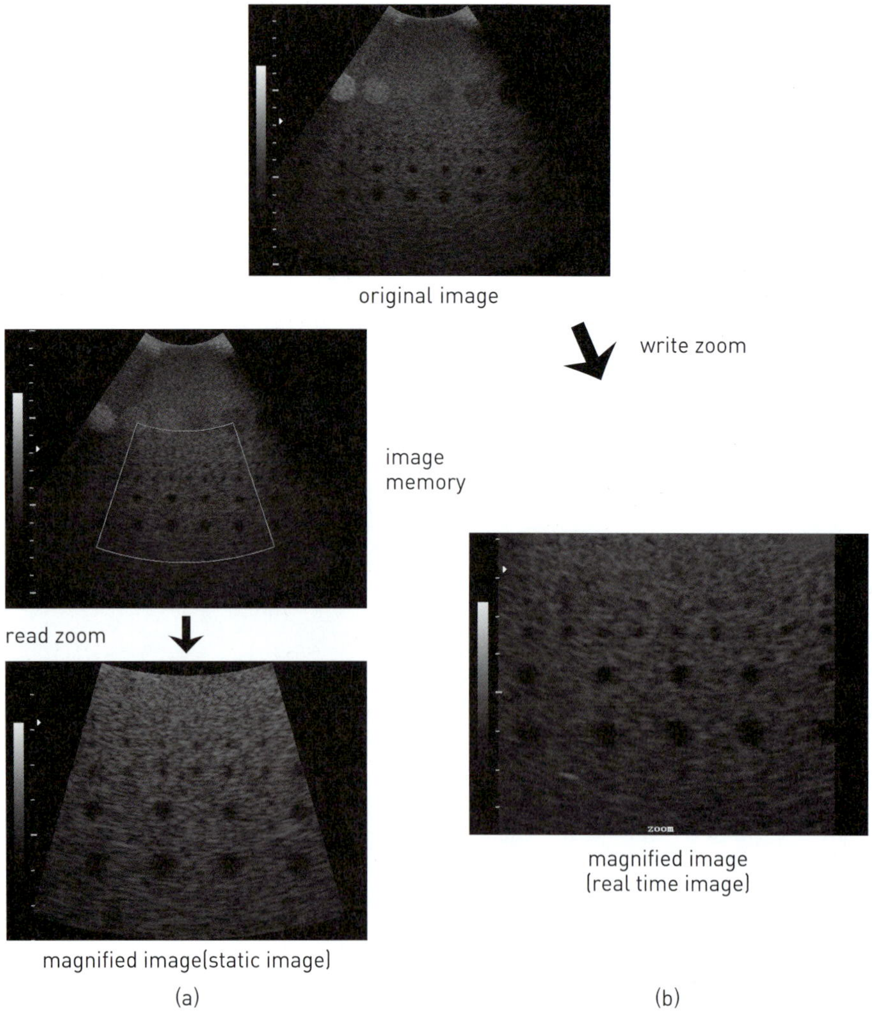

▸ 그림 4-26. read zoom(a)과 write zoom(b) image

(7) 프레임 율(frame rate)

프레임 율은 초음파 진단장치가 1초에 획득하는 영상의 수로 frame/second(f/s)로 표시한다. 움직이는 것을 표현하려면 최소 16 f/s는 되어야 하고, 심장의 움직임을 관찰하려면 최소 40 f/s는 되어야 한다. 최근에 사용하는 초음파 진단장치는 50~150 f/s 정도이다. 프레임 율은 초점(focal point), 주사선 수(scan line), 깊이(depth), 프로브 형태(probe type) 등에 의해 좌우된다.

(8) edge enhance

Edge enhance는 조직 또는 장기 사이의 경계면의 휘도를 조절하는 기능이다. 그림 4-27은 간 초음파 영상으로 (a)는 edge enhance를 사용하지 않은 영상이고 (b)는 edge enhance를 사용한 영상이다. (a)영상에 비해 (b)영상이 문맥, 가로막 경계의 휘도가 상대적으로 증가되어 보인다.

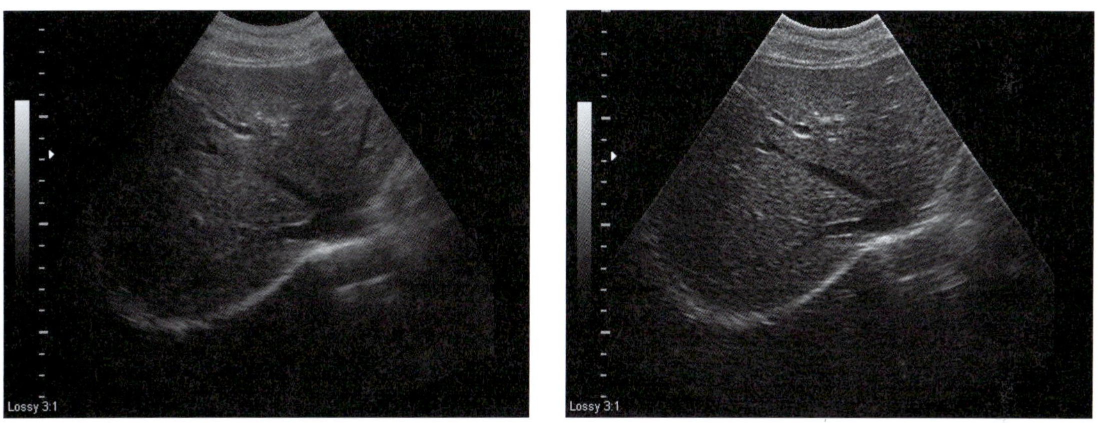

(a) (b)

▶ 그림 4-27. edge enhance 영상(a: 보통, b: 증가)

핵심문제 및 해설

아래의 문항에서 가장 알맞은 답가지 하나를 고르시오.

문항 01 초음파 진단장치의 초음파 발생 원리(현상)로 옳은 것은?

① 압전원리 ② 초전현상 ③ 탈분극현상
④ 반사 에코 원리 ⑤ 호이헨스 원리

해설 초음파의 발생원리는 압전원리이다. 압전원리는 압전물질을 누르면 전기를 띠고, 전기를 가하면 초음파를 발생시키는 원리이다.

문항 02 심장을 운동성 파형으로 나타내는 초음파 모드(mode)는?

① A ② B ③ CFM
④ D ⑤ M

해설 M-모드는 motion mode의 약자로 심장의 운동 상태와 판막의 개폐 상태를 파형으로 나타낸다. 근래에는 진단의 정확성을 높이기 위해 B/M모드로 활용한다.

문항 03 프로브 내에서 초음파의 투과성을 개선하는 것은?

① 접지 ② 댐핑층 ③ 결합층
④ 지연소자 ⑤ 압전소자

해설 프로브의 구조는 안쪽부터 댐핑층, 압전소자, 결합층으로 구성된다. 결합층은 인체 내의 초음파 투과성을 좋게 하기 위한 것으로 압전소자와 연부조직의 중간 임피던스를 갖는 매질을 사용한다.

문항 04 입사한 초음파는 매질의 깊이가 깊어지면서 점차 감쇠가 심해진다. 그래서 깊이에 따라 감쇠한 만큼 강도를 증가시켜 전체적으로 균등한 휘도를 유지할 수 있게 한다. 이와 같은 수신기의 기능은?

① 게인 ② 보상 ③ 압축
④ 제거 ⑤ 증폭

해설 초음파 에너지가 매질을 왕복하면서 감쇠하는 부분만큼 상대적으로 깊이에 따라 강도를 증가시키는 수신기의 기능을 보상이라고 한다. 보상을 통해 전체적으로 균일한 휘도의 영상을 얻을 수 있다.

정답 1. ① 2. ⑤ 3. ③ 4. ②

문항 05 반사파의 강도를 휘도로 변환하여 영상에 표시하는 모드는?

① A-mode ② B-mode ③ CFM mode
④ D-mode ⑤ M-mode

해설 반사파의 강도를 펄스 형태로 나타내는 것을 진폭 모드(A-모드)라고 하고, 이것을 스캔 컨버터에 의해 휘도로 변환하여 표시하는 것을 휘도 모드(B-모드)라고 한다. B-모드로 나타낸 것을 회색도 초음파라고 한다.

문항 06 프로브의 결합층이 하는 역할은?

① 초음파 전달이 잘 되게 한다.
② 외부 주파수의 영향을 차단한다.
③ 펄스폭과 공간펄스길이를 감소시킨다.
④ 전기에너지를 초음파에너지로 변환한다.
⑤ 초음파에너지가 케이스로 전달하는 것을 방지한다.

해설 프로브의 결합층은 입사한 초음파가 인체의 표면에서 반사하지 않고 체내로 잘 전파하도록 하는 것이 목적이다. 마치 카메라 렌즈 표면에 코팅막을 설치하여 빛의 반사 없이 카메라 안으로 잘 전달하도록 하는 것과 유사하다.

문항 07 매질의 압전효과에 대한 설명으로 옳은 것은?

① 압력을 가하면 열이 나는 성질
② 전극의 분극현상이 나타나는 성질
③ 압력을 가한 후 떼면 통증을 일으키는 상태
④ 전하를 가하면 수축과 이완을 반복하는 현상
⑤ 높은 온도를 다시 가하면 원래의 성질을 잃는 현상

해설 압전물질은 누르면 전기적 성질을 갖는 물질을 의미한다. 이러한 압전물질에 전하를 가하면 팽창과 수축을 반복하면서 초음파를 발생하는데 이러한 현상을 압전효과라고 한다.

문항 08 매질의 깊이에 따라 반사파의 강도를 조절하는 기능으로 옳은 것은?

① 게인(gain) ② 제파(reject)
③ 복조(demodulation) ④ 동적구역(dynamic range)
⑤ 시간게인보상(time gain compensation)

해설 입사한 초음파 강도는 매질을 왕복하면서 감쇠하는데, 감쇠하는 만큼 강도를 보상해주는 기능을 보상이라고 한다. 왕복하는 시간에 따라 감쇠하는 것을 보상하기 때문에 시간게인보상(time gain compensation, TGC)이라고 한다. TGC는 깊이게인보상(depth gain compensation, DGC), 민감도게인보상(densitiviry gain compensation, STC)이라고도 한다.

정답 5. ② 6. ① 7. ④ 8. ⑤

문항 09 초음파를 이용하여 혈류 역학적 정보를 관찰하는 형태는?

① A 모드 ② B 모드 ③ CFM 모드
④ D 모드 ⑤ M 모드

해설 초음파로 혈류에 대한 정보를 얻는 검사법을 도플러초음파라고 한다. D-모드는 Doppler mode의 약어이다. 도플러초음파는 펄스도플러(스펙트럴 도플러), 색 도플러, 출력도플러, 하모닉도플러 등이 있다.

문항 10 초음파검사에서 깊이에 관계없이 전체적인 휘도를 조절하는 기능은?

① 게인(gain) ② 초점(focus)
③ 다이나믹렌지(DR) ④ 깊이게인보상(DGC)
⑤ 투과심도(penetration)

해설 증폭은 아주 약한 전압부터 높은 전압까지 전체적으로 같은 비율로 증폭하기 때문에 overall gain 또는 receive gain이라고 한다. 게인은 전체적인 휘도를 조절할 때 사용한다.

문항 11 초음파 프로브에서 흡음층(댐핑층)의 역할은?

① 반사된 음을 높은 감도로 수신
② 인체조직에 음파의 투과를 높임
③ 전기에너지를 초음파에너지로 변환
④ 후방 음을 흡수하여 거리 분해능을 개선
⑤ 프로브와 인체표면 사이 음파의 반사를 감소

해설 흡음층은 금속분과 플라스틱 또는 에폭시 혼합물로 제작한다. 흡음층은 펄스 중의 사이클 수를 제한하여 거리 분해능을 개선하는 역할을 한다. 흡음층은 댐핑을 하여 음을 제한하기 때문에 댐핑층이라고도 한다.

문항 12 초음파 진단장치의 기능 중에서 초음파 펄스를 발생시키거나 또는 초음파 펄스의 발생을 정지시키는 것은?

① gain ② freeze ③ preset
④ probe ⑤ review

해설 freeze는 누르면 초음파 펄스가 발생하여 실시간 초음파 영상을 관찰할 수 있고 다시 누르면 초음파 펄스가 정지하여 정지상을 얻는다.

정답 9. ④ 10. ① 11. ④ 12. ②

문항 13 초음파 프로브 안에 결합층과 댐핑층 사이에 있으면서 전기적 에너지를 초음파 에너지로 변환시키는 기능을 하는 것은?

① 어스　② 절연체　③ 흡음층
④ 압전소자　⑤ 음향렌즈

해설 압전물질은 수 십 개 또는 백 수십 개의 작은 압전소자들이 연결돼 있다. 이들 압전소자는 전기적 에너지를 초음파 에너지로, 초음파 에너지를 전기적 에너지로 변환시키기 때문에 탐촉자라고도 한다.

문항 14 압전물질에 압력을 가하면 탈분극현상이 생겨 +와 −전하로 분극하여 나열된다. 이러한 상태를 일컫는 것으로 옳은 것은?

① 동적영역　② 반사 에코　③ 압전효과
④ 큐리온도　⑤ 초전현상

해설 압전물질은 누르면 전기적 성질을 갖는 물질이다. 압전물질에 압력을 가하면 탈분극현상에 의해 +와 −전하를 띠는 성질을 갖게 되어 분극하는 것을 초전현상이라고 한다.

문항 15 초음파 진단장치의 수신기에서 교류 전압을 직류 전압으로 변환하고 보정을 통해 bumps를 부드럽게 조절하는 기능은?

① 증폭　② 보상　③ 압축
④ 복조　⑤ 제파

해설 수신기의 기능은 펄스의 증폭, 보상, 압축, 복조, 제파 등이다. 복조는 정류(rectification)를 통해 교류 전압을 직류 전압으로 변환하고 보정(smoothing)을 통해 bumps를 부드럽게 조절하는 기능을 한다.

문항 16 프로브 안의 구성 물질 중에서 압전물질에서 발생한 초음파 펄스를 집속하고 분해능을 향상시키는 역할을 하는 것은?

① 절연체　② 댐핑층　③ 결합층
④ 압전소자　⑤ 음향렌즈

해설 음향렌즈는 압전물질과 결합층 사이에 위치하여, 압전소자에서 발생한 초음파를 집속하여 강도를 높이고 해상력을 향상시킨다.

정답 13. ④ 14. ⑤ 15. ④ 16. ⑤

문항 17 디지털 진단초음파장치에 사용하는 압전물질은?

① 흑연 ② 탄소섬유 ③ 폴리우레탄
④ 세라믹 PZT ⑤ 다이아몬드 절편

해설 압전물질은 과거에는 수정 또는 전기석(규산염)을 절편하여 사용하였으나 근래에는 고분자물질의 인공 세라믹 PZT를 합성하여 사용한다.

문항 18 초음파 프로브의 중심주파수를 좌우하는 것은?

① 댐핑층과 결합층의 두께
② 탐촉자의 강도와 밀도
③ 탐촉자의 전파속도와 두께
④ 댐핑물질의 강도와 밀도
⑤ 댐핑물질의 전파속도와 두께

해설 중심주파수 $=\dfrac{\text{전파속도}(mm/\mu s)}{2\times\text{두께}(mm)}$ 이다.

문항 19 심장과 판막의 움직임을 이차원적 공간과 시간적 흐름으로 나타내 판막의 움직임과 심장의 형태를 관찰하는 영상표시방법은?

① A 모드 ② B 모드 ③ CFM 모드
④ D 모드 ⑤ M 모드

해설 M-모드는 일차적인 표시방법으로 spot의 밝기를 시간별로 나타낸다. M-모드는 motion- mode의 약자로 심장과 같이 움직이는 장기에 적용한다.

문항 20 초음파 프로브의 댐핑(damping)과 관계있는 것은?

① 큐리온도 ② 거리 분해능
③ 중심주파수 ④ 초음파 투과성
⑤ 초음파 에너지 변환

해설 댐핑층(damping layer)의 역할은 두 가지이다. 첫째는 초음파 펄스의 사이클 수를 제한하여 거리 분해능을 향상시키는 것이고, 둘째는 후방으로 향하는 여음을 흡수하여 잡음을 억제하는 것이다.

정답 17. ④ 18. ③ 19. ⑤ 20. ②

문항 21 프로브의 댐핑층에서 펄스 중의 사이클 수를 적게 하면 나타나는 현상은?

① 대역폭이 넓고 높은 Q-factor
② 대역폭이 넓고 낮은 Q-factor
③ 대역폭이 낮고 낮은 Q-factor
④ 대역폭이 낮고 높은 Q-factor
⑤ 대역폭과 Q-factor는 무관하다

해설 펄스 중의 사이클 수가 많으면(긴 초음파 펄스), 대역폭이 좁고 높은 Q-factor를 나타낸다. 반면, 펄스 중의 사이클 수가 적으면(짧은 초음파 펄스), 대역폭이 넓고 낮은 Q-factor를 나타낸다. 초음파검사는 보통 대역폭이 넓은 것을 사용한다.

문항 22 초음파 프로브의 결합층의 두께는 초음파 파장의 얼마인가?

① 1/2
② 1/4
③ 1/6
④ 1/8
⑤ 1/10

해설 결합층의 두께=λ/4두께=초음파 파장의 1/4이다.

문항 23 탐촉소자를 선상배열하여 순차적으로 빠르게 통전하면 선속이 일렬로 빠르게 진행하기 때문에 전체 탐촉소자에서 선형의 빔이 연속적으로 나오는 것처럼 보인다. 이와 같은 초음파 주사 방법의 원리(현상)는?

① 압전원리
② 초전현상
③ 탈분극현상
④ 에코반사 원리
⑤ Huygen's 원리

해설 선형의 탐촉소자를 순차적으로 빠른 속도로 통전하면 선속이 빠르게 진행하기 때문에 선형의 선속이 계속해서 나오는 것처럼 보인다. 이 방법은 실시간 주사를 가능하게 하며, 이러한 통전 기법을 Huygen's 원리라고 한다.

문항 24 B/M-모드를 이용하는 검사 부위는?

① 간
② 심장
③ 유방
④ 콩팥
⑤ 갑상선

해설 M-모드는 motion-mode의 약자로 심장과 같이 움직이는 장기에 적용한다.

정답 21. ② 22. ② 23. ⑤ 24. ②

문항 25 초음파 수신기의 기능으로 올바른 것은?

① 산란파 수신의 차단
② 펄스파의 굴절 방지
③ 다양한 펄스파의 압축
④ 매질의 입자운동 방지
⑤ 매질의 전파속도 차이 수신

해설 초음파 수신기의 기능은 수신한 초음파 펄스의 증폭, 보상, 압축, 복조, 제파 등이다.

문항 26 수신한 반사파의 강도를 스캔 컨버터에 의해 휘도로 변환하고 획득 한 영상은 화면의 수직 방향에, 화면의 표시는 수평 방향에 나타내는 영상표시방법은?

① A 모드
② B 모드
③ CFM 모드
④ D 모드
⑤ M 모드

해설 B-모드는 brightness-mode의 약자로 반사파의 강도를 휘도로 나타내는 영상표시방법이다.

문항 27 초음파의 영상표시 방법과 부위가 올바르게 연결된 것은?

① A 모드-유방
② B 모드-두개골
③ CFM 모드-심장
④ D 모드-고환
⑤ M 모드-온목동맥

해설 A 모드는 현재 사용하지 않는다. B 모드는 뼈를 제외한 모든 부위를 검사할 수 있다. CFM 모드는 색도플러로 모든 부위의 혈류의 방향 정보를 얻는다. D 모드는 혈관에 적용하여 혈류속도, 혈류압, 혈류량 등의 정보를 얻는다. M 모드는 심장초음파에 사용한다.

문항 28 초음파검사 시 게인을 조절하는 이유는?

① 약한 반사파 제거
② 부분적인 휘도 제거
③ 전체적인 휘도 조절
④ 전체적인 대조도 조절
⑤ 부분적인 대조도 조절

해설 게인은 영상 전체의 휘도를 조절하는 데 목적이 있으며, TGC는 부분적인 휘도를 조절하는데 목적이 있다.

정답 25. ③ 26. ② 27. ③ 28. ③

문항 29 초음파 영상의 프레임 율을 결정하는 인자는?

① 강도　② 밀도　③ 전파속도
④ 주사선수　⑤ 동적영역

해설 프레임 율은 초점(focal point), 주사선 수(scan line), 매질의 깊이(depth), 프로브 형태(probe type) 등에 의해 좌우된다.

문항 30 초음파검사에서 실시간으로 확대 영상을 나타내는 기능은?

① freeze　② focal zone　③ magnification
④ read zoom　⑤ write zoom

해설 확대(zoom)은 write zoom과 read zoom이 있다. Write zoom은 저장하는 과정에서 확대하는 방법으로, 실시간 상에서 확대 영상을 보는 것이고, read zoom은 정지상에서 영상을 확대하는 방법이다.

문항 31 초음파 영상은 +15 dB부터 −15 dB까지의 계조가 나타날 수 있게 (　　)을 적절히 조절하여야 한다. 괄호 안에 들어갈 내용은?

① 게인　② 제파　③ 휘도
④ 동적영역　⑤ 시간게인보상

해설 동적영역(DR)은 pixel이 나타내는 휘도 값의 변화폭을 말한다. 동적영역의 증가는 에코 강약의 범위를 넓게 한다는 의미이며, 감소는 에코강약의 범위를 좁게 한다는 의미이다. 따라서 영상을 관찰할 때는 +15 dB부터 −15 dB까지의 계조가 모두 나타날 수 있도록 DR의 범위를 조절하여야 한다.

문항 32 아래 그림에 대한 설명으로 옳은 것은?

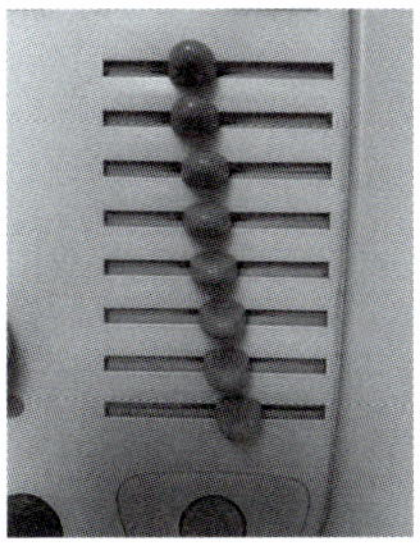

① 전체적인 게인을 조절하는 기구이다.
② 부분적으로 초점을 조절하는데 사용한다.
③ 깊이에 따라 매질의 전파속도를 조절한다.
④ +15 dB부터 −15 dB까지의 계조도를 조절한다.
⑤ 오른쪽으로 이동하면 영상의 휘도가 증가한다.

해설 TGC 조절기구이며 깊이에 따른 휘도를 조절한다. 조절기구를 오른쪽으로 이동하면 휘도가 증가하고 왼쪽으로 이동하면 휘도가 감소한다.

정답 29. ④ 30. ⑤ 31. ④ 32. ⑤

문항 33 아래 그림에 대한 설명으로 옳은 것은?

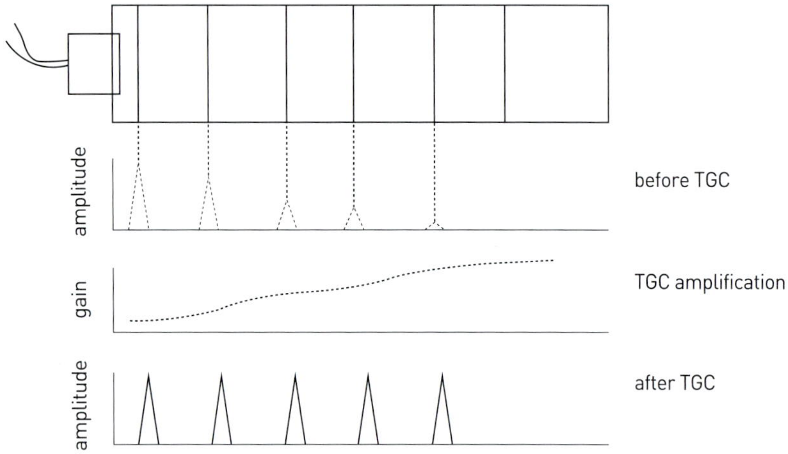

① 게인조절을 하였다.
② 시간게인조절을 하였다.
③ 동적영역을 설정하였다.
④ 잡음영역을 제파하였다.
⑤ 직류를 교류로 전환하였다.

해설 시간에 따라 진폭이 감쇠된 만큼 TGC 증폭을 하여 전체 깊이에서 균일한 진폭이 되도록 조절한 것이다. 그림의 세로축은 진폭을, 가로축은 시간을 나타낸다.

정답 33. ②

제5장

초음파 프로브와 빔포밍

수업 목표

1. 탐촉소자의 배열 형태를 구분하고 설명할 수 있어야 한다.
2. 프로브의 형태를 구분하고 특성을 설명할 수 있어야 한다.
3. 근거리 음장(near zone)을 좌우하는 인자를 설명할 수 있어야 한다.
4. 선속 폭(beam width)을 좌우하는 인자를 설명할 수 있어야 한다.
5. 빔포밍(beam forming)에 대하여 설명할 수 있어야 한다.
6. 초음파 집속방법을 설명할 수 있어야 한다.
7. 분해능과 투과심도의 관계를 설명할 수 있어야 한다.
8. 거리 분해능, 측 분해능, 폭 분해능, 대조도 분해능을 알고 개선방법을 설명할 수 있어야 한다.
9. 대역폭과 Q-factor의 관계를 설명할 수 있어야 한다.

01 프로브의 종류

초음파진단장치의 프로브(probe)는 x선 발생장치의 x선관과 유사한 역할을 한다. 프로브 어셈블리는 궁극적으로 전기적 에너지를 초음파 에너지로 바꾸고 인체에서 돌아온 초음파 신호를 전기적 신호로 변환하는 역할을 한다. 프로브의 구체적인 구성은 이미 4장에서 설명하였다. 처음 초음파검사에 사용한 프로브는 직접접촉복합주사용 프로브(direct contact compound scanning probe)이다. 이 프로브는 단소자로써 한 번 주사에 하나의 초음파 단면상을 얻는 장치이다. 단소자를 이용하여 체 표면을 페인팅 하듯이 지나가면 하나의 정지된 단면상을 얻기 때문에 정지 주사(static scanning)라고 한다. 우리나라의 경우 1980년대 초까지 실시간 초음파장치와 병행하여 사용하였다. 실시간 초음파가 등장하면서 선형 프로브와 섹터 프로브가 순차적으로 개발되었고, 이 두 프로브의 단점을 보완하여 볼록형 프로브가 등장하였다. 그 후 체내 프로브와 3차원 프로브가 개발되면서 현재에 이르고 있다. 프로브는 검사부위와 주사방법에 따라 각각 다르게 적용한다. 복부의 중요 장기는 갈비뼈로 덮여 있고 장내 가스가 차있어 초음파검사를 하는데 지장을 준다. 그래서 이러한 것들을 피해 갈비밑주사나 갈비사이주사를 하며, 이에 적합한 것이 볼록형 프로브이다. 또한 부채꼴 형태처럼 선속이 퍼져나가는 섹터형 프로브는 심장을 주사하는데 적합하고 선형 프로브는 근위부를 넓게 볼 수 있어 표재성장기를 주사할 때 유리하다. 한편, 탐촉소자의 배열을 다양하게 하여 선속의 FOV를 조절하거나 주사선의 치밀도를 높여 분해능을 개선한다. 프로브의 종류에 따른 사용방법과 탐촉소자의 배열에 따른 영상의 특징은 아래와 같다.

1) 탐촉소자 배열에 의한 구분

탐촉소자는 프로브 내의 핵심소재로 실질적으로 초음파를 발생시키는 역할을 한다. 탐촉소자는 프로브의 특성에 따라 적게는 수십 개에서 많게는 수백 개까지 나열한다. 배열 형태는 선상배열(linear switch array), 위상차배열(linear phased array), 곡면위상차배열(curvilinear phased array), 동심원형배열(annular phased array) 등으로 구분한다. 이러한 것들은 모두 다소자를 사용한다. 그 이유는 실시간 영상을 만듬과 동시에 빔 포밍을 하기 위한 것이다. 빔 포밍은 탐촉소자를 선상으로 배열하고 지연소자를 활용함으로써 가능하다.

(1) 선상배열(linear switch array)

선상배열은 여러 개의 탐촉소자를 그림 5-1과 같이 일직선상에 나란히 배열한다. 선상배열 한 탐촉소자에 그룹을 지어 통전하면 전체 소자를 한 번에 통전하는 것에 비해 초음파 선속이 쉽게 퍼지지 않아 감도가 좋으며, 초점을 형성하는데 유리하다. 선상배열 한 탐촉자의 영상은 직사각형을 이루며 프로브 크기에 비례한다. 또한 직선형이므로 근거리와 원거리의 주사선 밀도가 동일하다. 그래서 갑상선, 유방, 고환 등의 표재성장기를 관찰하는데 용이하다. 표재성장기는 7.5 MHz 이상의 고주파수를 사용하여 해상력을 높일 수 있다. 그러나 장내 가스나 갈비뼈로 둘러싸여 있는 복부검사를 하기는 어렵다.

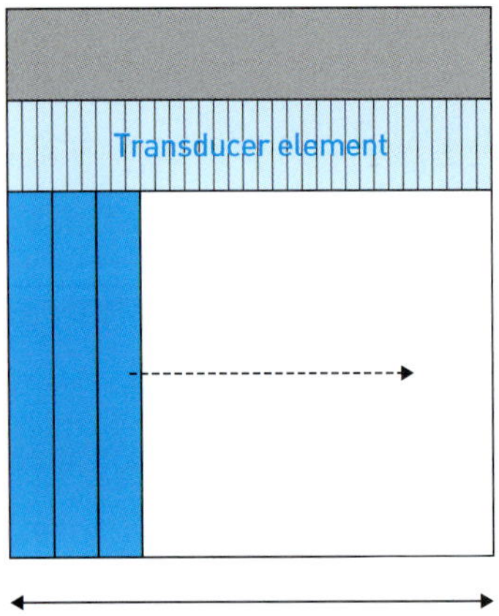

(a)

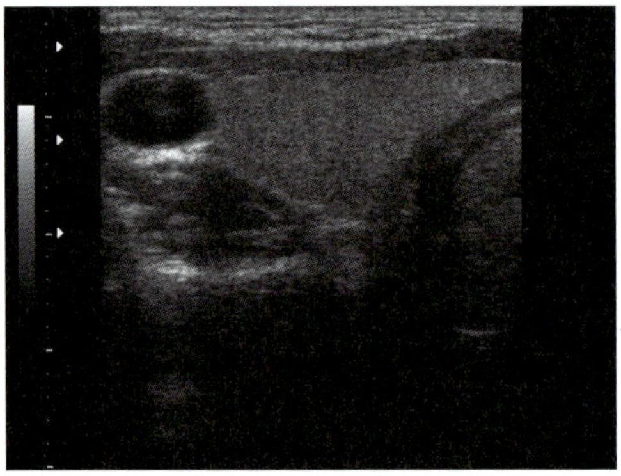

(b)

▶ 그림 5-1. 선상배열 탐촉소자 FOV(a)와 영상(b)

(2) 위상차배열(linear phased array)

위상차배열은 탐촉소자를 선상으로 배열하고 각각의 소자에 시간차를 두고 펄스 전압을 가하여 음속을 변형시키는 주사방식에 이용한다. 선속은 그림 5-2(a)와 같이 왼쪽에서 오른쪽으로, 오른쪽에서 왼쪽으로 선진동작(sweeping)하면서 주사한다. 선진동작을 빨리 진행시키면 그림 5-2(b)와 같이 프로브의 길이(장축) 보다 넓은 영역의 선속(beam)이 형성된다. 이와 같이 프로브의 직경보다 넓은 부채꼴 형태를 섹터 빔(sector beam)이라고 한다. 이러한 선진동작을 탐촉소자 군(group)을 만들어 각 군마다 주사하면 선속 안에 초점영역을 만들 수 있다. 위상차배열은 근거리에서 원거리로 갈수록 선속이 퍼져나가기 때문에 원거리에서 넓은 영역을 관찰할 수 있는 장점이 있어서 갈비뼈에 가려있는 복부 장기나 심장을 관찰하는데 이용한다. 하지만 원거리 영역으로 갈수록 주사선 사이가 넓어져 원거리 영역의 분해능이 저하되는 단점이 있다.

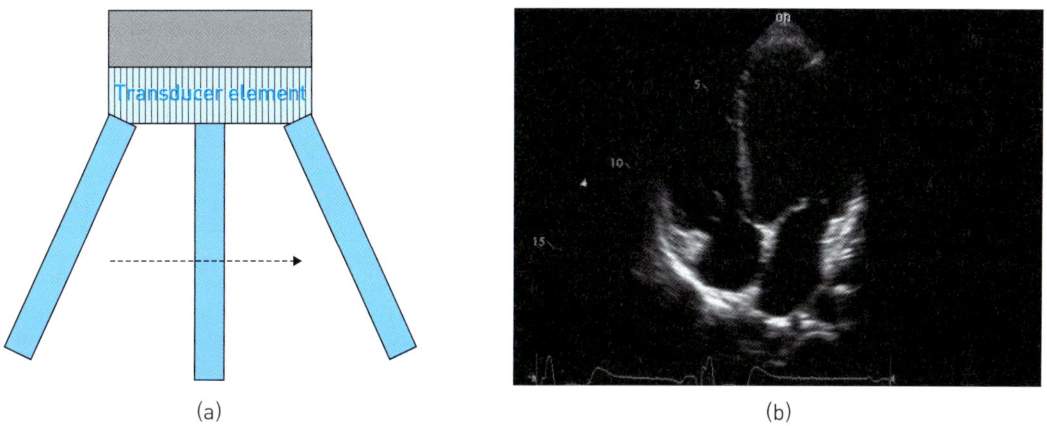

▶ 그림 5-2. 위상차배열 탐촉소자 FOV(a)와 영상(b)

(3) 곡면위상차배열(curvilinear phased array)

섹터 빔의 단점은 원거리 영역에서 분해능이 저하되는 것이다. 특히 체내 주사와 같이 섹터 각(sector angle)이 넓을 때는 분해능이 현저하게 저하되기 때문에 위상차배열을 보완하여 고안된 것이 곡면위상차배열이다. 곡면위상차배열은 탐촉소자의 배열을 둥글게 곡면으로 배열하는 방식이다. 그리고 곡면으로 배열한 탐촉소자에 시간차를 두고 펄스 전압을 가해 그림 5-3(a)와 같이 섹터 각이 아주 넓은 선속을 만든다. 이러한 선속은 위상차배열 방식보다 원거리 분해능을 향상시킬 수 있다. 체내프로브는 곧창자(rectal) 또는 질(vaginal)을 통해서 프로브를 삽입해야 하므로 프로브 헤드는 가능한 작게 하고 넓은 부위를 관찰해야 할 필요가 있다. 곡면위상차배열은 이와 같은 것을 해결할 수 있다. 그림 5-3(b)는 곡면위상차배열의 체내프로브로 전립선을 주사한 영상이다.

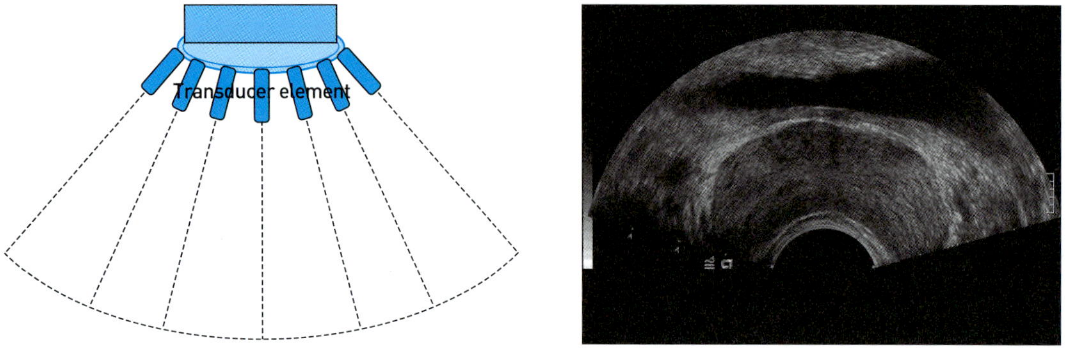

(a) (b)

▶ 그림 5-3. 곡면위상차배열 탐촉소자 FOV(a)와 영상(b)

(4) 동심원형배열(annular phased array)

동심원형배열은 탐촉소자를 원형(ring element)으로 배열한 방식으로 환형배열이라고도 한다. 이러한 형태의 배열방식은 그림 5-4(a)와 같이 360° 선속이 2개 또는 3개가 있어 선택하여 사용할 수 있다. 동심원형배열에 선진동작을 하면 초점이 형성되며, 초점의 길이는 탐촉소자의 원형에 비례한다. 안쪽에서 주사하면 초점이 짧고 바깥쪽에서 주사하면 초점이 길어진다. 동심원형배열은 체내 프로브에 적용하여 곧창자, 식도 등의 검사에 이용한다. 그림 5-4(b)는 동심원형배열을 한 체내 프로브로 곧창자를 주사한 영상이다. 이러한 주사를 레디알 주사(radial scan)라고 한다.

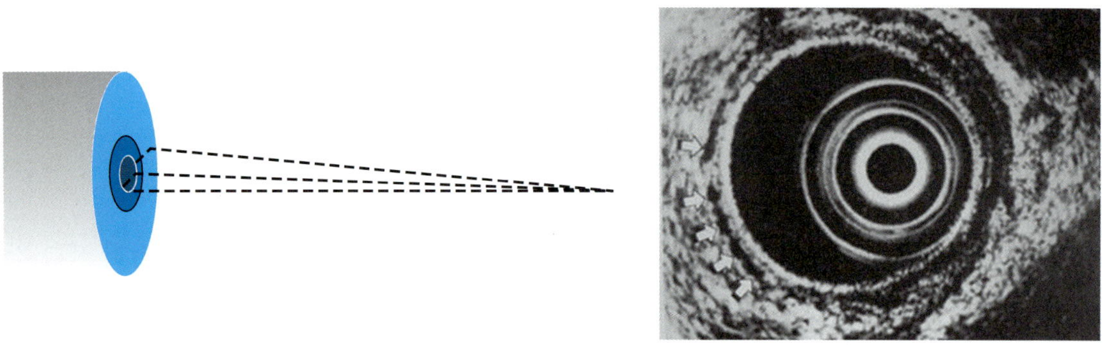

(a) (b)

▶ 그림 5-4. 동심원형배열 탐촉소자 FOV(a)와 영상(b)

2) 프로브 형태에 의한 구분

초음파검사는 프로브의 주사 위치에 따라 경복부초음파검사(transabdominal ultrasonography)와 체내초음파검사(endosonography)로 구분한다. 경복부초음파검사는 피부를 통해 복부 장기를 관찰하는 검사법으로 선형 프로브, 볼록형 프로브, 부채꼴 프로브 등을 사용하고 체내초음파검사는 곧창자, 질 또는 구강 등에 프로브를 삽입하여 자궁, 난소, 전립선, 정낭 또는 식도 등을 관찰하는 검사법으로 체내 프로브 또는 내시경프로브를 사용한다. 체내 프로브를 곧창자에 삽입하면 경직장초음파검사(teransrectal ultrasonography), 질에 삽입하면 경질초음파검사(transvaginal ultrasonography)라고 한다. 그리고 체내에 농양이나 액체 수집(fluid collection)이 있을 때는 천자용 프로브로 안내하여 액체를 빼내 병리학적검사를 의뢰한다. 또한 태아초음파는 태아의 입체적인 영상을 얻기 위해 3D 볼륨 프로브를 사용한다. 이와 같이 프로브는 검사 부위와 검사 목적에 따라서 선택하여 사용하는 것이 중요하다. 각각의 프로브에 대한 자세한 내용은 다음과 같다.

(1) 선형 프로브(linear probe)

선형 프로브는 탐촉소자를 선상으로 배열하여 제작한다. 프로브와 탐촉소자 배열이 모두 선형이어서 프로브의 직경과 동일한 선속이 발생한다. 그러므로 프로브와 피부의 접촉면이 일직선 형태이다. 보통 256~512소자를 여러 그룹으로 나누어 차례로 가전함으로써 실시간 초음파를 구현한다. 선속은 직사각형으로 나타나며 근거리 영역을 넓게 볼 수 있어 갑상선, 유방, 고환 등의 표재성장기를 관찰하는데 유리하다. 주파수는 7.5 MHz 이상을 사용한다. 하지만 표면이 선형으로 되어 있어 복부나 심장을 검사하기에 부적합하다. 그림 5-5(a)는 선형 프로브이고 (b)는 이것을 이용하여 갑상선을 주사한 영상이다.

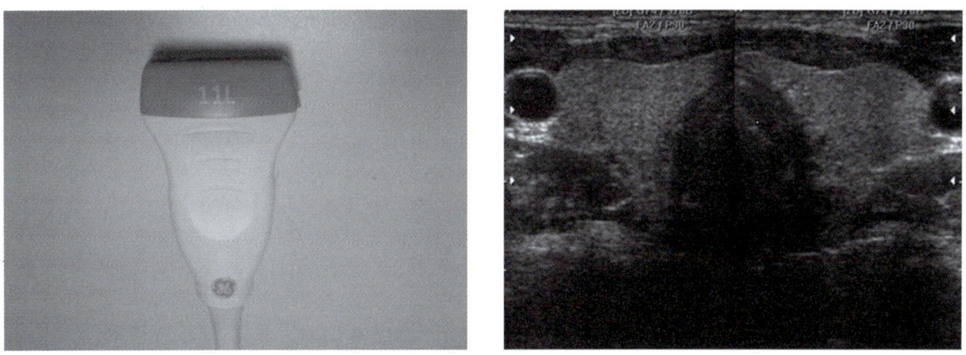

(a) (b)

▸ 그림 5-5. 선형 프로브(a)와 영상(b)

(2) 부채꼴형 프로브(sector probe)

선형 프로브는 직사각형 선속을 유지하기 때문에 근거리 영역은 넓게 보지만 원거리 영역은 넓게 볼 수 없다. 이에 반해 부채꼴형 프로브는 프로브 표면과 피부의 접촉면이 좁고 체내에서 선속이 부채꼴로 점차 넓게 퍼져나가는 형태의 선속이어서 원거리 영역을 넓게 볼 수 있다. 그래서 갈비뼈에 가려져 있는 심장이나 신생아의 뇌를 관찰하는데 유리하다. 탐촉소자는 32~96개 정도이며 부채꼴 선속의 각도(sector angle)는 45~100° 정도이다. 부채꼴 선속은 원거리 영역으로 갈수록 주사선 사이의 폭이 넓어져 분해능이 저하되는 단점이 있다. 그림 5-6(a)는 섹터 프로브이고 (b)는 섹터 프로브를 이용하여 심장 초음파를 시행한 영상이다.

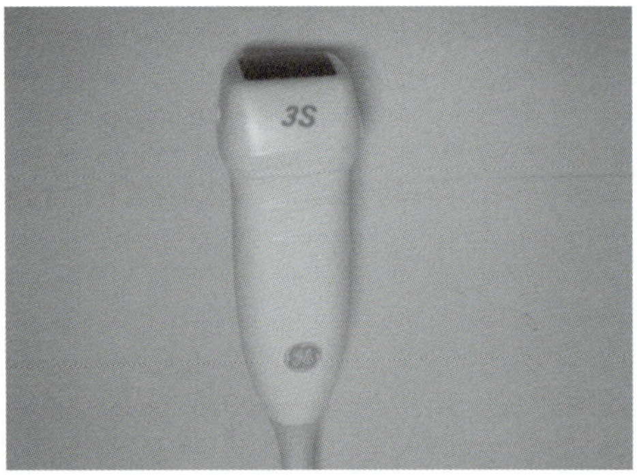

(a)

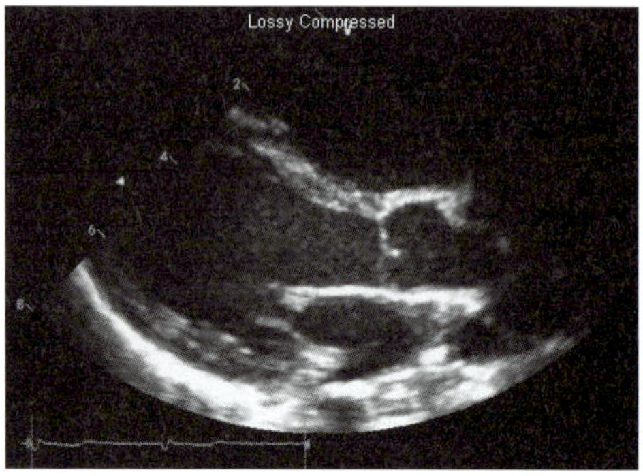

(b)

▶ 그림 5-6. 섹터 프로브(a)와 영상(b)

(3) 볼록형 프로브(convex probe)

볼록형 프로브는 선형 프로브와 섹터 프로브의 단점을 보완한 복부 전용 프로브이다. 선형 프로브는 근거리 영역을 잘 볼 수 있고 원거리 영역을 넓게 볼 수 없으나, 섹터 프로브는 근거리 영역을 잘 볼 수 없고 원거리 영역을 넓게 볼 수 있다. 특히 섹터 프로브는 원거리 영역에서 분해능이 현저하게 떨어진다. 볼록형 프로브는 섹터 프로브에 비해 근거리 영역을 잘 볼 수 있고 선형 프로브에 비해 원거리 영역을 잘 볼 수 있는 구조로 되어 있다. 그림 5-7(a)와 같이 프로브의 표면을 볼록하게 제작하여 복부초음파검사에서 갈비밑주사나 갈비사이주사를 하는데 용이하다. 선속의 각도는 선형과 부채꼴 프로브의 중간 정도로써 보통 70~100° 정도이다. 성인 복부초음파검사의 중심주파수는 대부분 3.5 MHz이다. 그림 5-7(a)는 흔히 사용하는 볼록형 프로브이고 (b)는 이것을 사용하여 주사한 간초음파 영상이다.

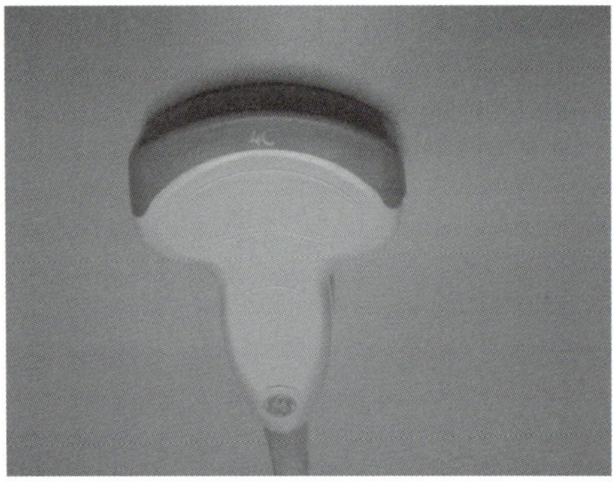

(a)

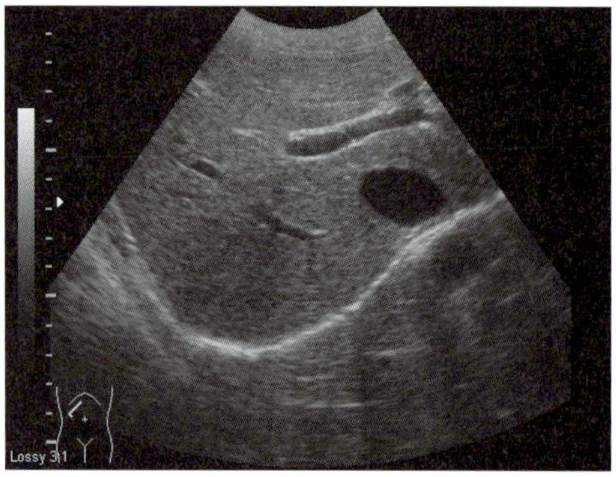

(b)

▶ 그림 5-7. 볼록형 프로브(a)와 영상(b)

(4) 사다리꼴 프로브(trapezoid scanning probe)

사다리꼴 프로브는 선형 프로브에 소프트 프로그램을 추가하여 선속을 변형한 것이다. 프로브의 형태는 선형 프로브와 같다. 사다리꼴 프로브는 선형 프로브에 비해 선속의 각을 넓게 한 전자복합주사 형태의 프로브이다. 선형으로 배열한 탐촉소자의 위상차배열은 선형과 부채꼴 선속을 결정한다. 그래서 선형 선속과 부채꼴 선속을 선택하여 사용할 수 있다. 보통 갑상선 주사는 갑상선의 오른쪽과 왼쪽을 각각 주사하여 한 영상으로 잇는 dual image로 관찰한다. 이러한 단점을 보완하기 위해 개발된 것이 사다리꼴 프로브이다. 사다리꼴 프로브는 한 번의 주사로 갑상선 전체의 영상을 얻을 수 있다. 그림 5-8(a)는 사다리꼴 프로브이고 (b)는 사다리꼴 프로브를 사용하여 갑상선을 한 번에 주사한 영상이다.

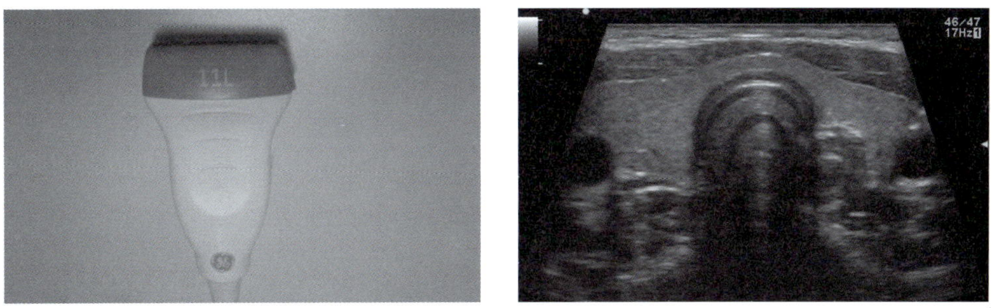

(a) (b)

▶ 그림 5-8. 사다리꼴 프로브(a)와 영상(b)

(5) 활형 프로브(arc scanning probe)

활형 프로브는 엄지손가락 정도의 크기를 가진 단소자 탐촉자이다. 주로 갑상선과 유방초음파검사에 접촉복합주사를 하였다. 단소자이기 때문에 실시간 주사가 안 된다. 우리나라의 경우 1980년대 초반까지 실시간 초음파와 병행하여 사용하였으며 현재는 사용하지 않는다. 갑상선 주사의 경우 그림 5-9와 같이 프로브 앞에 수대(물주머니)가 아치 형태로 달려있어 음향창 역할을 하는 동시에 목과 가슴에 밀착하도록 고안되었다.

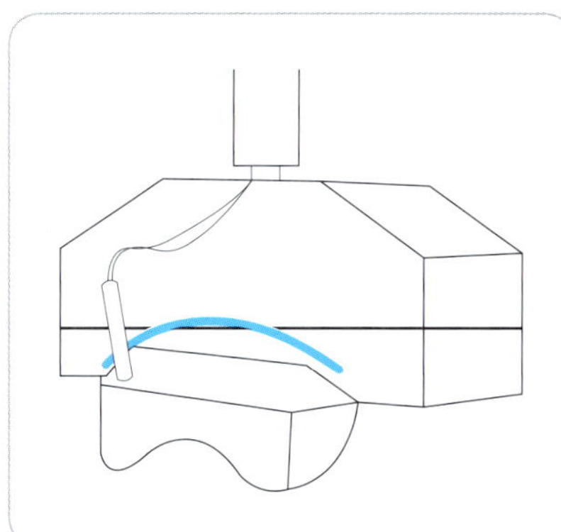

▶ 그림 5-9. 활형 프로브 모형

(6) 천자용 프로브(puncture probe)

천자용 프로브는 피부를 천자하여 농양이나 액체를 뽑아내거나 조직검사를 하는데 편리하도록 프로브의 중앙에 needle을 삽입할 수 있는 홈이 파여 있다. 일반적으로 천자용 전용 프로브를 사용하지만 일반 프로브에 천자용 어댑터(adapter)를 부착하여 사용하기도 한다. 천자용 프로브는 초음파 흡인술(sonoguided aspiration)이나 초음파 조직검사(sonoguided biopsy)를 할 때 안내역할을 하며, 초음파 진단을 한 후 치료를 목적으로 할 때 사용한다. 초음파 흡인술은 Chiba needle을 사용하고, 조직검사는 biopsy needle을 사용한다. 그림 5-10(a)는 천자용 프로브이고, (b)는 천자용 프로브를 이용해 농양 부위를 Chiba needle로 천자하여 흡인하고 있는 영상이다. 농양 내부의 흰 선으로 보이는 것이 Chiba needle이다.

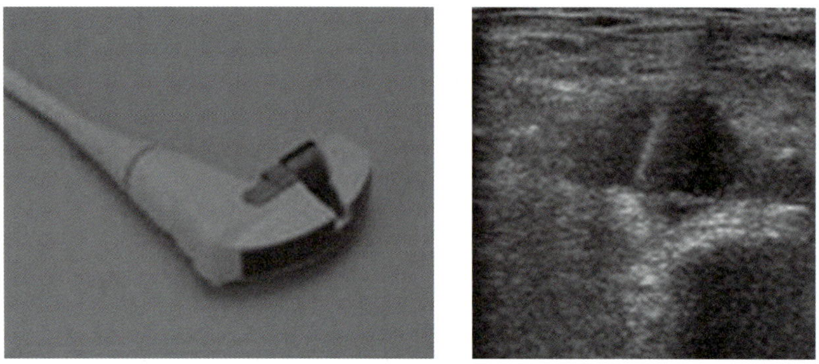

(a) (b)

▶ 그림 5-10. 천자용 프로브(a)와 영상(b)

(7) 체내용 프로브(intra corporeal probe)

초음파검사는 프로브의 주사 위치에 따라 체외초음파검사와 체내초음파검사로 구분한다. 체외초음파검사는 피부를 통해 주사하고, 체내초음파검사는 곧창자, 질, 구강 등의 체강을 통해 프로브를 삽입하여 주사한다. 체내 프로브를 사용하면 관찰 대상 장기에 밀착하여 주사하기 때문에 고주파수(high frequency)를 사용한다. 따라서 분해능이 향상되는 장점이 있다. 체내초음파는 경직장초음파와 경질초음파로 구분한다. 경직장초음파검사(transrectal sonography)는 전립선과 정낭을, 경질초음파검사(transvaginal sonography)는 자궁과 난소의 미세한 병변을 관찰한다. 그림 5-11(a)는 곧창자용 프로브이고, (b)는 곧창자를 통해 주사한 전립선 초음파 영상이다.

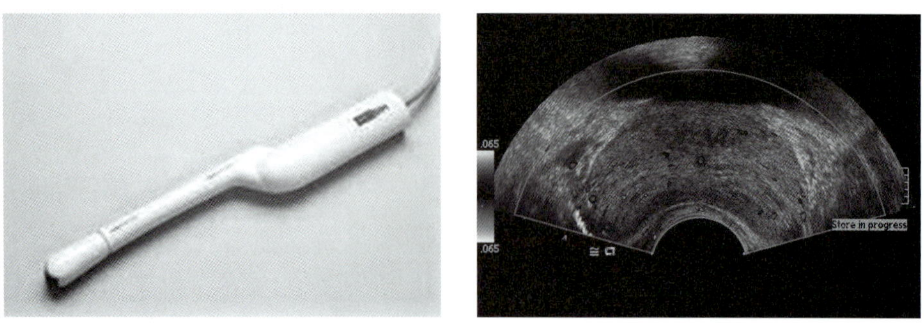

(a) (b)

▶ 그림 5-11. 체내용 프로브(a)와 영상(b)

(8) 내시경용 프로브(endoscope probe)

내시경용 프로브는 내시경의 장점과 초음파의 장점을 결합한 것이다. 내시경은 렌즈를 통해 소화기 점막의 구조를 직접 보는 장점이 있지만 점막하층과 근육층 등의 바깥층은 볼 수 없다. 내시경 프로브를 이용하면 장 점막 표면의 이상 뿐 아니라 점막하층, 근육층 등에 침습한 질환을 관찰할 수 있다. 내시경 프로브는 내시경의 끝에 탐촉소자를 부착하여 구강을 통해 식도, 위, 샘창자 등을 관찰한다. 그림 5-12(a)는 내시경과 내시경 말단의 프로브 영상이고, (b)는 내시경 프로브를 이용해 식도초음파를 한 영상이다.

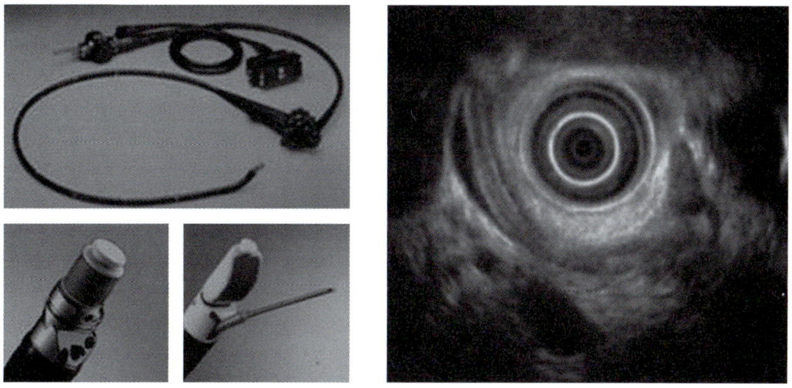

(a) (b)

▶ 그림 5-12. 내시경용 프로브(a)와 영상(b)

(9) 접촉복합주사형 프로브(contact compound scanning probe)

접촉복합주사는 프로브를 피부에 접촉하여 페인팅을 하듯이 그려 나가면서 복합적인 영상을 만든다는 의미이다. 우리나라의 경우, 1980년 초반까지 사용하다가 실시간 B-모드 초음파가 보편화 되면서 사용하지 않았다. 프로브는 엄지손가락 정도의 크기로 단소자 탐촉자이다. 한 번의 주사로 하나의 B-모드 정지상(B-mode static image)을 그려낸다. 그림 5-13(a)는 접촉복합주사 프로브의 모식도이고, (b)는 간을 접촉복합주사 한 영상이다.

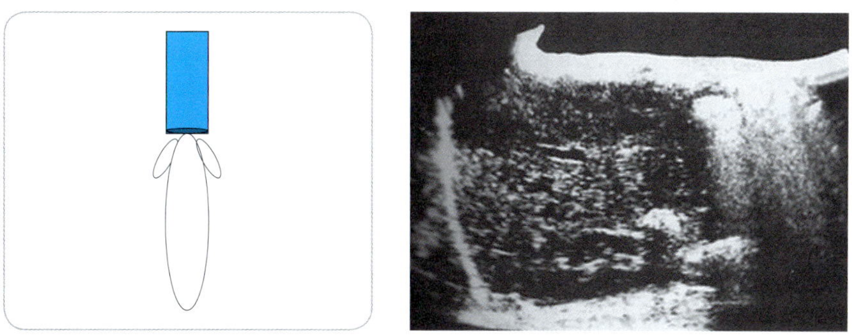

(a) (b)

▶ 그림 5-13. 접촉복합주사 프로브 모형(a)와 영상(b)

(10) 3D 볼륨 프로브(3D volume probe)

회색도 초음파는 입체적인 장기(organ)를 2차원의 단면상으로 나타낸다. 따라서 장기를 입체적으로 해석하려면 여러 방향에서 주사하여 스스로 판단하여야 한다. 3D 볼륨 프로브는 이러한 단점을 보완하기 위해 개발된 것으로 주사와 동시에 X, Y, Z축이 자동적으로 주사되고, 이것을 재구성하여 3차원 실시간 영상(3 dimension real time image)을 제공한다. 인체 모든 부위를 3차원 영상으로 표시할 수 있으나, 주로 산과 태아초음파검사에서 태아의 기형을 관찰하는데 이용한다. 그림 5-14(a)는 3D 볼륨 프로브로써 2D 프로브에 비해 상대적으로 큰 것을 알 수 있으며, (b)는 태아의 머리, 얼굴과 손의 3차원 영상이다.

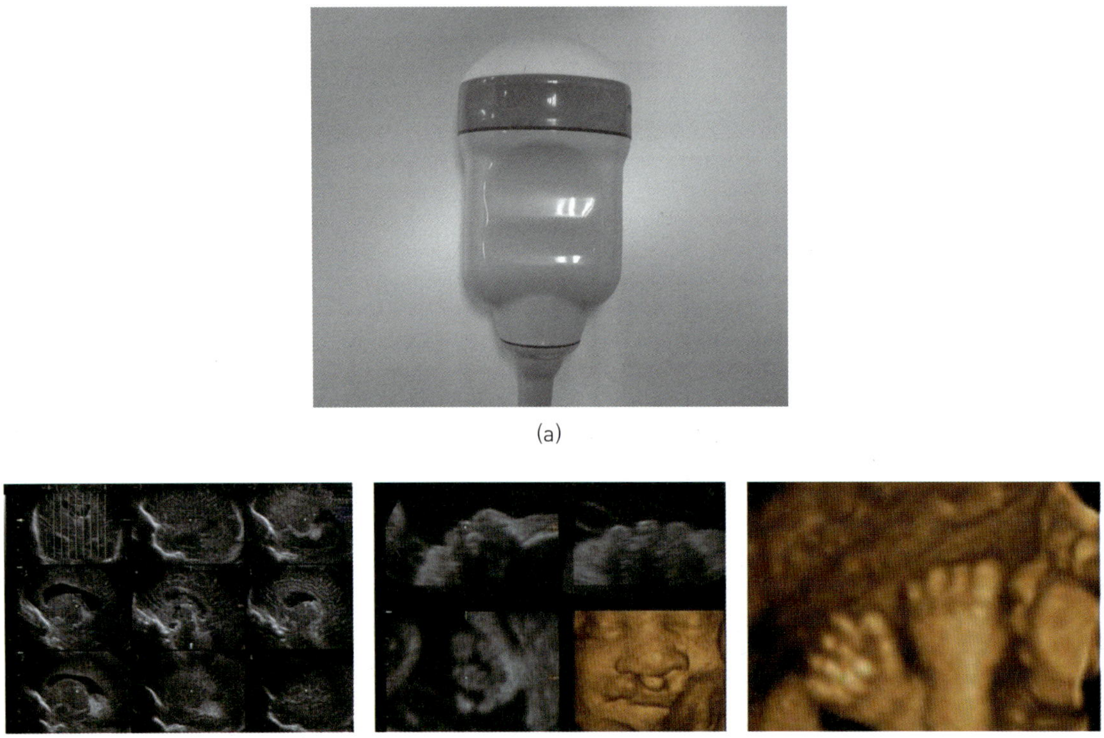

(a)

(b)

▶ 그림 5-14. 3D 볼륨 프로브(a)와 3D 영상(b)

(11) 혈관 내 프로브(intra vascular ultrasound probe)

혈관 내 초음파는 혈관조영술과 초음파검사의 장점을 융합한 것이다. 혈관조영술은 혈관에 조영제를 주입하여 조영제 농도로써 혈관 내부의 이상 유무를 판단하므로 혈관 속막(intima)은 볼 수 있으나 중간막(tunica media)과 바깥막(adventitia)은 볼 수 없다. 혈관 내 프로브는 카테터(catheter) 끝에 미세한 탐촉소자를 부착해 혈관 벽에 발생한 병변을 관찰하는 프로브이다. 카테터의 직경은 2.5~3.5 french이고 주파수는 약 30 MHz로 매우 높다. 이와 같이 혈관 안에 초음파 프로브를 넣어 주사하는 검사를 혈관 내 초음파(intra vascular ultrasound: IVUS)라고 한다. 주로 심장동맥(coronary artery)에 적용한다. 심장동맥에 협착이 있는 경우, 협착의 위치와 정도, 석회화 유무를 자세히 관찰하는 것이 목적이다. 그림 5-15(a)는 혈관 내 초음파검사에 사용하는 pull back 기구이고, (b)는 카테터이다. (c)는 심장동맥 초음파 영상으로 협착이 관찰되고, (d)는 스텐트 설치 후 주사한 영상이다.

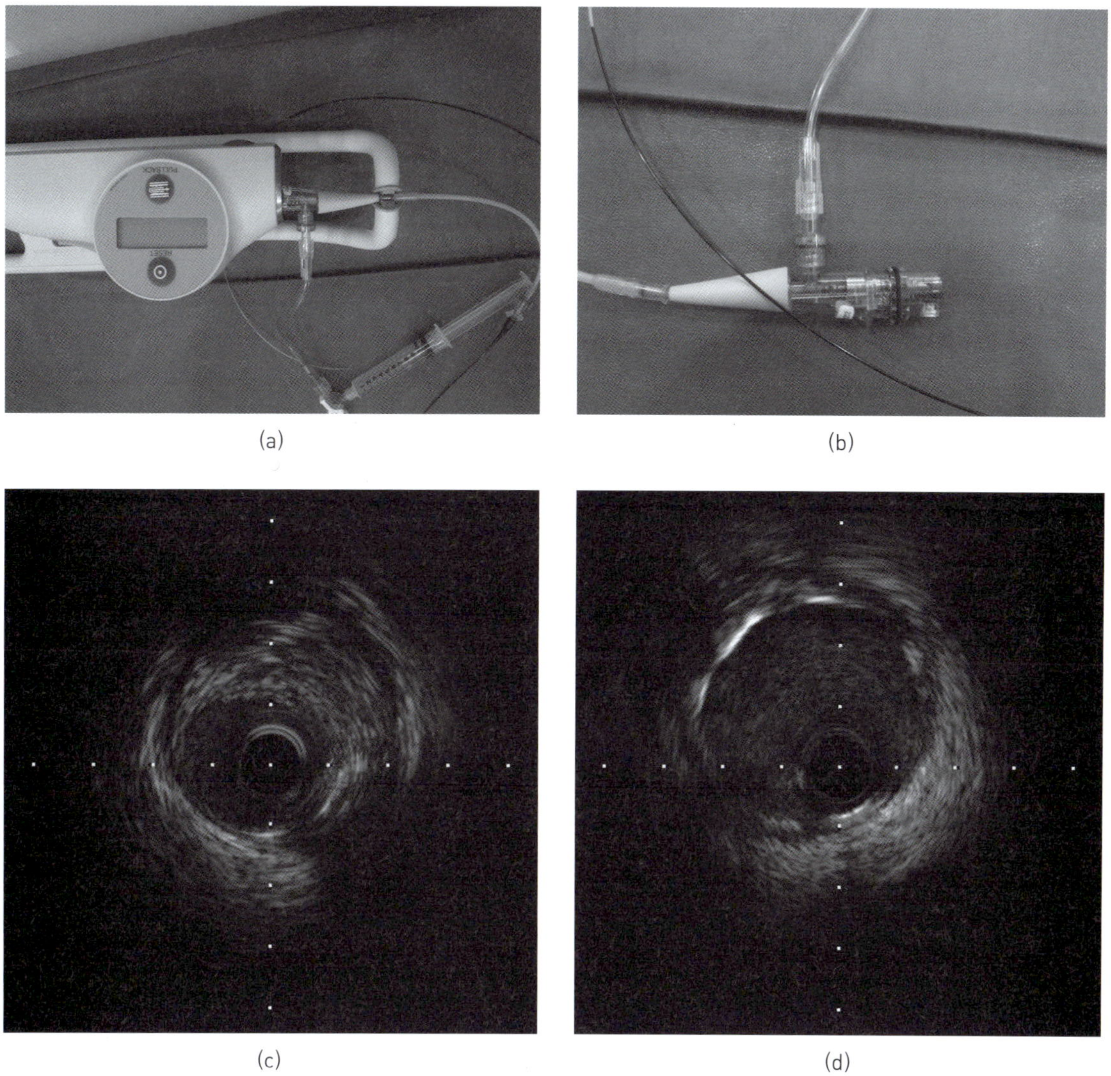

▶ 그림 5-15. IVUS pull back device(a), IVUS catheter(b), 영상(c), (d)

(12) 수술용 프로브(operative probe)

수술 중 초음파는 말 그대로 수술 중에 초음파를 시행하는 검사법이다. 수술용 프로브는 다양한 형태가 있으며 그림 5-16(a)와 같이 수술 중에 장기에 직접 접촉하여 용이하게 사용할 수 있는 구조로 되어 있다. 주로 복부용이므로 볼록형 프로브를 사용한다. 5-16(b)는 수술용 프로브를 이용하여 주사한 간종양 영상이고, (c)는 간종양의 탄성초음파 영상이다.

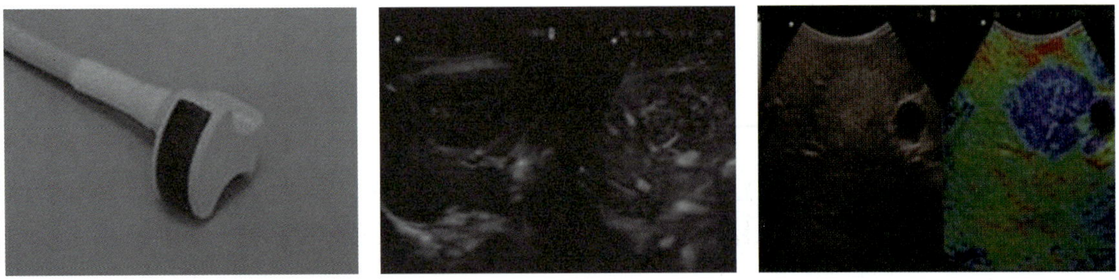

▶ 그림 5-16. 수술용 컨벡스 프로브(a), 회색도 영상(b)과 탄성초음파 영상(c)

3) 프로브 특성 비교

위에서 설명한 바와 같이 프로브는 검사 장기, 주사 부위 그리고 검사 목적에 따라 적절한 것을 선택해서 사용하여야 원활한 검사를 할 수 있다. 선형 프로브는 피부와 접촉면이 넓어 근거리 영역에서 시야가 넓으며 주사선 밀도가 균질하다. 그에 반해 볼록형 프로브는 갈비뼈를 피해 방사상의 영상을 얻을 수 있어 복부초음파 영상을 만드는데 유리하며 부채꼴 프로브 근거리 시야가 좁고 원거리 시야가 넓어 심장을 주사하는데 용이하다. 또한 자궁과 난소, 전립선과 정낭 등은 먼저 체외초음파를 하고 미세한 병변이 의심되면 고 주파수의 체내프로브로 주사할 수 있다. 앞으로 프로브는 IT와 SW의 발달로 크기는 작고 분해능은 향상되는 새로운 형태의 제품들이 속속 개발될 것으로 기대된다. 각각의 프로브에 대한 특성은 표 5-1과 같다.

표 5-1. 프로브별 특성

	선형	볼록	부채꼴	사다리꼴	체내
영상형태	직사각형	팔자형	부채형	사다리형	넓은 부채형
접촉면	대	중	소	대	소
빔 방향	수직	방사상	방사상	수직+방사	넓은 방사상
수사선 밀도	균일	거의 균일	불균일	균일	불균일
근거리 시야	넓다	중간	좁다	넓다	매우 좁다
원거리 시야	좁다	중간	넓다	중간	매우 넓다
적응 부위	표재성장기	복부전반	심장	갑상선	자궁, 전립선
부적응 부위	심장	심장	복부	심장	복부

4) 채널(channel)

채널은 프로브 안에 설치한 탐촉소자가 한 번에 송신 또는 수신을 할 수 있는 최대 소자(element)의 수를 말한다. 다시 말하면 수사선(scan line)의 데이터를 생성하는데 참여하는 소자 수를 의미한다. 따라서 채널수가 많으면 측 분해능(lateral resolution)이 향상된다.

02 빔 포밍(beam forming)

빔 포밍은 여러 개의 탐촉소자에 지연회로(phase delay circuitry)를 이용하여 선속(beam)을 변형시키는 기술이다. 빔 포밍의 목적은 스티어링(steering)과 집속(focusing)이다. 스티어링과 집속은 사실 같은 원리에 의해 구동한다. 다만, 지연회로를 어떤 방법으로 작동하느냐에 따라 스티어링과 집속이 결정되며, 이들 두 가지를 같이 시행할 수도 있다. 또한 지연시간의 길고 짧음에 따라 집속되는 거리를 조정하기도 한다. 그림 5-17은 탐촉소자에 그룹을 지어 왼쪽 소자부터 오른쪽 소자까지 순차적으로 통전하는 것을 나타낸 것이다. 이러한 방법을 이용하면 그림 5-18(a)와 같이 빔을 한 방향으로 휘게 하는 스티어링이나 (b)와 같이 음속의 면적을 줄이는 집속이 가능하다.

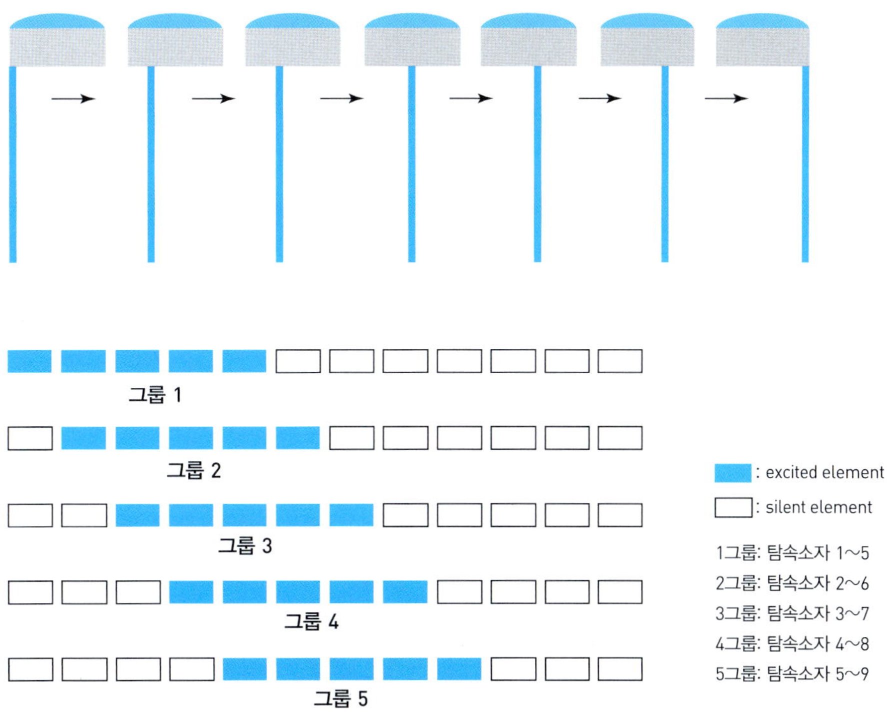

▶ 그림 5-17. 지연회로 모식도

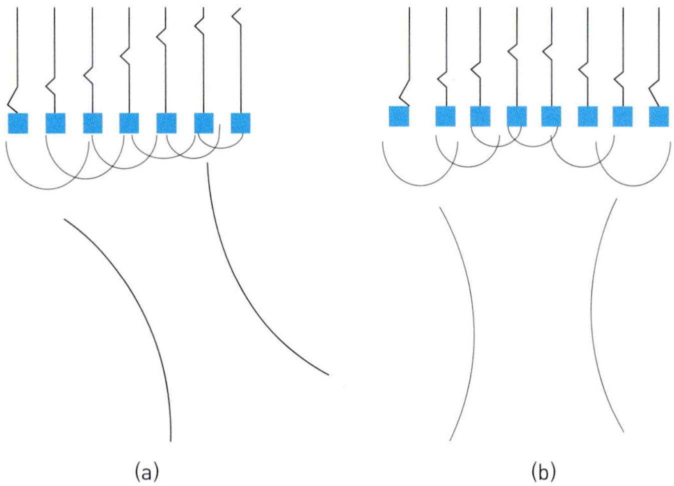

▶ 그림 5-18. 스티어링과 초점 형성

1) 초음파 음속(ultrasound beam)

(1) 초음파 음장(beam field)

초음파 음장(sound field)은 프로브에서 발생한 초음파 빔폭(beam width)의 범위이다. 초음파 음장은 근거리 음장(near field, near zone, fresnel zone)과 원거리 음장(far field, far zone, fraunhofer zone)으로 구분한다. 근거리 음장은 프로브 표면으로부터 방출 한 초음파 음속이 집속되는 지점까지의 범위이고 집속 영역 이후는 원거리 음장이다. 원거리 음장은 초음파가 진행하면서 점차 강도가 약해진다. 근거리 음장과 원거리 음장이 연결되는 부분은 집속영역(focal zone)이라 하며 초음파 영역 중에서 강도가 가장 세다. 초음파 진단은 초점 영역 이내에서 이루어지는 것이 효율적이다. 이러한 측면에서 보면 근거리 음장을 길게 하는 것이 좋으나 근거리 음장을 길게 하려면 프로브의 직경이 커진다. 프로브의 직경이 크면 인체 표면과 접촉이 어려워 원활한 주사를 할 수 없다. 근거리 음장의 길이는 그림 5-19에 나타낸 것과 같이 탐촉자의 직경과 파장에 의해 좌우된다.

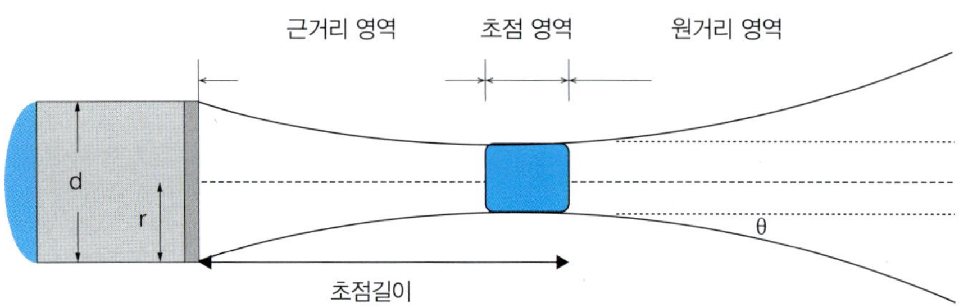

▶ 그림 5-19. 초음파 음장

즉, 근거리 음장$=\frac{\gamma^2}{\lambda}=\frac{d^2}{4\lambda}$이고 선속의 각(beam of divergence) $\sin\theta=1.22\frac{\lambda}{d}$이다.

이때, r은 탐촉자의 반 직경(radius)이고 d는 탐촉자의 직경(diameter)이며 λ는 파장(wave length)이다. 선속의 각은 $\sin\theta=1.22\frac{\lambda}{d}$이고 θ는 arcsine(1.22 λ/d)이다. 탐촉자의 직경은 탐촉소자 군의 크기를 나타내는 것으로 element size, source size 또는 aperture라고 한다.

근거리 음장$=\frac{\gamma^2}{\lambda}$의 수식에 의거하면 근거리 음장은 탐촉자의 직경에 비례하고 파장에 반비례한다. 그림 5-20은 탐촉자 직경과 주파수 변화에 따른 근거리 음장의 변화를 나타낸 것이다. 그림 5-20의 (a)와 (b)는 탐촉자의 직경이 일정하고 주파수를 변화할 때 근거리 음장의 변화를 나타낸 것으로 주파수를 증가한 (b)가 (a)에 비해 근거리 음장이 길어진 것을 볼 수 있다. 또한 그림 5-20의 (b)와 (c)는 주파수를 일정하게 하고 탐촉자 직경을 변화했을 때 근거리 음장의 변화를 나타낸 것으로 (b)에 비해 탐촉자 직경이 증가한 (c)에서 근거리 음장이 길어진 것을 볼 수 있다.

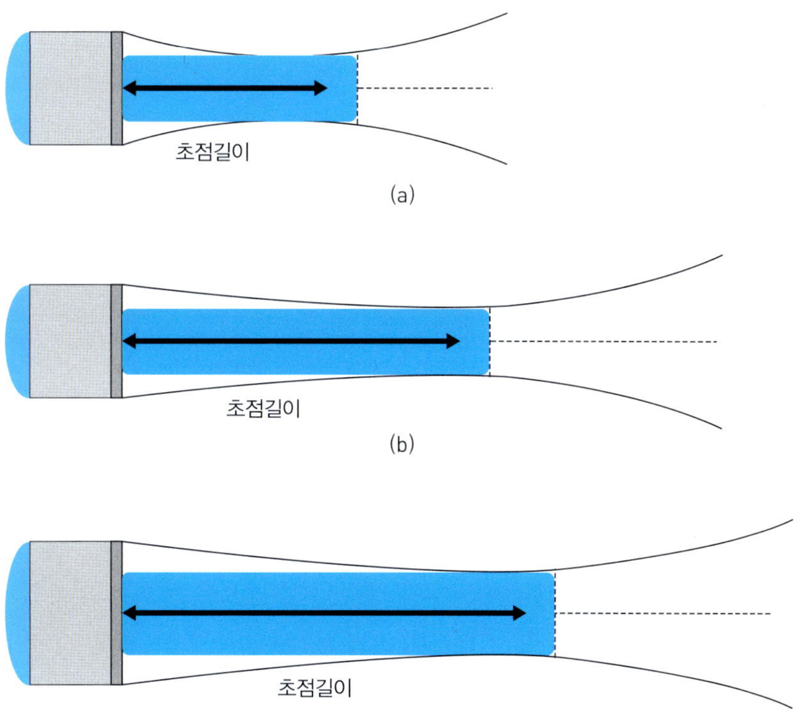

▶ 그림 5-20. 탐촉자와 주파수 변화에 따른 음장의 변화
(a: 표준 주파수와 탐촉자 직경, b: 주파수 증가와 동일 탐촉자 직경, c: 탐촉자 직경 증가, 동일 주파수)

초점이 형성되지 않은 탐촉자에서 근거리 음장의 길이는 표 5-2와 같다. 3.5 MHz에서 탐촉자 크기가 13 mm일 때 근거리 음장의 길이는 10 cm인데 반해 탐촉자 크기를 19 mm로 늘리면 근

거리 음장의 길이는 20 cm로 길어진다. 또한 탐촉자의 크기가 6 mm로 동일할 때 7.5 MHz의 근거리 음장은 4 cm이고 10.0 MHz의 근거리 음장은 6 cm로 늘어난다.

또한 단소자 탐촉자에서 초음파 빔폭은 그림 5-21과 같이, 근거리 음장의 빔폭(near zone beam width) D는 초점 영역에서 $\frac{2}{D}$이고, 근거리 음장의 2배되는 거리에서 D가 된다.

표 5-2. 비 초점 탐촉자의 근거리 음장

frequency(MHz)	width(mm)	NZL(cm)
2.0	19	12
3.5	13	10
3.5	19	20
5.0	6	3
5.0	10	8
7.5	6	4
10.0	6	6

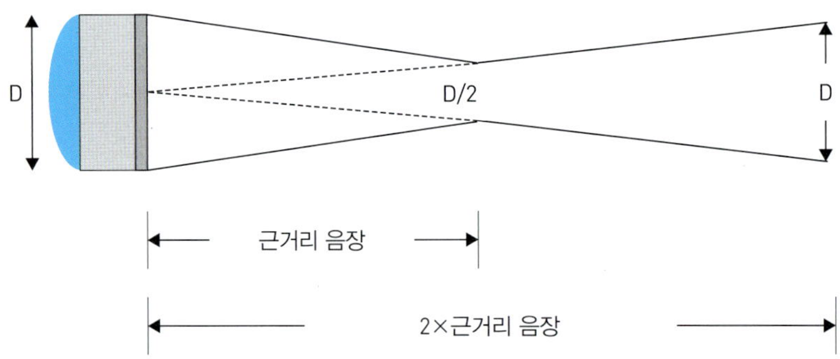

▶ 그림 5-21. 초음파 빔폭

(2) 집속(focusing)

다소자 탐촉자(multi elements transducer)는 단소자 탐촉자(single elements transducer)에 비해 여러 가지 장점이 있다. 그 중에서 가장 큰 장점은 빔 포밍을 자유롭게 할 수 있다는 점이다. 빔 포밍(beam forming)은 집속(focusing)과 스티어링(조타, steering)을 포함한다. 집속은 그림 5-22와 같이 탐촉소자에서 발생한 여러 개의 선속을 한 점으로 모으는 것이고 스티어링은 탐촉소자에서 한 방향으로 발생한 선속을 진행하면서 다른 방향으로 휘게 하는 것이다. 집속과 스티어링은 다소자를 사용하여 각각의 탐촉소자에 지연소자(phase delay circuitry)를 작동하여 만든다. 집속은 초음파의 강도를 높이고 분해능을 개선한다. 초음파검사는 반사파를 수신하여 영상에 나타내는 것이므로 반사파 강도를 높여 수신율을 높이면 상대적으로 영상 효율이 좋아진다. 한편, 스티어링은 선속의 폭을 넓혀 섹터 빔을 만들 수 있다. 특히 체내초음파에서 광범위 섹터 빔을 이용해 전립선 또는 자궁을 검사하는데 유용하게 활용한다.

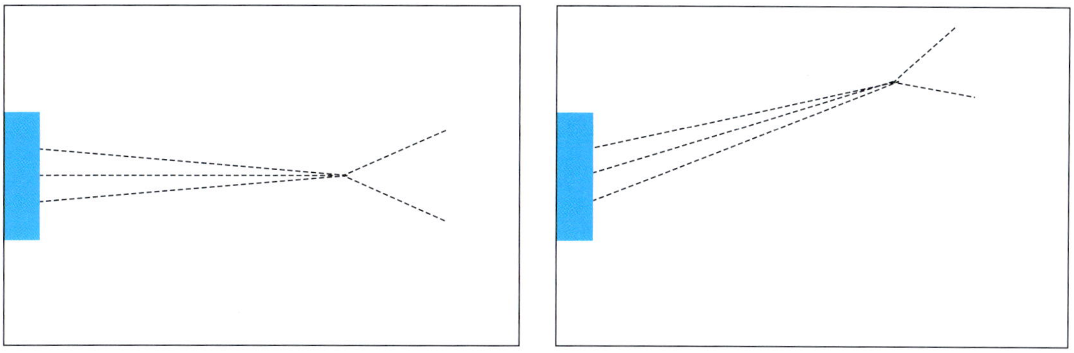

(a) (b)

▶ 그림 5-22. 집속(a)과 스티어링(b)

초음파를 집속하는 방법은 여러 가지가 있다. 다만 단소자와 다소자 탐촉자의 집속방법이 각각 다르다. 그림 5-23은 각각의 다른 방법으로 집속하는 방법을 나타낸 것이다. 그림 5-23(a)는 단소자에 적용한 집속 방법이다. 이 방법은 탐촉자 표면이 원호형으로 굴곡 되어 있어 굴곡 된 만큼 음을 모이게 하여 집속 효과를 낸다. 과거에 단소자 탐촉자는 모두 이 방법을 이용하여 집속하였으며 이것을 이용한 주사방법을 직접접촉복합주사(direct contact compound scanning)라고 한다. 또한 이러한 형태의 탐촉자를 곡면탐촉자(curved transducer)라고 한다. 다소자를 이용하는 현재는 사용하지 않는다. 그림 5-23(b)는 프로브 표면에 음향렌즈를 설치한 것이다. 프로브 표면에 반원형의 렌즈를 설치하면 그림 5-24와 같이 프로브 주변주에 비해 중심부에서 음의 지연이 발생하여 초음파는 음향렌즈의 중앙 부근에서 가장 늦게 인체 내로 방출된다. 따라서 초음파 형

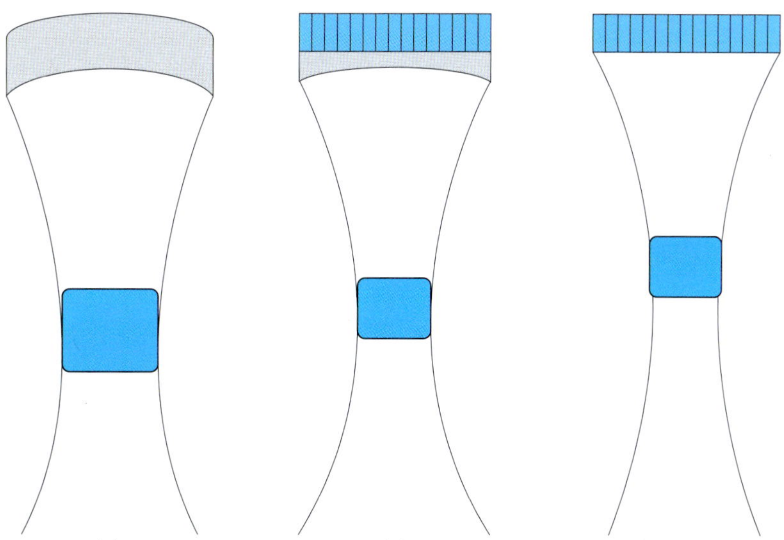

(a) (b) (c)

▶ 그림 5-23. 집속 방법(a: 곡면탐촉자, b: 음향렌즈, c: 전자초점)

태가 출입구형이 되어 음폭(beam slice)이 점차 얇아지면서 초점이 형성된다. 음향렌즈는 둥근 실리콘 고무로 프로브 끝에 부착되어 있다. 현재 전자스캔(electronic scan)에 있어서 장축방향은 전자집속으로, 단축 방향은 음향렌즈로 집속한다. 그림 5-23(c)는 다소자에 위상(phasing)을 걸어 초음파를 집속하는 전자초점(electronic focusing) 방식을 나타낸 것이다. 현재 탐촉자의 장축을 집속하는 데는 모두 이 방법을 이용한다. 또한 이 방법을 여러 번 반복하면 여러 개의 초점이 형성되어 all point focusing이 가능하다.

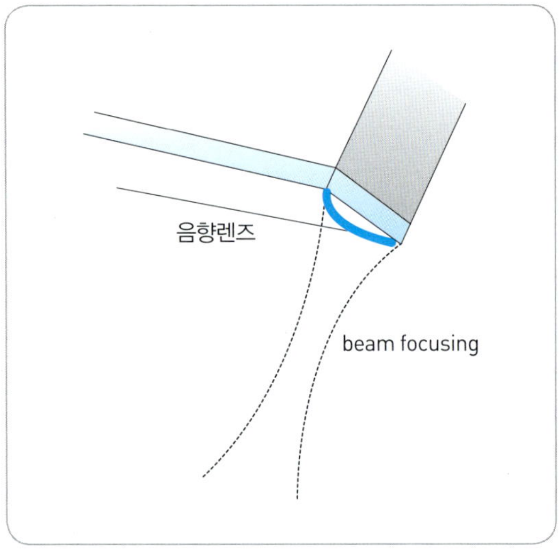

▶ 그림 5-24. 음향 렌즈

전자초점의 방법은 일렬로 나열한 탐촉소자에 각각의 지연소자(phase delay circuitry)를 연결하여 시간차를 두고 펄스 전압을 가하여 음을 한 곳으로 모으는 방식이다. 예를 들어 그림 5-25와 같이 선형 프로브에 배열한 112개의 탐촉소자(진동자)가 있다면 1과 112, 2와 111, 3과 110.......의 순서로 묶어 시간차를 두고 구동시키면 각 탐촉소자에서 발생한 초음파는 원호형이 되어 초점 가까이서 선속은 가늘게 집속된다. 이것이 전자집속의 원리이다. 프로브에서 방출한 펄스초음파는 그림 5-26에서처럼 빔 포머(beam former)에 의해 조향되고 수신과정을 거쳐

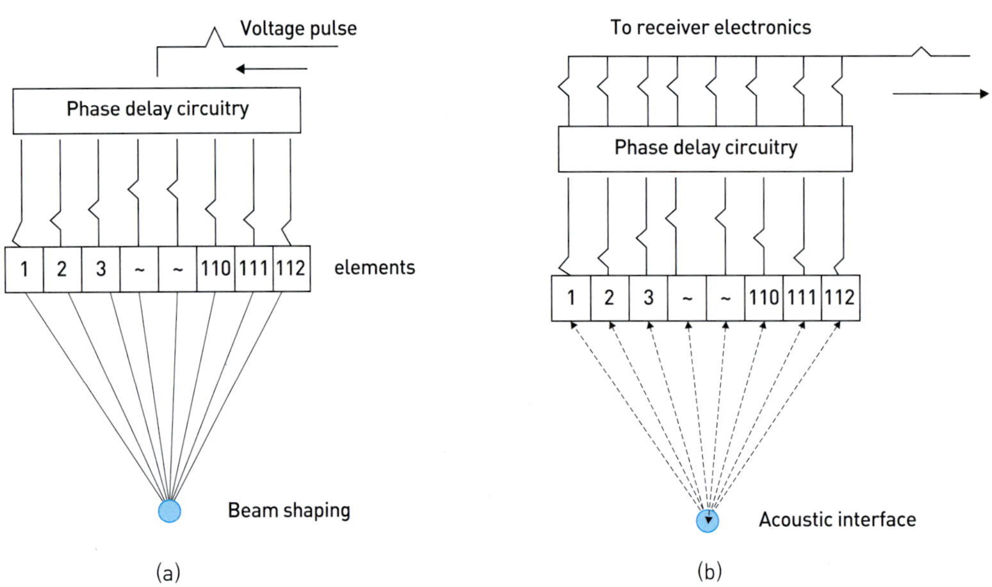

▶ 그림 5-25. 전자 초점

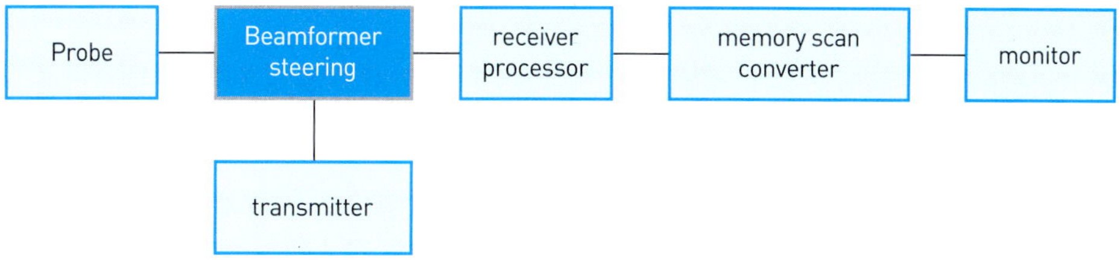

▶ 그림 5-26. 초음파 펄스의 빔 포밍 flow

memory scan converter에서 저장되고 모니터를 통해 영상을 관찰하게 된다. 이 과정에서 초점은 발신과 수신을 할 때 모두 이루어진다. 발신 과정의 초점 형성은 그림 5-25(a)처럼 소자에 지연시간을 주어 한 점으로 모으게 되고 수신과정에서의 초점 형성은 그림 5-25(b)와 같이 각 소자에 돌아 온 에코 신호를 반사체의 거리에 맞춰 계산된 적절한 지연시간을 주어 summing을 하기 전에 일렬로 정렬시켜 만든다.

One point focusing은 그림 5-27(a)와 같이 선택한 한 지점에만 초점을 형성할 수 있으며 receive dynamic focusing(continuous dynamic focusing)은 발신 초점(transmit focusing) 형성은 하나의 focal point로 하고, 수신 초점(receive focusing)은 여러 점(several point)으로 하여 분해능을 높일 수 있다. 지연소자의 시간차를 조절하면 그림 5-27(b)와 같이 여러 점에서 초점을 형성할 수 있으며, 디지털 초음파장치가 일반화된 현재는 그림 5-27(c)와 같이 all point focusing이 가능하다. 이렇게 여러 개의 초점을 형성하는 것을 역동적 초점(dynamic focusing)이

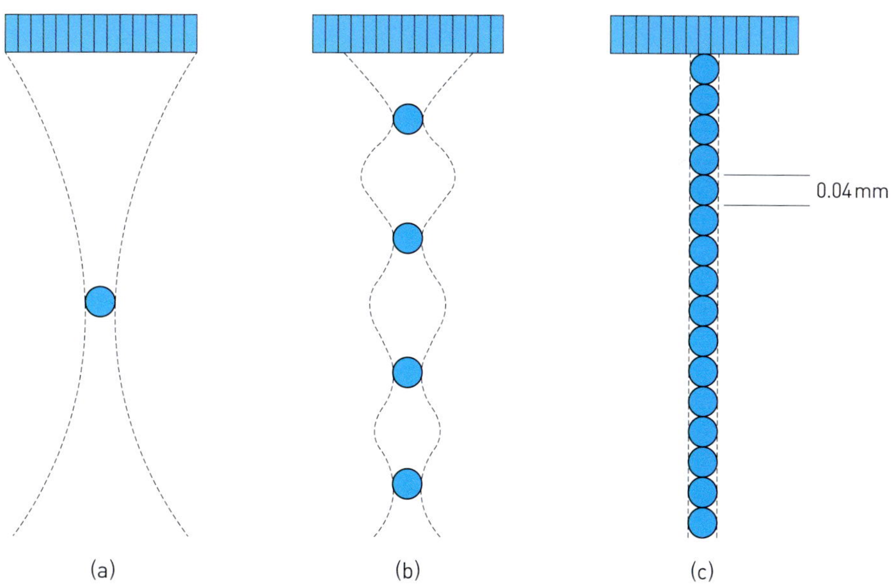

▶ 그림 5-27. 초점 형성
(a: conventional one point focus, b: zone based several focus, c: pixel based all point focus)

라고 한다.

전자 섹터(electronic sector)는 나란히 배열한 탐촉소자에 시간차를 두고 구동시간을 지연시켜 선속을 휘게 하는 원리를 이용한 것이다. 이 원리를 이용하면 발생한 초음파는 원호형이 되어 초점 가까이에서 음속이 가늘게 집속된다. 그림 5-28은 전자 섹터를 이용해 부채꼴 형태의 초음파 음속을 발생시킨 것이다. 그림에서 A와 같은 방법으로 탐촉소자의 바깥쪽에서 안쪽으로 시간차를 두고 펄스 전압을 가하면 강도가 강한 곳으로 음속이 휘어 a와 같은 선속이 되고 B와 같이 양쪽 끝에서부터 펄스 전압을 가하면 b와 같은 선속이 발생되며 C와 같은 방법으로 시간차를 두고 펄스 전압을 가하면 c와 같은 형태의 음속이 발생한다. 이와 같은 방법을 A, B, C, B, A, B, C....... 등의 차례대로 연속적으로 빠르게 진행시키면 부채꼴 형태의 음속이 계속해서 나오는 것처럼 시각적 착각을 일으킨다. 이것을 실시간 섹터 주사의 원리이다.

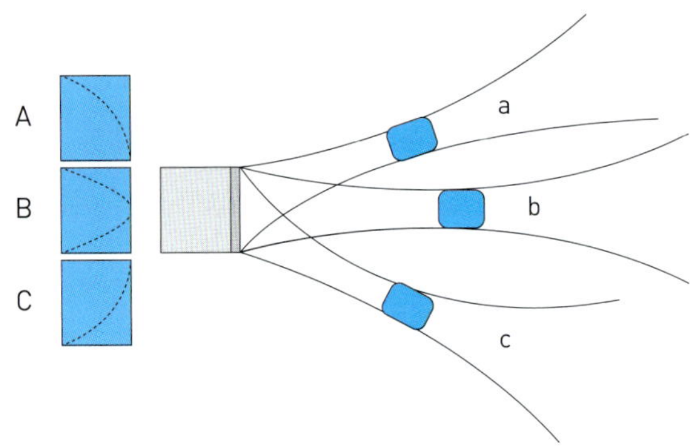

▶ 그림 5-28. 전자 섹터 선속

03 대역폭과 Q-factor

프로브에서 발생한 초음파 주파수는 그림 5-29와 같이 일정하지 않다. 즉, 원하는 주파수 이외에 다른 주파수도 함께 발생한다. 이때 원하는 주파수를 중심주파수라고 한다. 예를 들면

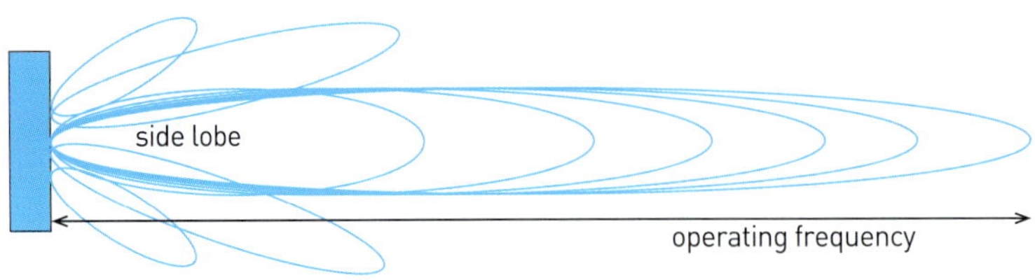

▶ 그림 5-29. 프로브 발생 주파수

2.5~4.5 MHz의 주파수 범위를 갖는 초음파 프로브가 3.5 MHz에서 초음파 변환 효율이 가장 좋다고 가정하면 3.5 MHz를 중심주파수(operating frequencies) 또는 동작주파수(resonance frequencies)라고 하고 2.5~4.5 MHz의 주파수 범위를 대역폭(band width)이라고 한다.

즉, 대역폭이란 초음파 펄스에 포함된 주파수의 범위이다. 초음파 대역폭은 초음파진단장치의 특성에 맞게 프로브별로 제작된다. 한편, Q-factor는 quality factor의 줄임말로 중심주파수를 대역폭으로 나눈 값이며 펄스중의 사이클 수와 동일하다.

$$\text{Q-factor} = \frac{\text{중심주파수}}{\text{대역폭}}$$

그림 5-30은 대역폭을 설명한 것으로 (a)는 중심주파수가 4.0 MHz이고 대역폭이 2.0 MHz이므로 위의 식에 의해 Q-factor는 2이고 펄스중의 사이클 수는 2이다. (b)는 중심주파수가 4.0 MHz이고 대역폭이 4.0 MHz이므로 Q-factor는 1이고 펄스중의 사이클 수는 1이다. 일반적으로 Q-factor를 증가하면 주파수의 범위가 좁은 순수음이 발생하여 발신효율이 좋아지고 Q-factor가 감소하면 주파수 범위가 넓은 초음파를 발생하여 수신효율이 양호해진다. 초음파진단장치는 발신효율보다 수신 효율을 강조하므로 Q-factor를 낮게 하여 사용한다. Q-factor의 변화에 다른 장단점은 표 5-3를 참고하기 바란다.

표 5-3. high Q-factor와 low Q-factor 프로브의 비교

높은 Q 탐촉자	낮은 Q 탐촉자
긴 ring down 시간	짧은 ring down 시간
좁은 주파수 범위	넓은 주파수 범위
치료에 이용	진단에 이용

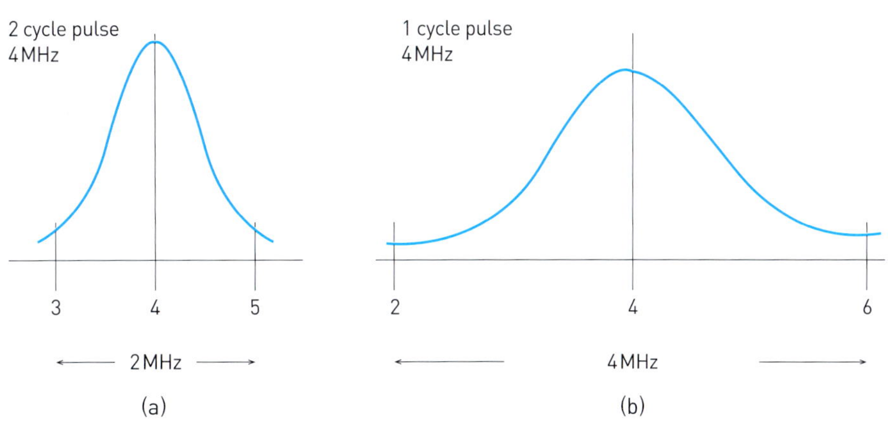

▶ 그림 5-30. 대역폭

04 분해능(resolution)

초음파 분해능은 공간에서의 미세한 부분을 식별할 수 있는 능력을 말한다. 초음파는 엑스선에 비해 파장이 길어 상대적으로 분해 능력이 떨어진다. 하지만 IT의 발달이 초음파진단장치와 결합하면서 과거에 비해 현저히 개선되었다. 프로브에서 발생한 초음파는 입체적인 면적을 가지고 진행하므로 가로, 세로, 높이에 의한 분해능을 생각하여야 한다. 특히 가로 높이의 분해능(거리 분해능)은 파장과 관계하므로 주파수가 높을수록 분해능이 향상된다. 그러나 주파수가 높으면 몸 안에서 흡수가 많아져 멀리 진행하지 못하므로 투과심도가 낮아진다. 그래서 초음파검사를 할 때는 해상력과 투과심도를 감안하여 프로브의 주파수를 선택하여야 한다. 현재 해상력과 투과심도를 감안 할 때 진단에 사용할 수 있는 주파수 범위는 1~30 MHz 정도이다. 이것을 유효주파수대역이라고 한다. 이러한 측면에서 보면 성인의 복부는 3.5 MHz, 표재성장기와 체내초음파는 7.5 MHz를 사용하며, 주로 심장동맥(coronary artery)을 관찰하는 혈관내초음파는 30 MHz 프로브를 사용한다. 초음파 분해능은 거리 분해능, 측 분해능, 폭 분해능으로 구분하며, 모니터에서 식별할 수 있는 대조도 분해능을 포함하기도 한다.

1) 거리 분해능(axial resolution, longitudinal resolution)

거리 분해능은 초음파 진행 방향에 나란히 있는 두 점을 분해하여 표시할 수 있는 능력으로써 축 분해능 또는 심도분해능이라고도 한다. 거리 분해능은 공간펄스길이(spatial pulse length, SPL)의 $\frac{1}{2}$과 같다. 공간펄스길이는 펄스중의 사이클 수×파장이므로 다음과 같은 수식이 성립한다.

$$\text{거리 분해능(mm)} = \frac{\text{공간펄스길이}}{2} = \frac{\text{펄스중의 사이클 수} \times \text{파장}}{2} = \frac{2 \times \text{펄스중의 사이클 수}}{\text{주파수}(MHz)}$$

$$\text{연부조직에서의 거리 분해능(mm)} = \frac{0.77 \times \text{펄스중의 사이클 수}}{\text{주파수}(MHz)} \text{이다.}$$

그림 5-31은 거리 분해능을 나타낸 것으로 선속 안에서 a와 같이 분해된 것은 영상에 A로써 분리되어 두 개로 보이지만 b와 같이 두 점이 인접한 경우는 분해되지 않아 영상에서 B처럼 겹쳐서 하나로 보인다. 결국, 초음파진단장치의 거리 분해능이 나쁘면 실제는 두 개의 점이 있으나 하나로 인식되어 표시된다.

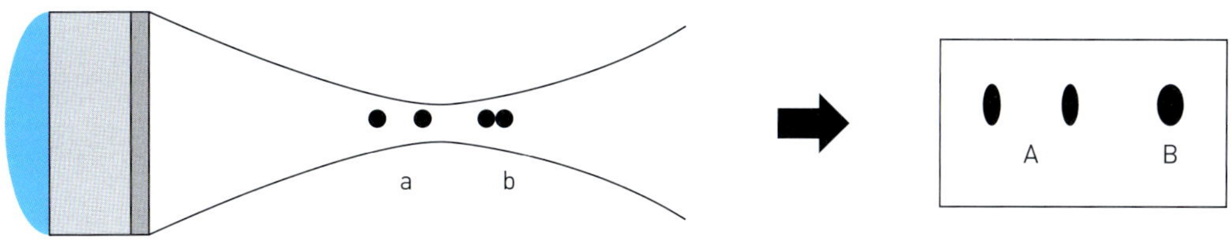

▶ 그림 5-31. 거리 분해능

그림 5-32는 공간펄스길이(SPL)와 거리 분해능의 관계를 나타낸 것이다. 그림 a는 두 반사체 사이의 거리가 공간펄스길이의 $\frac{1}{2}$보다 길어 a와 같이 분리된 펄스 파형을 나타내지만, 그림 b는 두 반사체 사이의 거리가 공간펄스길이 보다 짧아 b와 같이 두 점을 분해하지 못해 연결된 파형으로 보인다. 이것을 A와 같이 분해하기 위해서는 초음파 파장을 짧게 하거나 댐핑을 하여야 한다. 즉, 사용하는 프로브의 주파수를 높이거나 댐핑층을 증가시키는 것이다. 댐핑층은 엔지니어가 프로브를 제작할 때 설치하는 것이므로 조작할 수 없고 방사선사는 주파수를 높여 거리 분해능을 개선할 수 있다.

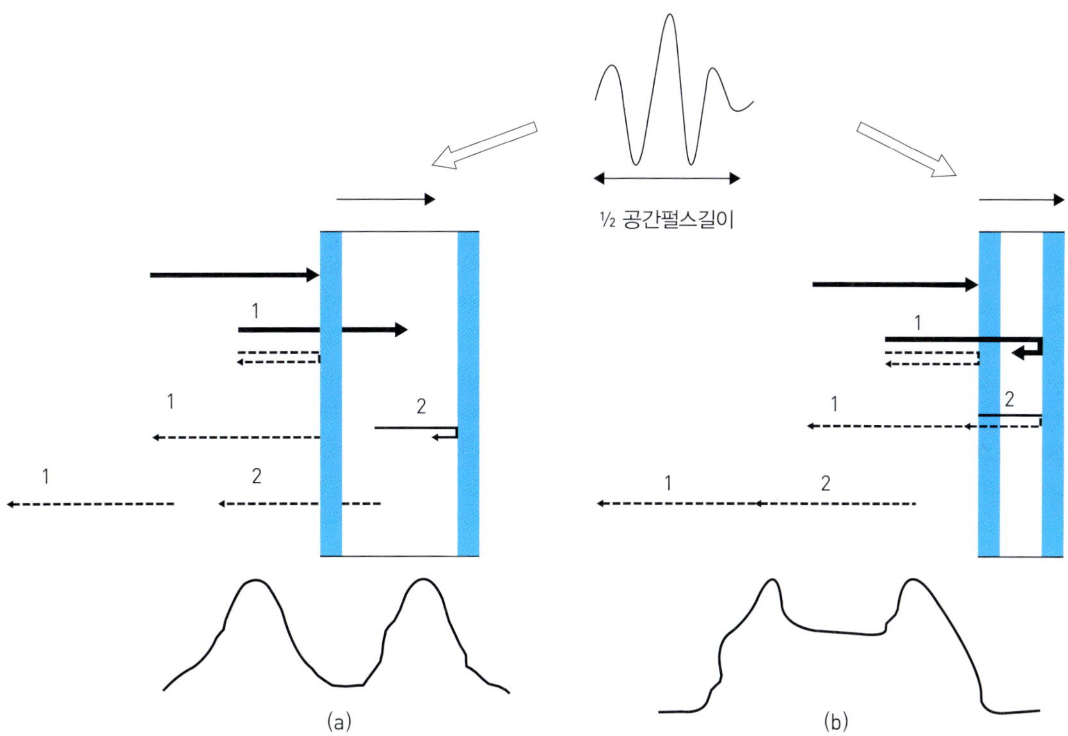

▶ 그림 5-32. 공간펄스길이와 거리 분해능(a: axial boundary distance > $\frac{1}{2}$SPL, b: axial boundary distance < $\frac{1}{2}$SPL)

주파수를 높이면 파장이 짧아져 공간에서 차지하는 거리가 축소되어 두 점을 분리할 수 있다. 댐핑(damping)은 펄스중의 사이클 수를 제한하는 것으로 보통 사이클 수는 2~3개를 사용한다. 프로브의 댐핑층은 탐촉소자의 뒤쪽에 부착되어 있다. 북을 치면 연속적으로 음이 전달되다가 북 표면에 손을 대면 소리가 멈추게 되는데, 이런 행위를 댐핑이라고 한다. 탐촉소자에서 초음파가 발생하면 댐핑층에서 펄스중의 사이클 수를 제한하는 것이다. 그림 5-33(a)는 파장이 길어(주파수가 낮아) 두 반사체 사이에 걸쳐 있는 것을 주파수를 높여 파장을 짧게 함으로써 거리 분해능을 개선한 것이고, (b)는 펄스중의 사이클 수가 6개인 것을 댐핑하여 4개로 줄여 거리 분해능을 개선한 것이다.

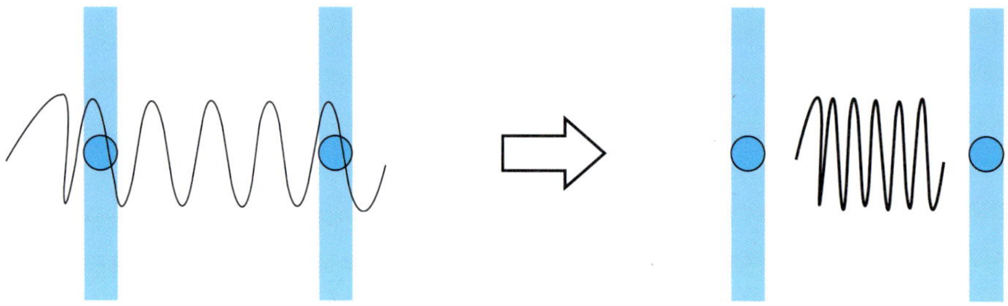

(a)

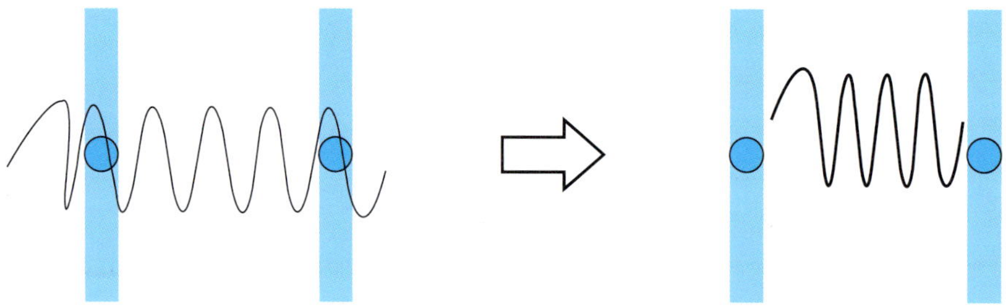

(b)

▶ 그림 5-33. 거리 분해능 개선(a: 주파수 증가, b: 댐핑증 증가)

2) 측(방향) 분해능(lateral resolution)

측 분해능은 초음파 선속의 진행방향에 수직으로 나란히 있는 두 점을 분해하여 표시하는 능력으로 방위 분해능이라고도 한다. 그림 5-34는 측 분해능을 보여주는 것으로 a와 같이 선속 안에 포함되어 있는 점선 안의 두 점은 실제 영상에서 A와 같이 하나의 점으로 나타나지만 b와 같이 분리되어 있는 실선의 두 점은 실제 영상에서 B와 같이 두 개의 점으로 분리되어 나타난다. 측 분해능을 개선하기 위해서는 음속의 직경을 좁게 해야 한다. 음속의 직경을 좁게 하려면 디지털 빔 포밍(digital beam forming)에 의한 전자집속(electronic focusing)을 해야 한다. 또한 측방향 분해능은 채널(channel) 수를 증가시켜 개선할 수 있다.

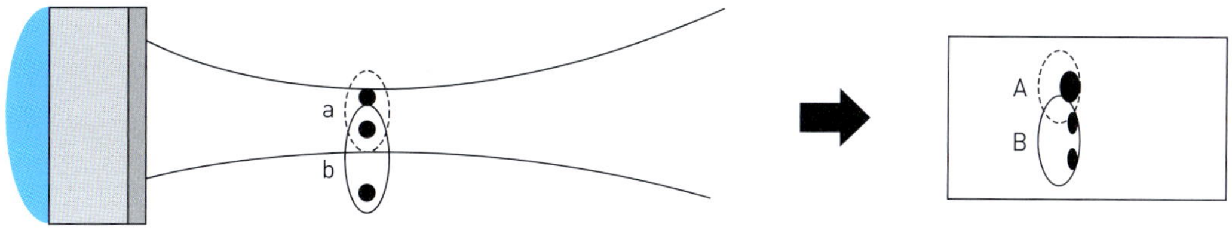

▶ 그림 5-34. 전자집속에 의한 측 분해능

3) (슬라이스)폭 분해능(slice thickness resolution, elevational resolution)

폭 분해능은 선속의 두께에 의한 분해 능력을 말하는 것으로써 음향렌즈를 사용하여 개선한다. 선속 두께는 프로브의 두께가 결정한다. 선속이 두꺼우면 선속과 영상의 단면이 불일치하여 인공음영(artefact)이 생긴다. 따라서 선속 두께를 얇게 하려면 그림 5-35와 같이 음향렌즈를 설치해 프로브에서 방출한 초음파의 지연시간을 이용함으로써 두 점을 분해할 수 있다.

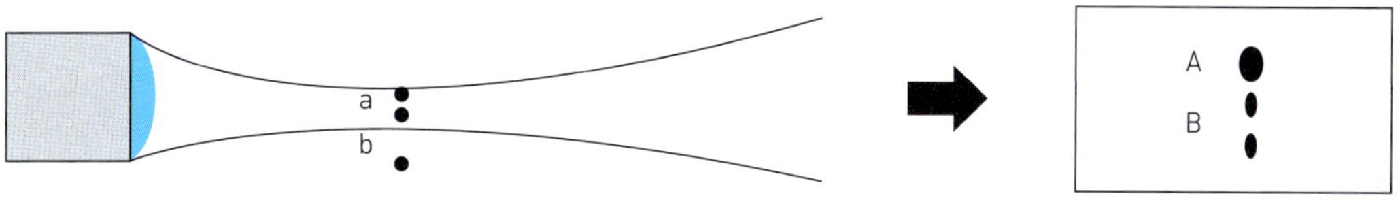

▶ 그림 5-35. 음향렌즈에 의한 폭 분해능

4) 대조도 분해능(contrast resolution)

대조도 분해능은 반사파의 미세한 echogenicity 차이를 화면의 대조도 차이로 표시하는 능력을 말한다. 초음파검사는 결국 모니터에 나타난 영상을 관찰하는 것이기 때문에 앞서 설명한 거리 분해능, 측 분해능, 폭 분해능과 더불어 대조도 분해능이 중요한 의미를 갖는다. 대조도 분해능은 디지털 신호처리와 빔 포밍(beam forming) 그리고 디지털 스캔 컨버터(digital scan converter, DSC)의 분해능에 의해 좌우된다. DSC는 최소 256 gray scale(8 bits) 이상이어야 하며 보통 512 gray scale을 사용한다. 최근에는 1025 gray scale을 사용해 대조도 분해능이 대폭 향상되었다.

핵심문제 및 해설

아래의 문항에서 가장 알맞은 답가지 하나를 고르시오.

문항 01 갑상선초음파에 사용하는 프로브의 탐촉소자 배열 형태가 옳은 것은?

① 선상배열(linear switch array)
② 위상차배열(linear phased array)
③ 곡면위상차배열(curvilinear phased array)
④ 동심원형배열(annular phased array)
⑤ 곡면동심원형배열(curviannular phased array)

해설 유방, 갑상선, 고환 등의 표재성장기는 선형 프로브를 사용한다. 선형 프로브의 탐촉소자는 선상배열(linear switch array) 형태이다. 선형 프로브는 표재성장기용이므로 7.5 MHz 이상의 고 주파수를 사용한다.

문항 02 단소자 프로브인 것은?

① 선형 프로브(linear probe)
② 볼록형 프로브(convex probe)
③ 섹터 프로브(sector probe)
④ 체내용 프로브(intra corporeal probe)
⑤ 직접접촉복합주사용 프로브(direct contact compound probe)

해설 탐촉자는 단소자와 다소자로 구분한다. 단소자는 탐촉자가 엄지손자락 크기의 하나로 된 탐촉자로 한 번의 주사로 하나의 정지상을 얻는다. 이러한 영상을 직접접촉복합주사 영상(direct contact compound scan image)이라고 한다.

문항 03 측 분해능(lateral resolution)과 관계있는 것은?

① 댐핑　② 음폭　③ 진폭
④ 파장　⑤ 음속 직경

해설 측 분해능은 음속 직경과 같다. 음속 직경을 줄이는 방법은 전자집속이다.

정답 1. ① 2. ⑤ 3. ⑤

문항 04 체내 초음파검사의 대상 장기는?

① 유방(breast) ② 콩팥(kidney)
③ 이자(pancreas) ④ 전립선(prostate)
⑤ 갑상선(thyroid gland)

해설 초음파검사는 프로브의 위치에 따라 체외초음파검사와 체내초음파검사로 구분한다. 체내 초음파검사는 프로브를 항문 또는 질에 삽입하여 주사하는 것으로 남성은 전립선과 정낭, 여성은 자궁과 난소가 대상이다.

문항 05 체외 초음파검사에서 고 주파수를 사용하는 부위는?

① 자궁(uterus) ② 고환(testies)
③ 전립선(prostate) ④ 이자(pancreas)
⑤ 쓸개(gall bladder)

해설 체외(경복부)초음파는 피부를 통해 복부 장기를 관찰하는 검사이다. 고환은 체외에 돌출되어 있으므로 7.5 MHz 이상의 고 주파수를 사용한다.

문항 06 초음파검사의 래디알 주사(radial scan)에 대한 설명으로 올바른 것은?

① 복부의 3차원 영상에 이용한다.
② 곧창자의 360도 영상을 관찰한다.
③ 여성하복부 초음파검사에 이용한다.
④ 갑상선과 유방 초음파검사에 활용한다.
⑤ 하지 도플러검사에서 혈류의 정보를 얻는다.

해설 탐촉소자의 배열 형태 중에서 동심원형배열은 체내 프로브에 적용하여 곧창자, 식도 등의 검사에 이용한다. 곧창자, 식도 등이 360° 영상으로 나타나도록 주사하는 것을 래디알 주사(radial scan)라고 한다.

문항 07 체외 초음파와 체내 초음파를 모두 할 수 있는 검사부위는?

① 간 ② 이자 ③ 지라
④ 난소 ⑤ 갑상선

해설 체내 초음파와 체외 초음파를 모두 할 수 있는 검사부위는 자궁, 난소, 전립선, 정낭 등이다.

문항 08 성인의 콩팥을 주사할 때 사용하는 프로브 주파수(MHz)로 옳은 것은?

① 3.5 ② 5.5 ③ 7.5
④ 9.5 ⑤ 11.5

해설 일반적으로 성인의 복부초음파검사에 사용하는 중심주파수는 3.5 MHz이다. 표재성장기는 7.5 MHz 이상, 혈관 내 초음파검사는 30 MHz이다.

정답 4. ④ 5. ② 6. ② 7. ④ 8. ①

문항 09 초음파진단장치의 거리 분해능을 좋게 하는 방법은?

① 채널수를 증가한다.
② 주파수를 낮게 한다.
③ 음속직경을 작게 한다.
④ 공간펄스길이를 줄인다.
⑤ 프로브 두께를 얇게 한다.

해설 거리 분해능은 초음파 선속과 같은 방향으로 나란히 있는 두 개의 점을 분해하는 능력이다. 이것을 개선하려면 첫째, 주파수를 증가하여 파장을 짧게 한다. 둘째, 펄스중의 사이클 수를 줄이기 위해 댐핑한다.

문항 10 초음파검사에서 고 주파수를 사용하는 부위는?

① 간
② 콩팥
③ 위장
④ 쓸개
⑤ 갑상선

해설 초음파검사에서 고 주파수를 사용하는 경우는 표재성장기검사와 체내초음파검사이다.
표재성장기는 유방, 갑상선, 고환이며, 체내초음파 대상 장기는 전립선, 정낭, 자궁, 난소, 곧창자, 식도 등이다.

문항 11 자궁과 난소 초음파검사를 할 때 사용하는 체내용 프로브의 탐촉소자 배열 방법은?

① 선상배열(linear switch array)
② 위상차배열(linear phased array)
③ 동심원형배열(annular phased array)
④ 곡면위상차배열(curvilinear phased array)
⑤ 곡면동심원형배열(curviannular phased array)

해설 체내 초음파의 대상 장기는 자궁과 난소, 전립선과 정낭 등이다. 이때 프로브의 선속 각은 120° 이상으로 넓기 때문에 원위부의 분해능을 보상하기 위해 탐촉소자의 배열형태는 곡면위상차배열로 한다.

문항 12 초음파의 근거리음장에 대한 설명으로 옳은 것은?

① 집속을 하면 근거리음장이 길어진다.
② 주파수를 높이면 근거리음장이 길어진다.
③ 집속 영역 이후를 근거리 음장이라고 한다.
④ 근거리음장보다 원거리음장의 분해능이 좋다.
⑤ 탐촉자 직경을 크게 하면 근거리음장이 짧아진다.

해설 근거리 음장 $= \frac{r^2}{\lambda}$ r : 탐촉자의 반 직경, λ : 파장이다.

정답 9. ④ 10. ⑤ 11. ④ 12. ②

문항 13 거리 분해능을 개선하는 방법이 옳은 것은?

① 댐핑을 한다.
② 출력을 높인다.
③ 전자집속을 한다.
④ 주파수를 낮춘다.
⑤ 음향렌즈를 한다.

해설 거리 분해능을 개선하는 방법은 댐핑을 하거나 파장을 짧게 하는 것이다.

문항 14 사다리꼴 프로브(trapezoid scanning probe)를 이용하는 검사부위는?

① 유방
② 고환
③ 갑상선
④ 곧창자
⑤ 전립선

해설 갑상선 초음파검사의 전용 프로브는 사다리꼴 프로브이다. 사다리꼴 프로브가 없으면 선형 프로브를 사용하기도 하나 갑상선 전체를 한 번의 주사로 볼 수 없는 단점이 있다.

문항 15 폭 분해능(slice thickness resolution)을 좋게 하는 방법은?

① 전자집속
② 파장 증가
③ 대역폭 증가
④ 주파수 증가
⑤ 음향렌즈 설치

해설 폭 분해능은 선속의 위, 아래에 위치하는 두 점을 분해하는 능력이다. 이것은 음향렌즈를 설치하여 음폭(음의 두께)을 집속함으로써 개선한다.

문항 16 다소자 탐촉자에서 단축방향의 집속에 관여하는 것은?

① 주파수
② 음향렌즈
③ 스티어링
④ 프로브 길이
⑤ 프로브 형태

해설 전자스캔(electronic scan)에 있어서 장축방향은 전자집속으로, 단축 방향은 음향렌즈로 집속한다.

문항 17 초음파진단장치의 거리 분해능에 대한 설명으로 옳은 것은?

① 강도를 높여 개선한다.
② 전자집속으로 개선한다.
③ 파장을 길게 하여 개선한다.
④ 프로브의 음속 직경과 같다.
⑤ 공간펄스길이의 1/2과 같다.

해설 거리 분해능은 초음파 진행 방향에 나란히 있는 두 점을 분해하여 표시할 수 있는 능력으로써, 공간펄스 길이(spatial pulse length)의 $\frac{1}{2}$과 같다. 거리 분해능은 주파수를 높게(파장을 짧게)하거나, 댐핑으로 개선한다.

정답 13. ① 14. ③ 15. ⑤ 16. ② 17. ⑤

문항 18 중심주파수 3.0 MHz, 대역폭 2.5~4.5 MHz일 때, Q-factor는?

① 1.0 ② 1.5 ③ 2.0
④ 2.5 ⑤ 3.0

해설 Q factor = 중심주파수 ÷ 대역폭 = 3/(4.5−2.5) = 3/2 = 1.5

문항 19 어떤 초음파진단장치의 펄스중의 사이클 수가 2이고, 파장이 0.5 mm일 때 거리 분해능은(mm)?

① 0.5 ② 1.0 3) 1.5
④ 2.0 ⑤ 2.5

해설 거리 분해능(mm) = $\frac{\text{공간펄스길이}}{2} = \frac{\text{펄수중의 사이클 수} \times \text{파장}}{2}$ = (2×0.5)/2 = 0.5 mm

문항 20 래디알 주사(radial scan)에 이용하는 탐촉소자의 배열 형태는?

① 단소자(single element)
② 선상배열(linear switch array)
③ 위상차배열(linear phased array)
④ 동심원형배열(annular phased array)
⑤ 곡면위상차배열(curvilinear phased array)

해설 직장초음파검사는 탐촉소자를 동심원형으로 배열한 체내 프로브를 사용한다. 영상은 곧창자의 360° 영상을 얻는다. 이러한 주사법을 래디알 주사라고 한다.

문항 21 빔 포밍(beam forming)과 관련 없는 내용은?

① 집속 ② 단소자 3) 스티어링
④ 전자섹터 ⑤ 지연회로

해설 빔 포밍은 전자집속과 스티어링을 포함한다. 빔 포밍은 탐촉소자에 지연회로를 이용해 시간차를 두고 통전하여 선속을 한 곳으로 모으거나 섹터 선속을 만드는 작업이다. 단소자로는 이러한 작업을 할 수 없다.

문항 22 측 분해능(lateral resolution)을 개선하는 방법은?

① 댐핑한다. ② 전자집속하다.
③ 주파수를 높인다. ④ 픽셀 수를 증가한다.
⑤ 음향렌즈를 설치한다.

해설 측 분해능(lateral resolution)을 개선하는 방법은 빔폭을 줄이는 것이다. 빔폭은 전자집속으로 줄일 수 있다.

정답 18. ② 19. ① 20. ④ 21. ② 22. ②

문항 23 액체의 흡입이나 조직검사에 사용하는 프로브는?

① 선형 프로브(linear probe)
② 섹터 프로브(sector probe)
③ 컨벡스 프로브(convex probe)
④ 천자용 프로브(puncture probe)
⑤ 체내 프로브(intracorporeal probe)

해설 인터벤션은 검사 뿐 아니라 적극적으로 치료에 개입하는 시술을 말한다. 천자용 프로브는 병소를 천자하여 농액이나 조직을 떼어내는 치료 용도에 사용한다. 초음파 인터벤션은 피폭에 의한 염려가 없다는 장점이 있다.

문항 24 초음파 선속의 근거리 시야가 가장 넓은 프로브는?

① 경질 프로브 ② 선형 프로브 ③ 섹터 프로브
④ 컨벡스 프로브 ⑤ 경직장 프로브

해설 선형 프로브는 표재성장기 전용 프로브로 7.5 MHz 이상의 고주파수를 사용한다. 선속은 직사각형으로 프로브 중에서 근거리 시야가 가장 넓다.

문항 25 초음파 음장에 대한 내용이 올바른 것은?

① 분해능은 근거리음장에 비해 원거리음장이 좋다.
② 근거리음장의 길이는 주파수와 반비례하여 감소한다.
③ 근거리 음장과 원거리 음장의 연결부는 강도가 약하다.
④ 초음파 음장 중에서 강도가 가장 센 부분은 집속영역이다.
⑤ 초음파 진단은 초점영역 이외에서 이루어지는 것이 효율적이다.

해설 초음파 음장은 근거리음장, 초점영역, 원거리음장으로 구분한다. 근거리 음장은 프로브 표면으로부터 방출 한 초음파 음속이 집속되는 지점까지의 범위이고 집속 영역 이후는 원거리 음장이라고 한다. 원거리 음장에서는 초음파가 진행하면서 점차 강도가 약해진다. 근거리 음장과 원거리 음장이 연결되는 부분은 집속영역이라 하며 초음파 영역 중에서 강도가 가장 세다. 초음파 진단은 초점 영역 이내에서 이루어지는 것이 효율적이다.

문항 26 검사부위와 프로브의 연결이 옳은 것은?

① 심장–섹터 프로브 ② 유방–컨벡스 프로브
③ 지라–체내용 프로브 ④ 췌장–사다리꼴 프로브
⑤ 문맥–혈관내 초음파 프로브

해설 섹터 프로브는 심장 전용 프로브, 사다리꼴 프로브는 갑상선 전용 프로브, 선형 프로브는 표재성장기용 프로브, 컨벡스 프로브는 복부용 프로브, 혈관내초음파 프로브는 심장동맥 검사용 프로브이다.

정답 23. ④ 24. ② 25. ④ 26. ①

문항 27 아래 그림은 대역폭과 중심주파수의 관계를 나타낸 것이다. 설명이 옳은 것은?

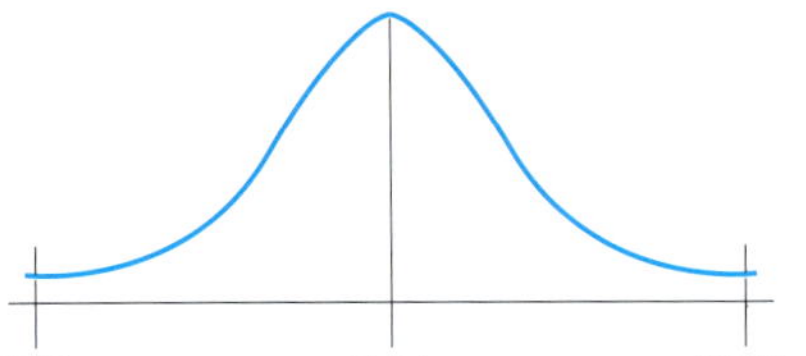

① Q factor는 4이다.

② 대역폭은 5 MHz이다.

③ 중심주파수는 3 MHz이다.

④ 펄스중의 사이클 수는 2이다.

⑤ Q factor=대역폭 ÷ 중심주파수

해설 중심주파수와 대역폭의 관계를 나타낸 것이다. 중심주파수는 4 MHz이고 대역폭은 2 MHz이다. Q factor=중심주파수 ÷ 대역폭=4/2=2이다. 펄스중의 사이클 수는 Q factor와 동일하다.

문항 28 아래 그림에서 프로브 형태와 탐촉소자의 배열이 올바르게 짝지어진 것은?

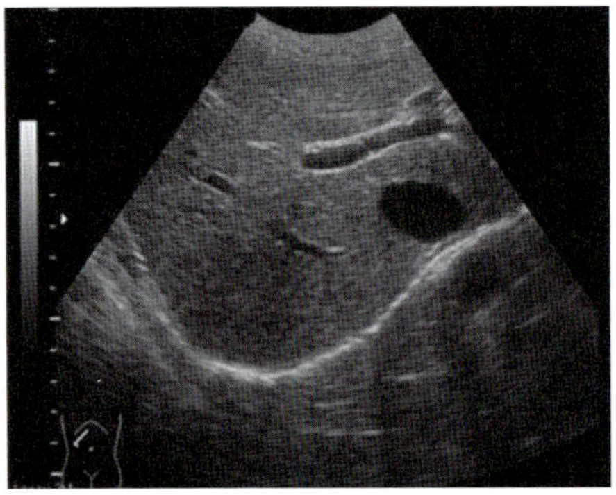

① 섹터 프로브–선상배열

② 3D 프로브–매트릭스배열

③ 선형 프로브–동심원형배열

④ 컨벡스 프로브–위상차배열

⑤ 사다리꼴 프로브–곡면위상차배열

해설 컨벡스 프로브(convex probe)로 간초음파를 한 영상이다. 컨벡스 프로브의 탐촉소자 배열은 위상차배열을 하여 근위부에 비해 원위부의 관찰부위를 넓힌다.

정답 27. ④ 28. ④

문항 29 아래 사진의 검사부위와 프로브의 형태가 올바르게 연결된 것은?

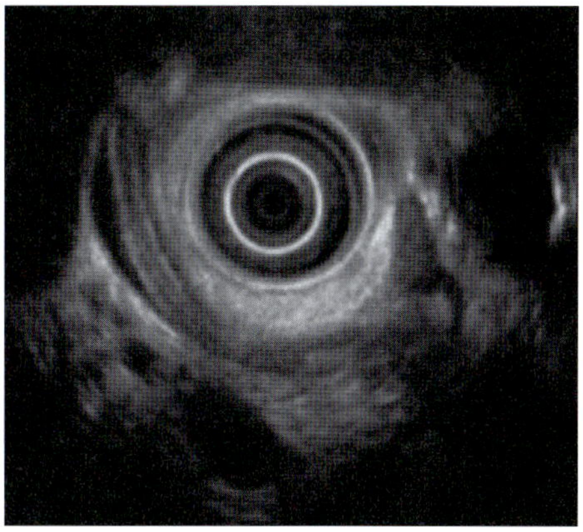

① 유방–선형 프로브
② 전립선–체내 프로브
③ 식도–내시경용 프로브
④ 자궁–사다리꼴 프로브
⑤ 심장동맥–혈관내 프로브

해설 내시경 프로브로 식도를 주사한 영상이다. 곧창자 래디알 주사 또는 심장동맥의 혈관내 초음파 영상과 유사할 수 있으니 유의하여야 한다.

문항 30 아래 사진에 대한 설명으로 옳은 것은?

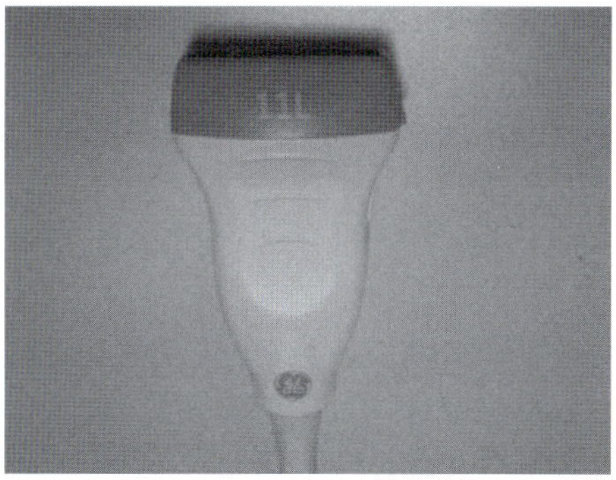

① 심장 전용이다.
② 수술용 프로브이다.
③ 고 주파수 프로브이다.
④ 곡면위상차배열 형태이다.
⑤ 넓은 방사상 선속을 주사한다.

해설 선형 프로브(linear probe)이다. 표재성장기를 검사하는 프로브이므로 고 주파수를 사용한다. 탐촉소자는 선상배열(linear switch array)이며 직사각형 선속을 보인다.

정답 29. ③ 30. ③

제6장

도플러 초음파

수업 목표

1. 도플러 효과에 대하여 설명할 수 있어야 한다.
2. 도플러 시프트(변위)에 대하여 설명할 수 있어야 한다.
3. 스펙트럴 도플러의 적용범위에 대하여 설명할 수 있어야 한다.
4. 스펙트럴 도플러의 혈류 역학적 정보에 대하여 설명할 수 있어야 한다.
5. 스펙트럴 도플러에서 반접현상의 발생원인과 제거방법을 설명할 수 있어야 한다.
6. 색 도플러의 적용범위에 대하여 설명할 수 있어야 한다.
7. 출력 도플러의 적용범위에 대하여 설명할 수 있어야 한다.
8. 색 도플러와 출력 도플러의 장·단점을 설명할 수 있어야 한다.
9. 조직 하모닉 도플러의 원리와 적용에 대하여 설명할 수 있어야 한다.
10. 조영증강 하모닉 도플러의 원리와 적용에 대하여 설명할 수 있어야 한다.

01 도플러 효과(Doppler effect)

도플러 효과는 우리가 일상생활에서 흔히 접한다. 자동차 사고를 방지하기 위해 과속을 측정하거나 야구 경기에서 투수가 던진 공의 속도를 측정하는 스피드 건(speed gun), 우주 팽창의 원리, 은하의 거리를 측정하는 것 등은 모두 도플러 효과(Doppler effect)를 이용한 것이다. 1842년 오스트리아 물리학자인 Christian Andreas Doppler는 소리가 음원에서 발생해 음원과 상대적 운동을 하는 관측자에게 도달했을 때 진동수가 차이나는 현상을 발견하였다. 음파의 경우 반사체가 음원의 방향으로 움직일 때 음원의 파장은 짧아지고, 음원의 반대 방향으로 움직일 때 음원의 파장은 길어진다는 도플러 원리를 발견한 것이다. 즉, 도플러 원리는 반사체 운동에 의해 일어나는 반사 주파수의 변화이다. 이것을 기초로 네덜란드의 기상학자인 보이스 발로트는 도플러 효과가 발견된 지 3년 후인 1945에 기차를 타고 트럼펫을 일정한 음으로 불면서 역을 향해 지나갈 때 플랫 홈에서 음이 어떻게 변화하는가를 실험하였다. 그 결과 기차가 다가오면 트럼펫의 음이 점차 높아지고 플랫 홈에 다 달았을 때 가장 높다가 기차가 멀어지면서 음이 점차 낮아지는 것을 증명하였다. 즉, 음원의 이동에 따라 주파수가 변화한다는 사실을 증명한 것이다. 그림 6-1은 정지 상

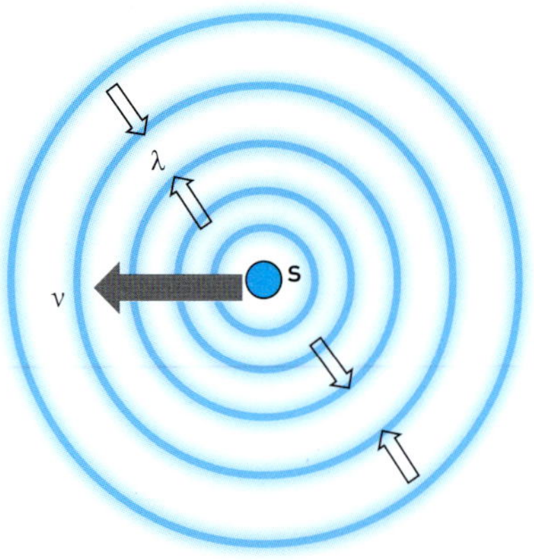

▶ 그림 6-1. 정지 상태의 구면 음파

태에서 음원 S로부터의 구면파 면을 한 파장 단위로 나타낸 것이다. 이때 파장을 λ, 전파속도를 V, 주파수를 f라고 하면 $f=\frac{V}{\lambda}$가 성립한다. 여기에 도플러 효과를 적용하면 이동하는 관찰자의 속도나 움직이는 음원의 속도를 계산할 수 있다.

그림 6-2는 관찰자 A가 Vo의 속도로 음원S를 향해 갈 때의 도플러 효과를 나타낸 것이다. 음원이 정지한 상태에서 음원에서의 전파속도가 V일 때 관찰자 A가 Vo의 속도로 음원 쪽으로 다가갈 때, 관찰자가 듣는 음속 V´=V+Vo이고, 이때 파장 λ은 변하지 않는다. 그러므로 관찰자 A가 듣는 주파수 $f=\frac{V}{\lambda}=\frac{V+Vo}{\lambda}$이다. 즉, $\lambda=\frac{V}{f}$이므로 $f'=\frac{V+Vo}{\lambda}f$이다. 결과적으로 관찰자가 음원으로 다가갈 때 주파수는 증가하게 된다. 또한 음원에서의 전파속도가 V일 때 관찰자 A가 Vo의 속도로 음원 쪽으로부터 멀어질 때, 관찰자가 듣는 음속 V′=V−Vo이고 $f'=\frac{V-Vo}{\lambda}f$로써 주파수가 감소하게 된다.

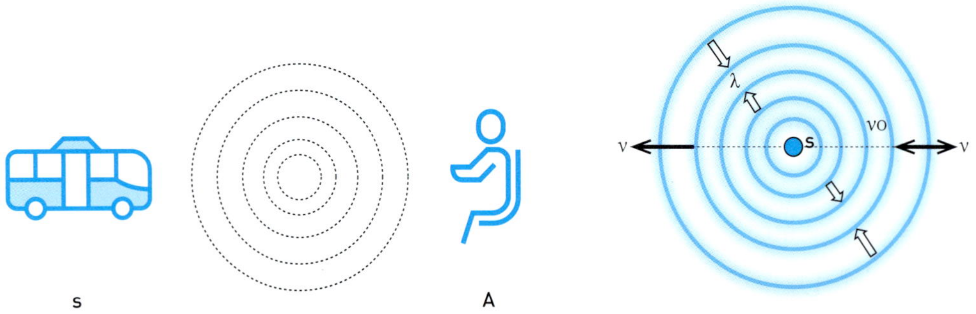

▶ 그림 6-2. 정지 상태의 구면 음파

그림 6-3은 음원이 관찰자 A를 향하여 Vs의 속도로 다가가고 관찰자 B로부터 Vs의 속도로 멀어질 때의 도플러 효과를 나타낸 것이다. 관찰자 A가 듣는 소리의 파장 λ′는 음원의 파장 λ보다 짧아진다. 음원의 주기 T는 한 번 진동할 때, 음원의 거리 $VsT=\frac{Vs}{f}$ 만큼 진행하므로 파장도 그 만큼 짧아진다. 따라서 파장 $\lambda'=\lambda-\Delta\lambda=\lambda-\frac{Vs}{f}$이다. $\lambda=\frac{V}{f}$이므로 관찰자 A가 듣는 주파수 $f'=\frac{V}{\lambda'}=\frac{V}{\lambda-(Vs/f)}=\frac{V}{(V/f)-(Vs/f)}$이다. 따라서 음원이 관찰자를 향해 다가갈 때 $f'=\frac{V}{V-Vs}f$이다. 즉, 음원이 관찰자를 향해 다가갈 때 주파수는 원래보다 증가하여 소리가 커진다. 반면, 관찰자 B가 듣는 소리 $f'=\frac{V}{V-Vs}f$로써 음원이 관찰자로부터 멀어질 때 주파수는 원래보다 감소하여 소리가

작아진다. 음원이 움직이는 경우와 관찰자가 움직이는 경우를 모두 가정했을 때 도플러 효과 $f' = (\frac{V+Vo}{V-Vs})f$이다.

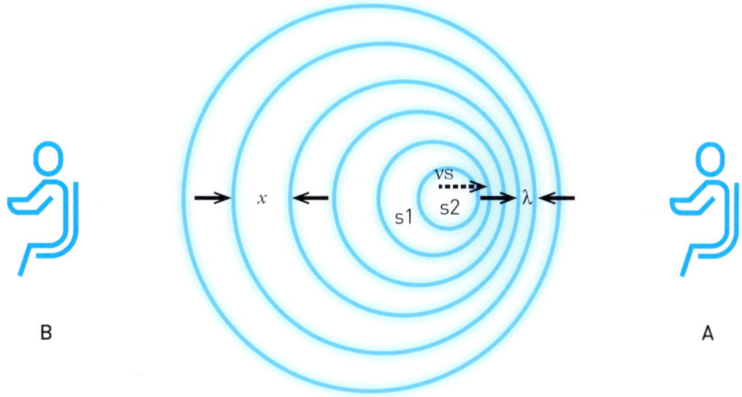

▶ 그림 6-3. 음원이 관찰자로 움직일 때의 도플러 효과

그림 6-4는 도플러 효과에 의한 주파수의 변화를 나타낸 것이다. 앞서 설명한 것과 같이 관찰자가 음원으로 다가갈 때 주파수는 원래의 주파수보다 커지고 음원으로부터 멀어질 때 원래의 주파수보다 작아지는 것을 알 수 있었다. 이와 같이 원래의 주파수에 대한 차이를 도플러 시프트(Doppler shift)라고 한다. 도플러 시프트는 도플러 변위, 도플러 편차라고도 한다. 그러므로 도플러 시프트는 반사 주파수에서 입사 주파수를 뺀 값이다. 이때 원래의 주파수보다 커진 것을 플러스 도플러 시프트(plus doppler shift)라고 하고 원래의 주파수보다 작아진 것을 마이너스 도플러 시프트(minus Doppler shift)라고 한다. 보통 초음파진단장치에서 측정할 수 있는 도플러 시프트는 500~4,500 Hz 정도이다. 도플러 초음파검사를 하면서 스피커에서 나는 소리를 들을 수 있는 것은 도플러 시프트가 가청영역 안이 있기 때문이다.

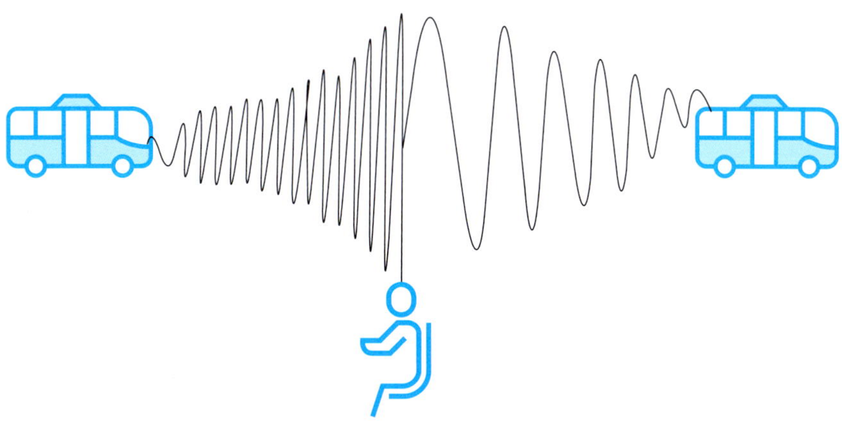

▶ 그림 6-4. 도플러 효과에 의한 주파수 변화

도플러 효과를 인체 혈관에 적용하면 그림 6-5와 같다. 프로브에서 방출되는 주파수를 fo, 혈류속도를 v, 프로브와 혈관이 이루는 각(도플러 각)을 cosθ, 인체 평균 전파속도를 c라고 할 때, 도플러 시프트 $fd = \frac{2fo \cdot v \cdot cos\theta}{c}$이다. 이와 같은 수식에서 볼 때, 도플러 시프트를 좌우하는 것은 프로브 주파수, 혈류속도와 도플러 각 등이지만 도플러 각(Doppler angle)이 90°이면 표 6-1에서와 같이 그 값이 0이 되어 도플러 시프트는 0이 된다. 따라서 도플러 초음파에서 혈관에 수직입사하면 도플러 시프트 정보를 얻을 수 없다.

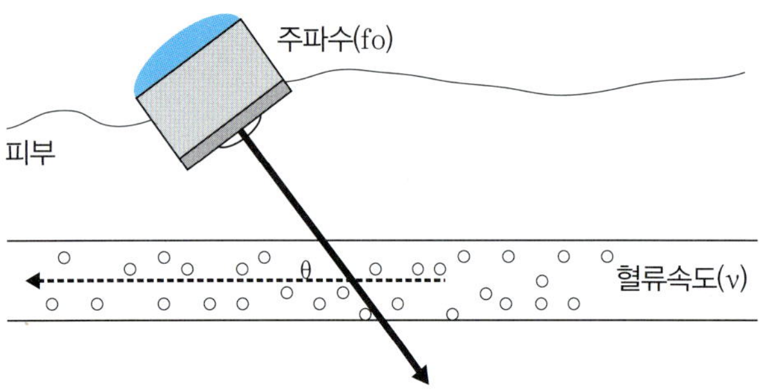

▶ 그림 6-5. 혈류에서의 도플러 시프트

표 6-1. 도플러 각에 따른 cosθ 값

cosθ	값	cosθ	값
0°	1.00	10°	0.98
1°	1.00	20°	0.94
2°	1.00	30°	0.84
3°	1.00	40°	0.77
4°	1.00	50°	0.64
5°	1.00	60°	0.50
6°	0.99	70°	0.34
7°	0.99	80°	0.17
8°	0.99	90°	0.00
9°	0.99		

02 도플러 초음파법

도플러 초음파는 인체 혈류의 역학적 정보를 얻는 검사법이다. 즉, 혈류속도, 혈류의 압력, 혈류량 등을 정량적으로 평가할 수 있으며, 혈류방향과 혈류 분포를 파악하기도 한다. 도플러 초음파는 연속파 또는 펄스파를 이용한다. 연속파(continuous wave)를 이용하면 발신 효율은 좋으나 수신할 때 깊이 해상도가 낮은 반면, 펄스파(pulse wave)는 깊이 해상도가 양호하지만 연속파에 비해 빠른 혈류를 측정하지 못한다. 도플러 초음파가 도입된 초기에는 연속파에 의한 단독 도플러 초음파를 시행하였기 때문에 정확한 혈류 정보를 얻는데 문제가 있었으나 근래에는 B/D모드를 이용하여 원하는 혈류에 대해 정확한 혈류정보를 얻을 수 있다.

1) 연속파 도플러(continuous wave Doppler, CW Doppler)

연속파 도플러는 연속파를 사용한다. 이 시스템은 그림 6-6(a)와 같이 하나의 프로브(transducer housing) 안에 두 개의 탐촉자(transducer elements)를 설치하여 하나는 발신을 다른 하나는 수신을 담당한다. 따라서 빠른 혈류에 대해 속도 분포의 정밀도가 높아 심장과 같이 빠른 혈류를 검출하는데 효과적이다. 하지만 펄스파 도플러에 비해 깊이 해상도가 낮다.

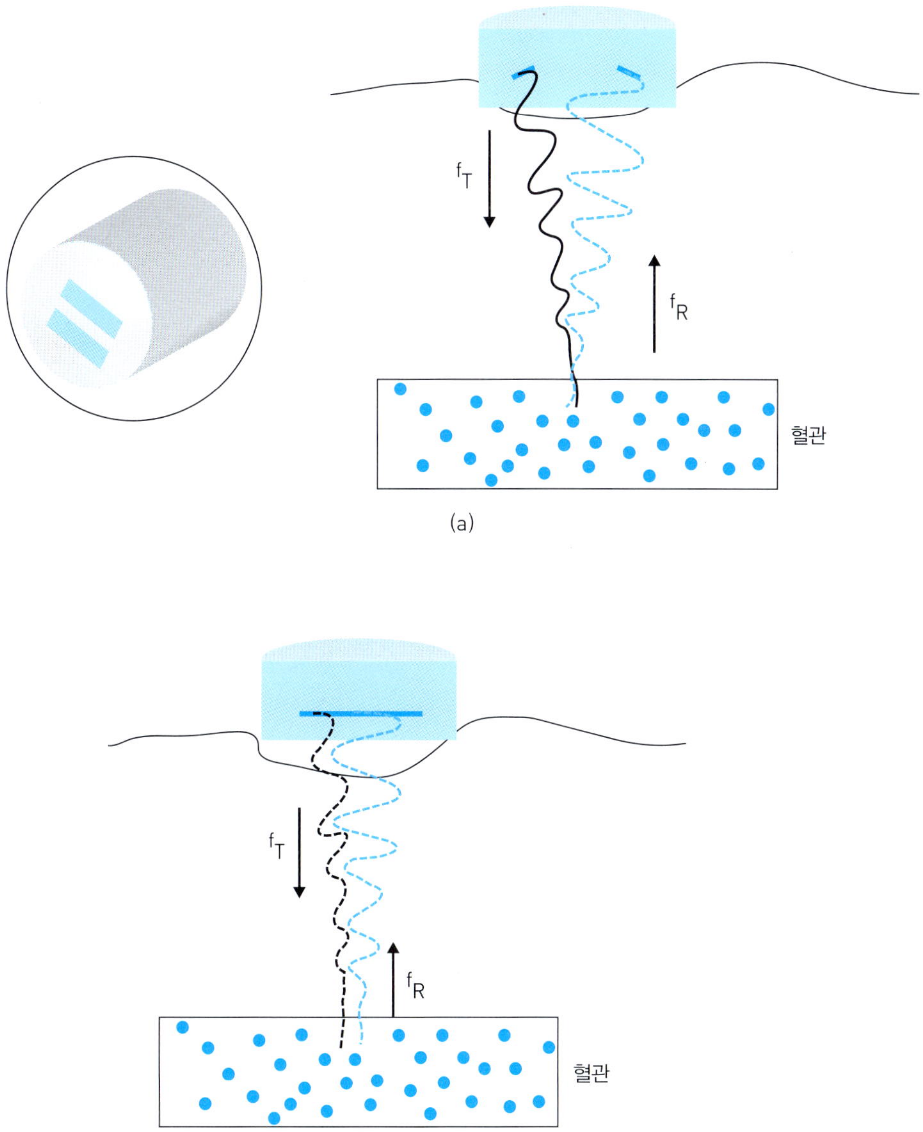

▶ 그림 6–6. 연속파 도플러(a)와 펄스파 도플러(b)의 송수신

2) 펄스파 도플러(pulse wave Doppler, PW Doppler)

펄스파 도플러는 펄스파를 사용한다. 이것은 그림 6–6(b)와 같이 프로브 안에 하나의 탐촉자(transducer elements)가 초음파 송 · 수신을 모두 담당하기 때문에 싱글 게이트(single gate)라고 한다. 하나의 소자(element)에서 순간 초음파 펄스를 발생하고 수신하기 때문에 깊이 해상도

가 높다. 하지만 빠른 혈류를 검출하는데 한계가 있다. 연속파 도플러와 펄스파 도플러의 장·단점은 표 6-2를 참고하기 바란다.

표 6-2. 연속파 도플러와 펄스파 도플러의 비교

	펄스파	연속파
장점	매우 빠른 혈류 검출 속도 분포의 정밀도 높다	특정부위의 혈류신호 요구 가능 깊이 해상력 증가
단점	혈류신호의 위치 파악 곤란 깊이 해상도 저하	고속 측정 곤란 속도 분포의 정밀도 낮다

03 도플러 초음파의 방식

도플러 초음파는 1960년대 초 단독 도플러 초음파로 시작한 이래 오늘날까지 많은 발전을 거듭하였다. 최근에는 회색도 초음파와 함께 스펙트럴 도플러를 비롯하여 색 도플러, 출력 도플러, 하모닉 도플러 등을 활용하고 있다. 도플러 초음파가 시작된 초기에는 단독으로 도플러 모드만 사용하였기 때문에 원하는 혈관의 도플러 시프트 정보를 얻는데 어려움이 있었다. 그 후 B/D 모드가 개발되면서 B모드로 주위 혈관에 대해 오리엔테이션을 하고 난 후, 원하는 혈관에 도플러 모드를 설치하는 duplex Doppler가 가능해져 훨씬 쉽게 혈류정보를 얻게 되었다. 그 후 color flow mapping(CFM) 모드가 개발되어 색 도플러를 시행함으로써 혈류 방향에 대한 정보를 얻게 되었으며, 이것을 보완하여 미세혈류 정보를 얻는 출력 도플러가 출현하였다. 그리고 현재는 고조파를 이용한 하모닉 도플러와 조영제를 이용한 조영증강 하모닉 영상으로 미세병변에 대해 더욱 정확한 혈류정보를 얻게 되었다. 각각의 도플러 초음파 방식에 대한 자세한 내용은 다음과 같다.

1) 스펙트럴 도플러(spectral Doppler)

스펙트럴 도플러는 흔히 B/D모드 형식으로 사용한다. 펄스파를 이용해 혈류 역학적 정보(hemodynamic information)를 얻는 시스템으로, 흔히 펄스파 도플러(pulse wave Doppler, PW Doppler)라고도 한다. 스펙트럴 도플러는 혈류 흐름에서 도플러 시프트를 인지해서 그 정보를 스펙트럼으로 나타낸다. 도플러 신호의 주파수 성분은 디지털신호처리를 하여 스펙트럼으로 표시하며, 스펙트럼의 x축은 시간을, y축은 주파수 변위 또는 속도 정보를, 주파수 성분은 y축의 휘도로써 나타낸다. 스펙트럼 상에 나타나는 혈류속도의 변화는 그림 6-7(a)에서처럼 최고치, 기선치, 최저치를 순차적으로 분석하여 그림 6-7(b)와 같은 단순 혈류 파형으로 변환한다. 여기에 주파수 성분을 적용하면 그림 6-7(c), (d)와 같은 영상을 얻을 수 있다. 일반적으로 동맥은 수축기와 이완기에 의한 맥동을 가져 그림(c)와 유사한 2상 또는 3상의 톱날 형태의 주파수 분포를 보이며 정맥은 맥동이 낮아 그림(d)와 유사한 평탄한 주파수 분포를 보인다.

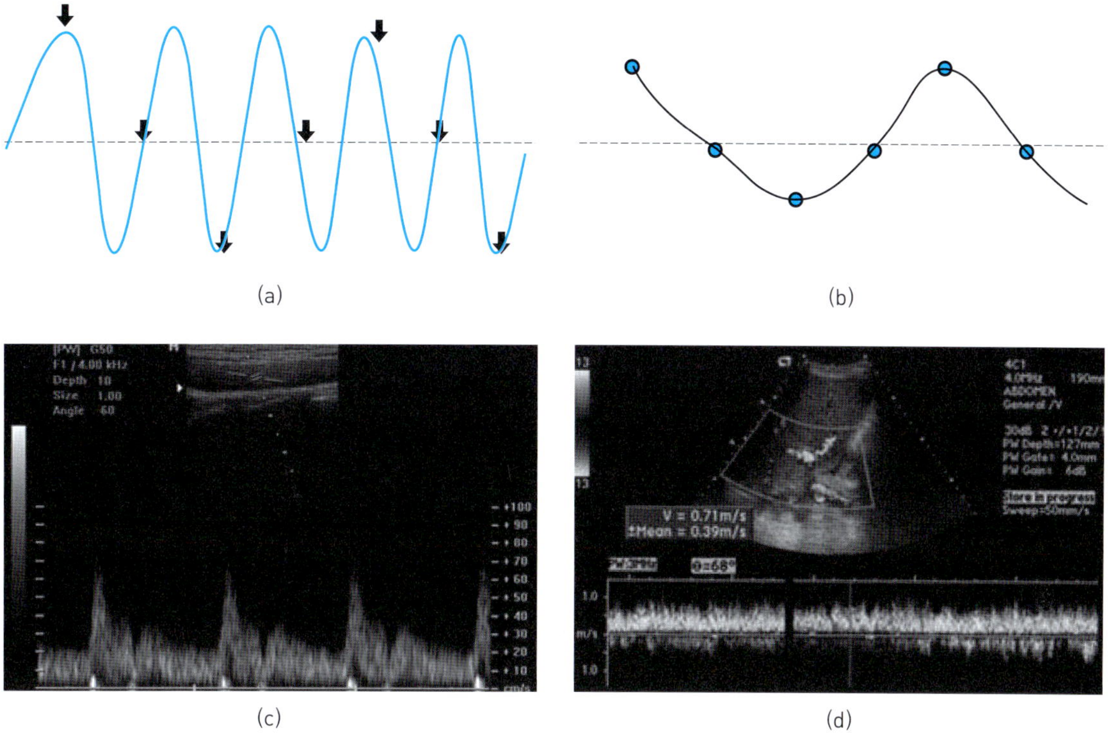

▶ 그림 6-7. 시간에 따른 혈류 파형의 변화(a, b: 주파수 변위, c: 동맥의 주파수 변위 형태, d: 정맥의 주파수 변위 형태)

스펙트럴 도플러 초음파에서 도플러 시프트 정보는 다양한 파라미터에 의해 변화한다. 정확한 도플러 시프트 정보를 얻기 위해서는 펄스반복주파수(PRF), 도플러 선속 축(Doppler beam axis), 샘플볼륨의 크기(sample volume size), 샘플볼륨의 깊이(sample volume depth), 도플러 각(angle correction) 등의 파라미터를 적절히 조절하여야 한다. 그림 6-8은 온목동맥의 스펙트럴 도플러 영상이다. 영상의 왼쪽 위에 점선의 사각형 박스에 나타난 파라미터를 보면, 위에서부터 도플러 주파수가 나타나 있고 샘플볼륨의 깊이 13 mm, 샘플볼륨의 크기 1.0 mm, 도플러 각(angle correction) 48°로 설정되어 있으며, 이것을 근거로 오른쪽 아래 점선의 원형에서 보면, 수축기혈류속도(V1) 76.36 cm/s, 이완기혈류속도(V2) 32.57 cm/s, 저항지수(RI) 0.57, S/D ratio 2.34 등과 같은 결과를 얻었다. 일반적으로 펄스반복주파수를 증가시키면 측정할 수 있는 혈류 속도가 증가한다. 샘플볼륨의 크기는 혈관 직경의 1/3로 설정하여 혈관의 중앙에 위치시키고 도플러 각은 50~60°로 하여 측정 오차를 줄일 수 있다. 또한 샘플볼륨의 깊이가 증가하면 펄스반복주파수가 감소하여 측정 가능한 혈류 속도가 감소한다. 이에 대한 내용은 표 6-3에 정리하였다.

표 6-3. PRF, 샘플볼륨, 측정 속도와의 관계

설정	결과
PRF 증가	최대 측정 가능 속도 증가
PRF 감소	최대 측정 가능 속도 감소
샘플볼륨 깊이 증가	PRF 감소, 최대 측정 가능 속도 감소
샘플볼륨 깊이 감소	PRF 증가, 최대 측정 가능 속도 증가

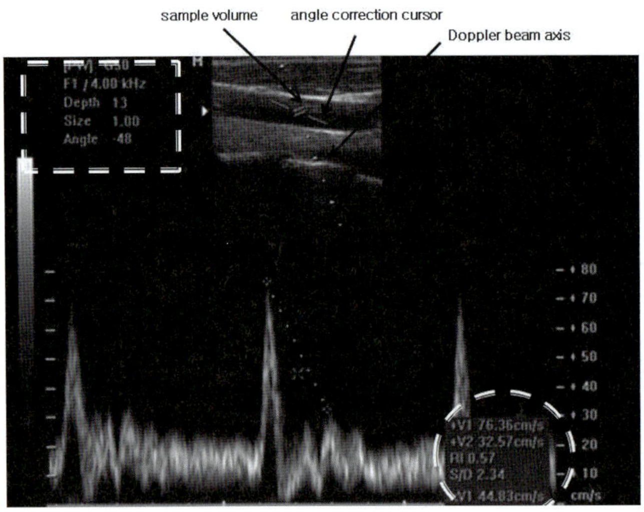

▶ 그림 6-8. 스펙트럴 도플러의 파라미터 설정과 혈류정보

스펙트럴 도플러에서 얻을 수 있는 기본적인 혈류 역학적 정보(hemodynamic information)는 수축기 혈류속도와 이완기 혈류속도이다. 수축기 혈류속도는 최고 혈류속도를 나타내고 이완기 혈류속도는 최저 혈류속도를 나타내며, 최고와 최저 혈류속도에서 평균 혈류속도(mean velocity)를 구할 수 있다. 또한 혈류속도와 혈관의 직경을 알면 혈류량을 산출할 수 있다. 이때 단면적의 오차는 혈관 직경이 작을수록 크기 때문에 정확하게 측정하여야 한다. 그리고 수축기와 이완기 혈류속도를 이용해 혈류의 저항지수(resistance index, RI)와 맥동지수(pulsatility index, PI)를 환산할 수 있다. 이들 지수는 혈관성 질병을 판별하는 근거로 활용한다. 스펙트럴 도플러에서 얻을 수 있는 중요한 혈류 역학적 정보를 요약하면 다음과 같다.

- (최고)수축기 혈류속도(peak systolic velocity) cm/sec.
- (최저)이완기 혈류속도(peak diastolic velocity) cm/sec.
- $\frac{s}{d}$ ratio(s: peak systolic velocity, d: peak diastolic velocity)
- 평균혈류속도(mean velocity) cm/sec.
- flow time (s)
- peak pressure gradient (mmHg)
- 저항지수(resistance index, RI)

$$RI = \frac{(PSV - PDV)}{PSV}$$

- 맥동지수(pulsatility index, PI)

$$PI = \frac{(PSV - PDV)}{meanvelocity}$$

스펙트럴 도플러는 도플러 시프트 fd $= \frac{2fo \cdot v \cdot cos\theta}{c}$ 를 기초로 하기 때문에 도플러 각(cosθ)에 따라 혈류정보에 대한 오차가 크다. 도플러 각은 입사 빔과 혈관이 이루는 각도이다. 그림 6-9는 도플러 각에 의한 도플러 시프트(fd)의 값을 보여 주는 것이다. 그림(a)의 cos0°=1에서 fd는 1,300 Hz를 나타냈으나 그림(b)의 cos45°에서 fd는 918 Hz로 감소하였고, cos90°=0에서는 fd는 0 Hz를 나타내었다. 이와 같이 스펙트럴 도플러 초음파에서 도플러 각은 혈류정보를 상이하게 나타낼 수 있으므로 여러 각도에서 시행하여 적절한 혈류정보를 나타내는 도플러 각에서 혈류정보를 얻는 것이 중요하다. 일반적으로 도플러 각은 50~60°에서 오차가 작다.

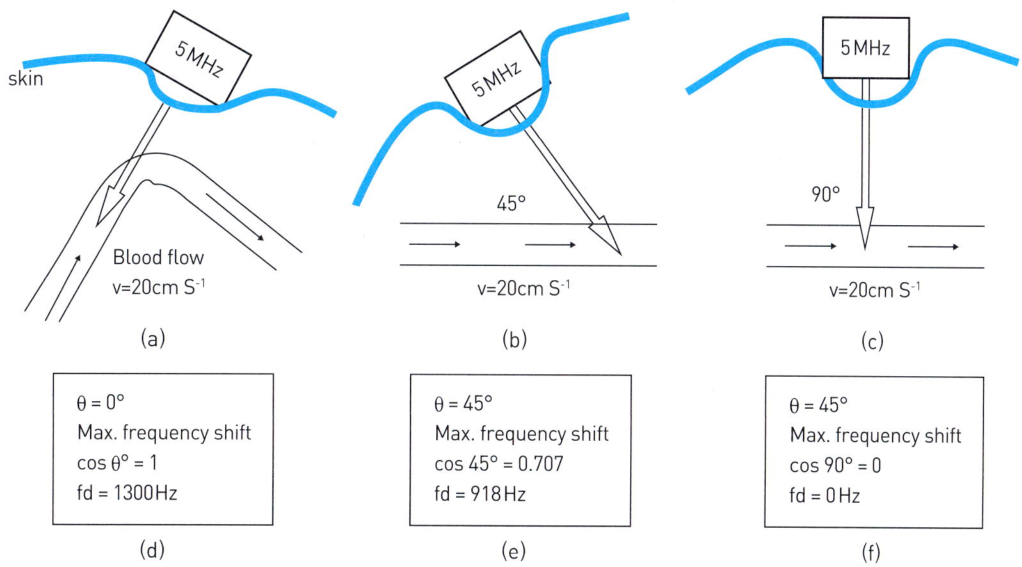

▶ 그림 6-9. 도플러 각도 의존성

그림 6-10(a)에서 보면 기선치(base line)를 경계로 위쪽은 플러스 도플러 시프트(+Doppler shift)를 아래쪽은 마이너스 도플러 시프트(−Doppler shift)를 나타내는 범위이다. 도플러 시프트를 나타낼 수 있는 최고 지점은 PRF의 1/2까지로써 이 지점을 nyquist limit라고 한다. 즉, Doppler spectral display map의 끝 지점을 nyquist limit라고 한다. 이 영상에서 플러스 도플러 시프트를 나타내는 범위는 0~+40 cm/s로 설정되어 있으며 +40 cm/s 지점이 nyquist limit이라고 할 수 있다. 하지만 측정 혈류의 도플러 시프트가 높아서 PRF의 1/2(nyquist limit)을 초과하면 반접현상(aliasing, folding phenomenon)이 생긴다. 그 결과 그림에서 보는 바와 같이 스펙트럼이 접혀 반대편(마이너스 도플러 시프트)에 최대 혈류속도가 나타나 있다. 반접현상이 나타나면 혈류정보를 측정할 수 없다. 반접현상은 스펙트럴 도플러에서 가장 흔한 인공음영이다. 반접현상을 보정하는 방법은 여러 가지가 있다. 첫째, 가장 보편적인 방법은 그림 6-10(b)와 같이 기선치(base line)를 마이너스 도플러 시프트 쪽으로 내리는 것이다. 실제 이 영상에서 보

면 플러스 도플러의 nyquist limit를 +40 cm/s으로 설정했을 때 반접현상이 나타났으나 기선치를 내려 nyquist limit를 +100 cm/s으로 조절하여 반접현상을 보정하였다. 두 번째는 펄스반복 주파수(PRF)를 증가시키는 방법이다. PRF를 증가시킨다는 것은 영상에 나타낼 수 있는 도플러 시프트 값의 범위를 넓힌다는 의미이다. 세 번째는 도플러 각을 증가하는 방법이다. 도플러 시프트 $fd = \frac{2fo \cdot v \cdot cos\theta}{c}$이므로 $\cos 0^\circ$ 값을 증가시키면 도플러 시프트가 감소하는 결과를 가져오므로 반접현상을 보상할 수 있다. 하지만 이 방법은 혈류속도의 오차 범위가 커지는 단점이 있다.

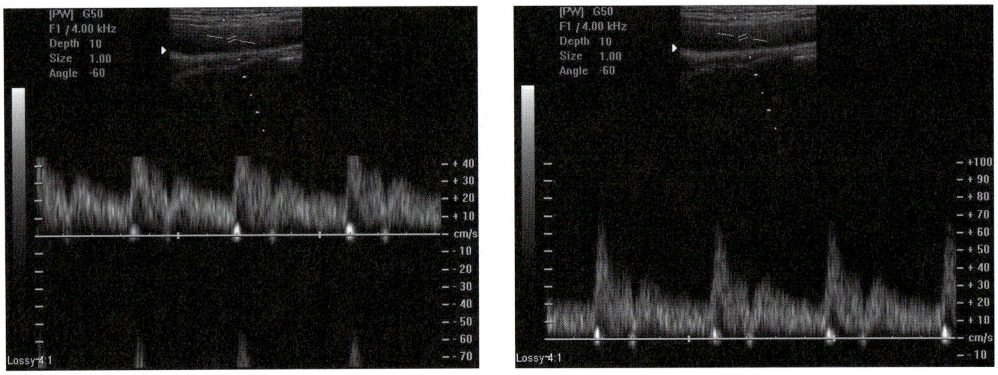

(a) (b)

▶ 그림 6-10. 반접현상(a)과 base line 보정(b)

2) 색 도플러(color Doppler)

스펙트럴 도플러는 FFT(fast Fourier transform)에 의해 얻어진 스펙트럼을 분석하여 혈류 역학적 정보를 얻는데 반해 색 도플러는 디지털 신호처리로 혈류에 덜 씌워진 색의 정보를 이용하여 혈류의 방향 정보를 얻는 검사법이다. 다시 말하면, 색 도플러는 회색도 초음파 단층 상에 나타난 혈관에 색 정보를 추가하여 표시하는 검사법으로, 2차원 혈류 단면 층에 실시간으로 color mapping을 한 것이다. 그림 6-11은 색 도플러 영상의 형성과정을 도식화 한 것으로 B-모드 초음파진단장치에서 이루어지는 것과 같이 moving target indicator(MTI)와 주파수 분석에 의해 분포된 회색도 혈관 정보에 색 처리(color mapping)를 추가하여 모니터에 표시하는 과정을 나타낸 것이다.

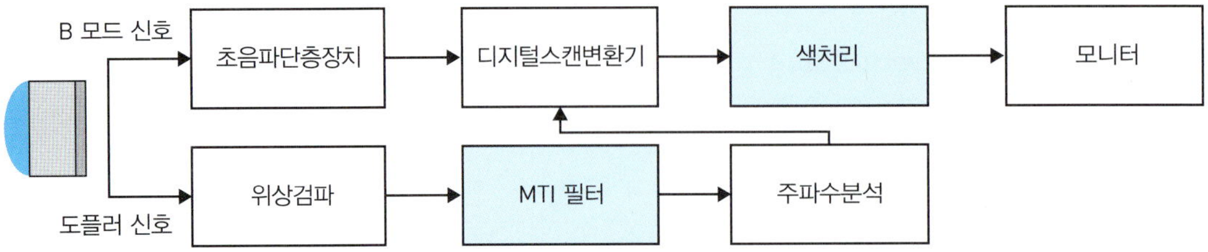

▶ 그림 6-11. 색 도플러 초음파 진단장치의 block

색 표시(color flow display)는 색(hue), 색의 집중(saturation), 색의 휘도(brightness) 등의 3가지 성분이 배합되어 나타난다. Hue는 적색과 청색 등의 색을 결정하고, saturation은 색의 fail과 deep을, brightness는 light와 dark을 결정한다. 그림 6-12(a)는 색 도플러의 색 배합을 보여주는 것으로 주변부로 갈수록 색의 혼탁도가 증가하고 중심으로 갈수록 혼탁도가 감소하는 분포를 보인다. 혈류의 방향은 적색과 청색으로 표시하고 속도의 증감은 색의 휘도로 표시한다. 기본적으로 프로브로 향하는 혈류는 적색으로, 프로브의 반대 방향으로 향하는 혈류는 청색으로 표시한다. 그리고 프로브 방향으로 빠르게 다가올수록 red+fail+light를 혼합한 황색 분포로 나타나고, 프로브로 느리게 다가오는 혈류는 red+deep+dark을 혼합한 어두운 적색으로 나타난다. 반면 프로브 반대 방향으로 향하는 혈류는 청색으로 나타나지만 빠르게 반대 방향으로 가는 혈류는 blue+fail+light가 혼합된 청백색으로 나타나고, 프로브 반대 방향으로 느리게 가는 혈류는 blue+deep+dark이 혼합된 짙은 청색으로 표시한다. 그림 6-12(b)는 혈류 방향과 유속에 따른 색 표시를 나타낸 것이다. 기준선을 중심으로 위쪽은 플러스 도플러 시프트를 나타내고 아래쪽은 마이너스 도플러 시프트를 나타낸다.

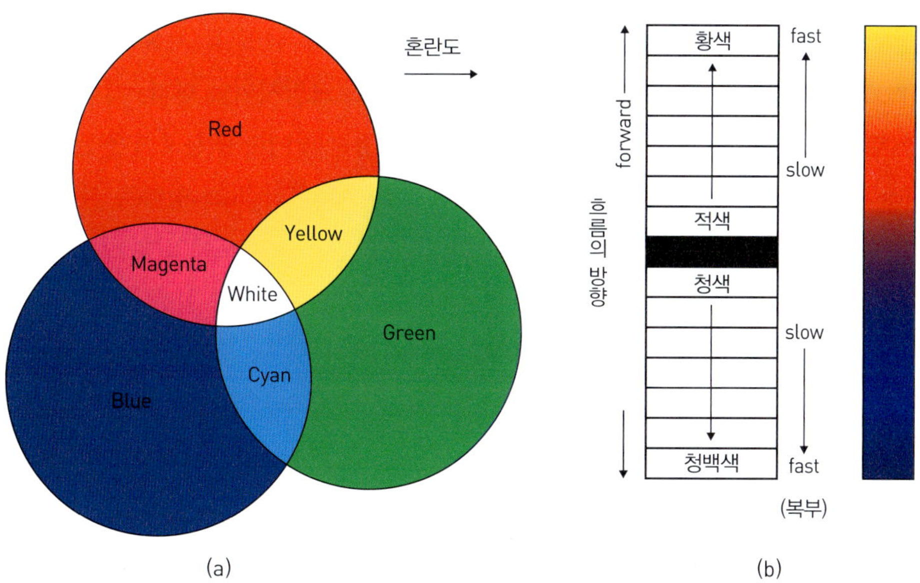

▶ 그림 6-12. color flow display

그림 6-13은 색 도플러의 map 정보를 나타낸 칼라 스케일 바(color scale bar)이다. 프로브로 다가오는 혈류(approaching flow)는 플러스 도플러 시프트(positive Doppler shift)를 의미하는 것으로 기준선(base line)을 중심으로 위쪽에 분포하며 적색부터 시작하여 황색까지의 분포를 보인다. 프로브로부터 멀어지는 혈류(receding flow)는 마이너스 도플러 시프트(negative Doppler shift)를 의미하는 것으로 기준선 아래에 분포하여 청색부터 청백색까지의 분포를 보인다. 플

러스 도플러 시프트와 마이너스 도플러 시프트를 나타내는 최대점은 nyquist limit라고 한다. 획득한 혈류의 도플러 시프트가 nyquist limit를 초과하면 반접현상이 발생한다. 색 도플러에서 반접현상은 플러스 도플러 시프트와 마이너스 도플러 시프트의 혈류 색이 혼합되어 나타나기 때문에 정확한 혈류 정보를 얻지 못한다. 색 도플러는 색의 분포를 이용해 혈류의 방향 정보를 얻는 검사 방법이므로 색을 정확히 표현하는 것이 중요하다. 이를 잘 표현하기 위해서는 초음파진단장치의 색 도플러 기능을 잘 이해하고 색과 관여하는 조절기구들을 잘 활용하여야 한다. 색 도플러에서 색 강도를 조절하는 기구는 색 게인(color gain), ROI(region of interesting), 시간게인보상(TGC), 벽 필터(wall filter) 또는 MTI(moving target indicator), 기준선 시프트(base line shift), PRF(nyquist limit), ensemble length(EL) 등이다. 최상의 색 강도로 조절하려면 우선 color gain을 조절해 혈관 안에 색 분포를 충분히 포함시켜야 한다. 게인이 낮으면 혈관 안에 결함 부분이 생기고, 게인이 높으면 색이 과장되어 혈관 밖에까지 분포하게 된다. ROI(color box, color zone)는 관찰하고자 하는 혈관 부위에 적절한 크기의 박스 형태로 설정하는데, 너무 크게 설정하면 프레임 율(frame fate, FR)이 낮아진다. 또한 혈류속도에 알맞게 PRF를 조절하고 필요에 따라 벽 필터를 설정한다. 벽 필터는 혈관주위 조직의 움직임이 혈관 벽에 영향을 주어 이로부터 수신되는 산란파를 제거하여 혈류정보 만을 얻게 한다.

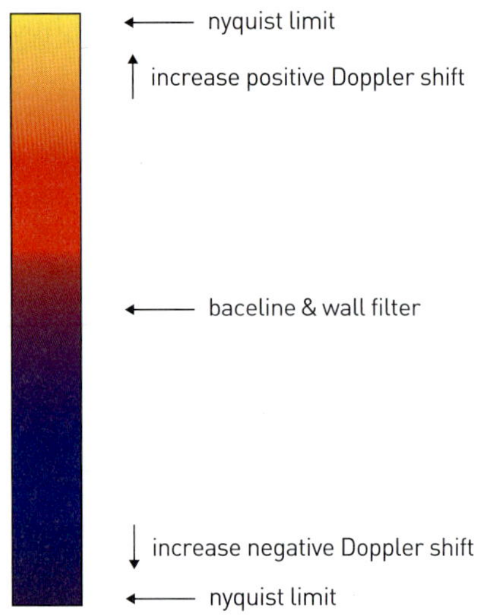

▶ 그림 6-13. color map information

하지만 무엇보다 중요한 것은 혈류방향을 고려하여 프로브 각도와 주사 방향을 조절하는 것이다. 색 도플러는 스펙트럴 도플러와 마찬가지로 도플러 시프트를 이용한 검사법이므로 cosθ에 의존한다. 또한, 혈류의 방향은 스티어링(steering)과 invert로 변환할 수 있다. 그림 6-14는 온목동맥의 색 도플러 영상으로 도플러 시프트의 invert를 나타낸 것이다. (a)영상에서 칼라 스케일 바(color scale bar)를 보면 기준선 위쪽의 플러스 도플러 시프트 영역은 적색이고 아래쪽의 마이너스 도플러 시프트 영역은 청색으로 나타나 있다. 측정한 ROI의 혈류는 청색으로 mapping되어 있으므로 프로브 반대쪽으로 향하는 혈류임을 알 수 있다. 한편, (b)영상은 도플러 시프트를 invert한 것으로 위쪽의 플러스 도플러 시프트 영역이 청색이고 아래쪽의 마이너스 도플러 시프트 영역이 적색으로 보인다. 측정한 ROI의 혈류는 적색이지만 프로브 반대쪽으로 향하는 혈류임을 알 수 있다. 이와 같이 적색이 반드시 프로브 방향으로 향하는 플러스 도플러 시프트를 의미하는 것은 아니며 칼라 스케일 바의 변환에 따라서 반대의 개념이 될 수도 있다.

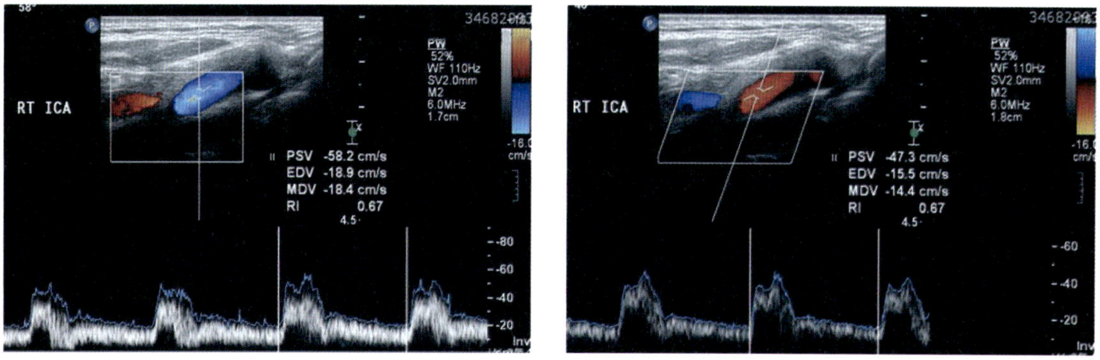

(a) (b)

▶ 그림 6-14. 도플러 시프트 invert

그림 6-15는 혈류의 방향을 나타내는 스티어링(steering)의 변환을 나타낸 것이다. 혈류의 방향 정보는 스티어링에 의해 정해진다. 스티어링은 칼라 박스의 기울기를 나타내는 것으로 (a)영상의 기울기는 혈류 방향이 왼쪽에서 오른쪽으로 향하는 것을 의미한다. 한편 (b)영상은 스티어링을 변환한 것으로 혈류는 오른쪽에서 왼쪽 방향으로 진행하는 것을 의미한다. 스티어링을 변환하면 칼라 스케일 바의 플러스 도플러 시프트 영역과 마이너스 도플러 시프트 영역의 색이 역전한다.

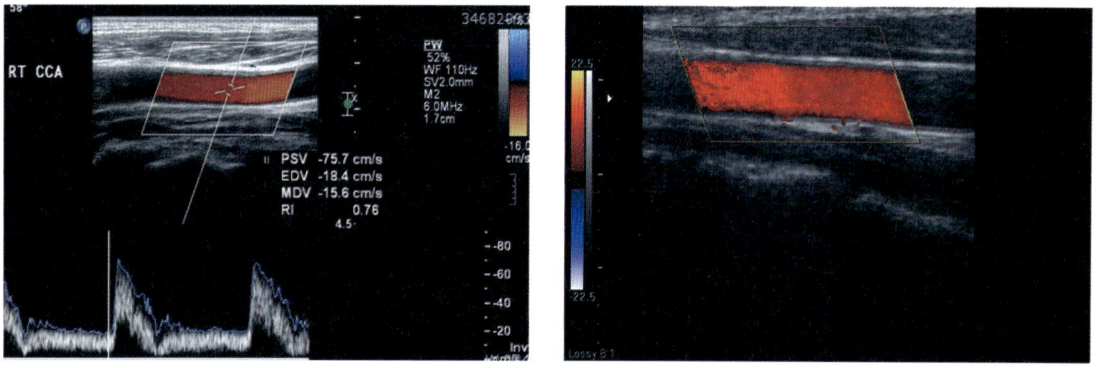

(a) (b)

▶ 그림 6-15. steering 변환

프레임 율(FR)은 1초 동안에 생성되는 영상의 수이다. 프레임 율 FR$=\frac{PRF}{LPE \times EL}$에 의존한다. 여기서 PRF는 초당 발생하는 펄스초음파의 수이고 LPE는 color window의 주사선(scan line)의 수이며, EL(ensemble length)은 색 정보를 얻는 깊이이다. 색 도플러에서 실시간 정보를 얻기 위해 원하는 프레임 율을 유지하려면 LPE와 EL을 제한하여야 한다. 그림 6-16은 프레임 율에 관여하는 인자를 나타낸 것으로, 반사체(moving interface)로 방출된 초음파(fT)와 반사된 초음파(fR)에서 생성되는 색 정보는 주사선 수와 선속에 포함된 color box(ROI)의 크기와 깊이(EL)에 따라 좌우된다.

지금까지 스펙스럴 도플러와 색 도플러의 기본원리, 혈류정보 그리고 검사법 등에 대하여 설명하였다. 이들 각각에 대한 특성은 표 6-4에 비교하여 요약 · 정리하였으니 참고하길 바란다.

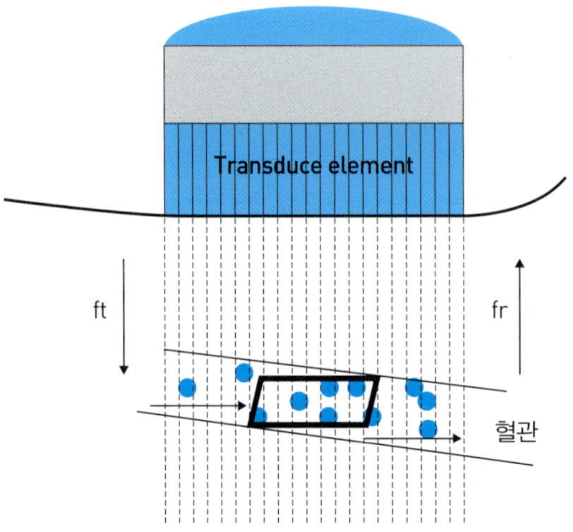

▶ 그림 6-16. 색 도플러의 프레임 율

표 6-4. 색 도플러와 스펙트럴 도플러의 특성 비교

특성	색 도플러	스펙트럴 도플러
혈류정보	혈류방향, 강도, 분산	정량적 혈류속도, 압력, 양
기본원리	도플러 시프트	도플러 시프트
최대검출속도	펄스반복주파수(PRF)의 1/2	펄스반복주파수(PRF)의 1/2
속도분해능	자기관상법	FFT
벽신호제거방법	MTI필터	고역 통과 필터
벽신호제거능력	저조	양호

3) 출력 도플러(power Doppler)

색 도플러는 도플러 시프트가 약한 미세혈류의 정보를 인식하지 못하는 단점이 있다. 그래서 dynamic range(DR)을 증가시키고 잡음을 줄여 미세혈류 정보를 검출하여 색으로 표시한 것이 출력 도플러(power Doppler, PD)이다. 출력 도플러는 평균 주파수 변위(mean frequency shift) 대신 반사된 도플러 신호 강도를 나타내기 때문에 평균 주파수 변위보다 3~5배 정도 혈류에 민감하다. 따라서 적은 량의 혈류도 검출할 수 있다. 그러므로 미세혈류의 량이나 혈류 유무를 측정하는데 이용한다. 출력 도플러는 도플러 시프트

표 6-5. 출력 도플러와 색 도플러의 특성 비교

특성	출력 도플러	색 도플러
혈류정보	혈류유무, 량, 구조	혈류방향과 강도
혈류감도	아주 높다	낮다
반접현상	없다	있다
angle effect	없다	있다
렌덤노이즈	많다	적다
프레임 율	낮다	높다
움직임 인공음영	많다	적다

를 이용하는 것이 아니기 때문에 혈류속도가 빨라도 반접현상(aliasing)이 일어나지 않는 장점이 있다. 하지만 혈류속도와 방향에 대한 정보를 알 수 없으며 주위조직의 움직임에 의해 혈류가 영향을 받아 경계가 불분명하게 나타날 수 있다. 이로 인해 혈관주위에 약간의 번짐현상이 나타날 수 있는데 이러한 것을 flash artifact라고 한다. Flash artifact는 blooming artifact라고도 한다. 출력 도플러의 색 표시는 기본적으로 적색으로 표시하고 혈류량이 많으면 휘도가 증가한 황색으로 표시한다. 최근에는 색 도플러와 출력 도플러의 장점을 살리고 단점을 보완한 새로운 개념의 e-flow Doppler를 개발하여 사용하고 있다. 색 도플러와 출력 도플러의 특성은 표 6-5에 정리하였다.

그림 6-17은 온목동맥을 세로주사 한 도플러 영상이다. 출력 도플러 영상과 색 도플러 영상의 칼라 스케일 바(color scale bar)를 보면 (a)영상은 기준선이 없는 것에 반해 (b)는 도플러 시프트의 기준선을 볼 수 있다. 또한 (a)영상은 중심부는 황색 분포를 보이고 혈관 벽 주위는 적색으로 보인다. 이는 혈관 벽 주위에서 혈류의 저항으로 인해 혈류가 감소했기 때문이다.

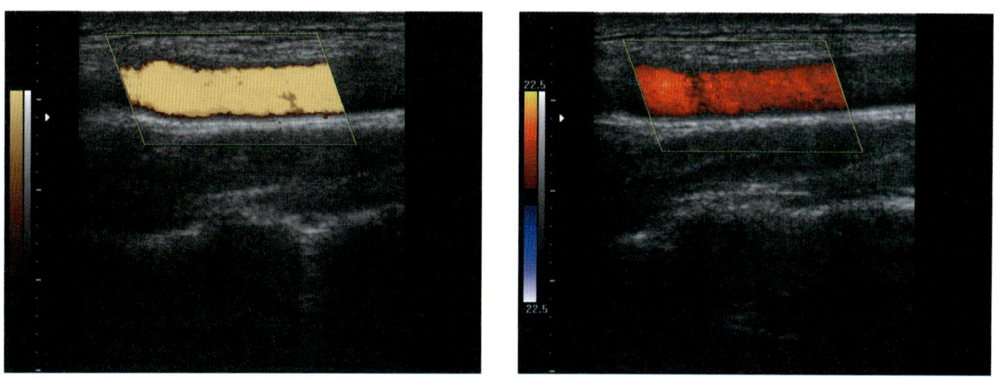

(a) (b)

▶ 그림 6-17. 온목동맥 출력 도플러(a)와 색 도플러(b) 영상 비교

4) 하모닉 도플러(harmonic Doppler)

하모닉 도플러는 조직 하모닉 도플러(tissue harmonic Doppler)와 조영증강 하모닉 도플러(contrast enhanced harmonic Doppler)로 구분한다. 조직 하모닉 도플러는 2차 고조파를 선택적으로 사용하여 일반 회색도 초음파에 비해 반사파 강도가 높은 회색도 초음파 영상을 얻는다. 조영증강 하모닉 도플러는 초음파 조영제를 정맥주사하여 관찰 대상 장기의 반사파 강도를 높인 회색도 초음파이다. 이에 대한 자세한 내용은 다음과 같다.

(1) 조직 하모닉 도플러(tissue harmonic Doppler)

조직 하모닉 도플러의 원리는 2차 고조파를 생성하고 주파수 필터 처리를 통해 강도가 높은 수신파를 영상화한 것이다. 일반적으로 파가 진행할 때 속도의 진행은 압력에 의존한다. 압력이 높은 부분이 압력이 낮은 부분보다 빠르게 진행하려는 물리적 특성이 있다. 그림 6-18은 초음파의 배음 형태(harmonics)에 대한 변화를 나타낸 것이다. 초음파는 그림 6-18(a)와 같은 전형적인 파형(fundamental frequency)의 형태를 갖지만 진행하다가 점차 (b)와 같은 부드러운 커브 형태의 sinusoidal로 변화하고, 점차적으로 (c)와 같은 상어 이빨의 비선형의 전파(nonlinear propagation) 형태로 변화한다. 이 과정에서 점차 강도가 세져 원래의 강도보다 2배 또는 그 이상의 강도를 갖는다. 이때 원래의 강도에 비해 두 배 증가한 것을 2차 고조파, 세 배 증가한 것을 3차 고조파라고 한다. 조직 하모닉 도플러는 여러 가지 배음을 필터처리하고 2차 고조파를 이용하기 때문에 일반적인 B-모드 회색도 초음파에 비해 휘도가 높은 영상을 얻을 수 있다. 그러므로 일반 회색도 초음파에서 잘 보인지 않는 쓸개 안의 작은 살버섯(polyp)을 확인하거나 미세한 병변을 관찰할 때 유용하다.

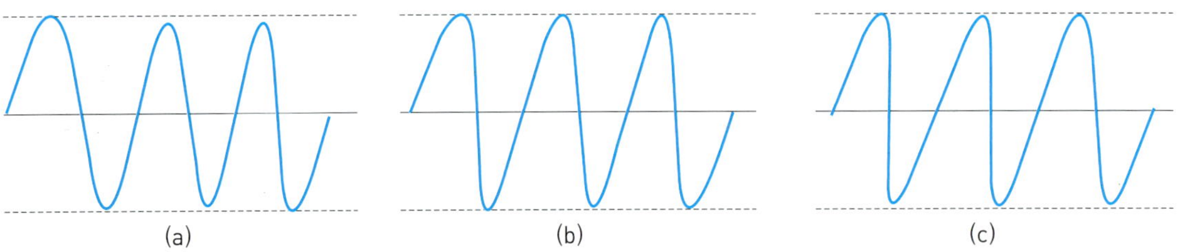

▶ 그림 6-18. 초음파의 형태 변화(a: 기본 주파수, b: 사인곡선, c: 비선형 전파)

그림 6-19(a)는 일반 회색도 초음파로 간 오른엽의 문맥과 간내 쓸개관을 주사한 것이고, (b)는 조직하모닉초음파(harmonic ultrasound)로 같은 부위를 주사한 것이다. (a) 영상에 비해 (b) 영상에서 혈관 벽과 간내 쓸개관이 더 선명하게 보인다.

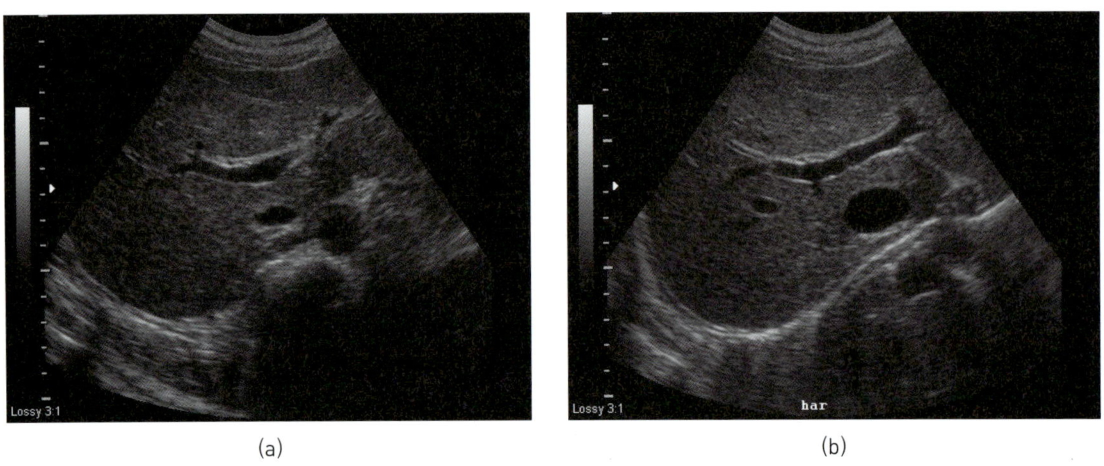

▶ 그림 6-19. 회색도 초음파(a)와 조직 하모닉 초음파(b) 영상의 비교

(2) 조영증강 하모닉 도플러(contrast enhanced harmonic Doppler)

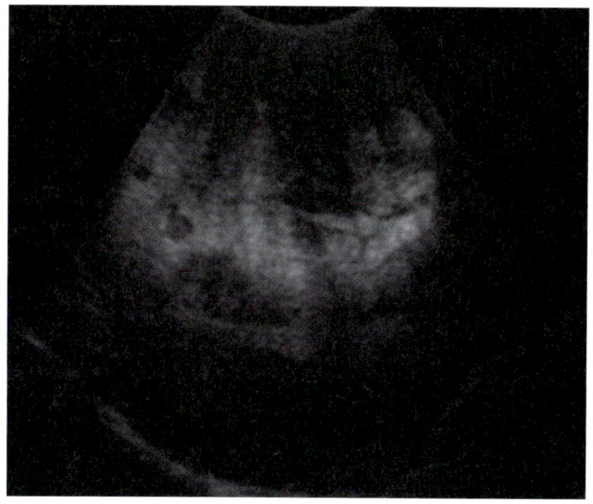

▶ 그림 6-20. 조영증강 하모닉 영상

조영증강 하모닉 도플러는 초음파 조영제를 혈관에 주입해 조직과 혈액의 신호 강도 비를 수천 배 이상 증가시켜 검출 민감도를 높이는 검사법이다. 따라서 출력 도플러에서 발생하는 과장된 인공음영(flash artifact)이 조영증강 하모닉 도플러에서는 발생하지 않는다. 그러므로 조영증강 하모닉에서는 PRF를 낮춰 혈류 검출의 민감도를 높일 수 있다. 그림 6-20은 다결절 간세포암(multi nodular hepatocellular carcinoma, HCC)의 조영증강 하모닉 영상으로 조영증강 된 정상 간 조직과 HCC이 대조도 차이가 나타나 상대적으로 HCC의 윤곽이 잘 관찰된다.

초음파 조영제의 성분은 대부분 갈락토오즈 999 mg, 팔미틴산 1 mg로 구성되어 있다. 조영제가 구비해야 할 조건은 폴리머로 둘러싸인 형태로 이루어져 검사시간 동안 기포 형태로 유지되어야 하고 인체 조직과 반응하지 않고 혈류에 영향을 미치지 않아야 한다. 현재 상품화된 것은 levovist, echovist, albunex 등이 있으며 levovist는 허파 혈관을 통과할 수 있는 미세기포 형태로 임상에서 가장 많이 사용하고 있다. Albunex는 알부민이 도포된 미세기포로 허파 혈관을 통과하는 정도의 크기이다. 반면, echovist는 허파 혈관을 통과할 수 없게 제조하여 오른 심장을 관찰하는데 사용한다. 현재 연구 개발 중인 조영제는 echogen, bracco, imagen, aerosomes, BY963, loposomes 등이 있으며, 이들은 기체가 확산하여 용해되는 성질을 억제하여 기포의 수명을 길게 하고 계면 활성제를 코팅해 음향적 특성을 증가시켜 대조도를 향상시키는데 목적을 두고 있다. 초음파 조영제의 가장 중요한 특성은 후방 산란 신호(back scattering echo)의 증가이다. 후방 산란은 조직 상호 간의 임피던스와 산란체 특성에 좌우되는데 액체나 고체보다 기체에서 강한 산란 특성을 보인다. 초음파가 미세기포에 작용하면 기포는 그림 6-21과 같이 공진현상을 보이고 공진 진폭은 크게 되어 산란 단면적과 흡수 단면적이 최대로 늘어난다. 여기서 산란된 초음파는 영상

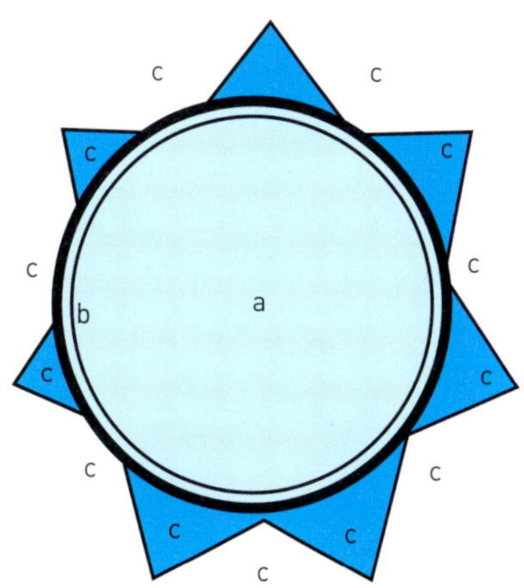

▶ 그림 6-21. 팽창한 미세기포
(a: 기포, b: 폴리머, c: 용출 분사)

으로 표시되지만 흡수된 초음파는 열에너지로 변환되어 영상에서 음영효과로 나타난다. 이러한 현상은 10 ㎛ 이하의 미세기포에서 자주 나타나 산란보다 흡수 형태로 이행하는 경향이 있다. 기포의 크기가 2 ㎛ 이하이고 기포의 농도가 높을 때 후방음영 효과가 자주 나타난다. 따라서 초음파 조영제는 기포의 크기, 기포의 량(농도), 첨가물 등을 고려하여 제조하여야 한다. 초음파 조영제의 조영 지속시간은 조영효과와 밀접한 관계가 있지만, 조영시간이 길면 인체에 악 영향을 줄 수도 있다. 바람직한 지속시간은 체외(in vitro)에서 6개월 이상, 체내(in vivo)에서 10~15분 사이이다. 기포의 소멸은 공진주파수에 의한 진동에 의한 것이다. 인체 안에서 기포가 터질 때 혈액 중의 화학물질과 작용하기도 하고 화학반응에 의해 생성된 물질이 혈액과 상호작용하여 인체에 악영향을 줄 수도 있다. 따라서 초음파 조영제는 영상학적 특성 뿐 아니라 기포와 혈액의 상호작용, 공진 및 진공부(cavitation) 형성 등을 고려하여야 한다.

조영제의 주입방법은 생리식염수와 희석하여 강하게 10초간 흔들어서 19~20 G 주사침으로 1~2 ㎖/sec. 속도로 정맥주사 한다. 용량은 도플러 신호의 여부에 따라 다르게 적용한다. 도플러 신호가 조금 약한 경우는 200 ㎎/㎖ 농도로 10~16 ㎖ 주입하고 약한 경우는 300 ㎎/㎖ 농도로 5~10 ㎖로 주입하며 매우 약한 경우는 400 ㎎/㎖ 농도로 5~8 ㎖ 주입한다. 이 경우 혈액과 조직의 신호 강도 비는 약 1,000배 이상 증가한다. 따라서 도플러 신호강도가 충분하지 않은 경우나 종양 혈관 평가에서 혈류의 흐름 양상을 보일 때 또는 종양의 종류를 확인하고자 할 때 매우 유용하게 쓰인다. 하지만 갈락토오즈 대사장애, 중증 심부전 또는 심폐질환, 심근경색인 경우는 사용할 수 없다.

핵심문제 및 해설

아래의 문항에서 가장 알맞은 답가지 하나를 고르시오.

문항 01 초음파검사에서 혈류 역학적 정보를 얻는 기본원리로 옳은 것은?

① 부극현상(Side lobe effect)
② 경면현상(Mirror phenomenon)
③ 도플러효과(Doppler effect)
④ 압전효과(Piezoelectric effect)
⑤ 호이헨스 원리(Huyhen's theory)

해설 도플러 초음파는 도플러 효과를 기초로 하여 인체 혈류의 역학적 정보를 얻는 검사법이다. 인체 혈류의 속도, 압력, 혈류량 등을 정량적으로 평가할 수 있으며, 혈류방향과 혈류 분포를 파악하기도 있다.

문항 02 2차 고조파를 이용하는 초음파 도플러 검사법은?

① 색 도플러(color Doppler)
② 출력 도플러(power Doppler)
③ 스펙트럴 도플러(spectral Doppler)
④ 연속파 도플러(continuous Doppler)
⑤ 조직 하모닉 도플러(tissue harmonic Doppler)

해설 하모닉 도플러는 조직 하모닉 도플러(tissue harmonic Doppler)와 조영증강 하모닉 도플러(contrast enhanced harmonic Doppler)로 나뉜다. 조직 하모닉 도플러는 2차 고조파를 선택적으로 사용하여 일반 회색도 초음파에 비해 반사파 강도가 높은 회색도 초음파 영상을 얻는다.

문항 03 도플러 초음파의 반접현상에 대한 설명으로 옳은 것은?

① DR을 감소시켜 보정한다.
② 색 도플러는 부정확한 방향으로 표시된다.
③ 스펙트럴 도플러는 부정확한 색으로 표시된다.
④ 출력 도플러는 색 도플러에 비해 반접현상이 자주 일어난다.
⑤ 최대 도플러 편향 주파수가 펄스반복주파수의 1/2 이상에서 발생한다.

해설 반접현상은 측정 혈류의 도플러 시프트가 높아서 PRF의 1/2(nyquist limit)을 초과할 때 발생한다. 스펙트럴 도플러는 혈류 방향이 부정확하게 표시되고 색 도플러는 색이 부정확하게 표시된다. 스펙트럴 도플러에서 반접현상을 보정하는 방법은 기선치를 조절하는 방법, PRF를 조절하는 방법, 주파수를 낮추는 방법, 도플러각을 증가시키는 방법 등이 있다. 출력 도플러는 도플러 시프트를 이용하지 않기 때문에 반접현상이 없다.

정답 1. ③ 2. ⑤ 3. ⑤

문항 04 초음파 조영제로 사용하는 것은?

① 물 ② 요오드 ③ 미세기포
④ 황산바륨 ⑤ 리피오돌

해설 초음파 조영제(ultrasound contrast media)는 10 ㎛ 이하의 미세기포(micro bubble)이다. 미세기포는 혈액과 순환하면서 반사파를 증가시켜 모세혈관의 혈류까지 검출할 수 있다.

문항 05 스펙트럴 도플러검사에서 도플러변위(Doppler shift)가 일어나지 않는 프로브 각도는?

① 50 ② 60 ③ 70 ④ 80 ⑤ 90

해설 도플러 시프트 fd=$\frac{2fo \cdot v \cdot \cos\theta}{c}$이다. cos90°=0일 때 도플러 시프트는 일어나지 않는다.

문항 06 프로브 방향으로 아주 빠르게 접근하는 목동맥 혈류를 색 도플러 했을 때 나타나는 색 표시로 옳은 것은?

① 빨간색 ② 노란색 ③ 초록색
④ 파란색 ⑤ 하얀색

해설 기본적으로 프로브로 향하는 혈류는 적색으로, 프로브의 반대 방향으로 향하는 혈류는 청색으로 표시한다. 프로브 방향으로 빠르게 다가올수록 황색 분포로 나타나고, 프로브로 느리게 다가오는 혈류는 어두운 적색으로 나타난다. 반면 프로브 반대 방향으로 향하는 혈류는 청색으로 나타나지만 빠르게 반대 방향으로 가는 혈류는 청백색으로 나타나고, 프로브 반대 방향으로 느리게 가는 혈류는 짙은 청색으로 나타난다.

문항 07 도플러 시프트(변위)를 이용한 검사법으로 올바른 것은?

① 출력 도플러 ② 3차원초음파
③ 회색도 초음파 ④ 하모닉 도플러
⑤ 스펙트럴 도플러

해설 도플러 시프트는 반사 주파수에서 입사 주파수를 뺀 값이다. 원래의 주파수보다 커진 것을 플러스 도플러 시프트, 작아진 것을 마이너스 도플러 시프트라고 한다. 이러한 변위(차이)를 이용한 검사법은 스펙트럴 도플러와 색 도플러이다.

정답 4. ③ 5. ⑤ 6. ② 7. ⑤

문항 08 펄스파 도플러의 설명 중 옳은 것은?

① 반접현상이 일어날 수 있다.
② 혈류방향에 대한 정보를 제공한다.
③ 2차 고조파를 이용하여 휘도를 증강한다.
④ 미세혈류에 대한 정보를 색으로 표시한다.
⑤ 혈류와 프로브 각이 클수록 도플러 시프트가 크다.

해설 스펙트럴 도플러는 펄스파를 사용하므로 펄스파 도플러라고도 한다. 스펙트럴 도플러는 도플러 시프트가 PRF의 1/2을 초과하면 반접현상(aliasing)이 발생한다. 반접현상은 스펙트럴 도플러에서 가장 흔한 인공음영이다.

문항 09 인체의 혈류역학적 정보를 관찰하는 초음파검사법은?

① A 모드　② B 모드　③ CFM 모드
④ D 모드　⑤ M 모드

해설 도플러 초음파(D 모드)는 도플러 시프트를 활용하여 혈류 역학적 정보를 얻는 검사법이다.

문항 10 도플러 초음파검사에서 나타나는 인공물은?

① 엘리어싱　② 렌즈효과　③ 측방음영
④ 후방음향음영　⑤ 후방음영증강

해설 스펙트럴 도플러는 도플러 시프트가 PRF의 1/2을 초과하면 반접현상(aliasing)이 발생한다. 반접현상은 스펙트럴 도플러에서 매우 흔하게 일어나는 인공음영이다.

문항 11 도플러 초음파검사에서 혈류속도의 정확성을 높이고자 할 때 혈류방향에 대한 선속의 적정 입사각도는?

① 51~60　② 61~70　③ 71~80
④ 81~90　⑤ 91~100

해설 도플러 시프트 $fd=\frac{2fo \cdot v \cdot \cos\theta}{c}$이다. cosθ는 혈류와 프로브가 이루는 각도로써 50~60°에서 측정오차가 적다.

▶ 정답 8. ① 9. ④ 10. ① 11. ①

문항 12) 도플러 시프트 $fd=\frac{2fo \cdot v \cdot \cos\theta}{c}$이다. 여기에서 v가 의미하는 것은?

① 프로브의 중심주파수
② 연부조직의 전파속도
③ 측정하는 혈류의 속도
④ 입력과 출력 주파수의 차이
⑤ 프로브와 혈관이 이루는 각도

해설 도플러 시프트 $fd=\frac{2fo \cdot v \cdot \cos\theta}{c}$이다. 프로브에서 방출되는 주파수는 fo, 혈류속도는 v, 프로브와 혈관이 이루는 각(도플러 각)을 cosθ, 인체 평균 전파속도는 c라고 표기한다.

문항 13) 연속파 도플러 시스템을 사용하는 검사 부위는?

① 간
② 심장
③ 하지
④ 콩팥
⑤ 두개골

해설 연속파 도플러는 발신과 수신을 각각 담당하는 탐촉자를 설치하여 빠른 혈류에 대해 속도 분포의 정밀도를 높여 심장과 같이 빠른 혈류를 검출한다.

문항 14) $* = \frac{(PSV-PDV)}{PSV}$이다. *이 옳은 것은? PSV: 최고혈류속도, PDV: 최저혈류속도이다.

① 맥동지수
② 저항지수
③ $\frac{s}{d}$ ratio
④ 도플러 시프트
⑤ 평균혈류속도

해설 저항지수 $RI=\frac{(PSV-PDV)}{PSV}$, 맥동지수 $PI=\frac{(PSV-PDV)}{mean\ velocity}$이다.

문항 15) 색 도플러에서 색 스케일 바(color scale bar)의 플러스 도플러 시프트 영역이 청색으로 표시되었고, ROI의 검사부위 혈관이 청백색으로 표시되었다. 청백색이 의미하는 것은?

① 와류가 형성된 혈류
② 프로브 방향으로 천천히 흐르는 혈류
③ 프로브 방향으로 빠르게 흐르는 혈류
④ 프로브 반대 방향으로 천천히 흐르는 혈류
⑤ 프로브 반대 방향으로 빠르게 흐르는 혈류

해설 일반적으로 프로브로 향하는 혈류는 적색으로, 프로브의 반대 방향으로 향하는 혈류는 청색으로 표시한다. 프로브 방향으로 빠르게 다가올수록 휘도가 높은 황색 분포로 나타나고, 프로브로 느리게 다가오는 혈류는 어두운 적색으로 나타난다. 반면 프로브 반대 방향으로 향하는 혈류는 청색으로 나타나지만 빠르게 반대 방향으로 가는 혈류는 청백색으로 나타나고, 프로브 반대 방향으로 느리게 가는 혈류는 짙은 청색으로 표시된다. 단, invert하면 색스케일바(color scale bar)의 +와 −도플러 시프트의 색표시가 반대로 된다.

정답 12. ③ 13. ② 14. ② 15. ③

문항 16 색 도플러에서 좌우 혈류 방향의 정보를 제공하는 것은?

① 인버트(invert)
② 벽필터(wall filter)
③ 스티어링(steering)
④ 시간게인보상(TGC)
⑤ 펄스반복주파수(PRF)

해설 혈류의 방향 정보는 스티어링에 의해 정해진다. 스티어링은 칼라 박스의 기울기를 나타내는 것으로 혈류 방향이 왼쪽에서 오른쪽 또는 오른쪽에서 왼쪽 방향으로 진행하는 것을 표시한다.

문항 17 색 도플러의 프레임 율(frame rate)을 빠르게 하는 조치로 옳은 것은?

① 칼라박스(ROI)를 깊게 한다.
② 칼라박스(ROI)를 크게 한다.
③ 펄스반복주파수(PRF)를 높인다.
④ 칼라게인(color gain)을 높인다.
⑤ 주사선수(scan line)를 증가한다.

해설 프레임 율 FR$=\frac{PRF}{LPE \times EL}$에 의존한다. 여기서 PRF는 초당 발생하는 펄스초음파의 수이고 LPE는 color window의 주사선(scan line)의 수이며, EL(ensemble length)은 ROI의 깊이이다.

문항 18 조영증강 하모닉 도플러의 조영제 주입방법이 옳은 것은?

① 1~2 mℓ/초의 속도로 근육 주사한다.
② 요오드조영제와 생리식염수를 희석한다.
③ 도플러 신호가 약하면 mℓ당 조영제 농도를 낮춘다.
④ 도플러 신호에 관계없이 조영제 량은 일정하다.
⑤ 갈락토오즈 대사장애가 있으면 검사하지 않는다.

해설 조영제의 주입방법은 생리식염수와 희석하여 강하게 10초간 흔들어서 19~20 G 주사침으로 1~2 mℓ/sec. 속도로 정맥주사 한다. 도플러 신호가 조금 약한 경우는 200 mg/mℓ 농도로 10~16 mℓ 주입, 약한 경우는 300 mg/mℓ 농도로 5~10 mℓ로 주입, 매우 약한 경우는 400 mg/mℓ 농도로 5~8 mℓ 주입한다. 갈락토오즈 대사장애, 중증 심부전 또는 심폐질환, 심근경색인 경우는 금기이다.

문항 19 초음파검사에서 도플러 시프트를 이용하여 혈류방향, 강도, 분산의 정보를 얻는 검사법은?

① 색 도플러
② 출력 도플러
③ 펄스파 도플러
④ 조직 하모닉 도플러
⑤ 조영증강 하모닉 도플러

해설 색 도플러는 도플러 시프트를 기본원리로 혈류방향, 강도, 분산의 값을 색으로 표시하는 검사법이다.

정답 16. ③ 17. ③ 18. ⑤ 19. ①

문항 20 스펙트럴 도플러 초음파검사에서 측정 가능한 도플러 시프트의 범위는?

① 50~450 Hz ② 500~4,500 Hz ③ 5,000~45,000 Hz
④ 5~45 MHz ⑤ 500~450 MHz

해설 보통 초음파진단장치에서 측정할 수 있는 도플러 시프트는 500~4,500 Hz 정도로써 가청영역 이내이기 때문에 검사를 하면서 들을 수 있다.

문항 21 색 도플러에서 혈관 벽의 신호를 제거하는 방법은?

① MTI 필터 ② 고역 통과 필터
③ 저역 통과 필터 ④ 2차 고조파 제거
⑤ 3차 고조파 제거

해설 혈관 벽의 움직임에 의한 잡음을 제거하기 위해 색 도플러는 MTI 필터를 사용하고, 출력 도플러는 고역 통과 필터를 사용한다.

문항 22 색 도플러의 색 스케일 바(color scale bar)이다. 화살표 방향이 의미하는 것은?

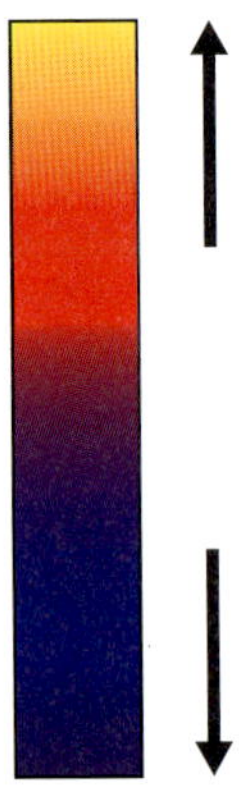

① 혈류량 ② 혈류속도 ③ 혈류시간
④ 혈류압력 ⑤ 혈류저항

해설 화살표는 혈류속도를 나타내는 것으로 프로브로 향하는 혈류속도가 빠르면 황색으로, 프로브로 반향하는 혈류속도가 빠르면 백청색으로 표시한다.

▶ 정답 20. ② 21. ① 22. ②

문항 23 그림의 인공음영(artifact)을 줄이는 방법은?

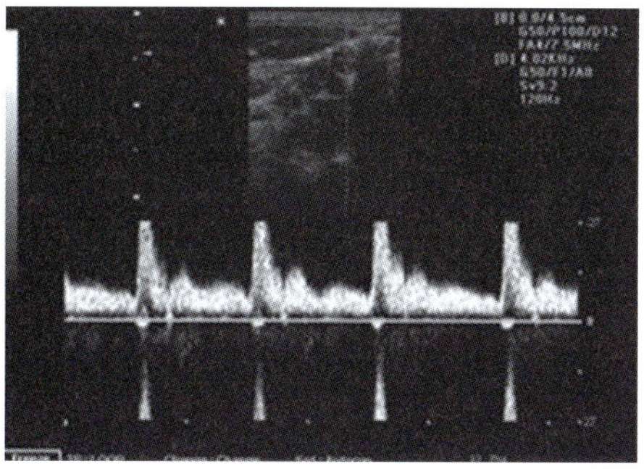

① 게인 증가 ② 출력 증가 ③ PRF 증가
④ 혈류량 감소 ⑤ 도플러 각 감소

해설 온목동맥의 스펙트럴 도플러를 시행하여 반접현상(aliasing)이 발생하였다. 해결방법은 기준선을 마이너스 도플러 시프트 영역으로 내리는 방법, PRF를 증가시키는 방법, 주파수를 낮추는 방법, 프로브 각을 증가시키는 방법 등이 있다.

문항 24 그림에 대한 설명으로 올바른 것은?

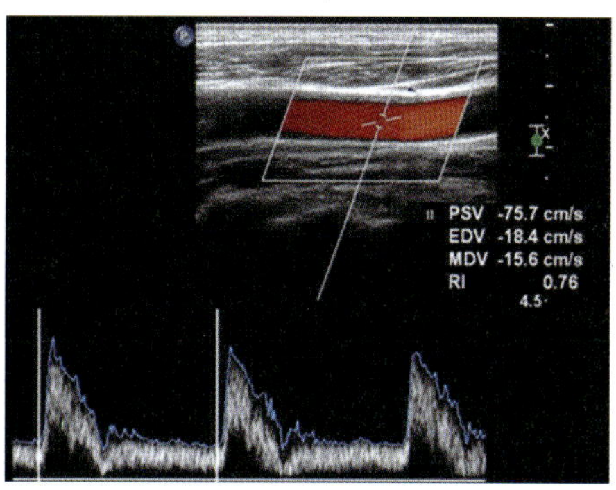

① 하지정맥의 칼라 도플러검사
② 목동맥의 펄스파 도플러검사
③ 콩팥동맥의 스펙트럴 도플러검사
④ B-mode를 이용한 속목동맥검사
⑤ 갑상선의 조직 하모닉 도플러검사

해설 B/M 모드 영상 또는 스펙트럴 도플러 영상이다. B모드 영상을 보면 온목동맥을 세로주사한 것을 알 수 있다. 이 부분에 게이트를 설정하여 스펙트럴 도플러 영상을 얻었다. 스펙트럴 도플러(spectral Doppler)는 펄스파를 이용하기 때문에 펄스파 도플러(PW Doppler)라고도 한다.

정답 23. ③ 24. ②

문항 25 그림에서 ROI의 혈관 색이 나타내는 의미는?

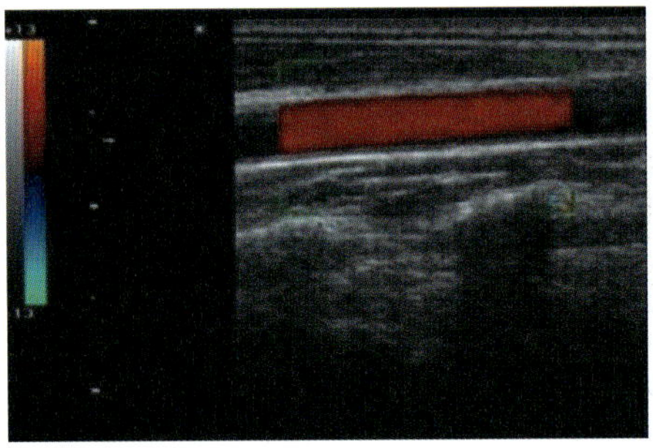

① 동맥의 혈류
② 정맥의 혈류
③ 모세혈관의 혈류
④ 프로브로 향하는 혈류
⑤ 프로브로 반향하는 혈류

해설 칼라 스케일 바(color scale bar)에서 보면, 플러스 도플러 시프트 영역이 적색, 마이너스 도플러 시프트 영역이 청색으로 나타나 있다. ROI의 영역이 적색으로 나타나 플러스 도플러 시트가 발생한 것을 알 수 있다. 플러스 도플러 시프트는 프로브로 향하는 혈류이다.

문항 26 사진에 대한 설명으로 옳지 않은 것은?

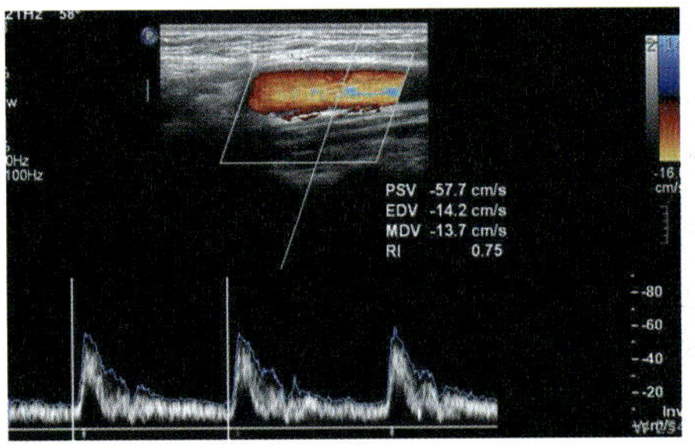

① 검사를 시행한 혈관은 정맥이다.
② 플러스 도플러 시프트 영역은 청색이다.
③ 적색은 프로브에 반향하는 혈류를 의미한다.
④ 스펙트럼상에서 높이는 혈류의 속도를 나타낸다.
⑤ 붉은 색조의 밝은 부분은 혈류속도가 빠른 곳이다.

해설 온목동맥 스펙트럴 도플러 영상이다. 칼라 바(color scale bar)에서 보면, 플러스 도플러 시프트 영역이 청색, 마이너스 도플러 시프트 영역이 적색으로 나타나 있다. 칼라박스(ROI)의 영역이 적색으로 나타나 있으므로 마이너스 도플러 시트가 발생한 것을 알 수 있다. 따라서 이 혈류는 프로브로부터 멀어지는 혈류(반향 하는 혈류)이다. 스펙트럼은 2상을 보이는 동맥혈류이다.

정답 25. ④ 26. ①

문항 27 사진에서 평가할 수 있는 내용이 아닌 것은?

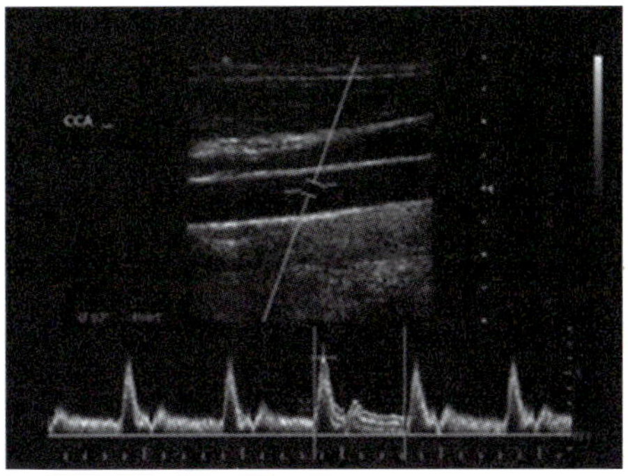

① 혈류 량
② 혈류 방향
③ 평균 혈류속도
④ 수축기 혈류속도
⑤ 이완기 혈류 압력

해설 온목동맥 스펙트럴 도플러 영상이다. 얻을 수 있는 정보는 수축기 혈류속도, 이완기 혈류속도, $\frac{s}{d}$ ratio, 평균혈류속도, flow time, peak pressure gradient, 저항지수(RI), 맥동지수(PI) 등이다.

문항 28 그림에 대한 설명이 올바른 것은?

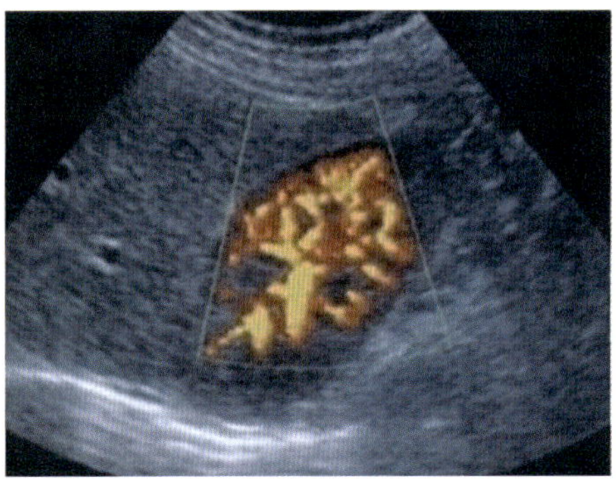

① 혈류의 속도와 방향을 알 수 있다.
② 적색은 프로브로 향하는 혈류이다.
③ 혈류속도를 정량적으로 평가할 수 있다.
④ 미세혈관을 볼 수 있는 파워도플러 영상이다.
⑤ 적색과 황색은 프로브 방향으로 다가오는 혈류이다.

해설 콩팥의 출력 도플러(power Doppler)이다. 출력 도플러는 색 도플러에서 얻을 수 없는 미세혈관에 대한 정보를 얻는다. ROI 내부의 황색은 적색에 비해 상대적으로 혈류량이 많다는 것을 의미한다.

정답 27. ② 28. ④

문항 29 그림의 설명이 올바른 것은?

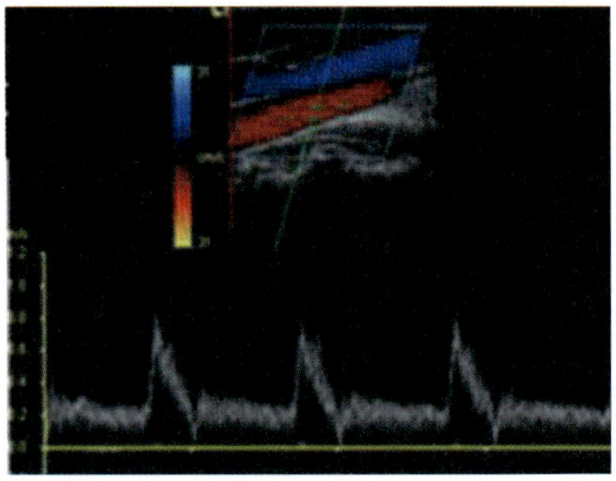

① 청색은 정맥 혈류이다.
② 미세혈류 분포가 관찰된다.
③ 혈류의 반접현상이 관찰된다.
④ 스펙트럼으로 보아 정맥혈류이다.
⑤ 적색은 프로브에서 멀어지는 혈류이다.

해설 목동맥 스펙트럴 도플러 영상이다. 칼라 바(color scale bar)에서 보면, 플러스 도플러 시프트 영역이 청색, 마이너스 도플러 시프트 영역이 적색으로 표시되었다. 칼라박스(ROI)의 위쪽은 청색 혈류, 아래쪽은 적색혈류가 나타나 있다. 청색은 플러스 도플러 시프트가 발생하였으므로 프로브로 향하는 혈류이고 적색은 마이너스 도플러 시트가 발생하였으므로 프로브 반대 방향으로 향하는 혈류이다. 스펙트럼은 최고혈류와 최저혈류의 차이가 현저한 것으로 보아 동맥상인 것을 알 수 있다.

문항 30 그림에 대한 보정 방법이 옳은 것은?

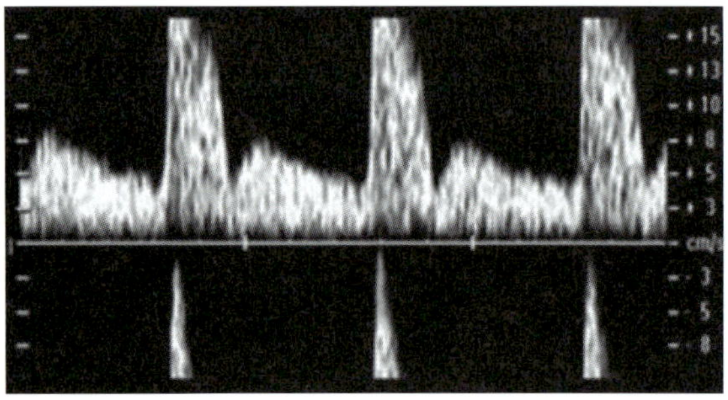

① 주파수를 높인다.
② 필터를 사용한다.
③ 기준선을 조절한다.
④ 도플러 게인을 높인다.
⑤ Sample volume조정한다.

해설 스펙트럼이 플러스 도플러 시프트 영역의 niquist limit을 초과하여 마아너스 도플러 영역에서 관찰된다. 전형적인 반접현상(aliasing)이다. 보정방법은 기준선을 조절하는 방법, PRF를 증가시키는 방법, 프로브 주파수를 낮추는 방법, 프로브 각을 증가시키는 방법 등이 있다.

정답 29. ⑤ 30. ③

제7장

초음파 인공음영

수업 목표

1. 회색도 초음파 인공음영의 형태에 대하여 설명할 수 있어야 한다.
2. 다중반사의 발생 원인을 설명할 수 있어야 한다.
3. 혜성꼬리음영와 여운허상의 발생 원인을 설명할 수 있어야 한다.
4. 후방음향음영의 발생 원인을 설명할 수 있어야 한다.
5. 측방음영의 발생 원인을 설명할 수 있어야 한다.
6. 후방음향증강의 발생 원인을 설명할 수 있어야 한다.
7. 전파속도 오차의 발생 원인을 설명할 수 있어야 한다.
8. 음속두께허상의 발생 원인과 해결방법을 설명할 수 있어야 한다.
9. 경면허상의 발생 원인과 해결 방법을 설명할 수 있어야 한다.
10. 부엽 허상의 발생 원인과 해결 방법을 설명할 수 있어야 한다.
11. 렌즈효과의 발생 원인과 해결 방법을 설명할 수 있어야 한다.
12. 다중경로반사의 발생 원인과 해결 방법을 설명할 수 있어야 한다.
13. 색 도플러의 반접현상이 일어나는 원인과 해결 방법을 설명할 수 있어야 한다.
14. 색 도플러에서 도플러 각에 의한 색표시의 변화를 설명할 수 있어야 한다.
15. 색플래시 인공음영의 발생 원인과 해결 방법을 설명할 수 있어야 한다.
16. 색 도플러 경면현상의 발생 원인과 해결 방법을 설명할 수 있어야 한다.
17. 석회화 인공음영의 발생 원인과 해결 방법을 설명할 수 있어야 한다.

01 인공음영의 형태

인공음영(artifact)의 사전적 의미는 "어떤 사람이나 물체의 진짜 모습과는 상관없이 다른 것에 의해 만들어진 이미지"이다. 물리학적으로는 "렌즈나 거울에 의해 반사된 광선을 그 반대 방향으로 연장해서 얻은 가상의 상"으로써 인공물 또는 허상이라고도 한다. 이를 초음파 물리학적으로 정의하면 "초음파 프로브로부터 영상처리 과정까지의 과정을 통해 모니터에 나타난 잡음이나 왜곡된 이미지"라고 할 수 있다. 초음파검사에서 인공음영은 아주 흔히 발생한다. 혹자는 초음파 영상 자체를 인공음영이라고도 하는데, 그 이유는 CT나 MR은 투과법에 의해 영상이 형성되지만 초음파는 송수신 시간을 계산하여 위치정보를 나타내기 때문이다. 인체 각 장기의 전파속도는 모두 다른데 초음파 진단장치는 전파속도를 평균해 1.540 m/s로 세팅하기 때문이다. 결국 초음파 영상은 전파속도 차이로 인해 각 장기의 위치가 CT나 MRI처럼 정확하지가 않다. 하지만 이러한 것은 아주 미세한 차이로써 진단에 영향을 주지는 않는다. 오히려 어떤 인공음영은 진단에 유용하게 활용되기도 한다. 인공음영의 형태는 크게 네 가지 부류로 나눌 수 있다. 첫 번째는 실제로 인체에는 없는데 영상에 나타나는 경우이다. 이러한 경우는 다중반사, 후방음향음영, 후방음향증강, 음속두께허상, 경면현상 등이 있다. 두 번째는 실제로 인체에는 있는데 영상에 나타내지 않는 경우도 있다. 대표적인 것이 해상력이 좋지 않아 나타나지 않거나 실제는 두 개이나 하나만 나타나는 경우이다. 세 번째는 위치 정보가 부정확한 경우로 전파속도 오차가 기인하고, 네 번째는 휘도, 크기, 형태 등이 부정확하게 나타나는 경우이다. 인공음영의 형태를 정리하면 표 7-1과 같다.

표 7-1. 인공음영의 형태

형태	인공음영
실제 없으나 나타나는 경우	다중반사 후방음향음영 후방음영증강 슬라이스 폭 아티펙트 거울면 현상 부엽 허상
실제 존재하나 나타나지 않는 경우	분해능
부정확한 위치	전파속도 오차
부정확한 휘도, 크기, 형태	왜곡

02 인공음영의 호발 부위

인공음영이 발생하는 기전은 다양하고 복잡하다. 또한 모든 인공음영이 영상에 반영되는 것은 아니다. 인공음영이 발생하더라도 휘도가 약해 인식하지 못하는 경우가 대부분이다. 하지만 약한 반사파라 하더라도 무에코 영역에 나타나면 쉽게 관찰된다. 대부분의 인공음영은 쓸개, 방광, 낭성 종괴 등과 같은 무에코 영역에서 흔하게 관찰된다. 이러한 장기에 인공음영이 나타나면 질병과의 관계를 잘 판단하여야 한다. 다중반사는 쓸개의 세로주사에서 그리고 방광의 가로주사에서 흔하게 보인다. 혜성꼬리와 여운허상은 다중반사와 발생 기전이 같다. 다만, 다중반사는 체 표면과 장기 사이에서 일어나는 반면 혜성꼬리와 여운

표 7-2. 인공음영의 발생 부위

종류	발생 부위
다중반사	쓸개, 방광, 복수의 안
혜성꼬리	쓸개 안
여운허상	가스의 뒤
후방음향음영	결석과 뼈의 뒤
후방음영증강	쓸개, 방광 낭성 종괴의 뒤
부극허상	쓸개, 방광, 낭종의 안
경면현상	가로막 뒤
측방음영	쓸개, 원형 종괴, 콩팥의 양끝
렌즈효과	복직근 뒤
음속두께허상	쓸개 안

허상은 장기 안에서 일어난다. 전반사를 하면 후방음향음영이 발생하고 감쇠가 상대적으로 적으면 후방음향증강이 발생하기도 한다. 초음파검사는 주로 주엽에 의존하지만 부엽이 관여하여 인공음영을 일으키기도 하고 가로막이 거울처럼 작용하여 이중으로 나타나기도 한다. 초음파주사에서 자주 나타나는 인공음영과 대상 부위는 표 7-2와 같다.

03 회색도 초음파의 인공음영

1) 다중반사(reverberation artifact)

다중반사는 반사가 여러 번 반복해서 나타나는 현상으로 잔영이라고도 한다. 이것의 특징은 같은 거리를 여러 번 반복하기 때문에 반사체가 동일 간격을 유지하고 점차 휘도가 약해진다. 반사체로 작용하는 것은 주로 배벽, 배막, 근막 등이다. 다중반사는 반사체 사이에서 반사 에코가 강할 때 발생하기 때문에 사입사보다 수직입사에서 잘 나타나며 프로브와 반사체 사이가 가까울 때 발생한다. 프로브와 반사체 사이의 거리가 멀면 다중반사가 발생하더라도 영상에 나타나지 않는다. 그림 7-1(a)는 다중반사 현상을 나타낸 것으로 프로브에서 방출된 초음파 펄스가 프로브와 반사체 사이에서 여러 번 반복하는 과정을 보여주고 있다. 한 번 반사한 것은 실제 영상으로 나타나지만 두 번 반사한 것은 첫 번째 반사한 것과 동일한 거리의 뒤에 나타나고 세 번째 반사한 것은 두 번째 반사한 것과 동일한 거리의 뒤에 나타난다. 그리고 반복 진행과정에서 감쇠가 일어나므로 휘도는 점차적으로 약해진다. 그림 7-1(b)는 프로브와 배막 사이에 발생한 다중반사가 쓸개 안에 나타난 영상이다. 쓸개 안에 두 개의 선이 동일 간격으로 나타나 있어 쉽게 다중반사에 의한 인공음영 임을 알 수 있다. 이러한 현상은 프로브를 압박하거나 주사방향을 변경하면 위치가 변하거나

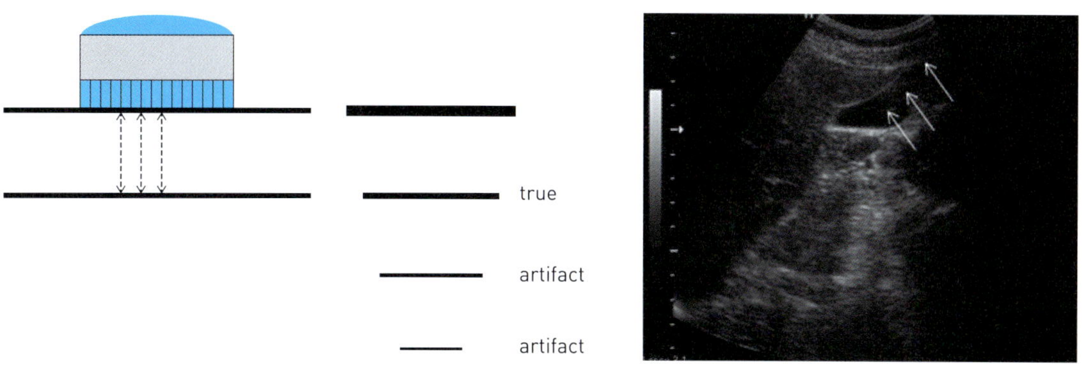

(a) (b)

▶ 그림 7-1. 다중반사 모식도(a)와 쓸개 안의 다중반사 영상(b)

없어진다.

다중반사는 장기 내부에서 발생하기도 하는데, 이러한 것을 내부 다중반사라고 한다. 그림 7-2(a)는 프로브로부터 떨어져 있는 내부 공간에서 다중반사가 일어나는 형태를 나타낸 것으로 실제 초음파검사에서는 장내 가스(intra-abdominal gas), 허파 공기(lung air), 쓸개 선근종증(GB adenomyomatosis) 등에서 흔히 발생한다. 가스에 의해 일어난 다중반사는 여운허상(ring down artifact)이라고 하고 쓸개의 선근종증이나 살버섯(polyps)의 석회화에 의한 다중반사는 혜성꼬리음영(comet tail echo)이라고 한다. 그림 7-2(b)는 쓸개 선근종증으로 쓸개 벽에 고드름과 같은 모양을 한 여러 개의 혜성꼬리음영을 볼 수 있다. 이 경우는 인공음영이 질병을 쉽게 감별할 수 있게 한다. 그림 7-2(c) 영상은 가로막 아래 허파에서 발생한 여운허상이고 그림 7-2(d)는 이자 가로주사에서 이자 꼬리(pancreas tail) 부위에 위 · 장관 가스에 의한 여운허상이 나타난 것이다.

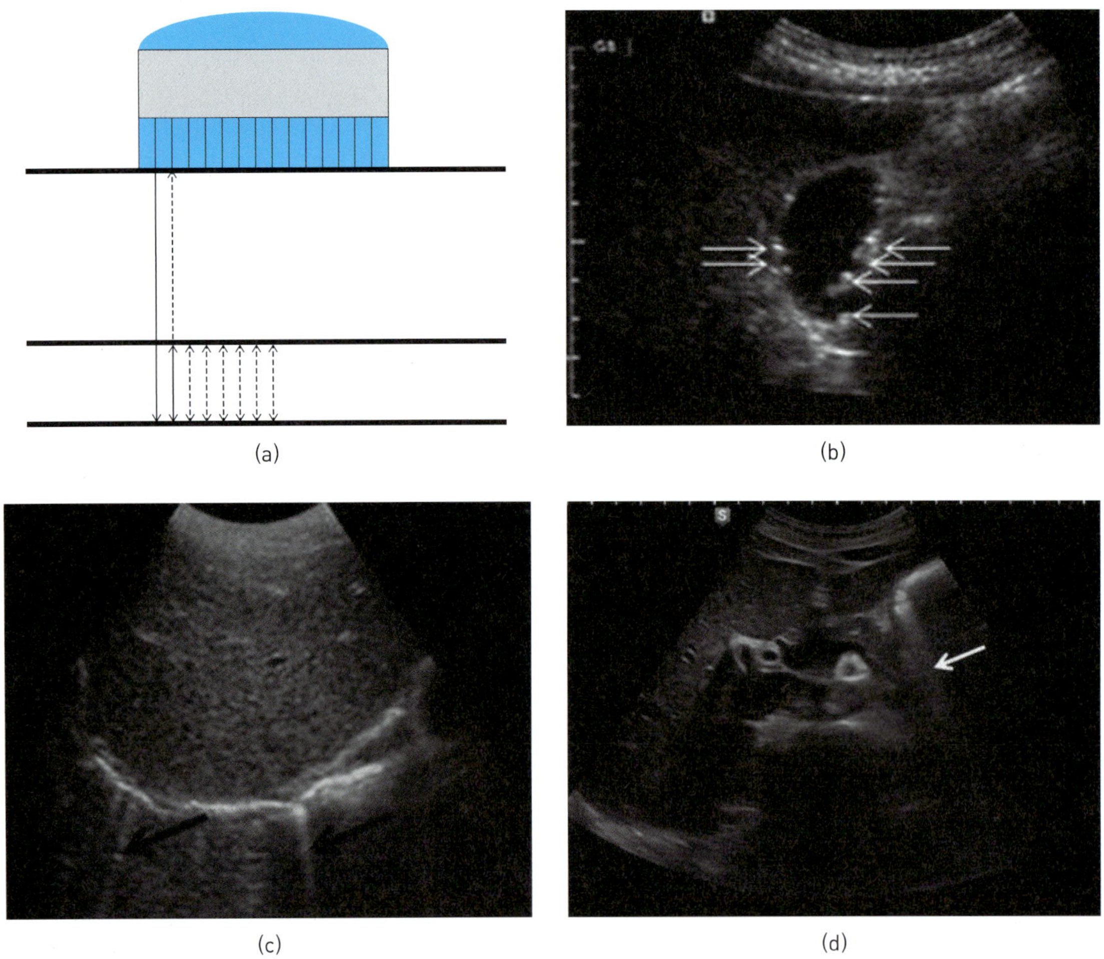

▶ 그림 7-2. 내부 다중반사 모식도(a)와 내부 다중반사 영상(b: comet tail, c와 d: ring down artifact)

2) 후방음향음영(posterior acoustic shadow)

후방음향음영은 어떤 매질 뒤에 소리의 그림자가 지는 현상이다. 빛이 투과하지 못하는 물체 뒤에 그림자가 지는 것과 마찬가지이다. 초음파가 매질을 투과하지 못하고 모두 반사하는 것을 전반사(total reflection)라고 한다. 전반사가 일어난 후방에는 그림 7-3(a)의 모식도에서처럼 음영이 발생한다. 이러한 현상은 주로 연부조직과 임피던스 차가 많이 나는 뼈, 석회화, 공기 등에서 발생한다. 따라서 후방음향음영을 일으키는 대표적인 질환은 결석(돌, stone)이다. 특히 쓸개돌(gall bladder stone)은 쓸개즙과 임피던스 차가 커서 매우 선명한 음영(clean shadow)을 보인다. 반면, 가스에 의한 후방음영은 돌 또는 석회화 보다 약한 음영(dirty shadow)을 보인다. 그림 7-3(b)는 쓸개돌에 의한 전반사로 그 뒤에 검은 음영이 나타난 전형적인 후방음향음영이고, 그림 7-3(c)는 갈비뼈에 의한 후방음향음영이 길게 나타나 있다.

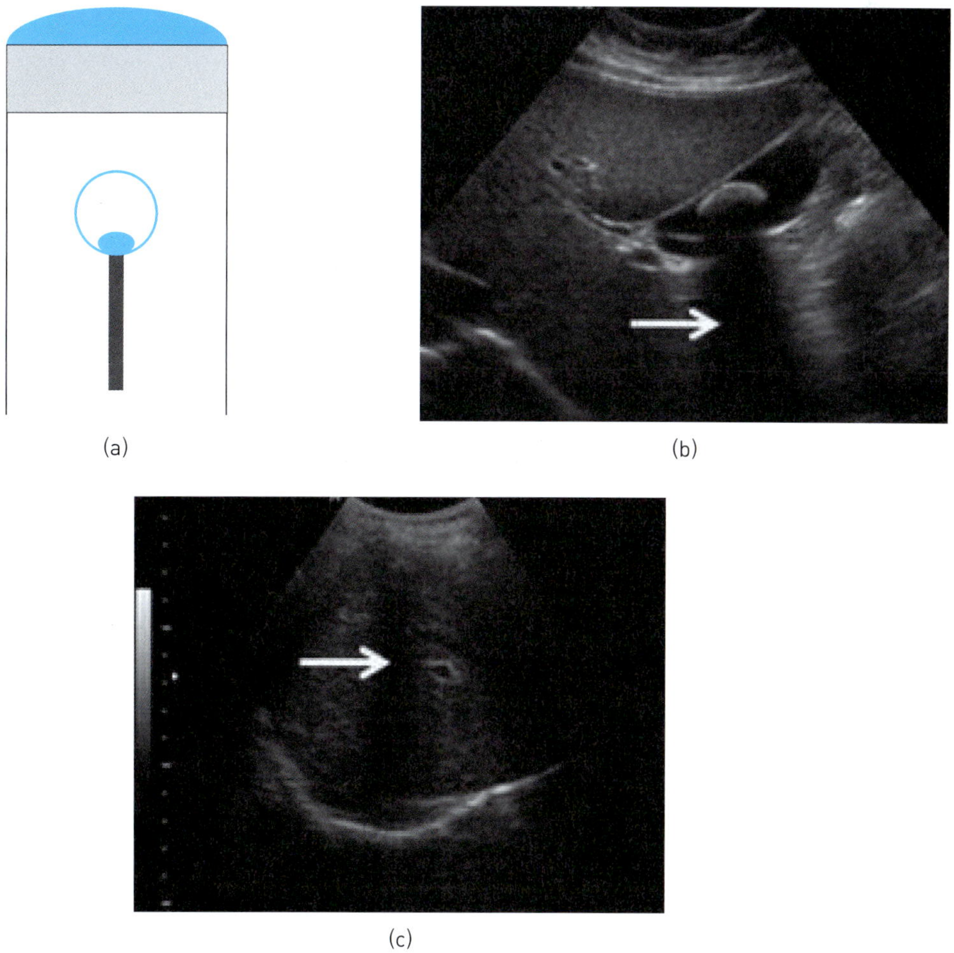

▶ 그림 7-3. 후방음향음영 모식도(a)와 영상(b: 쓸개돌의 후방음향음영, c: 뼈의 후방음향음영)

3) 측방음영(edge shadow, lateral shadow)

측방음영은 앞서 설명한 후방음향음영과 발생기전이 다르다. 후방음향음영은 임피던스 차이에 의한 전반사가 주원인이고 측방음영은 두 매질 사이의 전파속도 차이에 의한 굴절이 주원인이다. 측방음영은 그림 7-4(a)와 같이 원형 또는 타원형의 낭성조직의 가쪽에서 발생한다. 특히, 쓸개 또는 혈관이 가로주사에서 원형 단면으로 잘릴 때, 또는 낭포, 유선섬유선종, 섬유성 피막을 갖는 간세포암 등에서 관찰된다. 그림 7-4(b) 영상은 간초음파에서 가로로 잘린 아래대정맥(inferior vena cava)의 가쪽에 발생한 측방음영을 나타낸 것이다. 아래대정맥은 간보다 전파속도가 느려 입사각보다 굴절각이 작아 굴절이 발생하고 이로 인해 원형의 테두리에서 전형적인 측방음영이 발생한다.

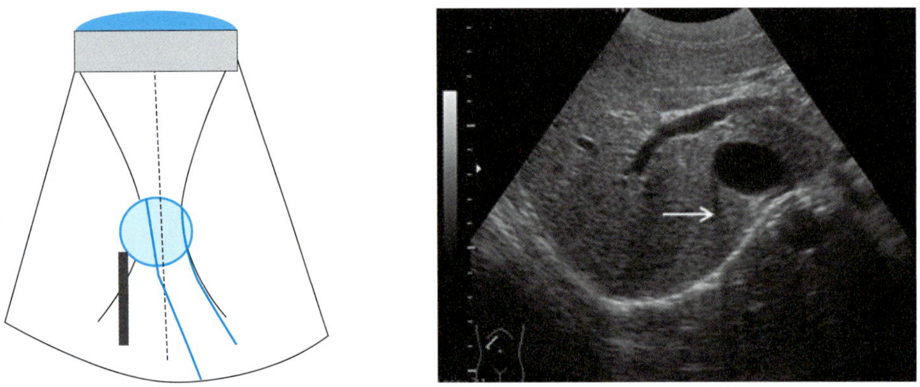

(a) (b)

▶ 그림 7-4. 측방음영 영상(a: 측방음영 모식도, b: 아래대정맥의 측방음영)

4) 후방음향증강(posterior acoustic enhancement)

후방음향증강은 어떤 매질의 뒤에 초음파 에너지의 증가로 인해 휘도가 증강되어 나타나는 현상이다. 즉, 후방음향증강이 발생했다는 것은 매질의 앞에 초음파 에너지 감쇠가 적은 조직이 있다는 증거이다. 초음파 감쇠계수가 매우 적은 장기는 쓸개와 방광이다. 이러한 것들은 낭성 조직 안에서 반사 진폭의 감소로 상대적으로 그 뒤쪽에 반사파 강도가 높아지고, 이로 인해 후방음향증강이 발생한다. 후방음향증강이 발생하는 이유는 이러한 이유 외에 원형의 낭성 조직이 렌즈로 작용하여 그 후방에 에너지 집중현상이 생기는 것, 그리고 시간게인보상(TGC)에 의한 기기적 요인 등이 혼합되어 후방에 현저히 휘도를 증강시키기 때문이다. 후방음향증강을 동반하는 질환은 낭포성 질환, 유선섬유선종, 소간세포암, 간혈관종, 악성림프종 등이 있다. 그림 7-5(a)는 후방음향증강을 나타내는 모식도이고, (b)는 쓸개를 주사한 것으로 쓸개의 뒤에 주위 조직보다 휘도가 증강된 후방음향음영을 볼 수 있다.

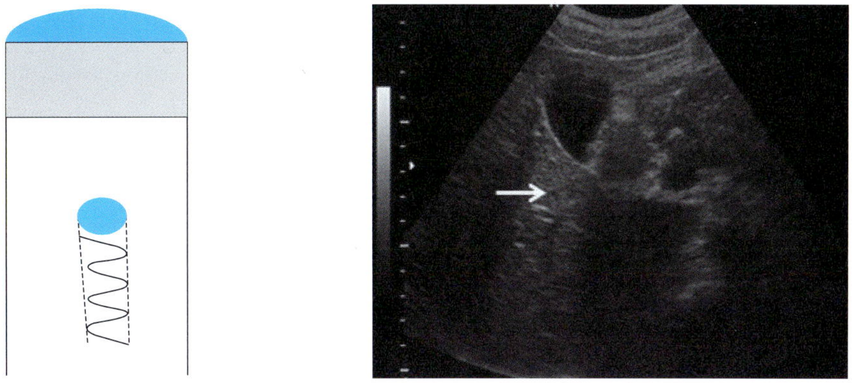

(a) (b)

▶ 그림 7-5. 후방음향증강 모식도(a)와 후방음향증강 영상(b)

5) 전파속도 오차(propagation speed error)

전파속도는 초음파가 매질을 통과하는 속도이다. 전파속도는 매질마다 모두 다르다. 초음파진단장치는 생체 연부조직에서의 전파속도가 1,540 m/s로 일정하다는 가정 아래 위치정보를 제공한다. 그러므로 거리 방정식에서 예상한 전파속도의 값이 부정확할 때 전파속도 오차가 발생한다. 그림 7-6(a)는 전파속도 오차를 나타낸 것으로 1,540 m/s의 전파속도로 5.0 cm를 왕복할 때 65 ㎲가 소요되어 1의 위치에 scale mark를 하게 되고, 전파속도가 1,540 m/s 보다 빠르면 2에, 1,540 m/s 보다 느리면 3의 위치에 표시하게 된다. 그림 7-6(b), (c)는 팬텀의 낭성 조직을 연부조직의 평균전파속도 1,540 m/s와 물의 전파속도 1,480 m/s로 각각 주사하여 비교한 것이다. 그 결과 낭성조직은 1,540 m/s로 주사한 (b) 영상에 비해 물의 전파속도와 일치하는 1,480 m/s로 주사한 (c)에서 선례 한 영상을 보여주고 있다. 이와 같이 매질의 전파속도와 초음파진단장치의 전파속도가 불일치하면 위치 정보를 부정확하게 표시되어 매질의 윤곽이 불분명하게 나타나고 매질의 전파속도와 초음파진단장치의 전파속도가 일치하면 매질의 윤곽이 선명하게 나타난다. 그래서 최근의 초음파진단장치는 고체(solid), 지방(adipose), 정상(normal), 액체(cyst) 등으로 전파속도를 구분하여 사용할 수 있게 하거나 전파속도를 임의로 변경하여 사용하도록 하여 질병의 윤곽을 보다 분명하게 볼 수 있다.

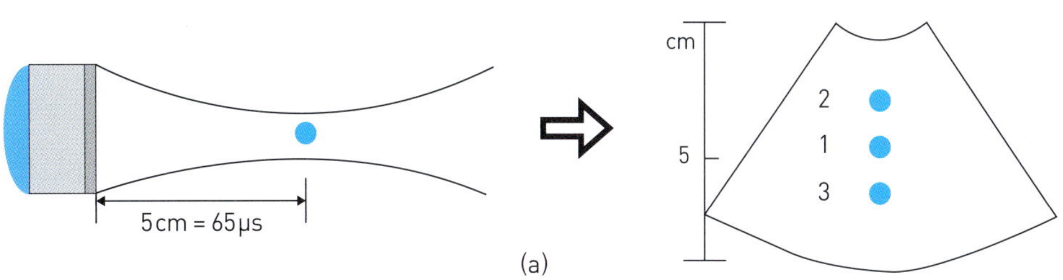

(a)

▶ 그림 7-6. 전파속도 오차 모식도(a)와 전파속도 오차 영상(b: 1,540 m/s, c: 1,480 m/s) (계속)

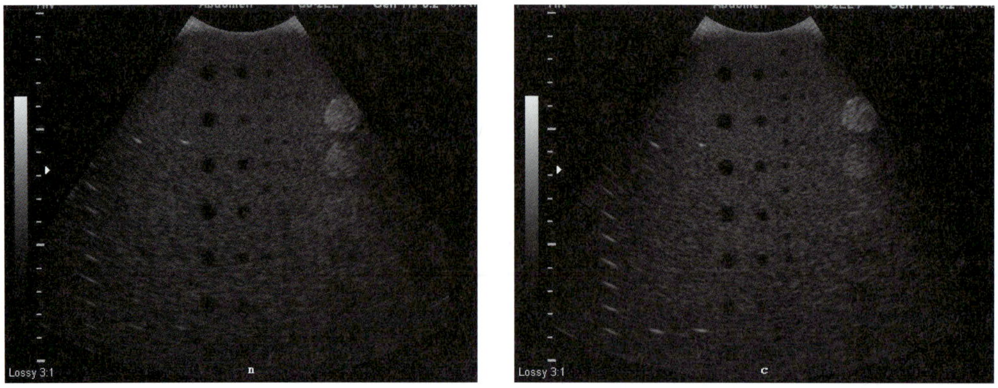

(b) (c)

▶ 그림 7-6. 전파속도 오차 모식도(a)와 전파속도 오차 영상(b: 1,540 m/s, c: 1,480 m/s)

6) 음속두께 허상(beam thickness artifact)

초음파 프로브에서 발생한 선속은 프로브의 가로, 세로, 높이만큼의 입체적인 면적을 갖는다. 음속두께는 프로브의 두께(높이)와 동일하며, 두께로 인해 발생하는 거짓음영을 음속두께 허상 또는 슬라이스 폭 아티팩트(slice width artifact)라고 한다. 초음파 선속은 프로브 두께만큼의 폭을 가지고 진행하기 때문에, 여러 장기가 음속 두께 안에 포함되면 음속두께 허상이 발생한다. 마치 CT의 볼륨효과와 유사하다. 초음파검사에서 주로 쓸개 뒤에 소화관 가스가 포함되어 주사될 때, 또는 흡인술에서 조직 뒤에 천자침이 포함될 때 흔히 나타난다. 그림 7-7(a)는 음속두께에 위로부터 간, 쓸개, 그리고 그 아래 소화관 가스가 포함되어 주사 된 것을 나타낸 것이다. 이때 소화관 가스는 쓸개 아래에 있음에도 마치 쓸개 안에 있는 것처럼 보여진다. 이러한 현상을 음속두께 허상이라고 하고, 이 허상이 실제 있는 것인지 아닌지를 판단하려면 주사 방향을 변경해 보면 알 수 있다.

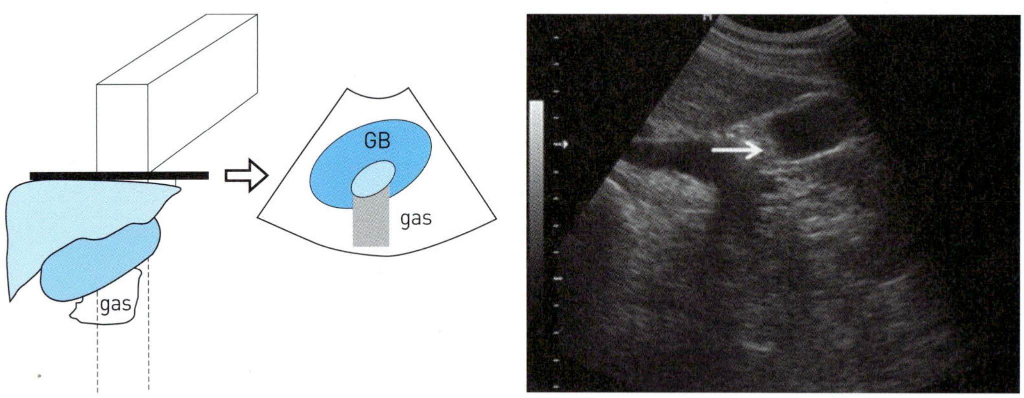

(a) (b)

▶ 그림 7-7. 음속두께 허상 모식도(a)와 영상(b)

7) 분해능(resolution)

초음파 선속은 면적을 가지고 진행하기 때문에 면적에 포함된 가로, 세로, 높이에 대한 분해능을 개선하는 것이 필요하다. 가로, 세로, 높이 각각에 대한 분해능은 거리 분해능, 측 분해능, 폭(음속두께)분해능이다. 거리 분해능(axial resolution)은 선속의 방향과 나란히 있는 두 점을 분해해서 표시할 수 있는 능력이다. 분해능이 있으면 두 개로 구분되어 보이고 분해능이 없으면 하나로 보인다. 그림 7-8은 거리 분해능을 보여주는 것으로 (a)는 거리 분해능이 좋아 두 점이 분해되어 두 개의 점상으로 분리 표시되었지만, (b)는 거리 분해능이 나빠 실제는 두 점이 있지만 분해되지 않아 하나의 점상으로 표시되었다. 그림 7-9(c)와 (d)는 각각3.5 MHz와 4.5 MHz로 동일한 초음파 팬텀의 거리 분해능을 측정, 비교한 것이다. 그 결과 3.5 MHz를 사용한 (c)영상에 비해 4.5 MHz를 사용한 (d)영상의 분해능이 양호하게 나타난 것을 볼 수 있다. 거리 분해능은 주파수를 증가시키면 개선된다.

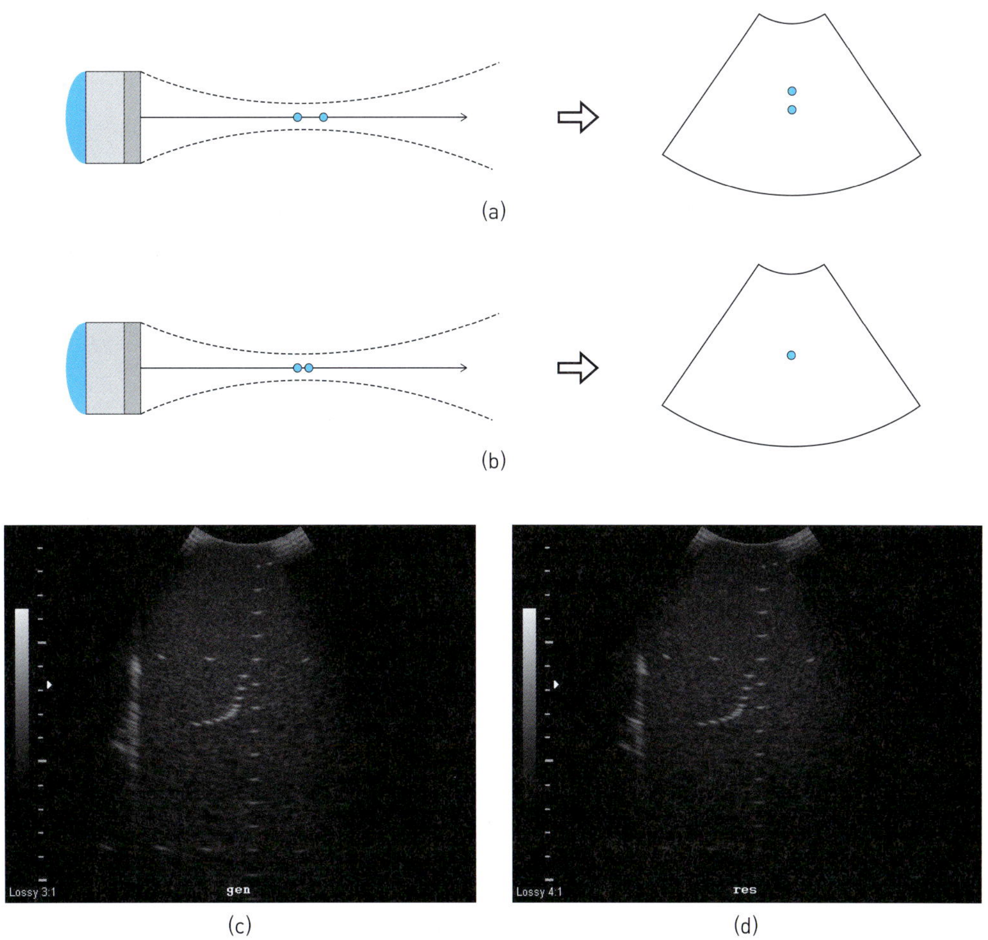

▶ 그림 7-8. 거리 분해능 모식도(a, b)와 영상(c: 3.5 MHz, d: 4.5 MHz)

8) 경면현상(mirror phenomenon)

경면현상은 거울에 비춰진 물체가 거울 속에 있는 것과 같이 보이는 현상으로 거울면현상이라고도 한다. 초음파는 탐촉소자의 가까운 범위 내에서 빛과 유사하게 직진하고 반사하기 때문에 거울 바로 앞에 있는 물체가 거울의 반대쪽에 있는 것처럼 보이는 현상이 일어난다. 인체에서 거울처럼 작용하는 장기는 가로막(diaphragm)이다. 그림 7-9(a) 가로막을 경계로 실상과 허상이 나타난 경면현상이다. 초음파 영상은 동일 주사선 상에 초음파 펄스가 여행한 시간을 계산하여 공간에 나타내기 때문에 다른 주사선에서 반사된 정보가 수신되었다면 그 시간만큼의 뒤쪽 주사선에 허상을 만든다. 그림 7-9(b)는 빛에 의한 경면현상을 보여주는 것으로 수면 위의 실제 산이 수면 아래에 허상으로 보인다. 그림 7-9(c)와 (d)는 초음파의 경면현상으로 (c)는 가로막에 의해 사입사한 초음파 펄스가 가로막을 경계로 안쪽에 있는 실제의 물혹(실상)과 바깥쪽에 물혹(허상)이 나타나 있으며, (d)는 팬텀의 표적물질을 수직입사 한 경우로써 거울면과 동일한 거리에 고형성 종괴와 낭성 종괴가 위(실상)와 아래(허상)에 나타나 보인다. 이러한 경면현상은 프로브 방향을 변경하여 허상의 유무를 확인할 수 있다.

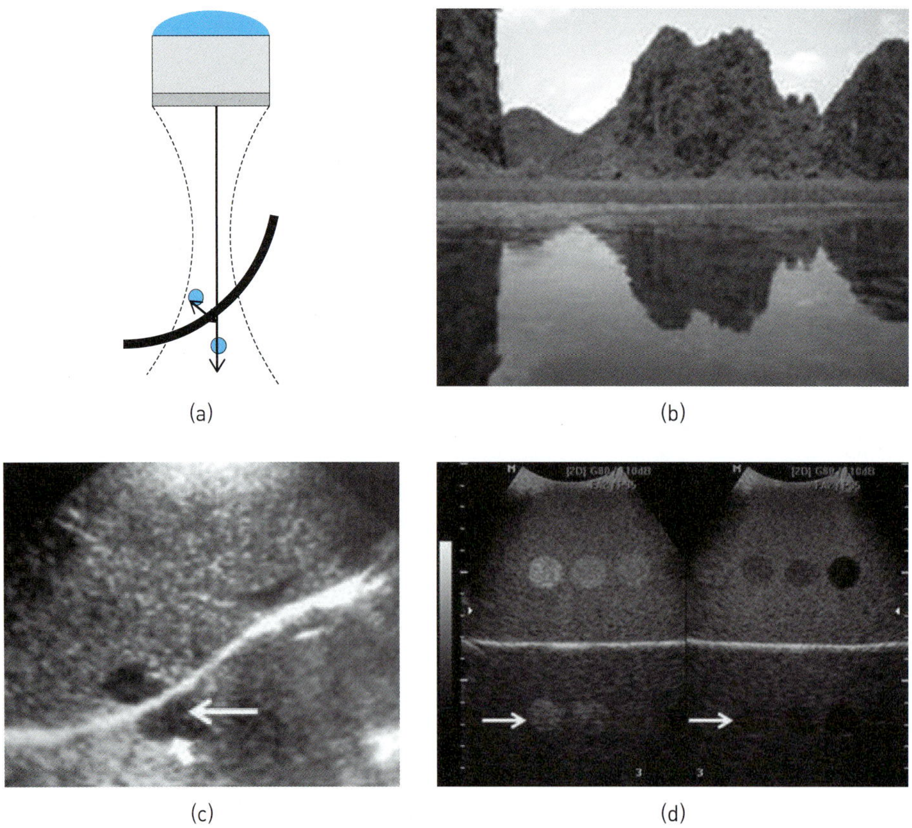

(a) (b) (c) (d)

▸ 그림 7-9. 경면현상 모식도(a), 물의 경면현상(b), 초음파 경면현상(c, d)

9) 부엽 허상(side lobe artifact)

프로브에서 방출한 초음파는 에너지 강도가 높은 주엽(main lobe)과 에너지 강도가 낮은 부엽(side lobe)이 동시에 발생한다. 부엽의 강도는 주엽의 1/10~1/20 정도이며 프로브에서 가까운 동일 주사선 상에서 수신된다. 주엽은 직진성을 가져 멀리 진행하지만 부엽은 방사상으로 퍼져 멀리 진행하지 못한다. 주엽은 주극이라고도 하고 부엽은 측엽 또는 곁엽이라고도 한다. 그림 7-10(a)는 주엽과 부엽의 모식도를 나타낸 것이고 (b)는 주엽과 부엽의 강도 분포를 알기 쉽게 나타낸 것이다. 부엽은 상대적으로 강도가 낮고 프로브 가까이에서 방사상으로 퍼져 나가지만 매질에 수직으로 입사하면 반사파 강도가 증가한다. 이렇게 증가한 반사파는 무 에코로 보이는 쓸개 또는 방광 안에 높은 휘도로 작용하여 허상을 만든다. 특히 쓸개에 부엽 허상이 나타나면 담니(sludge)와 유사하게 보여 질병과의 감별이 요구된다. 이 같은 허상은 프로브 주사방향을 변경하거나 환자자세를 변환하여 항상 존재하는지의 유무로 확인할 수 있다. 그림 7-10(c)는 쓸개를 갈비사이주사한 것으로 쓸개 목 부분에 부엽 허상으로 인해 담니가 있는 것처럼 보인다.

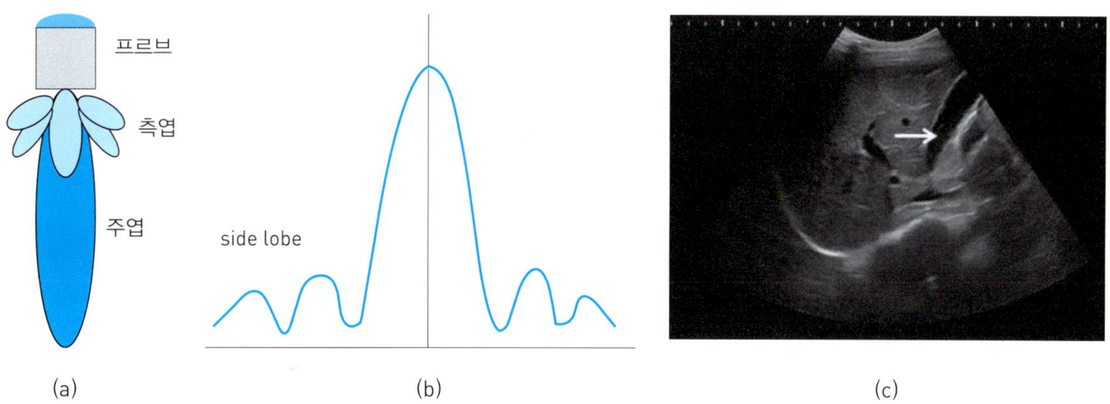

▶ 그림 7-10. 부엽 허상 모식도(a)와 강도(b), 부엽 허상 영상(c)

10) 렌즈효과(lens effect)

초음파 굴절현상은 렌즈에 의한 빛의 굴절 현상과 유사하다. 초음파가 복직근과 배막 앞의 지방 사이에 주사되면 전파속도의 차이로 굴절이 일어나 허상을 형성한다. 그림 7-11은 가로주사에서 대동맥의 단면이 복직근과 지방 사이에서 굴절되어 실제 대동맥의 양쪽 주사선 상에 허상이 생기는 것을 보여주고 있다. 렌즈효과는 이와 같은 조건을 만족해야 발생하기 때문에 실제 주사에서 흔히 발생하지는 않는다. 렌즈효과에 대한 허상 유무는 프로브의 주사 방향을 변경해 봄으로써 확인할 수 있다.

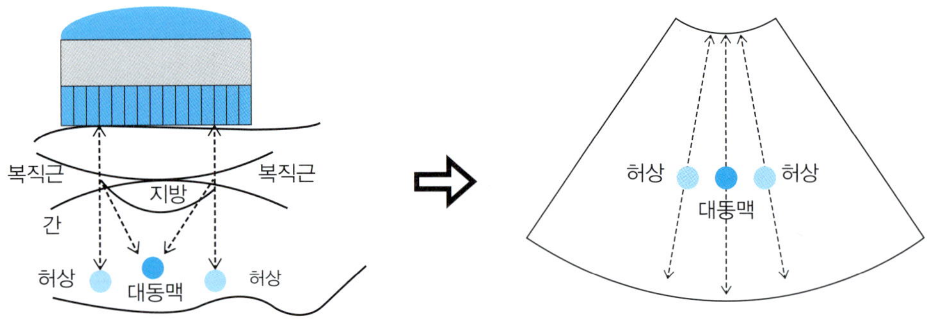

▶ 그림 7-11. 렌즈효과 모식도

11) 다중경로반사(multi-path reflection)

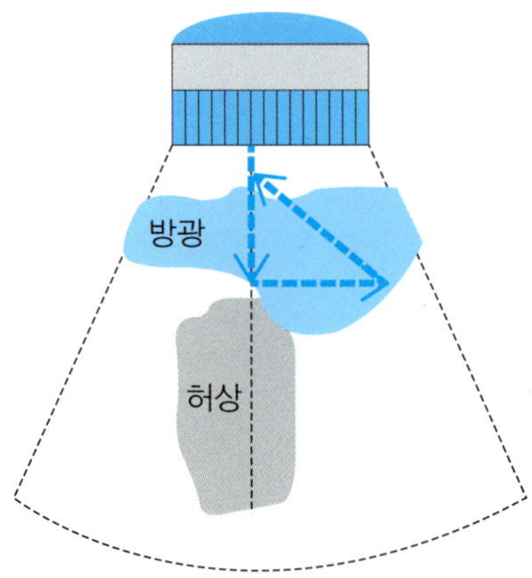

▶ 그림 7-12. 다중경로반사 모식도

다중경로반사는 입사한 초음파가 매질의 경계면에서 또 다른 경계면으로 여러 번 반사되어 형성되는 허상이다. 다중경로반사는 앞서 설명한 다중반사와 여러 번 반사하는 과정에서 발생한다는 점에서 동일한 점이 있으나, 다중반사는 같은 공간에서 여러 번 반사가 일어나는 것이고 다중경로반사는 다른 공간에서 여러 번 반사한다는 차이가 있다. 특히, 다중경로반사는 반사 곡면이 큰 경계면에서 반사가 일어나고 그 때 반사하는 반사파 강도가 셀 때 발생한다. 그림 7-12는 방광에서 발생한 다중경로반사를 나타낸 것으로 입사된 초음파 펄스가 방광 안에서 곡면을 따라 세 번 반사하여 수신된 것이 방광 아래 허상을 형성한 것이다. 이러한 결과는 다중경로반사가 일어나는 시간만큼 수신시간이 지연되기 때문에 동일 주사선상의 뒤쪽에 허상이 나타나기 때문이다. 이러한 허상의 유무는 프로브의 주사각도를 변경하거나 환자자세를 변경하면 확인할 수 있다.

04 색 도플러 초음파의 인공음영

색 도플러 초음파에서 인공음영이 발생하는 중요한 요인은 크게 두 가지이다. 하나는 장치 결함(instrument setup)에 의한 것이고 다른 하나는 주사 기술(scanning technique)이 미흡한 경우이다. 이들 요인에 의해 나타나는 인공음영 형태는 실제는 없는데 영상에 나타나는 경우, 실제 존재하는데 안 나타나는 경우, 크기, 형태, 밝기가 부적절하게 나타나는 경우, 혈류방향(floe direction), 혈류속도(velocity), 와류(turbulent) 등의 혈류 역학적 요소(hemodynamic parameter)의 평가가 부적절한 경우 등이다.

1) 인공음영의 형태

(1) 반접현상(aliasing)

색 도플러의 반접현상은 스펙트럴 도플러의 반접현상과 같은 원인으로 일어난다. 즉 도플러 시프트주파수가 PRF의 1/2을 초과하면 발생하며, 이때 도플러 색 영상 표시가 반대(reversal color)로 나타난다. 그림 7-13은 온목동맥의 색 도플러로 (a)는 프로브로 향하는 혈류가 전체적으로 적색으로 나타나 혈류 방향이 적절하게 표시되었으나 (b)는 프로브 방향으로 가는 혈류임에도 불구하고 반접현상에 의해 혈류의 가운데 부분이 프로브로 반향하는 청색과 청백색이 혼합되어 부적절하게 나타난 것을 볼 수 있다. 이것은 PRF를 조절하거나 게인을 조절하여 제거할 수 있다.

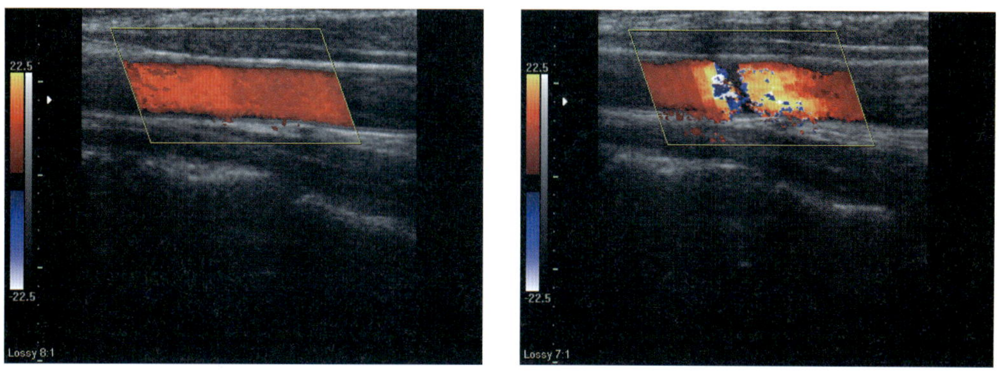

(a) (b)

▶ 그림 7-13. 색 도플러 반접현상(a: 정상, b: 반접현상)

(2) 도플러 각에 의한 인공음영(Doppler angle flow direction artifact)

색 도플러는 도플러 시프트 값을 색의 휘도로 표시하므로 도플러 각(cosθ)은 색 표시에 많은 영향을 미친다. 그림 7-14(a)는 프로브 각이 적절하여 혈관 안의 색표시가 충분히 나타난 반면 (b)는 프로브 각이 부적절하여 혈관 안의 색 표시에 결함이 나타나 보인다.

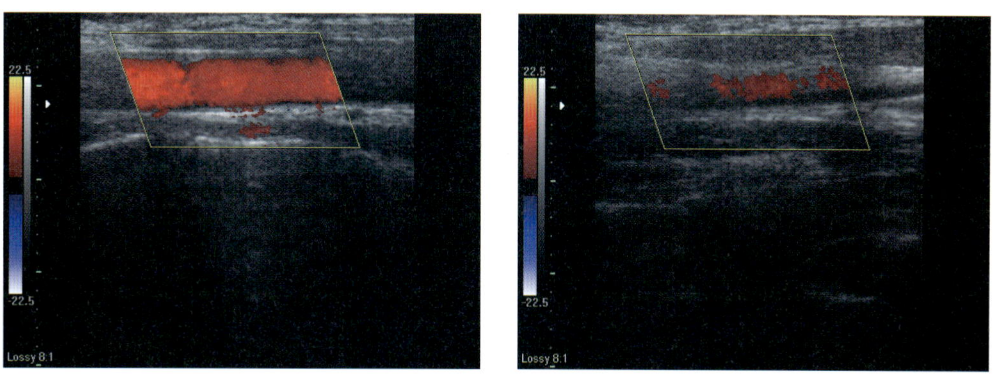

(a) (b)

▶ 그림 7-14. 도플러 각에 따른 색 도플러 영상(a: 적절, b: 부적절)

(3) 색 플래시 인공음영(color flash artifact)

색 플래시 인공음영은 장내 가스의 움직임에 의한 인공음영이다. 연동운동에 의해 장 안의 가스가 움직이면 도플러 시프트가 발생하고 이로 인해 색표시가 나타난다. 가스에 의한 여운허상(ring down artifact)이 일어나는 과정에서 색표시가 발생하는 것으로 추정된다. 그림 7-15는 장 안의 가스로 인해 모자이크 상의 색 플래시 인공음영이 발생한 것이다.

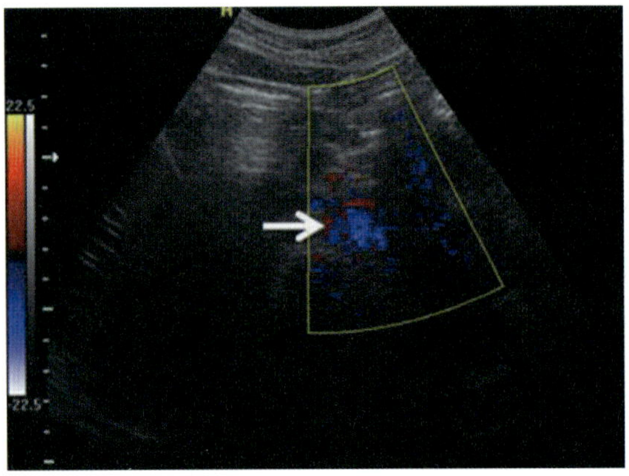

▶ 그림 7-15. color flash artifact

(4) 경면현상(mirror image artifact)

회색도 초음파의 경면현상과 색 도플러의 경면현상이 발생하는 기전은 같다. 다만 색 도플러의 경면현상은 회색도 초음파 경면현상에 혈류의 색표시를 더할 뿐이다. 색 도플러의 경면현상은 대부분 가로막 또는 뼈와 같은 선상의 경계면에서 발생하고 혈류 파형이 대칭적으로 발생한다. 또한 회색도 초음파에 비해 좀 더 명료하다. 그림 7-16은 간초음파에서 간정맥을 주사한 것으로 가로막을 경계로 그 아래에 경면현상에 의한 허상의 간정맥이 나타난 것이다.

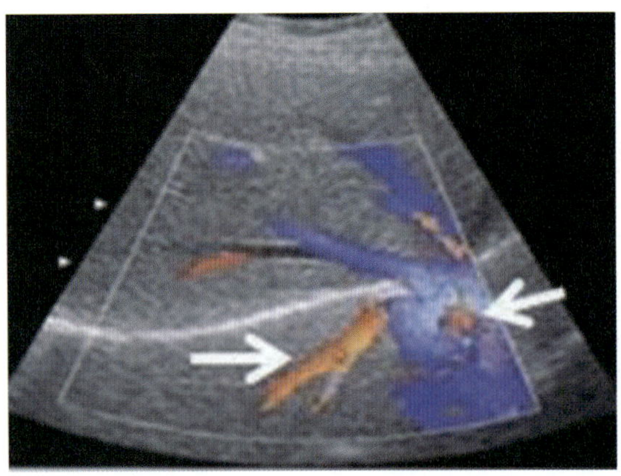

▶ 그림 7-16. 색 도플러 경면현상

(5) 석회화 인공음영(artifact by calculus)

석회화 인공음영은 석회화된 부분의 아래에 혈류가 없는데도 불구하고 색표시가 나타나는 현상이다. 이러한 인공음영은 프로브와 석회화 물질 사이에 운동과 관련한 어떤 것이 기인하는 것으로 알려지고 있다. 그림 7-17(a)는 회색도 초음파에서 쓸개 선근종증(adenomyomatosis)에서 발생한 comet tail echo이고 (b)는 동일 부위를 주사한 색 도플러 영상에서 석회화 인공음영이 발생한 것이다.

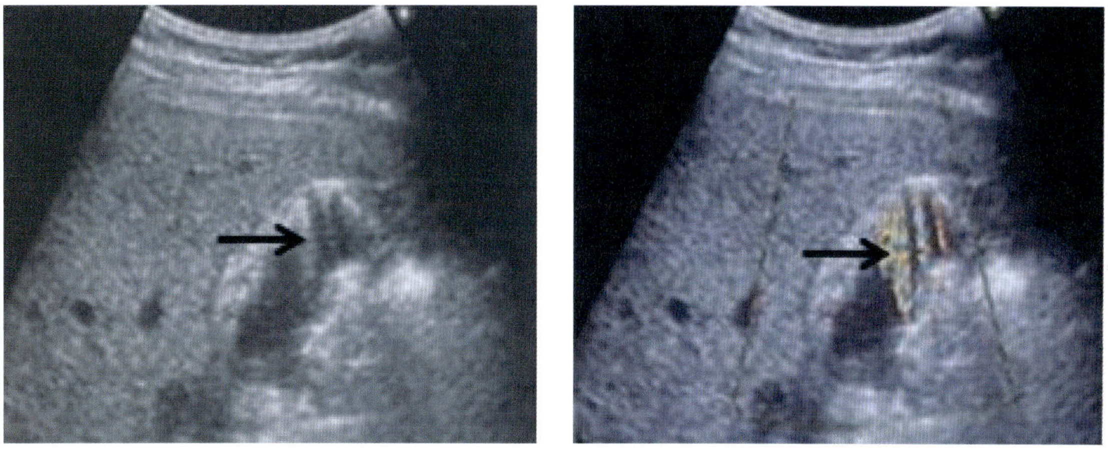

(a) (b)

▶ 그림 7-17. 색 도플러 석회화 인공음영(a: comet tail echo, b: 석회화 인공음영)

핵심문제 및 해설

아래의 문항에서 가장 알맞은 답가지 하나를 고르시오.

문항 01 복부 초음파검사에서 경면현상(mirror artifact)의 반사체로 작용하는 장기는?

① 쓸개(GB) ② 대동맥(aorta) ③ 배막(peritoneum)
④ 가로막(diaphragm) ⑤ 샘창자(duodenum)

해설 경면현상은 거울에 비춰진 물체가 거울 속에 있는 것과 같은 현상으로 거울면현상이라고도 한다. 가로막은 거울 면과 같은 반사체로 작용한다.

문항 02 초음파검사에서 후방음향증강이 일어나는 경우는?

① 석회화의 옆면 ② 낭성 종괴의 옆면
③ 뼈 전방에서 반사할 때 ④ 액체를 통과할 때의 후방
⑤ 공기를 진행할 때의 후방

해설 후방음향증강(posterior acoustic enhancement)은 초음파가 흡수계수가 적은 쓸개, 방광, 낭성 종괴, 뱃물 등의 액체성분을 통과한 후방에 발생한다.

문항 03 초음파의 굴절현상에 의해 나타나는 인공음영(artifact)으로 옳은 것은?

① 측방음영(lateral shadow)
② 곁엽허상(side lobe artifact)
③ 다중반사(reverberation artifact)
④ 후방음향음영(posterior acoustic shadow)
⑤ 후방음향증강(posterior acoustic enhancement)

해설 초음파가 진행할 때 전파속도가 다른 두 매질 사이에서 굴절이 발생한다. 특히 전파속도가 차이나는 원형 매질의 양쪽에 측방음영이 발생한다.

문항 04 초음파검사 시 후방음향음영(posterior acoustic shadow)이 나타나는 질환은?

① 간과 혈관종 ② 콩팥과 콩팥암 ③ 쓸개와 쓸개돌
④ 이자와 이자물혹 ⑤ 지라와 지라 결핵

해설 초음파검사에서 전반사가 일어난 뒤쪽에는 후방음향음영이 발생한다. 이러한 현상은 임피던스 차가 많이 나는 뼈, 석회화, 공기 등이다. 후방음향음영이 일어나는 대표적인 질환은 결석(돌)이다. 쓸개돌은 쓸개즙과 임피던스 차가 매우 커서 선명한 후방음향음영을 보인다.

정답 1. ④ 2. ④ 3. ① 4. ③

문항 05 초음파검사에서 두 매질 사이의 전파속도 차이에 의해 발생하는 인공음영은?

① 경면현상 ② 곁엽현상 ③ 다중반사
④ 측방음영 ⑤ 여운허상

해설 측방음영은 두 매질 사이의 전파속도 차이에 의한 굴절이 주원인이다. 측방음영은 쓸개, 낭포, 유선섬유선종, 섬유성 피막을 갖는 간세포암 등의 가쪽에 나타난다.

문항 06 도플러 초음파검사에 나타나는 인공물은?

① 엘리어싱(aliasing)
② 렌즈효과(lens effect)
③ 측방음영(lateral shadow)
④ 부엽현상(side lobe artifact)
⑤ 후방음향음영(posterior acoustic shadow)

해설 렌즈효과, 측방음영, 부엽현상, 후방음향음영, 후방음영증강 등은 회색도 초음파에서 발생하는 음공음영이고 엘리어싱(반접현상), 도플러 각에 의한 인공음영, 색 플레쉬, 석회화 인공음영 등은 도플러 초음파에서 발생하는 인공음영이다.

문항 07 아래의 초음파 인공음영 중 형태가 다른 하나는?

① 분해능(resolution)
② 측방음영(lateral shadow)
③ 다중반사(reverberation artifact)
④ 음속두께 허상(beam thickness artifact)
⑤ 후방음향음영(posterior acoustic shadow)

해설 인공음영은 형태에 따라 크게 not real과 missing의 두 가지로 나뉜다. 실제는 인체에 없는데 영상에 나타나는 경우(not real)로 다중반사, 후방음향음영, 후방음향증강, 음속두께허상, 경면현상 등이 있고 실제로 인체에 있는데 영상에 나타내지 못하는 경우(missing)로 분해능(저하)이 있다.

문항 08 초음파검사에서 위치정보를 부정확하게 나타내는 인공음영은?

① 렌즈효과 ② 측방음영 ③ 경면현상
④ 음속두께 허상 ⑤ 전파속도 오차

해설 초음파진단장치는 생체 연부조직의 평균 전파속도를 1,540 m/s로 세팅한다. 거리방정식이 예상한 전파속도의 값이 기기 결함으로 부정확할 때 전파속도 불일치가 발생하여 부정확한 위치에 정보를 제공하는 데, 이와 같은 인공음영을 전파속도 오차라고 한다.

정답 5. ④ 6. ① 7. ① 8. ⑤

문항 09 회색도 초음파에서 동일 간격을 유지하면서 점차 휘도가 감소하는 특징을 갖는 인공음영(artifact)은?

① 반접현상(aliasing)
② 부엽 허상(side lobe artifact)
③ 경면현상(mirror phenomenon)
④ 다중반사(reverberation artifact)
⑤ 다중경로반사(multi-path reflection)

해설 다중반사는 반사가 여러 번 왕복해서 나타나는 현상으로, 반사체가 동일 간격을 유지하면서 점차 휘도가 약해지는 특징을 갖는다.

문항 10 초음파검사에서 쓸개에 나타날 가능성이 없는 인공음영은?

① 렌즈 효과(lens effect)
② 부엽 허상(side lobe artifact)
③ 혜성꼬리음영(comet tail echo)
④ 석회화 인공음영(artifact by calculus)
⑤ 음속두께 허상(beam thickness artifact)

해설 대부분의 인공음영은 쓸개와 관계가 있으나 렌즈효과와 경면현상은 무관하다.

문항 11 초음파검사에서 인공음영과 발생부위의 연결이 올바른 것은?

① 다중반사－물의 뒤
② 여운허상－쓸개의 앞
③ 혜성꼬리－방광의 뒤
④ 경면현상－쓸개의 옆
⑤ 렌즈효과－복직근 뒤

해설 다중반사는 쓸개, 방광, 복수의 안에서, 여운허상은 가스의 뒤에서, 혜성꼬리는 쓸개 안에서, 경면현상은 가로막 뒤에서, 렌즈효과는 복직근 뒤에서 발생한다.

문항 12 회색도 초음파에서 쓸개의 선근종증이나 작은 살버섯의 석회화에 의해 발생되어지는 인공물(artifact)은?

① 분해능(resolution)
② 부엽 허상(side lobe artifact)
③ 여운허상(ring down artifact)
④ 혜성꼬리음영(comet tail echo)
⑤ 다중반사(reverberation artifact)

해설 쓸개의 선근종증이나 살버섯(polyps)의 석회화에 의한 다중반사를 혜성꼬리음영이라고 한다. 선근종증은 쓸개 벽에 고드름 모양의 혜성꼬리를 형성하여 질병을 쉽게 감별하게 한다.

정답 9. ④ 10. ① 11. ⑤ 12. ④

문항 13 유방의 미세 석회화를 관찰하기 위해 7.5 MHz 프로브로 주사하였으나 해상력이 좋지 않아 자세히 구분할 수 없었다. 필요한 주파수는(MHz)?

① 2.0 ② 3.5 ③ 5.0 ④ 7.5 ⑤ 10.0

해설 분해능(resolution)은 두 점을 분해해서 표시할 수 있는 능력이다. 분해능이 있으면 두 개로 구분되어 보이고 분해능이 없으면 하나로 보인다. 주파수를 높이면 분해능이 개선된다.

문항 14 쓸개 초음파를 하는 중에 쓸개 안에 슬러지(sludge)를 관찰하였다. 이것이 슬러지인지, 부엽 허상인지 확인하는 방법은?

① 주파수를 증가한다.
② 프로브를 교환한다.
③ 물을 200 ㎖ 마신다.
④ 도플러초음파를 한다.
⑤ 환자자세를 변환한다.

해설 환자자세를 변환하거나 주사방향을 변경하면 부엽현상은 사라지지만 슬러지는 형태가 변한 상태로 계속 관찰된다.

문항 15 회색도 초음파에서 발생하는 인공음영은?

① 반접현상 ② 부엽현상 ③ 플레시 아티펙트
④ 석회화 인공음영 ⑤ 도플러 각 인공음영

해설 도플러 인공음영은 반접현상, 경면현상, 색플레시아티펙트, 석회화인공음영, 도플러 각에 의한 인공음영 등이 있다.

문항 16 온목동맥의 색 도플러를 시행하는 과정에서 플러스 도플러 시프트가 펄스반복주파수(PRF)의 1/2을 초과하여 혈관의 색 표시가 일부분 반대의 색으로 나타났다. 이 같은 인공음영을 무엇이라고 하는가?

① 경면현상
② 반접현상
③ 다중경로반사
④ 플레시 아티펙트
⑤ 도플러 각도 인공음영

해설 도플러 초음파에서 도플러 시프트주파수가 PRF의 1/2을 초과하면 반접현상이 발생한다. 반접현상에서 색 도플러는 색이 빈대로(reversal color)로 나타나고 스펙트럴 도플러는 위치가 반대(reversal position)로 나타난다.

정답 13. ⑤ 14. ⑤ 15. ② 16. ②

문항 17 색 도플러로 복부초음파를 하는 과정에서 장내 가스의 움직임으로 인한 (　　)의 인공음영이 발생하여 프로브 주사방향을 변경하여 주사하였다. (　) 안에 들어갈 내용은?

① 경면현상　② 반접현상　③ 석회화 인공음영
④ 플레시 아티펙트　⑤ 도플러 각도 인공음영

해설 색 플레시 아티펙트는 장내 가스의 움직임에 의한 인공음영이다. 연동운동에 의해 장 안의 가스가 움직이면 도플러 시프트가 발생하고 이로 인해 허상의 색표시가 나타난다.

문항 18 그림에서 화살표 한 것의 인공음영(artifact)은?

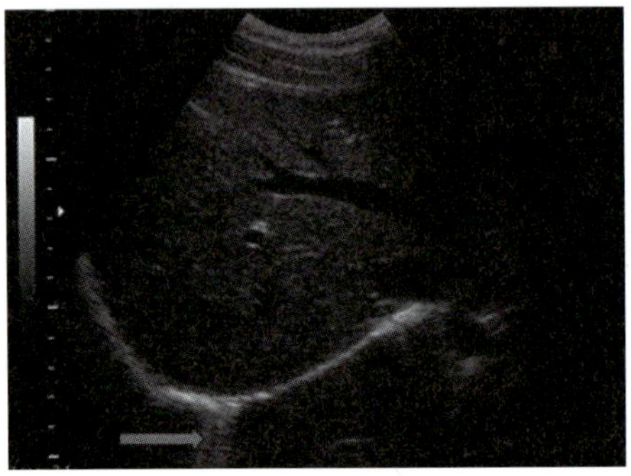

① 거울허상(mirror artifact)　② 여운허상(ring down artifact)
③ 혜성꼬리음영(comet tail echo)　④ 다중반사(reverberation artifact)
⑤ 후방음향증강(posterior enhancement)

해설 가로막 아래는 폐이며 폐 안의 가스에 의한 여운허상이 고드름처럼 보인다.

문항 19 그림에서 화살표 한 곳의 인공음영은?

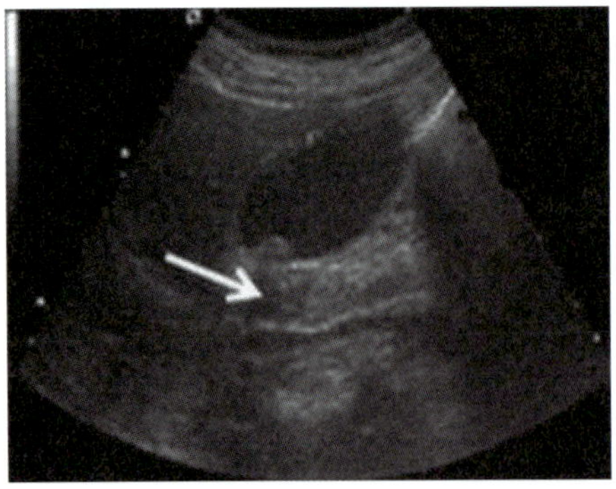

① 담니에 의한 음영 감쇠　② 가로막에 의한 거울면 현상
③ 낭종에 의한 후방음영증강　④ 쓸개돌에 의한 후방음향음영
⑤ 살버섯에 의한 혜성꼬리에코

해설 쓸개 초음파검사에서 쓸개 안에 stone이 보이고 후방음향음영이 발생하였다.

정답 17. ④ 18. ② 19. ④

문항 20 사진의 쓸개 벽에 나타난 인공음영(artifact)의 명칭은?

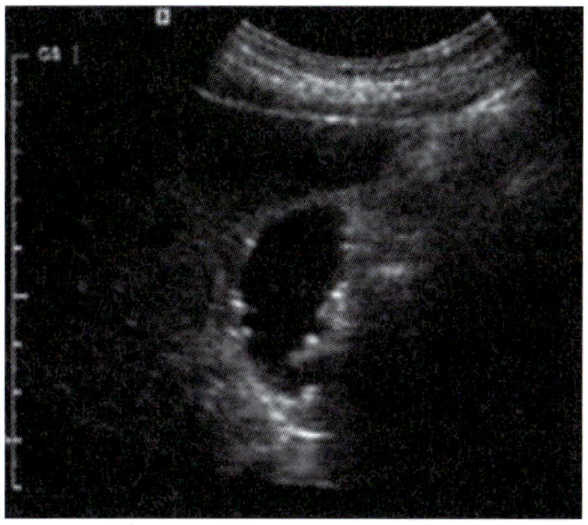

① 혜성꼬리(comet tail)
② 측방음영(edge shadow)
③ 경면현상(mirror phenomenon)
④ 부극현상(side lobe phenomenon)
⑤ 후방음향음영(posterior acoustic shadowing)

해설 쓸개 벽에 선근종증(adenomyomatosis)에 의한 혜성꼬리음영(comet tail echo)이 여러 개가 보인다.

문항 21 사진의 화살표 한 허상(artifact)이 발생한 원인은?

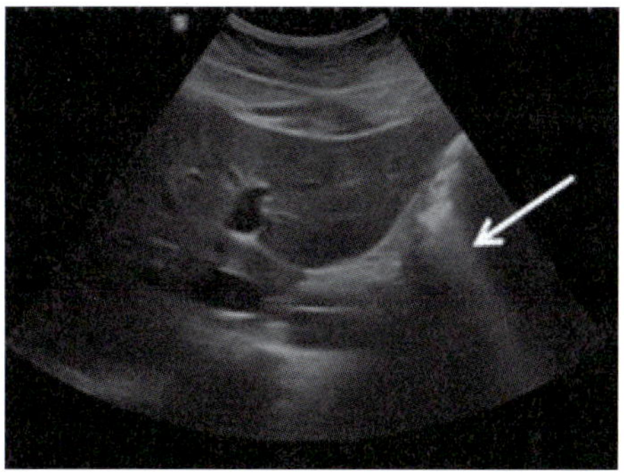

① 반사　② 산란　③ 굴절
④ 회절　⑤ 흡수

해설 간 왼엽 아래에 장내 가스로 인한 다중반사로 여운허상(ring down artifact)이 길게 발생하였다.

정답 20. ① 21. ①

문항 22 사진의 쓸개(gall bladder) 뒤에 나타난 음향적 특징은?

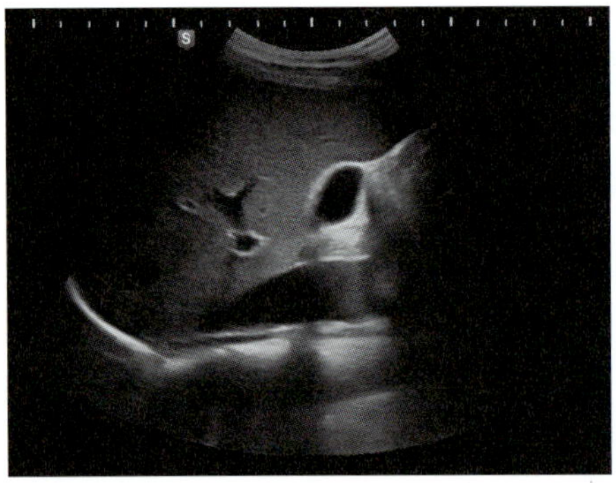

① 굴절(refraction)
② 전반사(total reflection)
③ 다중반사(reverberation artifact)
④ 후방음향음영(posterior acoustic shadow)
⑤ 후방음향증강(posterior acoustic enhancement)

해설 후방음영증강은 초음파 에너지의 증가로 인해 휘도가 증강되어 나타나는 현상이다. 후방음영증강은 초음파 감쇠계수가 적은 쓸개, 방광, 낭성 종괴 등의 후방에 나타난다. 즉, 후방음향증강이 발생한다는 것은 매질의 앞에 초음파 에너지 감쇠가 적은 조직이 있다는 증거이다.

문항 23 사진의 화살표 한 것의 원인은?

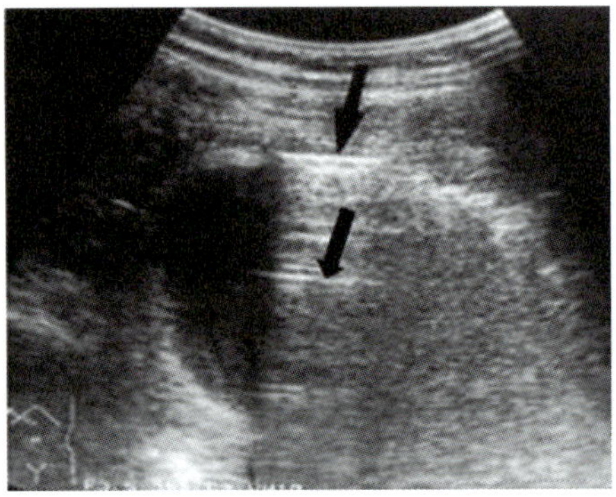

① 반접현상(aliasing)
② 여운허상(ring down artifact)
③ 경면현상(mirror phenomenon)
④ 다중반사(reverberation artifact)
⑤ 부극현상(side lobe phenomenon)

해설 쓸개 초음파검사에서 복벽에 의한 다중반사로 쓸개 안에 3개의 선이 보인다. 다중반사는 동일 간격으로 휘도가 점차 감소하여 나타난다.

정답 22. ⑤ 23. ④

문항 24 그림의 화살표 한 부분의 음영결손이 일어난 원인은?

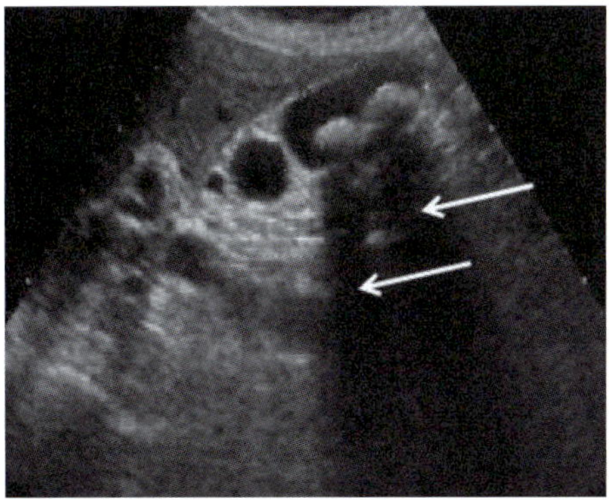

① 굴절 ② 흡수 ③ 산란
④ 전반사 ⑤ 다중반사

해설 전반사는 임피던스 차이가 커서 입사한 초음파가 투과파가 없이 모두 반사하는 것을 의미한다. 전반사가 발생하면 매질의 뒤에 선명한 후방음향음영이 나타난다. 그림에서 큰 두 개의 쓸개돌이 전반사에 의한 선명한 후방음향음영을 보인다.

문항 25 그림에 대한 설명으로 옳은 것은?

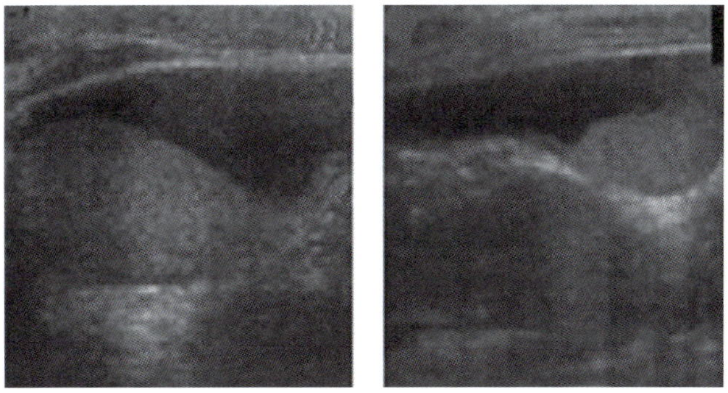

① 벽에 저음향성 환이 보인다.
② 밀도가 높은 쓸개즙이 보인다.
③ 부엽에 의한 인공음영이 보인다.
④ 다중경로반사 의한 허상이 보인다.
⑤ 돌로 인한 후방음향음영이 보인다.

해설 그림은 쓸개 초음파 영상으로 왼쪽 그림에서 쓸개 안에 슬러지(담니)가 보이고 환자자세를 변경한 오른쪽 그림에서도 레벨을 달리한 슬러지가 보인다. 만약 부엽에 의한 허상이라면 환자자세를 변경한 오른쪽 그림에서는 슬러지가 관찰되지 않았을 것이다.

정답 24. ④ 25. ②

문항 26 화살표 한 것의 인공음영은?

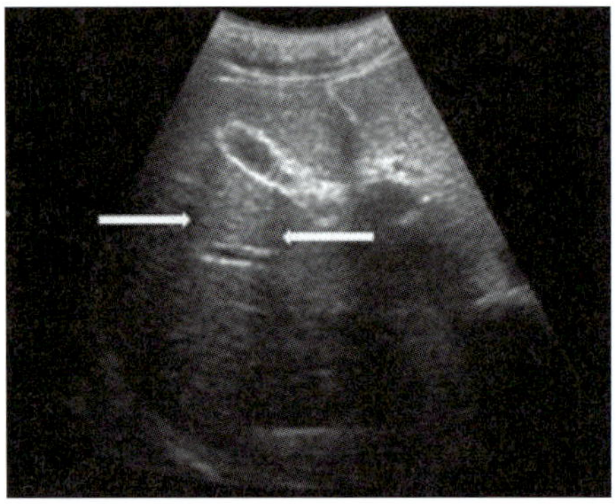

① 측방음영(edge shadow)
② 다중반사(reverberation)
③ 경면현상(mirror phenomenon)
④ 후방음향음영(posterior acoustic shadow)
⑤ 후방음향증강(posterior acostic enhancement)

해설 측방음영은 두 매질 사이의 전파속도 차이에 의한 굴절이 주원인이다. 측방음영은 원형 또는 타원형의 낭성조직의 가쪽에서 발생한다. 그림에서 쓸개 단면의 양쪽 가쪽에 측방음영이 선명하게 보인다.

문항 27 그림의 설명 중 맞는 것은?

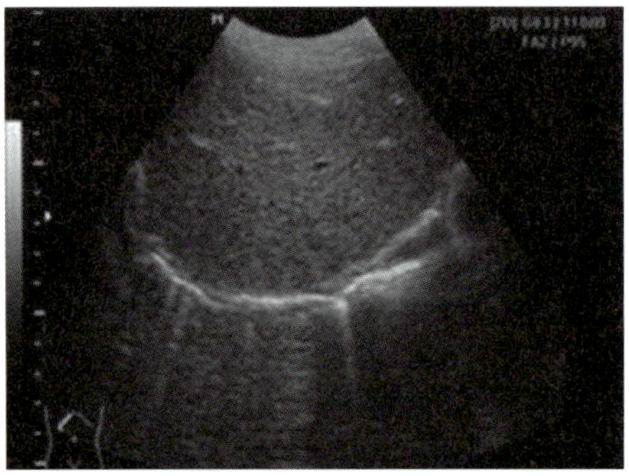

① 쓸개가 보인다.
② 여운허상이 보인다.
③ 고주파수를 사용하였다.
④ 고환을 세로주사하였다.
⑤ 부채꼴 프로브로 주사하였다.

해설 3.5 MHz의 convex 프로브로 간초음파를 한 영상이다. 간의 dome이 보이고 가로막과 폐 사이에 공기에 의한 여운허상이 길게 관찰된다.

정답 26. ① 27. ②

문항 28 그림에 나타난 인공물(artifact)은?

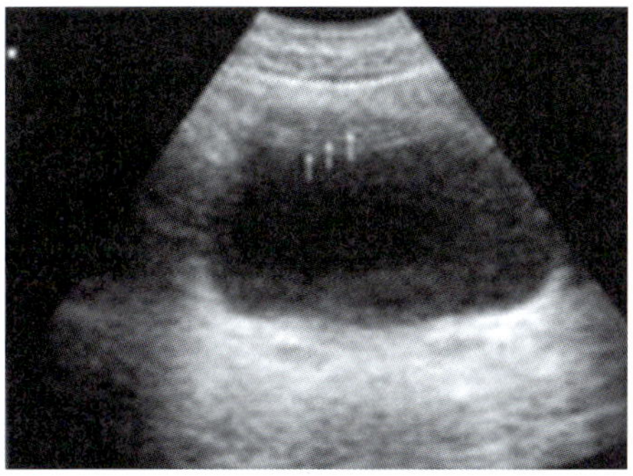

① 렌즈효과(lens effect)
② 다중반사(reverberation)
③ 경면현상(mirror phenomenon)
④ 곁엽현상(side lobe phenomenon)
⑤ 빔폭허상(beam thickness artifact)

해설 방광의 가로주사이며 방광의 위 부분에 다중반사로 인한 띠 모양의 선이 보인다.

문항 29 그림에 대한 설명으로 옳은 것은?

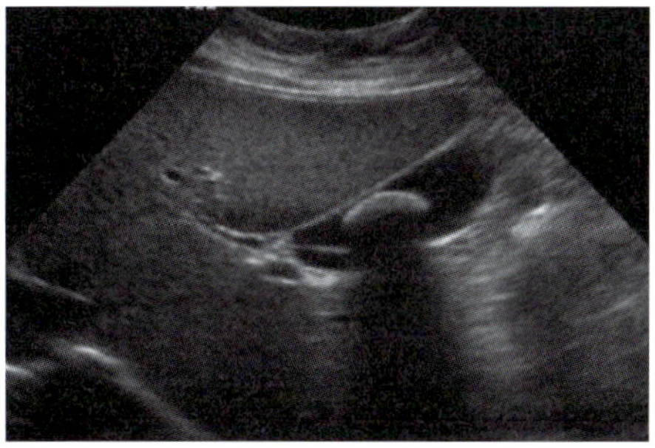

① 콩팥을 세로주사하였다.
② 쓸개 뒤에 후방음향음영이 보인다.
③ 결석과 쓸개즙의 임피던스 차이가 적다.
④ 낭성물질 옆에 굴절에 의한 측방음영이 보인다.
⑤ 간 안에 악성종양에 의한 모자이크 패턴이 보인다.

해설 쓸개 초음파에서 쓸개 목(GB neck) 부위에 huge stone이 보이고 그 뒤에 후방음향음영이 선명하게 나타났다. 결석과 쓸개즙은 impedance 차가 커서 전반사가 발생하고 그 결과로 clean shadow가 나타난다.

정답 28. ② 29. ②

문항 30 그림에 대한 설명이 옳은 것은?

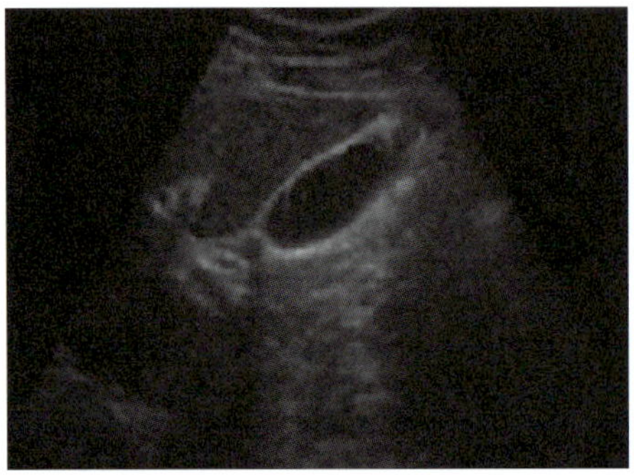

① 간 안에 점상의 고 에코가 여러 개 보인다.
② 간 왼엽에 물혹과 석회화된 물질이 여러 개 보인다.
③ 간에 후방음영증강과 함께 무 에코의 물혹이 보인다.
④ 쓸개 벽에 혜성꼬리와 함께 고 에코의 물질이 보인다.
⑤ 쓸개 안에 후방음향음영을 동반한 고 에코의 이동물질이 보인다.

해설 방광의 가로주사이며 방광의 위 부분에 다중반사로 인한 띠 모양의 선이 보인다.

문항 31 그림에서 다중반사에 의한 인공음영(artefact)이 나타난 것은?

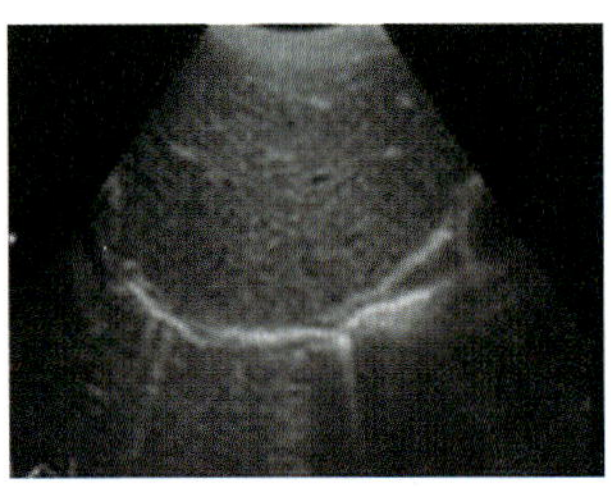

(가)

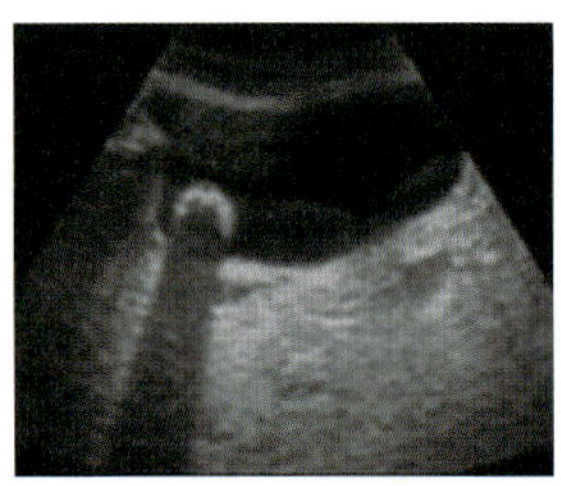

(나)

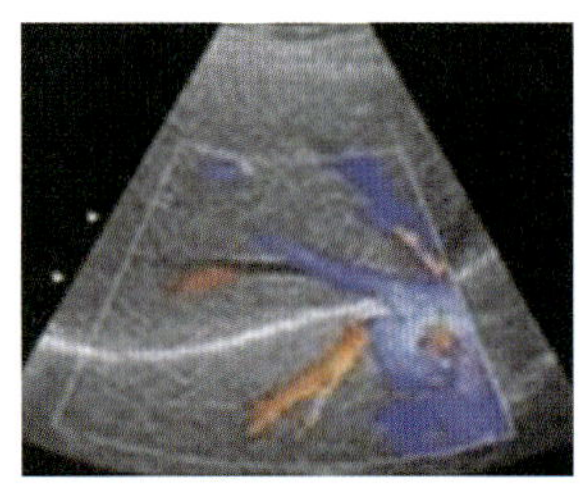

(다)

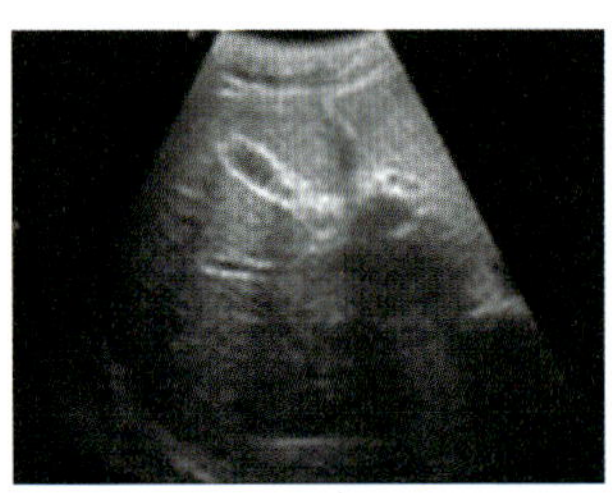

(라)

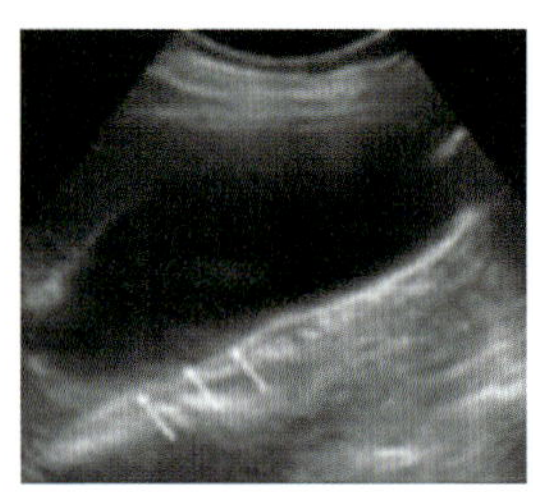

(마)

① 가 ② 나 ③ 다 ④ 라 ⑤ 마

해설 가는 다중반사에 의한 여운허상이고, 나는 쓸개돌에 의한 후방음향음영이고, 다는 가로막을 경계로 간 정맥이 나타난 색 도플러 경면현상이고, 라는 쓸개 가쪽에 측방음영이 나타난 것이고, 마는 부극현상이다.

정답 30. ④ 31. ①

문항 32 그림에서 화살표가 가리키는 곳의 인공물은?

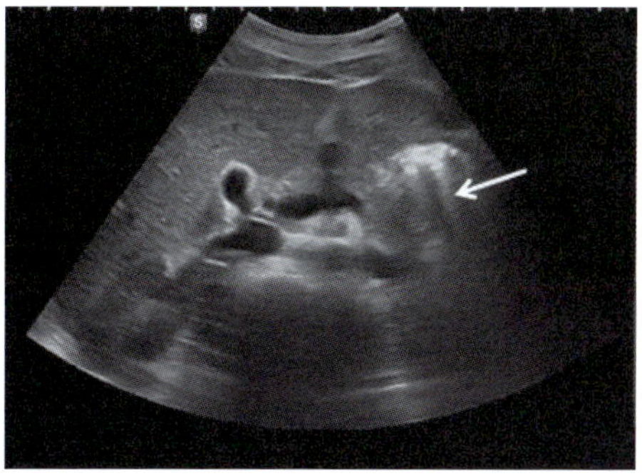

① 거울 인공물(mirror artifact)
② 곁엽 인공물(side lobe artifact)
③ 여운 인공물(ring down artifact)
④ 격자엽 인공물(grating lobe artifact)
⑤ 다중경로반사 인공물(multipath reflection artifact)

해설 이자의 가로주사영상에서 이자꼬리의 위 부분에 가스로 인해 여운허상(ring down artifact)이 고드름처럼 길게 보인다.

정답 32. ③

제8장

초음파진단장치의 정도관리

수업 목표

1. 초음파 정도관리의 목적에 대하여 설명할 수 있어야 한다.
2. 초음파 QA 팬텀의 사용 목적에 대하여 설명할 수 있어야 한다.
3. 초음파 팬텀의 TMM과 표적물질의 성질에 대하여 설명할 수 있어야 한다.
4. 데드존의 의미를 알고 평가방법을 설명할 수 있어야 한다.
5. 거리 분해능의 의미를 알고 평가방법을 설명할 수 있어야 한다.
6. 측 분해능의 의미를 알고 평가방법을 설명할 수 있어야 한다.
7. 수직거리 정확성의 의미를 알고 평가방법을 설명할 수 있어야 한다.
8. 수평거리 정확성의 의미를 알고 평가방법을 설명할 수 있어야 한다.
9. 균질성의 의미를 알고 평가방법을 설명할 수 있어야 한다.
10. 최대투과심도의 의미를 알고 평가방법을 설명할 수 있어야 한다.
11. 기능적 분해능의 의미를 알고 평가방법을 설명할 수 있어야 한다.

01 정도관리의 목적

대부분의 영상의학과는 운영하는 모든 진단장치에 대해 주기적으로 정도관리를 시행한다. 특히 엑스선 유방촬영장치, CT, MRI 등은 특수의료장비로 분류되어 의무적으로 정도관리를 시행하고 있으며, 정도관리에 오차가 발생하면 사용정지를 비롯해 행정지도를 받는다. 초음파검사는 현재 암, 심장, 뇌혈관, 희귀난치질환 등의 4대 중증질환자에 대해 건강보험을 적용하고 있고, 2019년에 전립선초음파검사와 자궁 및 여성생식기계 초음파검사로 대상이 확대되었다. 2021년까지는 모든 부위의 초음파검사가 적용 대상으로 확대될 예정이며 이와 동시에 의무적인 정도관리가 시행될 계획으로 있다. 초음파 정도관리의 목적은 진단장치의 성능을 평가하고 항상성을 유지하여 노후화를 예측하고 결함에 대비하는데 있으며, 이를 통해 재검사나 검사시간 지연 또는 유지와 보수시간을 줄일 수 있다. 혹자는 초음파진단장치는 휘도와 계조도가 주관적이어서 검사를 시행하면서 관리할 수 있기 때문에 굳이 정도관리의 필요성을 부인하기도 하지만, 사전에 주기적으로 정도관리를 해야 하는 것은 방사선발생장치와 초음파진단장치에 차이가 있지 않다. 특히 최근의 모든 장비들은 디지털화되어 환경에 민감하기 때문에 주기적으로 관리를 하는 것이 효율적인 유지와 보수를 위하여 반드시 필요하다. 초음파진단장치의 성능을 평가하는 데는 초음파 팬텀(ultrasound phantom)이 필요하다. 정도관리에 사용하는 초음파 팬텀은 분해능 측정 팬텀, 휘도 측정 팬텀, 균질성 측정 팬텀 등 여러 가지 제품이 상용화되고 있지만 대부분 이러한 모든 내용을 포함하는 다목적용 초음파 QA 팬텀(ultrasound multi-purpose QA phantom)을 사용한다.

02 초음파 팬텀의 구성과 특성

초음파 팬텀은 크게 두 가지로 구분한다. 하나는 초음파진단장치의 성능을 평가하는 quality assurance phantom(performance phantom)이며, 다른 하나는 초음파검사의 skill과 technique을 향상시킬 목적으로 사용하는 training phantom(previous phantom)이다. QA 팬텀은 초음파 분해능, 거리정확성, 휘도 분포 등을 측정하는 기능이 포함된 다양한 목적의 팬텀이 상용화되어 있으며, 트레이닝 팬텀은 현재 초음파 연습용 전신 팬텀(anthropomorphic torso whole body section phantom), 초음파 유방 팬텀(anthropomorphic breast phantom), 초음파 갑상선 팬텀(anthropomorphic thyroid phantom), 도플러 팬텀(Doppler phantom) 등이 상용화되어 실제 초음파검사를 시행하기 전에 주사방법과 주사기술(scanning skill)을 익기거나 조직검사(needle biopsy) 또는 흡인술(sonoguide aspiration)을 연습하는데 이용한다. 그림 8-1(a)는 다목적 QA 팬텀이며 (b)는 실제 유방 형상과 유사한 유방 초음파용 트레이닝 팬텀으로 팬텀 안의 백 그라운드 표적 물질에 Chiba needle을 삽입하고 있는 모습이다. 그림 8-1(c)는 갑상선 초음파 연습용 트레이닝 팬텀으로 내부에 갑상선과 그 주위의 혈관을 포함하고 있어 갑상선 주사 테크닉과 흡인술 등을 연습할 수 있다.

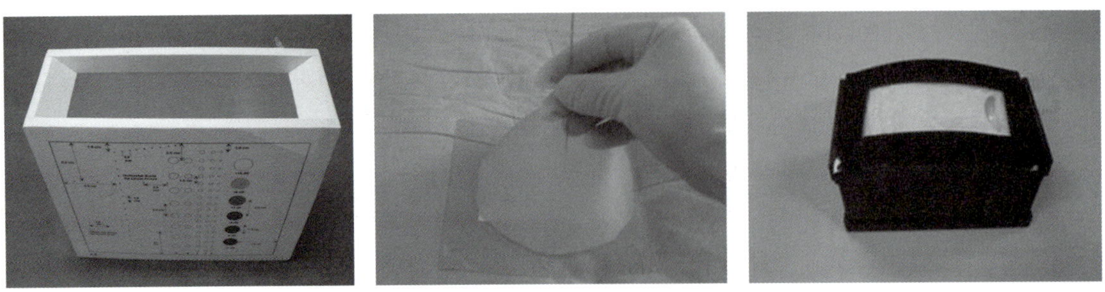

(a) (b) (c)

▶ 그림 8-1. 초음파 팬텀(a: QA phantom, b: training breast phantom, training thyroid phantom)

1) 초음파 팬텀의 구성

초음파 팬텀(ultrasound phantom)은 다양한 형태와 크기로 제작하지만 기본적으로 초음파 조직등가물질(ultrasound tissue mimicking materials, TMM), 표적물질(target materials), 하우징(housing) 등의 세 가지 물질로 구성된다. TMM은 팬텀의 가장 중요한 구성 물질로 연부조직과 유사한 특성을 갖는 물질이며, 표적물질은 팬텀의 목적에 따라 다양하게 제작하여 TMM 안에 삽입하는 물질이다. 그리고 하우징은 TMM의 형태를 유지하고 오염의 방지와 외부 충격으로부터 보호하는 역할을 한다.

(1) 초음파 조직등가물질(ultrasound tissue mimicking materials, TMM)

TMM은 인체 연부조직과 유사한 초음파 전달 특성을 가진 물질로 그림 8-2와 같이 Hydrogel 형과 rubber-based(urethane)형이 있다. Hydrogel형은 연부조직과 유사한 탄력성을 가진 형태로 연부조직과 동일한 전파속도를 지닌 것이 특징이다. 하지만 조직이 부드러워 손상의 가능성이 크고 온도와 충격에 약하여 rubber-based 형에 비해 사용수명이 짧다. 이에 비해 rubber-based형은 견고하고 탈수에 영향이 적고 주위 환경에 의한 영향을 덜 받아 사용수명이 긴 장점이 있으나 연부조직과 전파속도가 일치하지 않는 단점이 있다. 각각의 장단점이 있으나 현재는 대부분 rubber-based type을 많이 사용한다.

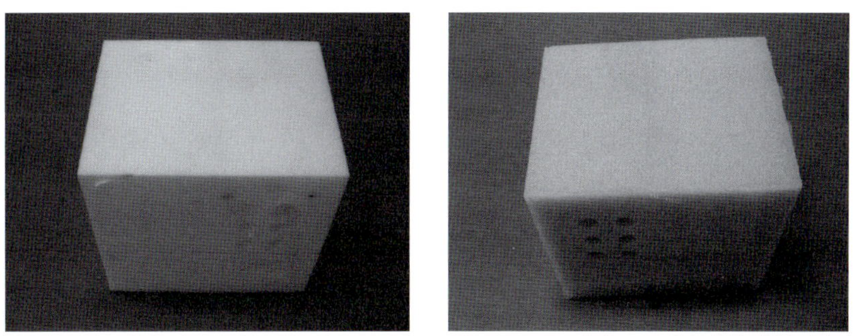

(a) (b)

▶ 그림 8-2. Hydrogel TMM(a)과 rubber-based(urethane) TMM(b)

TMM은 고분자 인공합성물질이기 때문에 온도에 민감하다. 특히 Hydrogel형은 rubber-based 형에 비해 온도에 더욱 민감하기 때문에 사용하기 수 시간 전에 23℃를 유지하여야 한다. 일반적으로 팬텀 표면에 막대 온도가 부착되어 있으므로 사용하기 전에 온도를 확인하는 것이 바람직하다. 미국초음파의학회(AIUM)의 기준에 의하면 TMM은 전파속도 1,540±10 m/s, 감쇠 0.5~0.7 dB/cm/MHz, 에코 레벨은 정상 간과 유사한 에코 양상(normal liver echo pattern), 탈수는 0.00005 g/일/cm^2(hydrogel type) 등으로 규정하고 있다. TMM은 과거에 비해 제조 방법이 많이 개선되어 연부조직과 매우 유사한 초음파 전달 특성을 갖지만 생체 조직과는 여전히 차이가 있으며 미국, 유럽, 일본 등에서 지속적인 연구가 활발히 진행되고 있다. 국내에서도 마상철, 김화선 등에 의해 rubber-based type TMM의 개발과 QA 팬텀의 국산화에 성공하고 특허를 받았다. Hydrogel형과 rubber-based(urethane)형 TMM의 특징은 표 8-1과 같다.

표 8-1. Hydrogel형과 rubber-based(urethane)형 TMM의 특징

특성	hydrogel TMM	rubber-based(urethane) TMM
전파속도	일치(1,540 m/s)	불일치, 0.5 dB/cm/MHz=1,450 m/s
측정치	환경에 의해 변함	환경에 의해 불변
온도	변함(49℃ 이상, 0℃ 이하)	거의 불변(49℃ 이상, 0℃ 이하)
충격	약함	강함
탈수율	0.00005 g/일/cm^2	영향 적음
사용연한	2~3년	10년 이상

2) 표적물질(target materials)

표적물질은 TMM에 삽입하는 물질로 팬텀의 용도를 결정한다. 표적물질은 선 표적물질(line target materials)과 백 그라운드 물질(background materials)로 구분한다. 선 표적물질은 나일론 모노 필라멘트(nylon mono-filament)를 사용하여 데드존, 거리분해는, 측 분해능, 수평과 수직거리 정확성 등을 평가할 목적으로 사용하고 백 그라운드 물질은 흑연분말(graphite powder)을 폴리우레탄(polyurethane)과 합성하여 기능적 해상력(functional resolution)을 평가하는 데 이용한다. 나일론 모노 필라멘트는 미세 간격으로 설치하여 분해능을 평가하는 물질로써 직경이 1.0 mm 이상이면 자체의 다중반사로 인해 분해 능력을 평가하기가 어렵다. 백 그라운드 물질은 흑연분말과 폴리우레탄을 합성하여 5 dB 간격으로 −15 dB부터 +15 dB까지 회색도 분포를 나타낼 수 있어야 한다. 그림 8-3(a)는 초음파 QA 팬텀의 선 표적물질과 백 그라운드 물질의 단면을 나타낸 것이며 (b)는 TMM을 충전하기 전의 팬텀 내부의 모형이다. 이 모형 안에 표적물질과 TMM을 합성하여 차례로 충전하고 수 시간 경화시켜 QA 팬텀을 제작한다.

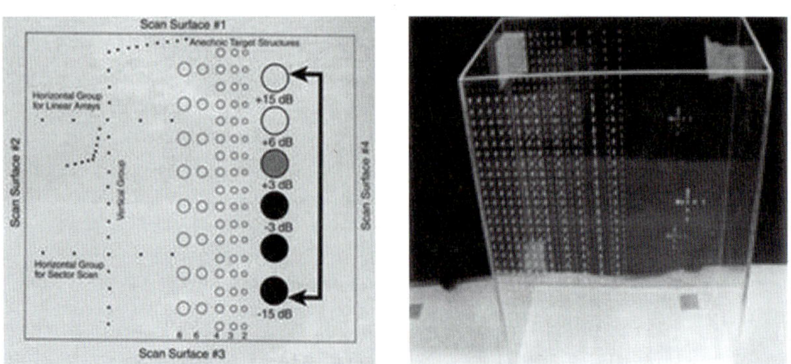

(a) (b)

▶ 그림 8-3. 표적물질의 단면(a)과 TMM 충전 전 내부 모형(b)

3) 하우징(housing)

하우징은 TMM을 외부 충격과 오염으로부터 보호하는 역할을 한다. 재료는 플라스틱 또는 PVC를 사용한다. QA 팬텀은 하우징을 사용하지만 previous phantom은 하우징을 사용하지 않는 경우도 있다.

03 정도관리 방법

한국은 아직 초음파 정도관리에 관한 구체적인 프로토콜(protocol)이 없어 통상 미국초음파의학회(AIUM) 안을 준용하고 있다. AIUM은 표 8-2와 같이 기본적으로 10개 점검항목을 제시하고 일일점검과 주기점검으로 구분하고 있다. 초음파검사는 결국 모니터를 보고 진단하는 것이기 때문에 진단장치의 분해능도 중요하지만 모니터의 특성도 이에 못지않게 중요하다. 또한 영상 저장의 측면에서도 하드카피(hard copy)나 소프트카피(soft copy) 시 모니터의 분해능과 일치하는지를 점검하여야 한다. 따라서 최적의 영상을 얻기 위해서는 우선 모니터의 휘도와 대조도를 적절히 설정하고 기본적으로 출력(power), 회색도 레벨(gray scale level), 게인(gain), 시간게인보상(TGC), 동적영역(dynamic range) 등의 값을 연계 조절하여 설정하여야 한다. 그리고 설정값은 매일 기록하여 유지보수에 활용한다.

표 8-2. 초음파 QA 평가 항목

일일 점검	주기 점검
모니터 정확성	사각구역
하드카피 정확성	거리 분해능
영상 균질성	측 분해능
영상투과심도	폭 분해능
수직과 수평거리 정확성	기능적 해상력

초음파 QA의 평가항목은 실질적으로 영상균질성(image uniformity), 영상투과심도(maximum penetration), 수직거리 정확성(vertical distance accuracy), 수평거리 정확성(horizontal distance accuracy), 사각지역(dead zone), 거리 분해능(axial resolution), 측 분해능(lateral resolution), 기능적 해상력(functional resolution) 등 8개 항목으로써 매년 국제회의를 개최하고 이에 대한 기준값을 제시하고 있다. 이들 각각의 기준값은 진단장치의 발달로 상향 조정하고 있으며 최근에 제시한 기준값과 측정값을 비교 · 평가하여 오차가 있으면 교정을 받아야 한다. TMM은 매우 예민하기 때문에 팬텀을 사용할 때는 TMM 표면에 상처가 나지 않도록 주의하고 항상 청결을 유지해야한다. 주사를 할 때는 표면에 초음파 젤(sonic gell)을 바르거나 또는 물을 채운다. 초음파 젤을 사용한 후에는 젤이 마르기 전에 물로 세척한다. 초음파 QA 시 사용하는 주파수는 2.25~15.0 MHz로 0~6.0 cm 깊이까지는 7.5 MHz 이상의 고 주파수로 주사하고 깊이 6.0 cm 이상은 7.5 MHz 이하의 주파수로 평가한다. 표적물질은 모노필라멘트와 백 그라운드 물

질로 구성되어 있으며 QA 평가항목마다 각각의 군을 형성하고 있다. 따라서 각각의 항목을 측정할 때, 측정군이 영상의 중앙에 오도록 하고 가능한 다른 군이 포함되지 않도록 유의하여야 한다. 특히 기능적 분해능을 주사할 때 ±15 dB의 6개 원형 표적에서 후방음향음영이 발생하거나 왜곡되지 않게 하여 대조도와 동적영역이 분명히 평가될 수 있게 하여야 한다. AIUM에서 제시하는 초음파 QA의 평가항목과 각각의 기준치는 표 8-3을 참고하기 바란다. 각각의 평가항목에 대한 정도관리 방법은 아래와 같다.

표 8-3. 초음파 QA 평가 항목과 기준치

항목	기준치
영상균질성	항상 일치
영상투과심도(민감도)	3.5 MHz에서 16 cm 이상
수직거리 정확성	오차≥0.1%
수평거리 정확성	오차≥0.2% 또는 2 mm
사각지역	≤1~9 mm 이내
거리 분해능	최고 0.5 mm
측 분해능	최고 1.0 mm
기능적 분해능	모든 것이 관찰 가능하고 왜곡이 없음

1) 모니터와 하드카피 정확성(monitor & hard copy fidelity)

일반적으로 초음파검사는 모니터에 나타난 영상을 관찰하면서 질병을 판단하고 저장하며 필요에 따라서 에코프린터로 하드 카피한다. 의료 영상이 디지털화 한 이후 모든 검사는 모니터를 관찰하고 질병을 판단한다. 그 만큼 영상을 형성하는 과정에서 모니터가 차지하는 비중이 크며 모니터의 휘도와 대조도를 균질하게 유지하는 것은 매우 중요한 사항이다. 모니터는 자체적으로 밝기와 대조도를 조절하는 기능이 포함되어 있고 에코프린터(echo printer)도 마찬가지이다. 따라서 일일 점검 사항으로 모니터에 관찰되는 휘도, 대조도가 에코프린터에 나타나는 휘도, 대조도와 일치하도록 조절하고 평가하여야 한다. 그리고 측정값을 정도관리 기록지에 기록한다.

2) 영상균질성(image uniformity)

영상의 균질성 평가는 영상의 앞·뒤면과 좌·우면 전체가 동일한 휘도로 나타나는가를 관찰하는 항목이다. 균질성에 영향을 미치는 파워, 게인, 회색도 레벨, 시간게인보상(TGC), 동적영역(DR) 등을 적절히 조절하여 전체적으로 균질한 영상이 되는지를 평가하고 측정값은 정도관리 기록지에 기록한다. 만약 기준치와 비교해서 영상 균질성에 문제가 있으면 보정한다. 프로브의 결함 또는 전기적인

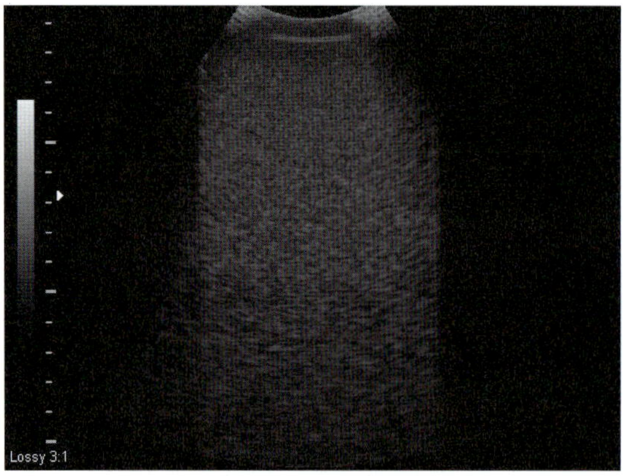

▶ 그림 8-5. 균질성 영상

결함이 발생하면 세로 줄 무늬의 영상을 보인다. 따라서 수시로 전선 피복의 상태, 전기적인 불안정, 프로브의 결손 등을 점검할 필요가 있다. 그림 8-5는 팬텀의 표적물질을 피해 균질성을 평가한 영상이다.

3) 사각구역(dead zone)

사각구역은 프로브 표면부터 최초로 반사파를 인지할 수 있는 거리이다. 데드존은 ring down이라고도 한다. 데드존 측정은 초음파 팬텀의 표면으로부터 1.0 mm 간격으로 9개의 모노필라멘트 군이 모두 점상으로 나타나게 주사한 후 표 8-4와 같은 형식의 기록지에 기록한다. 사각구역의 기준치는 3.0 MHz는 10.0 mm, 3.0~7.0 MHz는 7.0 mm, 7.0 MHz 이상에서는 4.0 mm이다. 기준치보

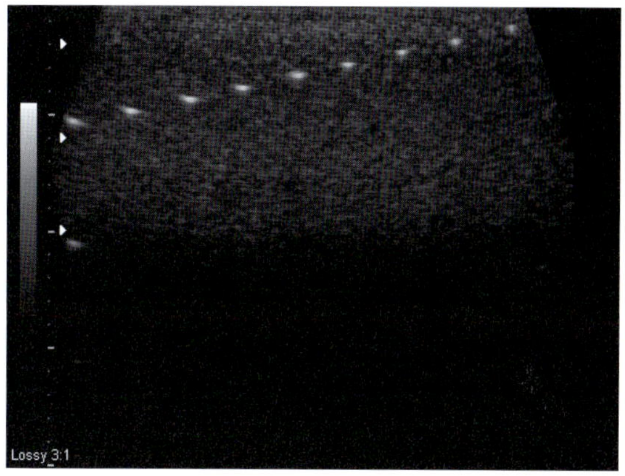

▶ 그림 8-6. 사각구역 영상

표 8-4. 초음파 정도관리 기록지(데드존의 예시)

초음파 정도관리 기록지(데드존)					
방 번호: 진단장치명: 프로브: 출력(dB): 게인(dB): TGC: DR(dB) FOV:			담당자: 검사 주기: 팬텀: 초점: 시스템 결합: 전처리: 후처리: 제파:		
기준치: mm 측정치: 3.0 MHz mm 3.0~7.0 MHz mm 7.0 MHz mm					
값	일자				
1.0 mm					
2.0 mm					
3.0 mm					
4.0 mm					
5.0 mm					
6.0 mm					
7.0 mm					
8.0 mm					
9.0 mm					
10.0 mm					

다 데드존 깊이(dead zone depth)가 증가하면 교정하여야 한다. 그림 8-6은 7.5 MHz로 주사하여 9개의 모노필라멘트를 확인한 것이다.

4) 수직거리 정확성(vertical distance accuracy)

초음파검사에서 매질의 깊이나 크기를 측정하는 것은 질병을 평가하는 데 매우 중요하다. 수직거리 정확성은 선속과 나란히 있는 매질의 깊이나 크기를 정확하게 측정하기 위한 테스트로 영상 시스템의 시간회로정확성(time circuitry integrity)이 관여한다. 수직거리 정확성의 모노필라멘트 군은 보통 1.0 cm의 간격으로 20.0 cm까지 설치되어 있다. 수직거리 정확성을 측정할 때는 프로브를 수직거리 정확성 모노필라멘트 군의 중앙에 위치시켜 수직으로 주사한다. 그리고 모노필라멘트 사이의 거리를 electronic caliper로 측정하여 기준치와 비교 · 평가한 후 정도관리 기록지에 기록한다. AIUM은 수직거리 정확성의 오차 범위를 0.1% 이내로 권고하고 있다. 그림 8-7(a)는 수직거리 정확성을 평가한 영상으로 근거리 영역과 원거리 영역에서 모두 1.01 cm로 측정되어 기준치 0.1% 오차 범위 이내인 것으로 평가된다.

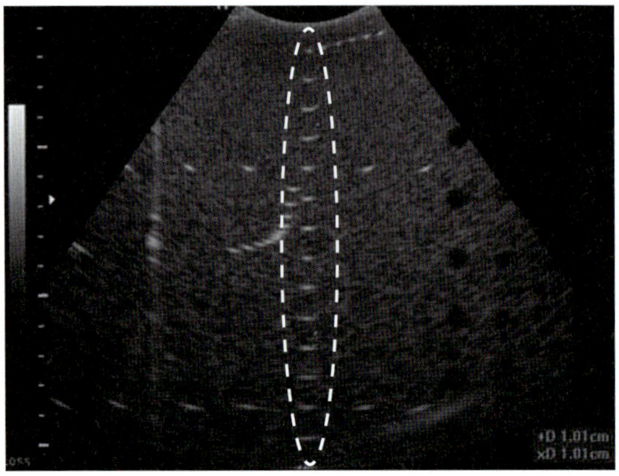

▶ 그림 8-7. 수직거리 정확성 영상

5) 수평거리 정확성(horizontal distance accuracy)

수평거리 정확성은 선속과 수직으로 있는 매질의 깊이나 크기를 정확하게 측정하기 위한 테스트이다. 수평거리 정확성은 탐촉자의 정확성(transducer integrity), 출력 강도(output intensity), 분해능(resolution) 등에 관여한다. 수평거리 정확성의 모노필라멘트 군은 보통 2.0 cm의 간격으로 각각 근거리 영역과 원거리 영역에 수평으로 설치한다. 이것을 측정할 때는 수평거리 정확성 모노필라멘트 군이 프로브의 중앙에 오도록 하여 수직으로 주사한다. 그리고 근거리와 원거리 영역에서 각각 모노필라멘트 사이의 거리를 electronic

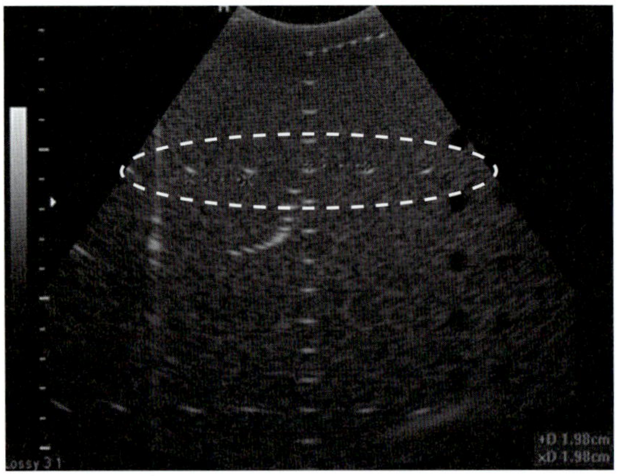

▶ 그림 8-8. 수평거리 정확성 영상

caliper로 측정하여 기준치와 비교 · 평가하고 정도관리 기록지에 기록한다. 수평거리 정확성은 0.2% 오차 범위 이내로 권고하고 있으며 그 이상이면 교정(calibration)하여야 한다. 그림 8-8은 근거리에서 수평거리 정확성을 평가한 것으로 왼쪽, 오른쪽 모두 1.98 mm로 측정되어 기준치 0.2% 오차범위 이내로 평가된다.

6) 거리 분해능(axial resolution)

거리 분해능은 선속방향과 나란히 있는 두 점을 분해해서 표시하는 능력으로 축 분해능이라고도 한다. 초음파 팬텀에는 거리 분해능을 표시하기 위해 근거리와 원거리 영역에 0.5 mm, 1.0 mm, 2.0 mm, 3.0 mm, 4.0 mm의 간격으로 선속과 나란히 모노필라멘트 군을 설치한다. 거리 분해능 측정은 프로브를 거리 분해능 군의 중앙에 위치시키고 각각의 모노 필라멘트가 점상으로 분리되어 나타나도록 수직으로 주사한다. 그리고 가장 가깝게 분리된 target을 확인하고 표 8-5의 예시와 같이 정도관리 기록지에 기록한다. 거리 분해능 오차는 0.5 mm 이하이어야 하며 기준치 이상이면 교정한다. 그림 8-9는 거리 분해능을 평가한 영상으로 가장 가까운 target이 분리된 것을 확인할 수 있다.

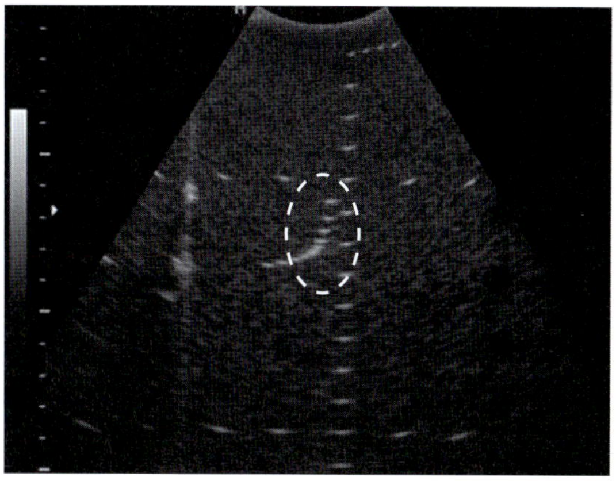

▶ 그림 8-9. 거리 분해능 영상

표 8-5. 초음파 정도관리 기록지(거리 분해능의 예시)

초음파 정도관리 기록지(거리 분해능)					
방 번호: 진단장치명: 프로브: 출력(dB): 게인(dB): TGC: DR(dB) FOV:			담당자: 검사 주기: 팬텀: 초점: 시스템 결함: 전처리: 후처리: 제파:		
기준치: 4.0 MHz, 1.0 mm 측정치: 4.0 MHz, 0.5 mm					
3 cm & 8 cm	일자				
	0.25 mm				
	0.5 mm				
	1.0 mm				
	2.0 mm				

7) 측 분해능(lateral resolution)

측 분해능은 선속과 수직 방향에 있는 두 점을 분해하여 표시하는 능력으로써, 이는 선속의 빔폭(beam width)에 의존한다. 측 분해능 line target은 선속과 수직되게 0.5 mm, 1.0 mm, 2.0 mm, 3.0 mm, 4.0 mm의 간격으로 설치한다. 이것을 평가할 때는 프로브를 측 분해능 모노필라멘트 군의 중앙에 수직으로 주사하여 line target이 모두 점상으로 분리되어 나타나도록 한다. 그리고 가장 가깝게 분리된 target을 확인하고 정도관리 기록지에 기록한다. 측 분해능은 기준치 오차가 1.0 mm 이상이면 교정한다.

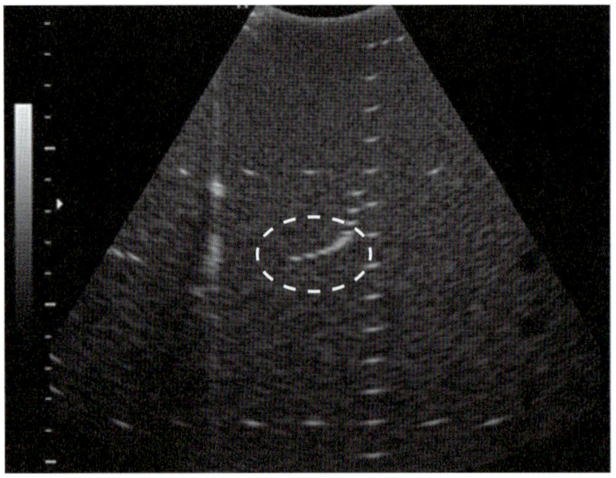

▶ 그림 8-10. 측 분해능 영상

8) 최대투과심도(maximum penetration)

투과심도는 원래의 강도가 50%로 줄어드는 매질의 깊이이다. 최대투과심도는 어떤 주파수에서 최대로 투과하여 영상에 휘도로 나타내는 최대 깊이를 의미하는 것으로 영상투과심도라고도 한다. AUIM에 의한 최대투과심도는 3.5 MHz에서 16.0 cm, 7.5 MHz에서 5.0 cm이다. 주파수별로 최대투과심도를 측정하여 1.0 cm 이상 오차가 있으면 교정하여야 한다. 그림 8-11은 3.5 MHz convex probe에서 15.0 cm의 최대투과심도를 보이고 있다.

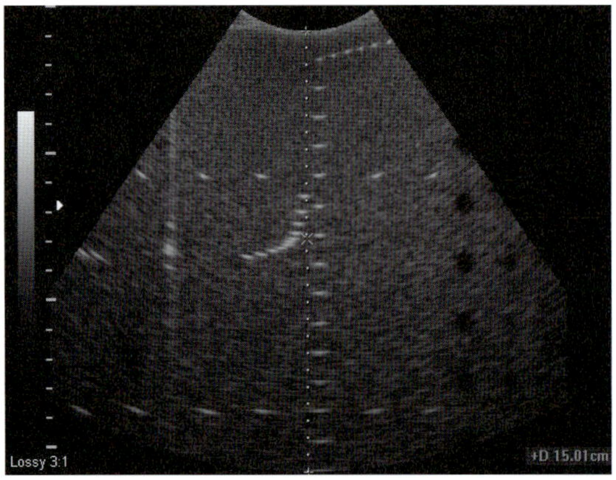

▶ 그림 8-11. 최대투과심도 영상

9) 기능적 분해능(functional resolution)

기능적 분해능은 팬텀 안에 설치한 낭성 종괴(cystic mass) 또는 고형성 종괴(solid mass)의 크기와 형태, 내부 에코 양상 등을 평가하는 항목이다. 주사 방법은 먼저 측정할 기능적 해상력 군이 있는 부분을 수직으로 주사하여 종괴의 가로, 세로 길이를 측정하고 종괴의 에코 양상을 확인한 후 기준치와 비교한 후 정도관리 기록지에 기록한다. 특히 낭성 종괴를 평가할 때 무에코 레벨을 확인하여야 한다. 무에코 영역은 부엽(side lobe) 또는 전기적 노이즈(noise) 등의 영향을 받을 수 있다. AIUM은 모든 종괴가 보이고 왜곡이 없어야 하며, 기준치 종괴의 크기가 ±5% 오차범위 이내로 규정하고 있다. 그림 8-12는 직경이 다양한 낭성 종괴와 1.5 cm의 고형성 종괴의 에코 양상과 형태를 관찰하고 직경을 측정한 것으로 기준치 0.5 cm 낭성 종괴는 0.51 cm, 기준치 1.5 cm 고형성 종괴는 1.52 cm로 측정되어 오차범위 안에 있는 것을 알 수 있다.

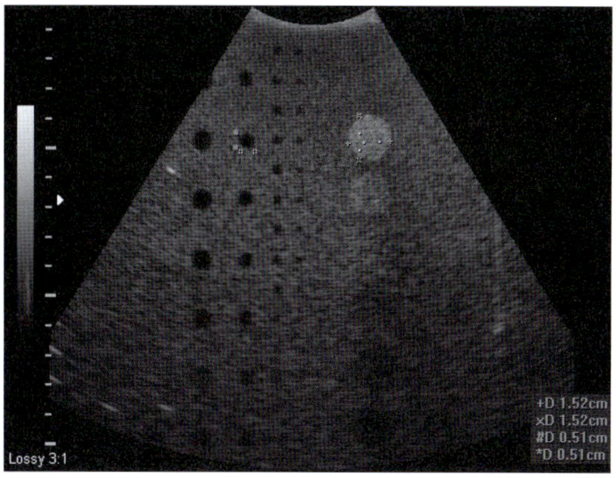

▶ 그림 8-12. 기능적 해상력 영상

핵심문제 및 해설

아래의 문항에서 가장 알맞은 답가지 하나를 고르시오.

문항 01 프로브 표면의 가장 가까이 있는 구조물을 식별하는 데 활용하는 초음파 Q/A 항목은?

① 데드존(dead zone)
② 균질성(uniformity)
③ 측 분해능(lateral resolution)
④ 거리 분해능(axial resolution)
⑤ 수평거리 정확성(horizontal distance accuracy)

해설 데드존(사각구역)은 프로브 표면부터 최초로 반사파를 인지할 수 있는 거리를 평가하는 항목이다.

문항 02 초음파 QA팬텀의 표적 물질이 백 그라운드 물질로 구성된 것은?

① 데드존(dead zone)
② 측 분해능(lateral resolution)
③ 기능적 분해능(functional resolution)
④ 수직거리 정확성(vertical distance accuracy)
⑤ 수평거리 정확성(horizontal distance accuracy)

해설 표적물질은 선 표적물질(line target materials)과 백 그라운드 물질(background materials)로 구분한다. 선 표적물질은 나일론 모노 필라멘트(nylon mono-filament)를 사용하여 데드존, 거리분해는, 측 분해능, 수직거리 정확성, 수직거리 정확성을 평가하는데, 백 그라운드 물질은 기능적 해상력(functional resolution)을 평가하는 데 이용한다.

문항 03 초음파진단장치의 QA 항목으로 옳은 것은?

① 게인 ② 출력 ③ 데드존
④ 동적영역 ⑤ 시간게인보상

해설 AIUM이 권고하는 초음파진단장치의 QA 항목은 영상균질성, 최대투과심도(민감도), 수직거리 정확성, 수평거리 정확성, 데드존, 거리 분해능, 측 분해능, 기능적 분해능 등이다.

정답 1. ① 2. ③ 3. ③

문항 04 초음파 QA 항목 중, 선속과 나란히 있는 매질의 깊이와 크기를 정확히 측정하기 위해 설치한 그룹은?

① 측 분해능(lateral resolution)
② 폭 분해능(depth resolution)
③ 거리 분해능(axial resolution)
④ 수직거리 정확성(vertical distance accuracy)
⑤ 수평거리 정확성(horizontal distance accuracy)

해설 수직거리 정확성은 선속과 나란히 있는 매질의 깊이나 크기를 정확하게 측정하기 위한 테스트로 영상시스템의 시간회로정확성(time circuitry integrity)이 관여한다.

문항 05 초음파 QA 팬텀은 (　　)을 표시하기 위해 근거리와 원거리 구역에 0.5 mm, 1.0 mm, 2.0 mm, 3.0 mm, 4.0 mm 간격으로 선속과 나란히 모노필라멘트 군이 설치되어 있다. (　)안에 내용이 옳은 것은?

① 사각구역(dead zone)
② 측 분해능(lateral resolution)
③ 거리 분해능(axial resolution)
④ 영상균질성(image uniformity)
⑤ 기능적 분해능(functional resolution)

해설 거리 분해능은 선속방향과 나란히 있는 두 점을 분해해서 표시하는 능력으로, 초음파 팬텀에는 근거리와 원거리 구역에 0.5 mm, 1.0 mm, 2.0 mm, 3.0 mm, 4.0 mm 간격으로 선속과 나란히 모노필라멘트 군이 설치되어 있다.

문항 06 그림의 연결이 올바른 것은?

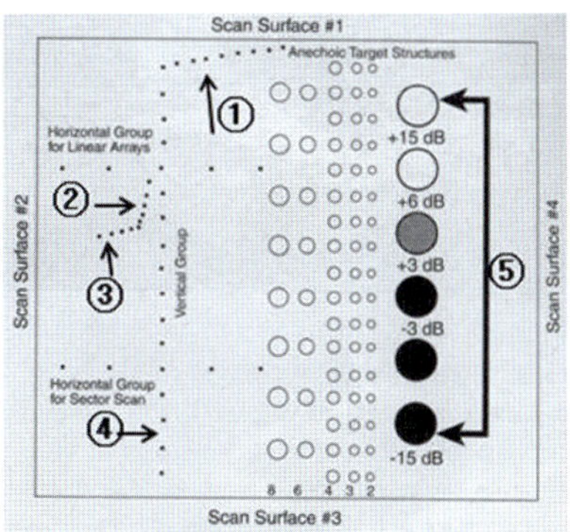

① 데드존(dead zone)
② 측 분해능(lateral resolution)
③ 거리 분해능(axial resolution)
④ 기능적 분해능(functional resolution)
⑤ 수직거리 정확성(vertical distance accuracy)

해설 ① 데드존(dead zone), ② 거리 분해능(axial resolution), ③ 측 분해능(lateral resolution), ④ 수직거리 정확성(vertical distance accuracy), ⑤ 기능적 분해능(functional resolution)이다.

정답 4. ④ 5. ③ 6. ①

문항 07 그림에서 원형으로 표시 한 부분에 대한 내용이 옳은 것은?

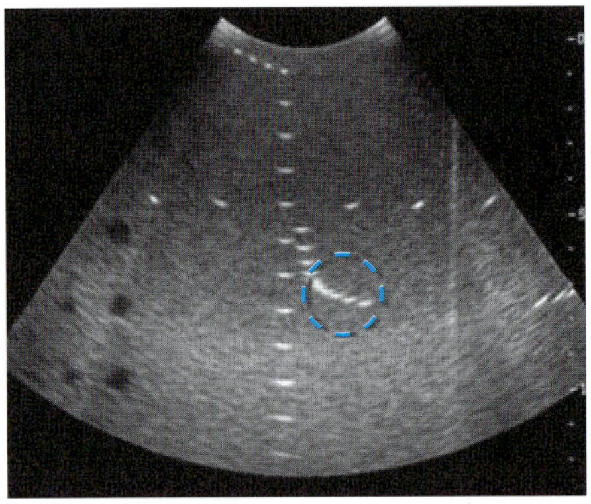

① 거리 분해능을 평가한다.
② 펄스 사이클과 관계한다.
③ 탐촉자 직경과 관련이 있다.
④ 수평거리 정확성을 평가한다.
⑤ 주파수를 증가시키면 개선할 수 있다.

해설 원형은 측 분해능 군(group)이다. 측 분해능은 선속과 수직 방향에 있는 두 점을 분해하여 표시하는 능력으로써, 이는 선속의 빔폭(탐촉자의 직경)과 같다. 빔폭을 줄이는 방법은 전자초점이다.

정답 7. ③

제 9 장

초음파의 생물학적 효과

수업 목표

1. FDA의 초음파 안전권고에 대하여 설명할 수 있어야 한다.
2. MI와 TI를 설명할 수 있어야 한다.
3. 진단용 초음파장치에서의 생물학적 발생기전에 대하여 설명할 수 있어야 한다.

01 생물학적 효과와 안전성

초음파가 인체를 통과할 때 조직의 입자는 수축과 이완을 반복한다. 이로 인해 발생하는 생물학적 효과는 확실히 밝혀지진 않았지만, 치료 차원에서 강도가 높은 초음파를 입사하여 조직을 파괴하는 것을 볼 때, 진단초음파 영역에서도 조직에 손상을 주거나 어떠한 생물학적 효과를 발생할 수도 있다는 것을 의심하게 한다. 그러나 아직 진단초음파장치를 사용했을 때 발생하는 생물학적 위험에 대해 확실하게 안정성이 입증되거나 위험 요소(risk factor)에 대해 명확히 밝혀진 것은 없다. 그래서 지속적으로 낮은 에너지 초음파에서 조직의 생물학적 영향에 대해 연구가 진행되고 있다. 생물학적 효과와 안전성에 대한 주요 문제는 임상에서 다뤄지는 초음파 진단장치의 주사(scanning)와 조작(operation)에 대한 것이다.

1) 음향 출력(acoustical power)

프로브에서 방출한 초음파는 매질에 입사되어 분산된다. 이 초음파 에너지 선속에서의 음향 출력과 강도는 차이를 보인다. 즉, 음향 압력 진폭의 변화에 따라 음파의 세기는 다르다. 출력은 프로브로부터 매질로 방출한 에너지의 비율이며 단위는 와트(W) 또는 밀리와트(mW)이다. 진단초음파장치에서 방출하는 음향 출력은 대개 10 mW 정도이고, M-모드는 이 보다 조금 낮고, CFM-모드는 약간 높다.

2) 압력 진폭(pressure amplitude)

압력 진폭은 초음파 음속에서 매질 입자의 압축과 이완을 나타낼 때 활용한다. 압축 압력(compressional pressure)은 positive pressure, 이완 압력(rarefactional pressure)은 negative pressure 라고도 하며 초음파가 매질 안에서 진공부(cavitation)를 형성하는 것과 관련이 있다.

3) 음향 강도(acoustical intensity)

출력은 조사되는 음향 상태에 따라 매우 다르게 측정된다. 집속한 음속과 집속하지 않은 음속의 음향 에너지는 다르며, 초음파 출력의 공간 분포는 선속 각각의 부분에서 다르다. 강도는 면적 당 초음파 출력으로 W/cm^2 또는 mW/cm^{2}으로 표시한다.

(1) 공간 강도(spatial intensity)와 시간 강도(temporal intensity)

공간 강도는 선속 안에서의 공간적인 강도 분포를 나타내는 것으로 공간피크강도(spatial peak intensity)와 공간평균강도(spatial average intensity)로 구분한다. 공간피크강도는 선속내의 가장 강도가 높은 부분이고, 공간평균강도는 선속 전체의 평균 강도를 나타낸다. 공간피크강도는 집속된 부분에서 측정하고 공간평균강도는 프로브 표면에서 측정한다. 시간 강도는 프로브로부터 방출된 초음파 에너지가 공간을 진행하는 시간에 따라 에너지 강도가 차이가 나는 것을 나타내는 것으로 시간피크강도(temporal peak intensity), 시간평균강도(temporal average intensity)를 갖는다. 시간피크강도는 선속을 진행할 때 가장 높은 순간 강도이며 시간평균강도는 펄스반복주기의 평균강도이다. 그래서 이러한 강도들은 생물학적 효과를 나타내는 지표로 활용된다. 초음파진단장치의 공간피크(spatial peak)−시간평균강도(temporal average intensity) Ispta는 100 mW/cm^2 이하이고, 도플러초음파는 1,000 mW/cm^2 이상으로 높다. 초음파진단장치의 초음파 음향 출력 값은 표 9−1과 같다.

표 9−1. 초음파진단장치의 초음파 음향 출력 값

operating mode	Pr	I(SPTA)	I(SPPA)	power
B−mode	1.68 MPa	18.7 mW/cm^2	174 W/cm^2	18 mW
M−mode	1.68 MPa	73 mW/cm^2	174 W/cm^2	3.9 mW
Pulsed Doppler	2.48 MPa	1,240 mW/cm^2	288 W/cm^2	30.7 mW
color flow	2.59 MPa	234 mW/cm^2	325 W/cm^2	80.5 mW

Acoustic output levels from diagnostic ultrasound equipment, AIUM, 1992

02 실시간 음향 출력 표지 기준

식약청(FDA)은 1976년 인체에 대한 초음파 진단장치의 음향 출력 규제치를 4개 적용 영역으로 한 track I을 규정하고 1993년 제정한 track III에서는 조사 최대 출력을 720 mW/cm²(SPTA)로 하고 MI(mechanical index)와 TI(thermal index)의 실시간 표시를 의무화하였다.

표 9-2. 초음파진단장치의 FDA 안전권고

Track	부위	I(SPTA)	I(SPPA)
I	말초혈관	720 mW/cm²	190 mW/cm²
	순환기	430 mW/cm²	190 mW/cm²
	태아	94 mW/cm²	190 mW/cm²
	안구	17 mW/cm²	23 mW/cm²
III	말초혈관	720 mW/cm²	190 mW/cm²

I(SPTA)는 I(SPPA)의 펄스가 공간을 통과할 때의 시간 경과를 의미하며 펄스반복주기 안의 I(SPPA)의 평균치이다. 그래서 $I(SPTA)=\frac{펄스폭}{펄스반복주기}\times I(SPPA)$이다. 예를 들어 펄스반복주기가 1 KHz이고 펄스폭이 1 ㎲이면, I(SPTA)는 I(SPPA)의 $\frac{1}{1,000}$이다. 초음파는 체내에서 I(SPTA)또는 I(SPPA)가 증가되어 기계적 온열 효과가 발생하므로 실시간으로 MI와 TI를 규정한다.

1) 기계적 지수(mechanical index, MI)

펄스에서 음압 파형은 그림 9-1과 같이 최고 압축 압력(peak compressional pressure, pc)과 최고 이완 압력(peak rarefactional pressure, pr)이 작용한다. pc는 조직을 압박하고 pr은 끌어당기는 작용을 하며, MI가 1보다 크면 기계적 손상이 커질 가능성이 높다.

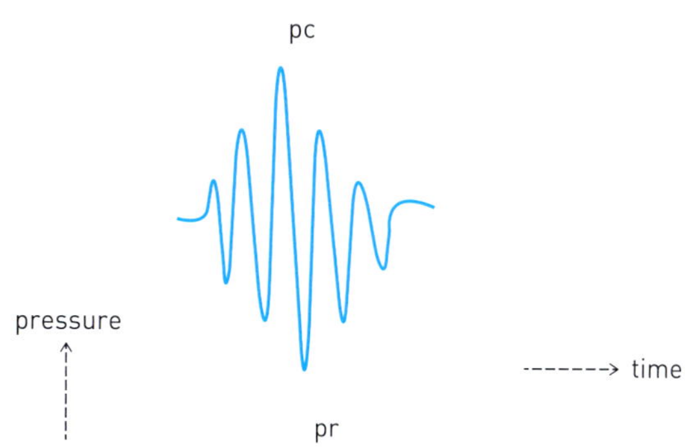

▶ 그림 9-1. 최고압축압력과 최고이완압력

2) 열 지수(thermal index, TI)

열 지수는 체내 온도와 초음파 출력의 관계를 나타낸 것이다.

즉, $\text{TI} = \dfrac{\text{사용 중의 음향 출력}}{\text{조직을 1℃ 상승시키는 음향 출력}}$ 이다.

체내에 열이 작용하면 단백질이 변성된다. 열에 의한 단백질의 변성은 온열의 정도(T)와 지속시간(tc)이 좌우한다. 이는 log tc = (43−T) × log4로 나타낸다. 그림 9-2는 초음파 조사 지속시간과 온도 상승의 관계를 나타낸 것으로 정상 체온에서 초음파검사를 시행하여 4℃ 상승하였다면 20분이 한계시간이다. TI는 조직에서 흡수되는 초음파 비율이 달라 구체적으로 연부조직 열지수(thermal index soft tissue, TIS), 칼슘 열지수(thermal index calcium, TIC), 뼈 열지수(thermal index bone, TIB)로 구분하였으며 TIS는 복부, 표재성장기, 순환기 등에 적용하고, TIC는 경두개골, TIB는 뼈에 대한 흡수 모델을 계산한 값으로서 산부인과에서 유용하게 활용한다.

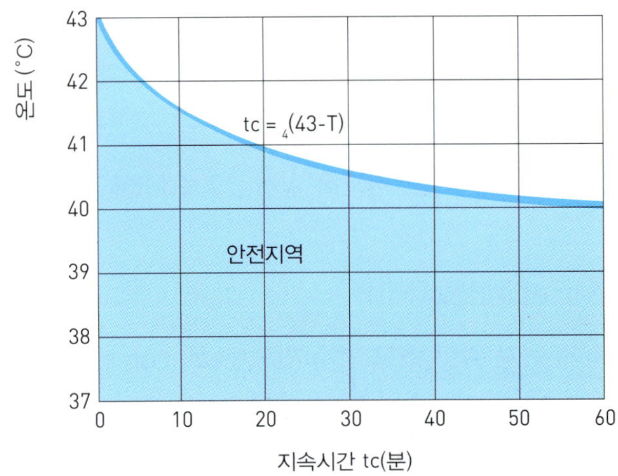

▶ 그림 9-2. TI를 기본으로 한 온도 상승과 초음파 조사시간(tc)의 관계

03 생물학적 발생기전

초음파 강도가 높고 조사시간이 길면 조직에 대한 영향을 측정할 수 있을 정도가 된다. 초음파를 조사했을 때 생물학적으로 발생하는 현상은 조직의 온도 상승과 진공부 형성에 의한 공동화이며, 그 외에 공동 현상을 제외한 기계적 작용에 의한다.

1) 열(heating)

초음파가 인체에 작용하면 전파하는 과정에서 감쇠가 일어나며, 이는 조직에서 초음파 에너지가 흡수되면서 열로 변환하기 때문이다. 낮은 초음파 에너지는 빠르게 열로 변환한다. 초음파치료장치에서 공간평균-시간평균강도(I SATA)가 1,000 mW/cm² 또는 그 이상의 경우 조직에서 급격히 온도가 상승하고, 이같이 높은 열 발생은 치료 효과를 높인다. 생체에서 열을 느끼는 음압은 1 MHz에서 0.5~1.0 W/cm²이고 조직이 파괴되려면 4 W/cm² 이상이다. 진단초음파장치는 에너지 강도가 낮을 뿐 아니라 인체의 혈액 순환에 의한 냉각 효과로 열은 발생하지 않는다.

2) 공동화(cavitation)

액체에 강한 초음파 선속이 작용하면 액체 안의 가스가 용해되어 미세 기포를 발생한다. 이러한 과정이 지속되면 미세 기포가 활성화되어 진공부를 형성하는데, 이러한 것을 공동(cavitation)이라고 한다. 초음파로 인해 공동 현상이 증가하면 세포에 영향을 줄 수도 있다. 초음파 음속 안에서 공동화 기포는 압력 진동을 일으켜 팽창한다. 이로 인해 압력이 증가하고 입자의 변위가 발생한다. 결국 이러한 공동화 과정에서 생물학적 효과가 일어나게 된다. 공동화는 안전공동(stable cavitation)과 천이공동(transient cavitation, inertial cavitation)의 두 형태가 있다. 안전공동은 이미 언급한 것과 같이 초음파 선속 안에서 미세기포가 발생하는 것이고 천이공동은 강한 진동에 의해 기포가 터지는 현상으로, 이는 잠재적으로 국소적 손상을 야기한다. 그림 9-3은 공동화 기전과 활성 과정을 나타낸 것이다. 동물 실험에서 4.0 MHz 펄스 도플러와 색 도플러를 시행한 결과 허파에 공동화 현상에 의한 손상을 보였으나 폐포(alveori)의 공기가 작용하였는지는 불분명하였다. 그러나 진단초음파에서 인체 세포를 포함한 생물학적 효과에 의한 손상은 확인하지 못하였다. 그렇더라도 초음파에 의한 음향 압력 증가는 공동화와 밀접한 관계가 있으므로 진단을 목적으로 하지 않는 불필요한 주사는 바람직하지 않다.

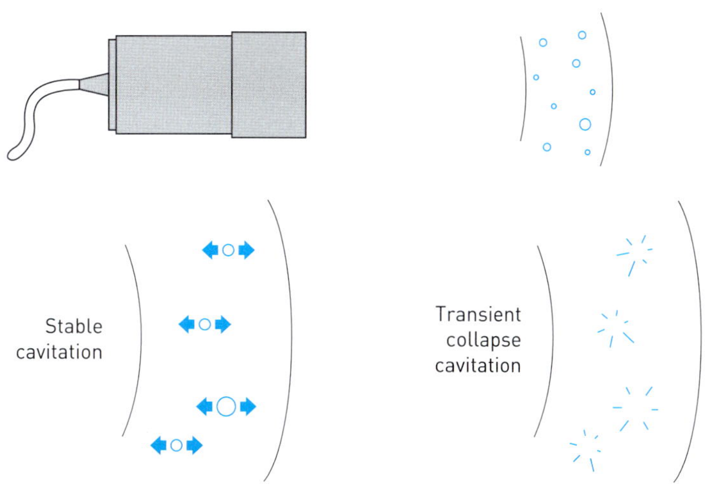

▶ 그림 9-3. 공동화 기전(a)와 활성화(b)

제 10 장

초음파검사의 환자자세와 주사면

수업 목표

1. 초음파검사에서 환자자세를 변경하는 이유에 대하여 설명할 수 있어야 한다.
2. 초음파검사의 주사방법에 대하여 설명할 수 있어야 한다.
3. 초음파의 주사면을 설명할 수 있어야 한다.
4. 인체 각 장기의 반사 에코 정도를 비교 · 설명할 수 있어야 한다.
5. 에코 양상에 대하여 설명할 수 있어야 한다.
6. 낭성 종괴와 고형성 종괴의 영상학적 특징에 대하여 비교 · 설명할 수 있어야 한다.

01 환자자세와 프로브 각(patient position&probe angle)

1) 환자자세(patient position)

초음파검사는 초기에 안구와 두개부를 시작으로 복부, 심장, 표재성장기, 혈관, 관절 부위 등으로 범위가 확대 발전하여 현재는 인체의 거의 모든 부위에 적용하고 있다. 이들 각각의 검사에 대한 환자자세는 조금씩 다르긴 하지만 기본적인 자세는 같으므로 복부 초음파검사에 대한 환자자세를 위주로 설명하기로 한다. 복부 초음파검사에서 가장 중요한 사항은 갈비뼈와 장 안에 있는 가스를 주사 영역에서 제외시키는 것이다. 뼈와 가스는 후방음향음영을 일으켜 그 뒤의 정보를 알 수 없기 때문에 가능한 이것들을 피해 주사하여야 한다. 이를 위해서는 인체의 입체적인 해부학을 이해하고 환자자세를 적절히 변경하여 관찰대상 부위와 장내 가스가 겹치지 않게 하여야 한다. 한편, 물은 초음파 감쇠계수가 적어 음향창(sonic window)으로 활용할 수 있으므로 이것을 통해 관찰대상 장기를 보다 자세히 볼 수 있도록 유도하여야 한다. 결국, 초음파검사에서 환자자세를 변경하거나 프로브 각을 주어 주사하는 것은 관찰 대상 부위로부터 가스를 치환시키고, 음향창을 활용하여 양질의 영상을 만들기 위해서이다. 초음파검사에서 활용하는 환자자세는 다음과 같다.

(1) 바로누운자세(supine position)

초음파검사에서 가장 일반적인 자세는 바로누운자세이다. 환자는 긴장을 풀고 편안하게 바로 눕는다. 목에 베개를 받치고 양 손은 머리 위로 올려 갈비뼈 사이의 공간을 넓게 한다. 이 자세는 복부초음파검사의 기본자세로 들숨에서 가슴우리는 올라가고 가로막은 아래로 내려와 간을 검사하는데 효과적이다. 또한 날숨에서 왼쪽 갈비뼈에 가려져 있는 지라를 보는 데 효과적이다.

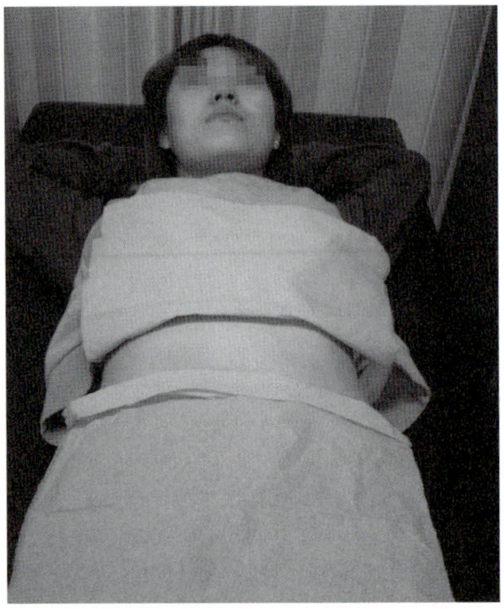

▶ 그림 10-1. supine position

(2) 왼후사위(left posterior oblique, LPO)와 오른후사위(right posterior oblique, RPO)

바로누운자세에서 침대에 왼쪽을 비스듬히 대면 왼후사위(LPO)이고, 오른쪽을 비스듬히 대면 우른후사위(RPO)이다. 왼후사위에서 전체적으로 액체는 왼 뒤쪽으로, 공기는 오른 앞쪽으로 치우치게 된다. 간을 갈비밑주사할 때 LPO로 하거나, 지라를 볼 때 RPO로 하면 주사를 좀 더 용이하게 할 수 있다.

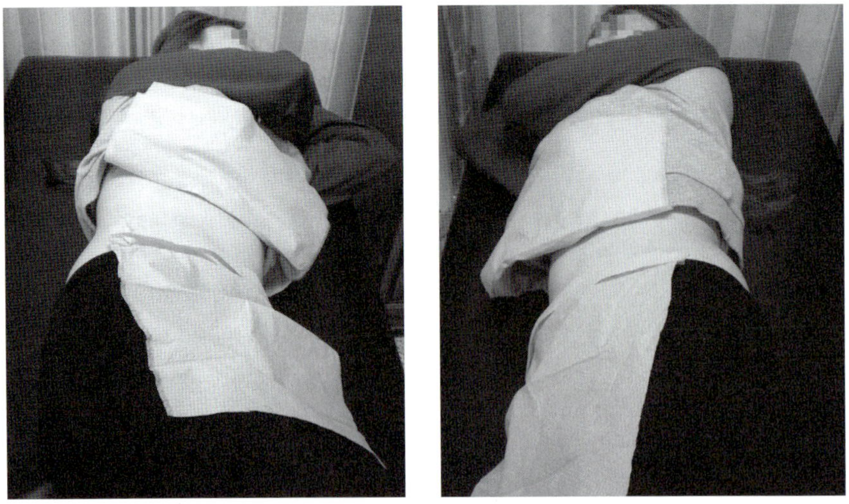

(a) (b)

▶ 그림 10-2. LPO(a)와 RPO(b)

(3) 엎드린자세(prone position)

초음파검사에서 엎드린자세는 자주 이용하지 않는다. 그러나 콩팥은 배막 뒤에 위치하므로 콩팥의 크기를 정확히 측정할 때나 조직검사 또는 흡인술과 같은 인터벤션을 할 때 이 자세를 활용한다.

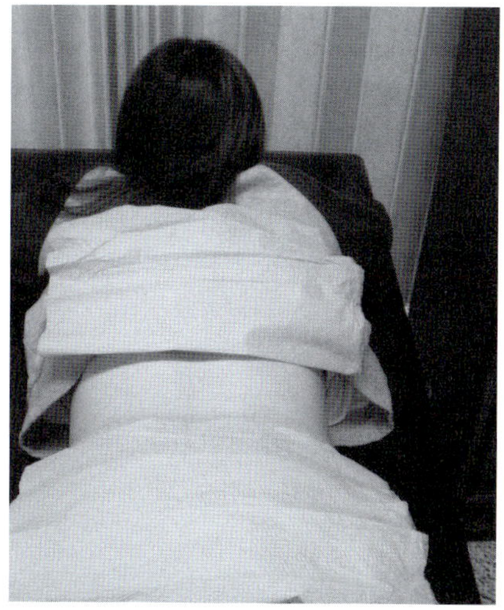

▶ 그림 10-3. prone position

(4) 왼전사위(left anterior oblique, LAO)와 오른전사위(right anterior oblique, RAO)

엎드린자세에서 침대에 왼쪽을 비스듬히 대면 왼전사위이고 오른쪽을 비스듬히 대면 오른전사위이다. 초음파검사에서 이 자세는 거의 이용하지 않는다.

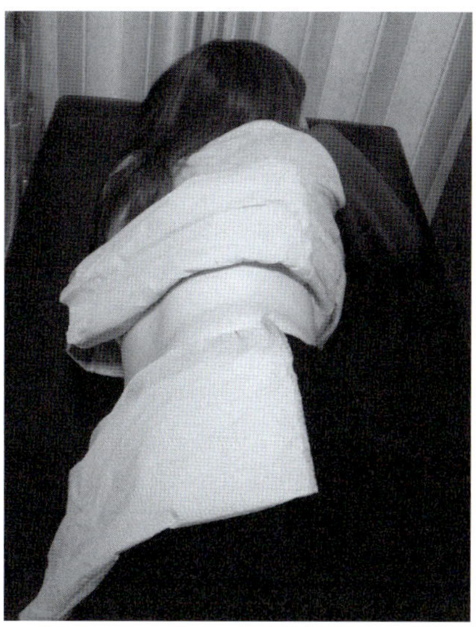

(a)

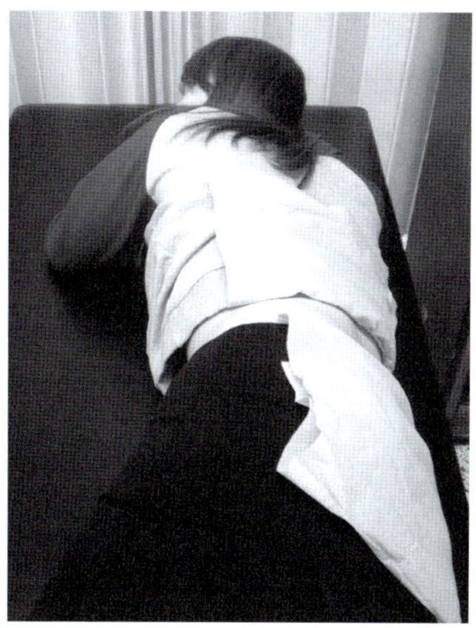

(b)

▶ 그림 10-4. LAO(a)와 RAO(b)

(5) 반선자세(semierect position)

바로누운자세에서 양 팔을 뒤로 하여 상체를 세우고, 상체의 정중면이 침대에 45도 정도가 되게 한다. 앉은 자세이므로 공기는 머리 쪽으로 액체는 다리 쪽으로 이동한다. 이자(pancreas)는 위(stomach)의 뒤에 위치하므로 췌장초음파검사를 시행할 때 위 안의 가스가 방해될 수 있다. 특히 오래 누워 있으면 위에 가스가 차서 이자를 관찰하기가 더욱 어렵다. 이때 응용할 수 있는 것이 반선자세이다.

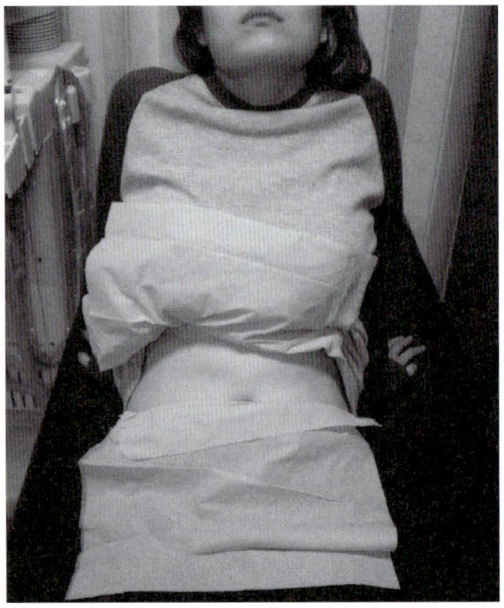

▶ 그림 10-5. semierect position

(6) 왼옆으로누운자세(left lateral position)와 오른옆으로누운자세(right lateral position)

왼쪽을 아래로 하여 모로누운자세는 왼옆으로누운자세이고, 오른쪽을 아래로 하여 모로누우면 오른옆으로누운자세이다. 오른옆으로누운자세에서 액체는 오른쪽으로, 장 안의 가스는 왼쪽으로 이동한다. 이자 머리(pancreas head)를 주사할 때 오른옆으로누운자세를 하면 장내 가스가 왼쪽으로 치환되어 이자 머리를 잘 관찰할 수 있다. 또한 이 자세는 왼 콩팥을 뒤쪽에서 주사하거나 관상주사(sagittal scan)하는데 적합하다.

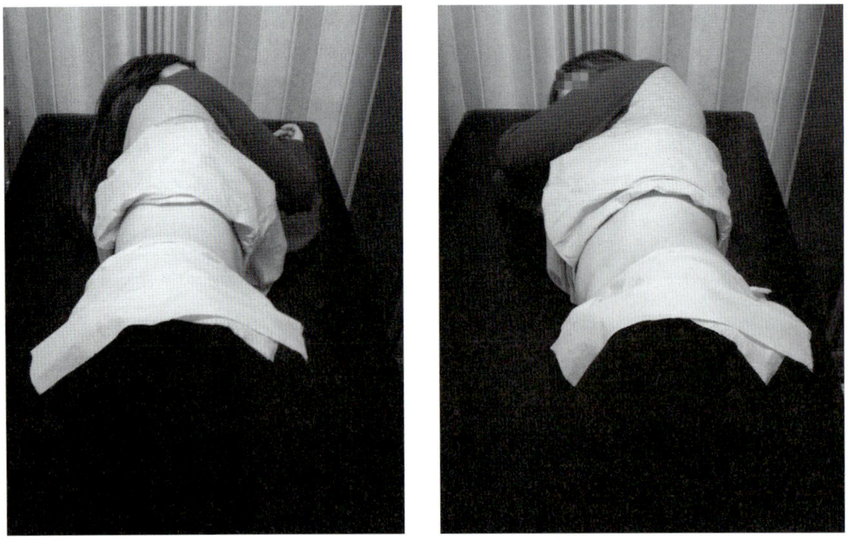

(a) (b)

▶ 그림 10-6. left lateral position(a)과 right lateral position(b)

(7) 네발기기자세(kneeling position)

네발기기자세는 무릎과 손을 테이블에 대고 기어가는 형태의 자세로써 고양이 등 자세와 유사하다. 이 자세에서 위 안의 가스는 위바닥(fundus)으로 치환된다. 바로누운자세에서 장내 가스로 인해 이자를 볼 수 없을 때 네발기기자세로 변환하여 볼 수 있다.

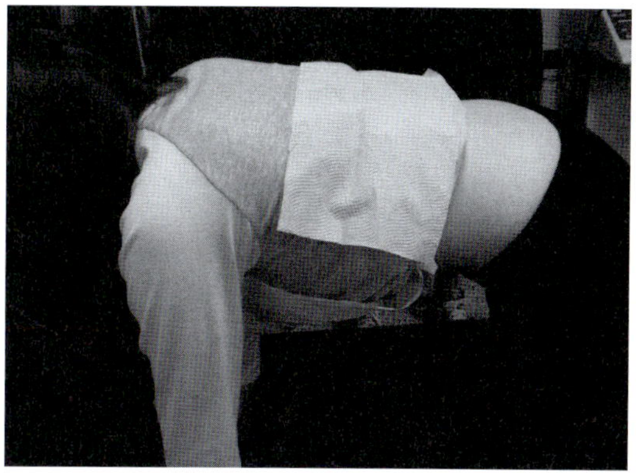

▶ 그림 10-7. kneeling position

2) 프로브 각(probe angle)

인체는 둥글고 프로브는 직선형 또는 곡면형이어서 수직입사로 원하는 모든 부위를 관찰하기가 어렵다. 특히 갈비뼈와 공기 등에 가려진 복부 장기 또는 심장은 프로브 각을 주어 아래 또는 윗부분을 관찰하여야 한다. 프로브 각을 주는 방법에 일정한 규칙이 있는 것은 아니다. 중요한 것은 뼈나 가스를 피해 보고자하는 대상부위를 볼 수 있도록 여러 방향에서 프로브 각을 주어 음영이 없는 영상이 나타나도록 한다.

(1) 머리방향(head, superior, cranial, cephalad, rostral)

가로주사(transverse scan)에서 프로브를 다리 방향으로 숙여 선속이 머리 쪽으로 향하게 주사하는 방법이다. 간초음파에서 가로주사(transverse scan), 갈비밑주사(subcostal scan) 또는 갈비사이주사(intercostal scan)를 할 경우, 프로브 방향을 머리 쪽으로 향하면 갈비뼈를 피해 전체적으로 간을 잘 나타낼 수 있다.

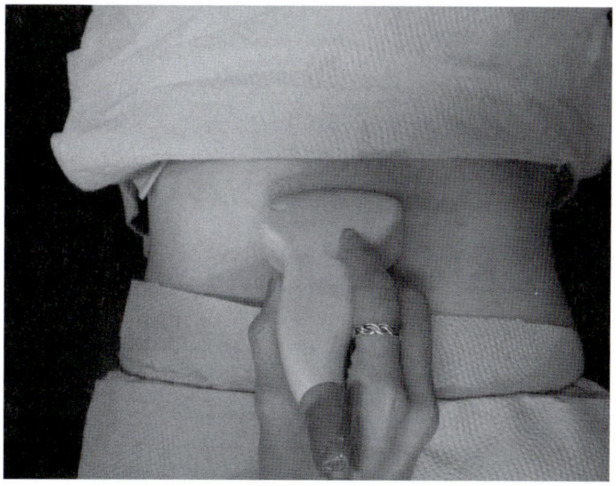

▶ 그림 10-8. 머리방향 주사

(2) 다리방향(foot, inferior, caudal, caudate)

가로주사에서 선속을 다리방향으로 향하게 주사하는 방법이다. 모든 검사 방법에 활용할 수 있으며, 특히 갈비뼈 아래 부분과 장 안의 가스를 피해 관찰할 때 유용하다. 그리고 여성 하복부 초음파에서 방광을 음향창으로 자궁과 난소를 주사할 때 활용할 수 있다.

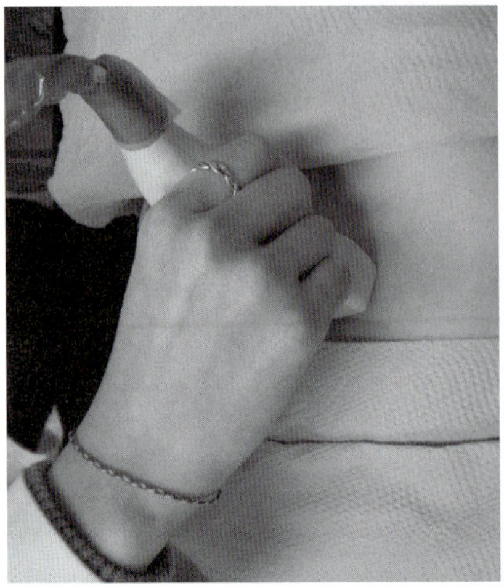

▶ 그림 10-9. 다리방향 주사

(3) 오른쪽 방향(right side)

세로주사(longitudinal scan)에서 프로브 각을 왼쪽으로 주어 선속이 오른쪽을 향하도록 주사하는 방법이다. 모든 검사 부위에 응용할 수 있다.

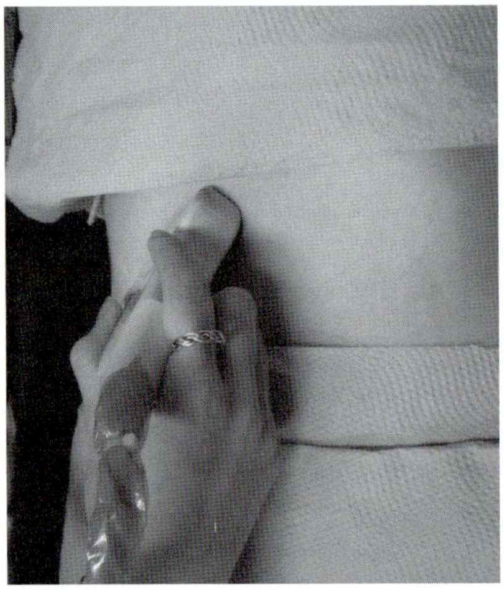

▶ 그림 10-10. 오른쪽 방향 주사

(4) 왼쪽 방향(left side)

세로주사(longitudinal scan)에서 프로브 각을 오른쪽으로 주어 선속이 왼쪽을 향하게 주사하는 방법이다. 모든 검사 부위에 응용할 수 있다.

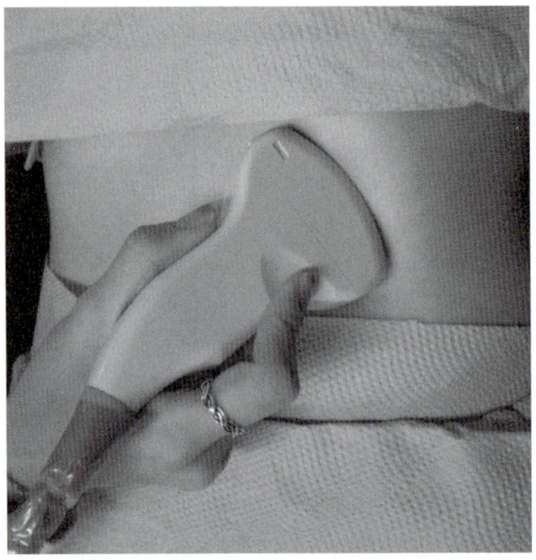

▶ 그림 10-11. 왼쪽 방향 주사

02 주사면(scan plane)

초음파 주사(scanning)는 프로브를 인체 표면에 접촉하여 단면 영상(sectional image)을 나타내는 행위를 말한다. 기본적으로 주사면은 정중주사면, 관상주사면, 가로주사면으로 나뉜다.

1) 정중주사면(median scan plane)

정중주사면은 그림 10-12(a)와 같이 인체 정중선(MSL)을 중심으로 세로로 자른 단면이다. 정중주사면과 평행하게 자른 면을 세로주사면(longitudinal scan plane)이라고 한다.

2) 관상주사면(coronal scan plane)

관상주사면은 그림 10-12(b)에서와 같이 옆면에서 앞뒤로 길게 자른 단면이다.

3) 가로주사면(transverse scan plane)

가로주사면은 그림 10-12(c)와 같이 인체 정중면에 수직으로 자른 단면이다.

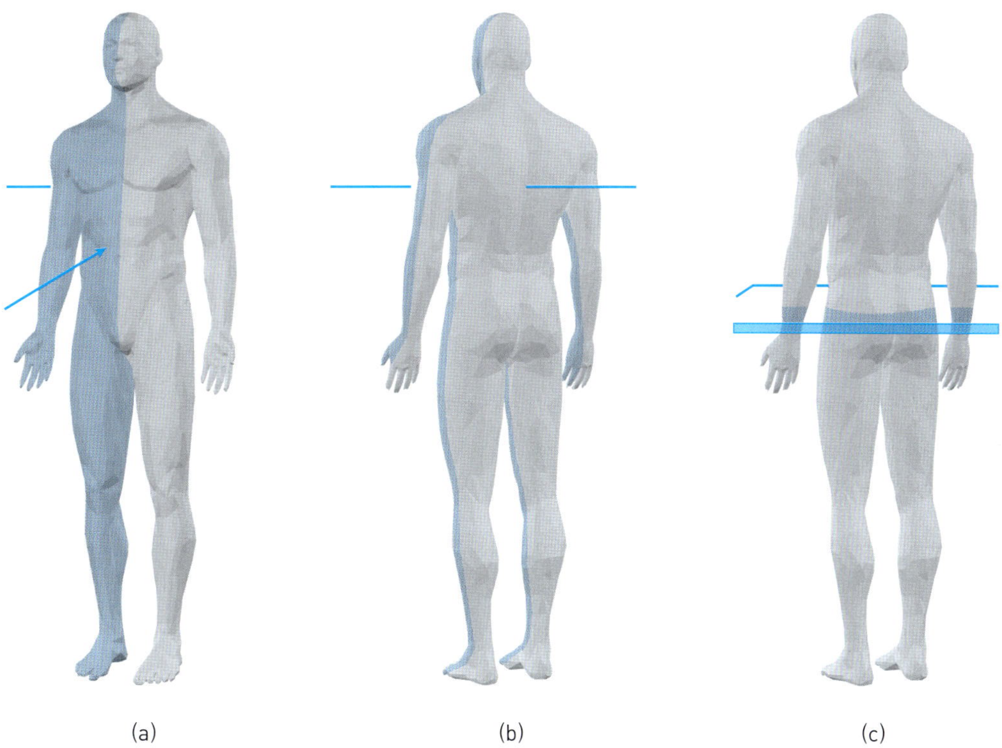

▶ 그림 10-12. 주사면(a: 정중주사면, b: 관상주사면, c: 가로주사면)

03 초음파 주사방법(ultrasound scanning method)

1) 세로주사(longitudinal scanning)

세로주사는 프로브를 인체 정중면(MSL)과 평행하게 주사하는 방법이다. 대동맥을 세로주사하면 관강구조의 긴 단면이 보인다. 일반적으로 쓸개, 콩팥 같은 장기의 긴 장축 단면은 세로주사 범주에 넣는다.

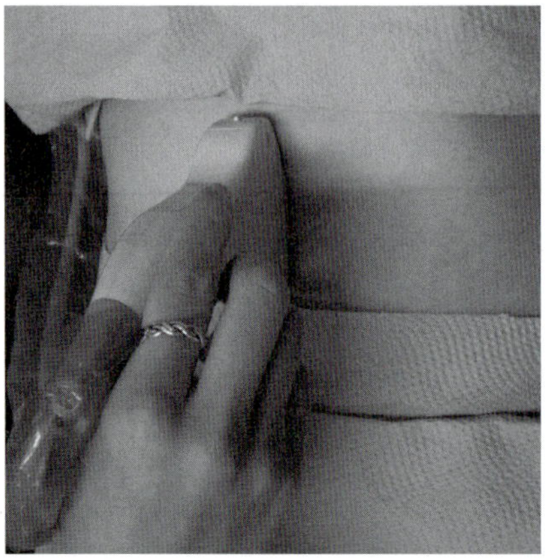

▶ 그림 10-13. 세로주사

2) 가로주사(transverse scanning)

가로주사는 프로브를 인체 정중면(MSL)에 수직으로 주사하는 방법이다. 대동맥 또는 아래대정맥을 가로주사하면 원형의 단면이 보인다. 또한 콩팥을 가로주사하면 원형의 단면이 관찰된다.

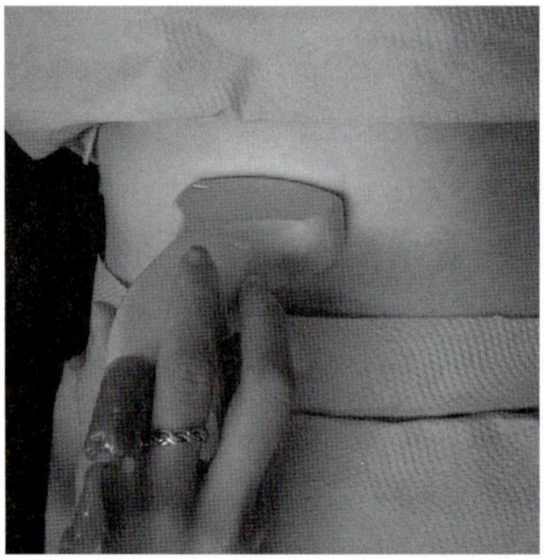

▶ 그림 10-14. 가로주사

3) 갈비사이주사(intercostal scanning)

갈비사이주사는 갈비뼈 사이에 프로브를 넣어 주사하는 방법이다. 갈비뼈를 주사하면 뼈 음영이 가려 갈비뼈 안에 있는 장기가 보이지 않는다. 갈비사이주사는 오른갈비사이주사와 왼갈비사이주사를 할 수 있다. 주로 오른갈비사이주사는 간을, 왼갈비사이주사는 지라를 관찰할 때 이용한다. 그림 10-15는 오른갈비사이주사이다.

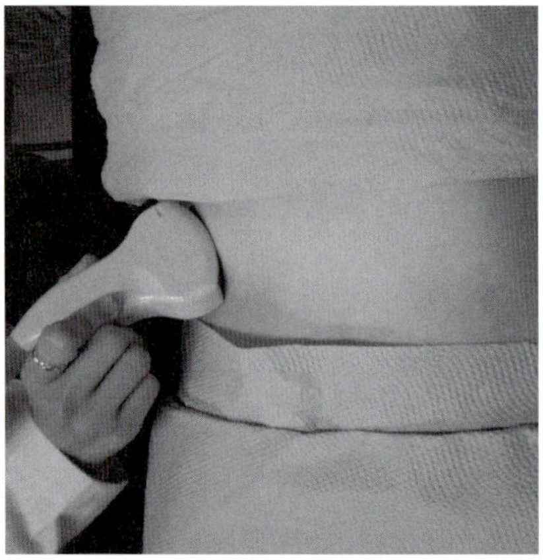

▶ 그림 10-15. 갈비사이주사

4) 갈비밑주사(subcostal scanning)

갈비밑주사는 갈비밑에서 프로브를 머리 방향으로 향해 주사하는 방법이다. 오른갈비밑주사는 간을 전체적으로 가장 잘 나타나게 하는 주사 방법이다. 프로브 각을 머리 방향에서 다리방향으로 조절하면 간 지붕(liver dome)부터 아래 부분까지 관찰할 수 있다.

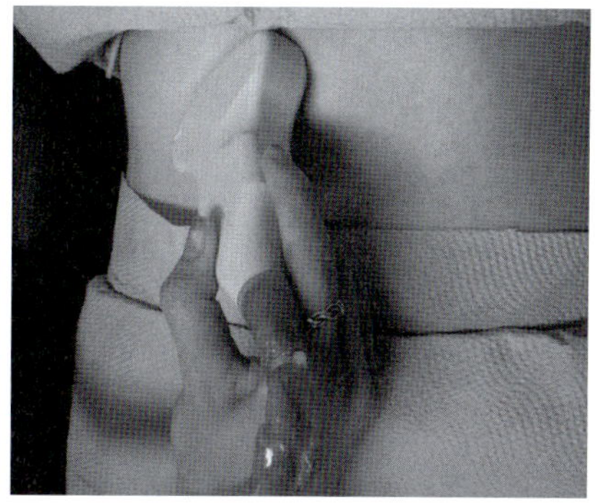

▸ 그림 10-16. 갈비밑주사

5) 관상주사(coronal scanning, lateral scanning, flank scanning)

관상주사는 인체의 관상면을 관찰하는 주사 방법으로 측면주사라고도 한다. 오른 관상주사는 간 또는 콩팥의 관상 단면을 관찰하고 왼 관상주사는 지라의 관상면을 관찰할 수 있다. 그림 10-17은 오른 관상주사이다.

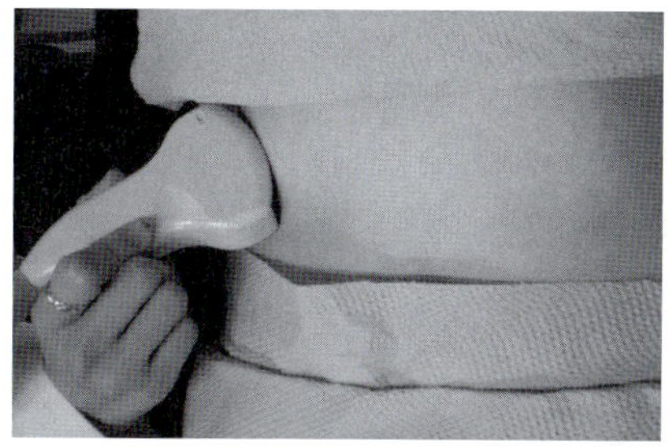

▸ 그림 10-17. 관상주사

6) 갈비밑사위주사(hypochondriac oblique scanning)

갈비밑사위주사는 갈비밑에서 프로브를 2시 8시 방향 또는 10시 4시 방향으로 비스듬히 주사하는 방법이다. 오른갈비밑사위주사는 그림 10-18과 같은 방법으로 주문맥과 온쓸개관의 긴 단면을 관찰할 수 있다.

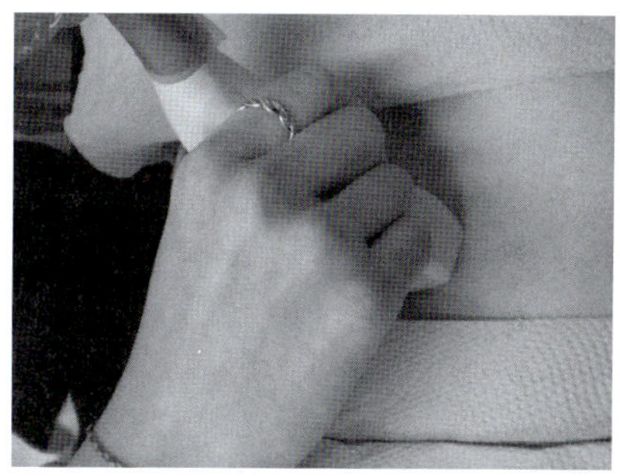

▸ 그림 10-18. 갈비밑사위주사

04 주사면의 이해

초음파 영상은 CT 또는 MRI와 달리 다양한 단면상(sectional image)을 얻을 수 있는 장점이 있다. 하지만 주사면(scan plane)이 다양하기 때문에 영상을 이해하고 습득하기 어렵다. 특히 초음파의 국소적 단면상(partial sectional image)을 이해하려면 3차원의 입체적인 해부학을 습득하고 단면으로 잘랐을 때 어떻게 영상에 표현되는가에 대한 의문을 가져야 한다. 초음파 영상은 입체적인 인체를 2차원 단면상으로 재구성해서 나타내므로 주사면의 형성 원리를 잘 이해하여야 한다. 이를 이해하려면 많은 숙련이 필요하다. 초음파검사의 기본적인 주사방법은 세로주사, 가로주사, 갈비사이주사, 갈비밑주사 등이므로 이 부분에 대한 영상 관찰법을 설명하기로 한다.

1) 세로주사 영상(longitudinal scan image)

프로브에는 프로브와 영상의 방향이 일치하도록 프로브의 왼쪽에 점이 표시되어 있다. 세로주사는 이 점 표시가 환자의 머리 쪽과 일치한다. 영상에서 이 점의 방향은 왼쪽이 된다. 즉 영상의 왼쪽이 머리 방향, 오른쪽이 다리 방향이다. 그리고 프로브 면이 환자의 배쪽이고 먼쪽이 환자의 등쪽이다. 프로브의 방향과 환자의 방향이 일치하지 않으면 영상은 좌우가 바뀌어 나타난다. 그림 10-19(b)는 대동맥 면에서 이자의 몸통을 세로주사한 것이다. 대동맥에서 분지되는 복강동맥(celiac artery)의 1.0 cm 아래쪽(다리방향)에서 위창자간막동맥(SMA)이 분지하는 것을 볼 수 있으며, 프로브 면으로부터 등쪽으로 간 왼엽, 이자몸통, 지라정맥, 대동맥의 단면이 보인다. 그림 (c)는 쓸개 세로주사로써 쓸개 바닥이 배쪽에 쓸개 목이 등쪽에 위치한 것을 볼 수 있으며, 그림 (d)는 콩팥의 세로주사로써 콩팥의 상극(upper pole)이 하극(lower pole)보다 머리쪽과 등쪽으로 치우쳐 있는 것을 알 수 있다. 이와 같이 초음파 2차원 단면상의 위, 아래 그리고 오른쪽, 왼쪽이 환자의 어느 부분을 나타내는지를 이해하여야 한다.

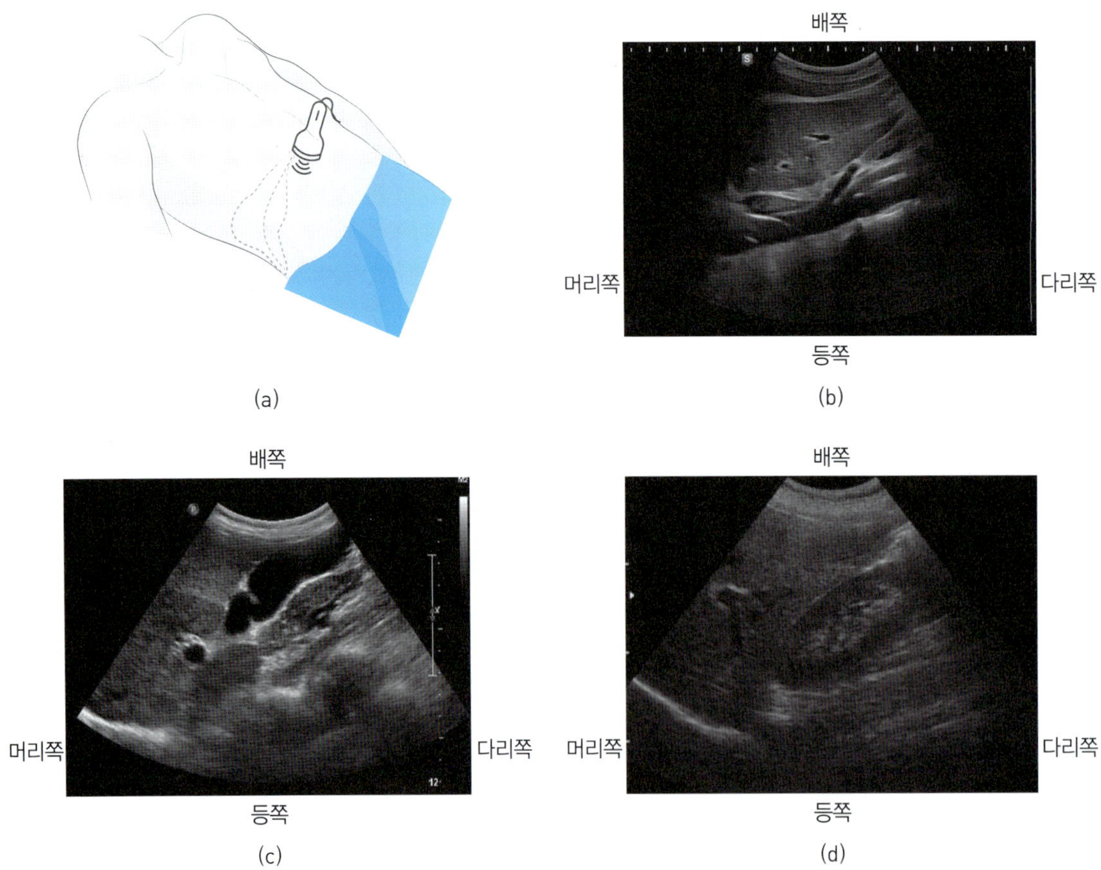

▶ 그림 10-19. 세로주사(a)와 영상(b~d)

2) 가로주사 영상(transverse scan image)

가로주사는 프로브의 왼쪽 부분이 환자의 오른쪽에 오도록 주사한다. 즉, 프로브의 왼쪽이 환자의 오른쪽이 되고, 프로브의 오른쪽이 환자의 왼쪽이 된다. 가로주사 영상은 그림 10-20과 같이 그림의 왼쪽이 환자의 오른쪽이고 그림의 오른쪽이 환자의 왼쪽 방향이다. 그리고 프로브 면이 환자의 배쪽이고 프로브의 뒤쪽이 환자의 등쪽이다. 그림 10-20(a)는 가로주사 모습을 나타낸 것이고 (b)는 이자의 장축을 가로주사 한 영상이다. 이자의 머리가 오른쪽에, 꼬리부분이 왼쪽에 보이며 배쪽에서 등쪽 방향으로 간, 이자, 지라정맥, 위창자간막동맥, 대동맥이 차례로 보인다. (c) 영상은 복강동맥을 가로주사한 것으로 원형의 대동맥 위에 복강동맥 축이 보이며, 여기에서 오른쪽으로 온간동맥(common hepatic artery), 왼쪽으로 지라동맥(splenic artery)이 분지하는 것을 알 수 있다. (d) 영상은 갑상선을 가로주사한 것으로 오른 갑상선과 왼 갑상선이 대칭으로 보이고 앞쪽에 이것을 잇는 협부(isthmus)가 있으며 그 아래 기관의 단면과 기관의 왼쪽 뒤쪽에 식도가 있다는 것을 알 수 있다.

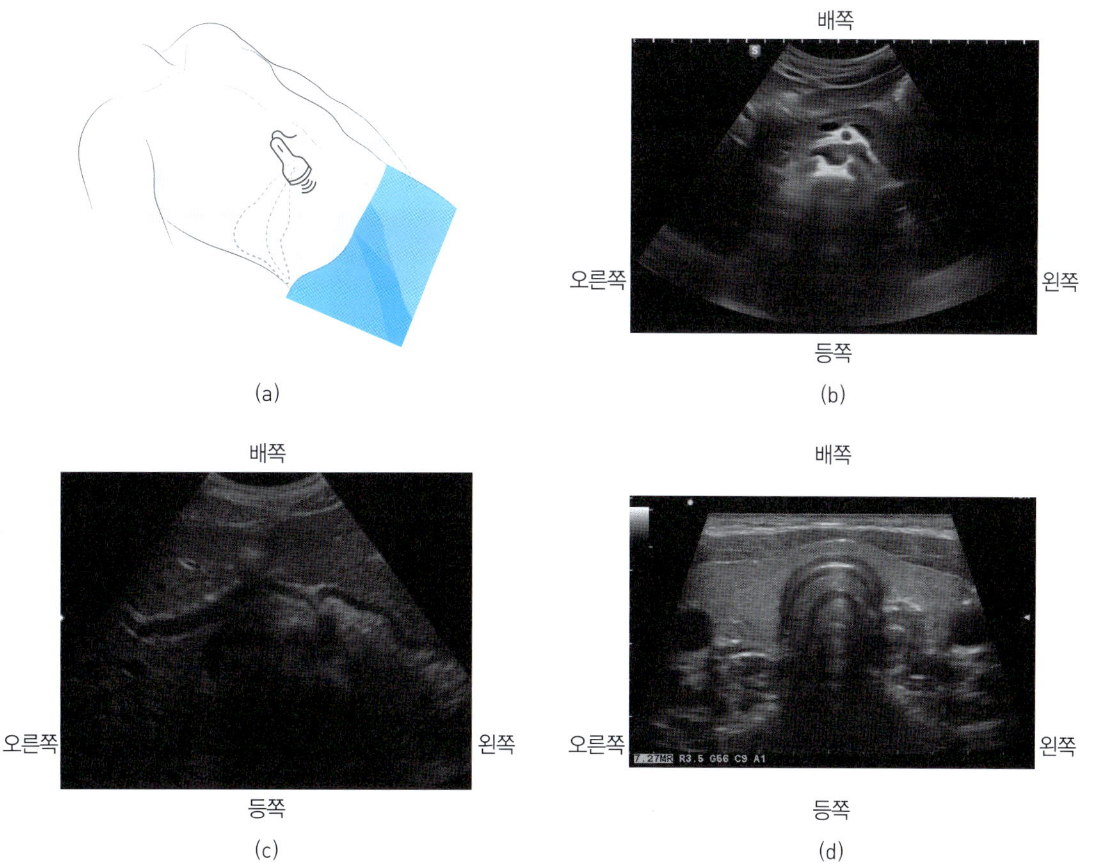

▶ 그림 10-20. 가로주사(a)와 영상(b~d)

3) 갈비사이주사 영상(intercostal scan image)

갈비사이주사 면(plane)은 가로주사 면에 준한다. 그림 10-21(a)와 같이 오른갈비사이에서 프로브의 왼쪽을 환자의 오른쪽에 대고 주사하면 (b)와 같은 영상이 관찰된다. 왼쪽에서 오른쪽으로 분지하는 오른문맥의 전지가 보이고, 등쪽으로 아래대정맥이 원형의 단면상을 보인다. 문맥의 전지는 등쪽에서 배쪽 및 오른쪽으로 주행하다가 상지와 하지로 분지하는 것을 알 수 있다. (c) 영상은 왼갈비사이주사로 지라를 주사한 것이다. 지라는 영상의 오른쪽에 위치하여 배쪽에서 등쪽으로 이어지면서 초생달 형태를 보인다.

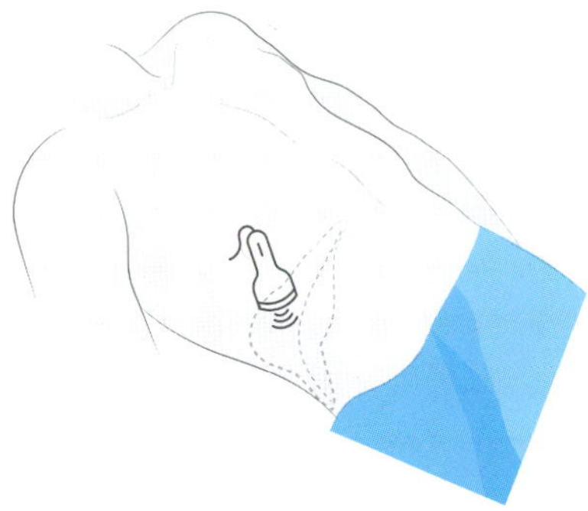

(a)

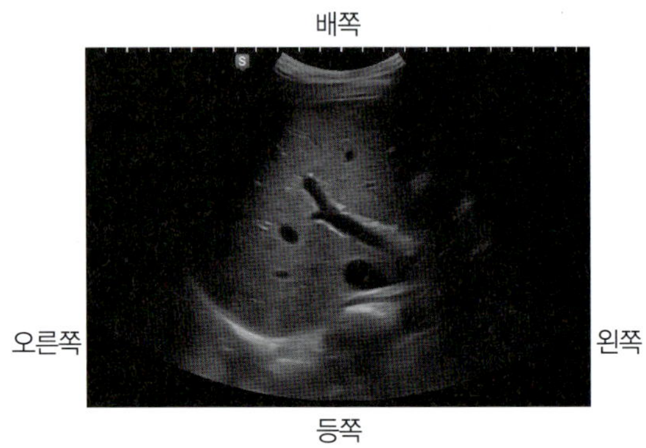

(b)

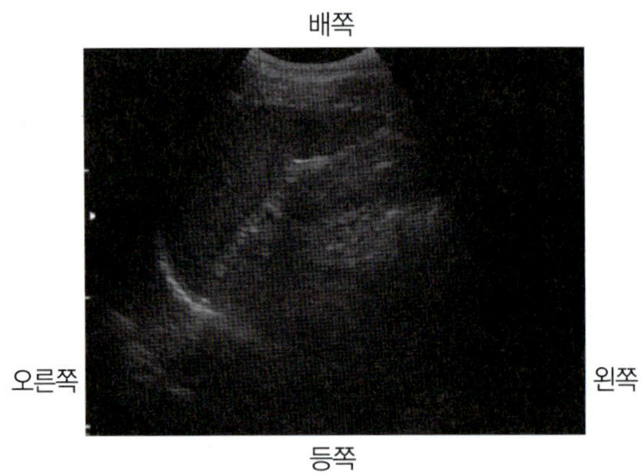

(c)

▸ 그림 10-21. 갈비사이주사(a) 영상

4) 갈비밑주사 영상(subcostal scan image)

갈비밑주사는 가로주사에 준한다. 즉, 프로브의 왼쪽을 환자의 오른쪽에 놓고 주사한다. 그림 10-22(a)와 같이 오른 갈비밑주사에서 프로브 각을 머리 방향에서부터 다리 방향까지 입사하면 (b), (c), (d)의 영상이 차례대로 나타난다. (b) 영상은 배쪽에서부터 간, 주엽틈새, 문맥, 아래대정맥, 가로막이 보인다. 주엽틈새는 문맥에서 시작해 등쪽에서 배쪽으로 이어져 오른쪽으로 이행한다. 그리고 (c) 영상은 간정맥을 나타낸 것으로 중간정맥(MHV)을 보면 간 중앙의 오른쪽에서 왼쪽, 그리고 배쪽에서 등쪽으로 비스듬히 주행하다 아래대정맥(IVC)으로 유입하는 것을 알 수 있다. 오른간정맥(RHV)은 중간정맥의 등쪽에서 아래대정맥으로 유입하고 있다. (d) 영상은 문맥을 주사한 것으로 왼문맥은 왼쪽 앞쪽으로 가로부와 오름부를 거쳐 배꼽부로 이어지며 오른문맥은 오른쪽으로 주행하면서 문맥 배꼽부에 비해 등쪽으로 주행하는 것을 알 수 있다. 아래대정맥은 문맥의 등쪽에 원형의 단면으로 보인다.

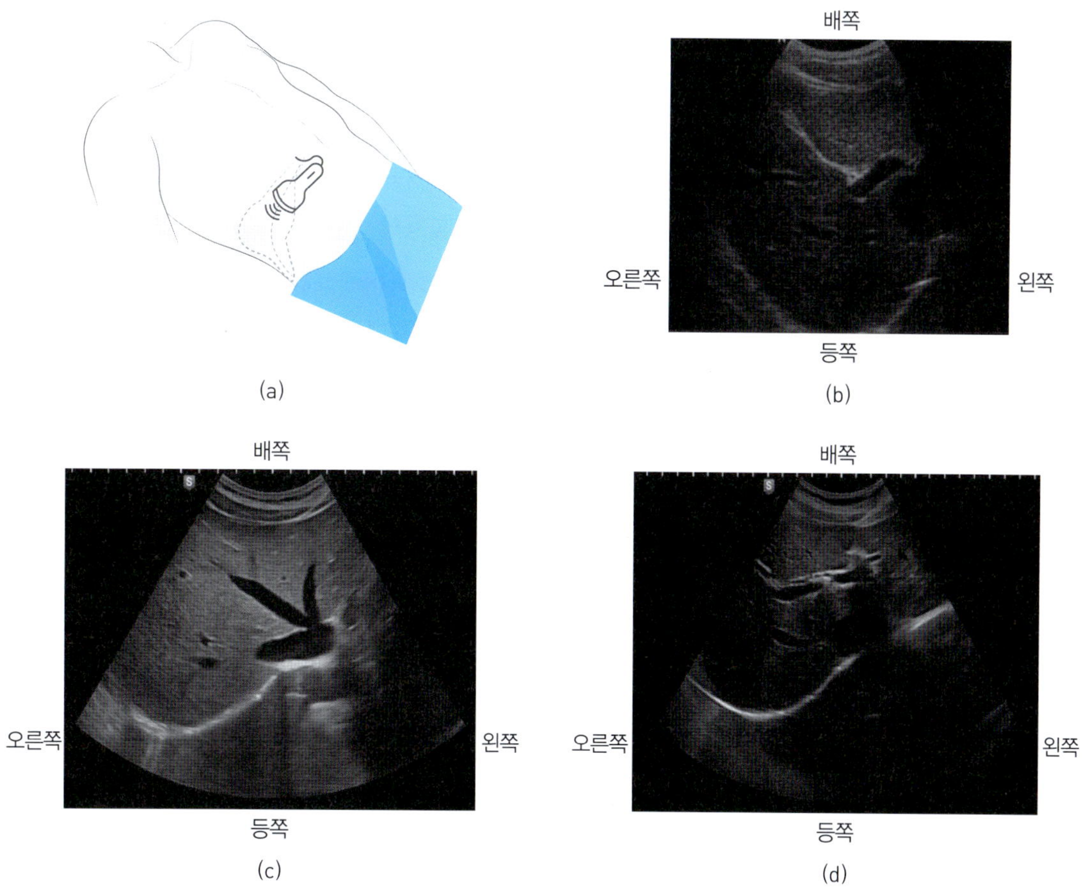

▶ 그림 10-22. 갈비밑주사 영상

5) 관상주사 영상(coronal scan image)

관상주사는 세로주사에 준한다. 프로브의 윗부분을 환자의 머리쪽에 대고 그림 10-23과 같이 주사하면 (b)의 단면상이 나타난다. 영상의 머리쪽에 간과 인접한 콩팥의 상극이 보이고 다리쪽에 하극이 위치하고 있으며 등쪽으로 허리근(psoas muscle)이 길게 잘린 단면이 보인다.

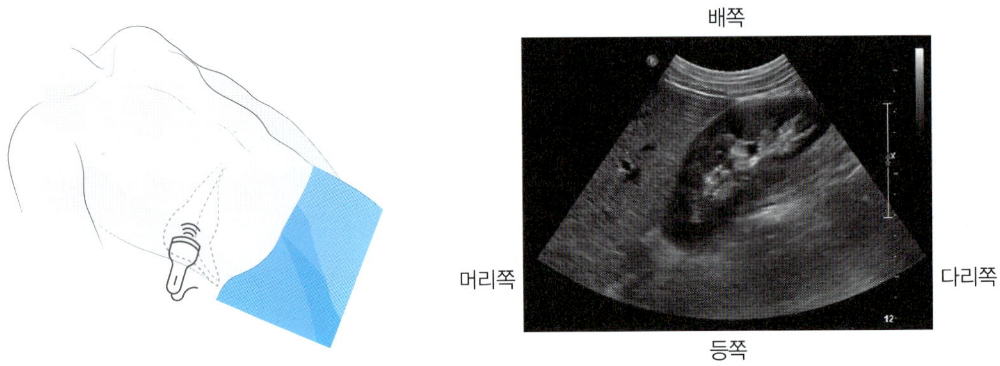

(a) (b)

▶ 그림 10-23. 관상주사 영상

6) 갈비밑사위주사 영상(hypochondriac oblique scan image)

갈비밑사위주사는 가로주사에 준한다. 프로브의 왼쪽을 환자의 오른쪽에 놓고 그림 10-24(a)와 같이 주사하면 (b)와 같은 영상 단면이 주사된다. 그림 10-24(b)는 배쪽에서 등쪽으로 간, 온쓸개관, 주문맥, 아래대정맥의 단면상이 차례대로 나타난 것을 알 수 있다. 주문맥은 왼쪽에서 오른쪽으로 비스듬히 간으로 유입하고 있으며 간의 유입부에서 등쪽으로 약간 기울어진 것을 알 수 있다. 또한 간과 허파 사이에 가로막이 원형의 흰 띠를 이루고 있다.

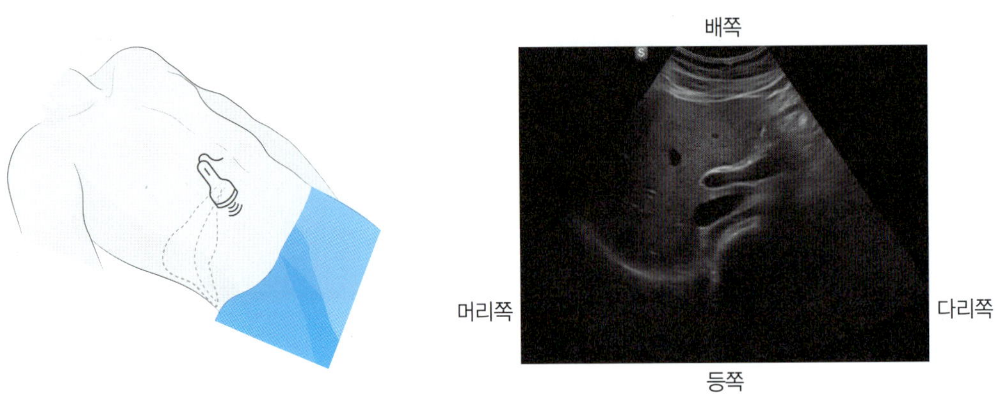

(a) (b)

▶ 그림 10-24. 갈비밑사위주사 영상

05 초음파검사에 필요한 도구

1) 접촉매질(coupling medium)

초음파 접촉매질은 초음파검사를 할 때 검사 부위의 피부 표면에 바르는 물질이다. 이것을 사용하는 목적은 프로브 표면과 피부 사이에 공기층을 제거하여 프로브에서 발생한 초음파를 체내로 효율적으로 전달하기 위한 것이다. 접촉매질을 사용하지 않으면 프로브 표면과 피부 사이의 공기로 인해 피부 표면에서 초음파가 모두 반사하여 체내로 전달되지 않는다. 공기와 연부조직의 임피던스 차가 크기 때문이다. 접촉매질은 과거에 오일을 사용하기도 하였으나 근래에는 매우 낮은 임피던스를 갖는 수용성 젤(aqueous gel)을 사용한다. 접촉매질은 프로브의 매칭층과 조화를 이루어야 하고 물에 잘 녹아야 하며 검사 후 쉽게 제거할 수 있어야 한다. 그림 4-25(a)는 일반적으로 사용하는 경피용 비 소독용 초음파 젤이고 (b)는 불결 되지 않은 소독용 초음파 젤로써 인터벤션이나 수술실 초음파검사에서 사용한다.

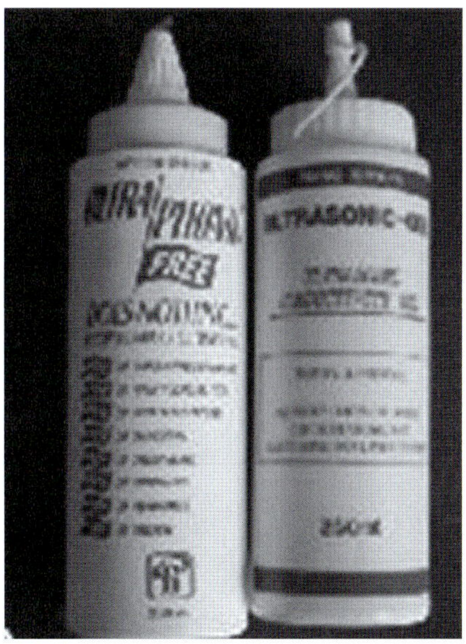

(a)

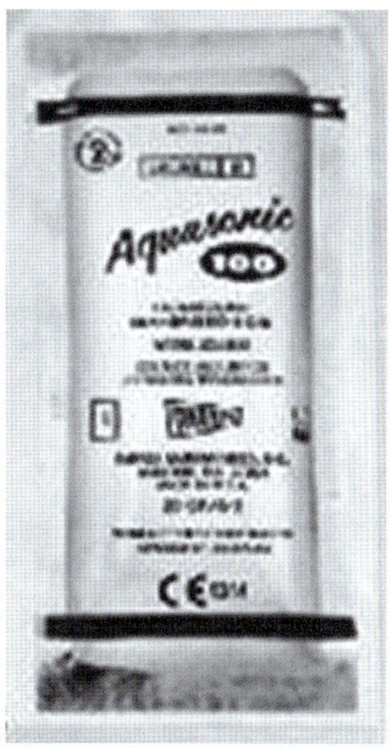

(b)

▶ 그림 10-25. 초음파 젤(a: 비소독용, b: 소독용)

2) 폴리머 패드(polymer pad or gel pad)

폴리머 패드는 갑상선이나 유방과 같은 표재성장기를 주사할 때 장기의 위에 올려놓고 사용한다. 이 물질은 임피던스가 낮고 초음파 흡수가 거의 없는 무 에코 재질을 사용한다. 표재성장기는 대부분 굴곡이 있어 주사하기 불편하고 프로브 표면과 가깝기 때문에 다중반사의 영향을 받기 쉽다. 그림 10-26과 같이 폴리머 패드를 사용하면 굴곡 부위를 부드럽게 주사할 수 있고 다중반사가 발생한다 하더라도 영향을 적게 받는 이점이 있다. 특히, 피부 표면 가까이 병소(lesion)가 있을 때 유용하게 사용할 수 있으며 다양한 형태와 두께를 가지고 있어 선택해서 사용할 수도 있다. 최근에는 선형 프로브가 소형화되고 small part scan을 하면서 폴리머 패드의 사용이 줄어들고 있다.

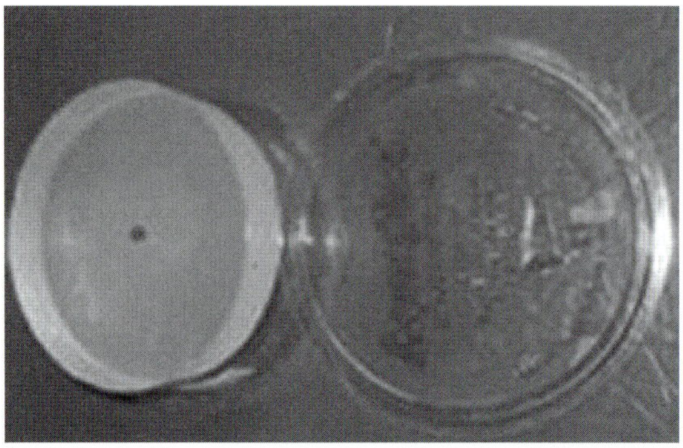

▶ 그림 10-26. 원형 폴리머 패드

3) 프로브 보호덮게(probe latex cover)

프로브 보호덮개는 체내 초음파검사나 수술 초음파검사를 할 때 불결과 오염을 방지하기 위해 사용한다. 그림 10-27은 체내용 프로브에 latex cover를 씌운 모습이다. 보호덮개를 씌울 때에는 글로브를 착용하고 불결을 방지한 상태에서 프로브 표면에 초음파 젤을 바르고 프로브 끝까지 덮씌운다.

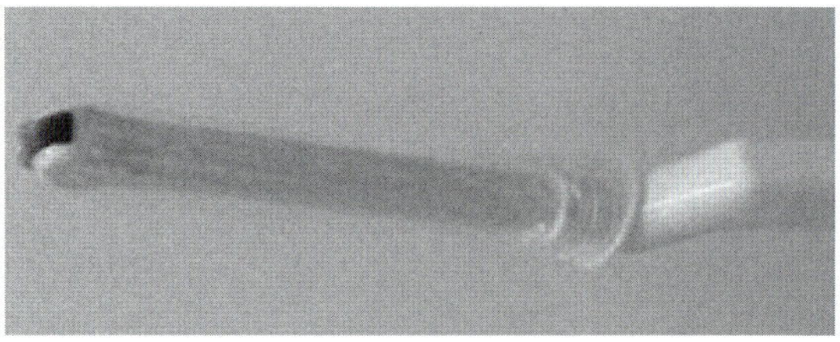

▶ 그림 10-27. latex cover

4) 클리닝과 소독

프로브는 다양한 환자에게 사용하기 때문에 항상 클리닝과 소독으로 청결을 유지하여야 한다. 환자를 볼 때마다 살균 소독을 할 필요는 없겠지만 클리닝은 하여야 한다. 특히, 피부 트러블이 있는 환자를 주사한 다음에는 반드시 그림 10-28과 같은 소독용 스프레이를 사용하여 프로브 주사면을 소독하여야 한다. 소독은 7.5% hydrogen peroxide solution을 사용한다.

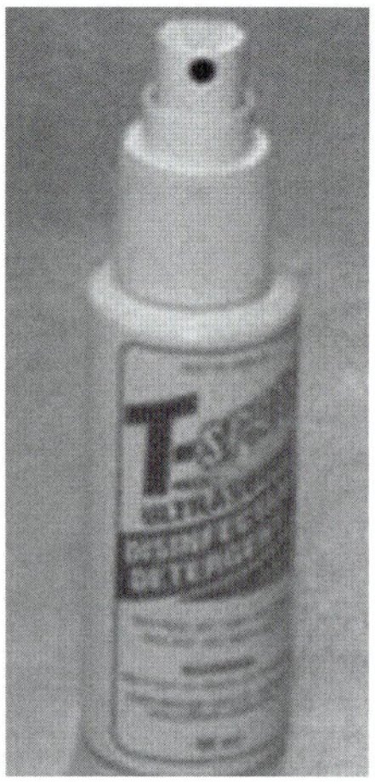

▶ 그림 10-28. 소독용 스프레이

06 초음파 영상의 평가

초음파 영상은 위에서 설명한 바와 같이 입체적인 인체를 전자적 장치에 의해 재구성하여 국소적인 단면상으로 나타낸 것이므로 초음파 영상을 판독하기 위해서는 입체적인 해부학을 숙지하고 영상의 재구성 과정을 구체적으로 이해하여야 한다. 물론, 인체 해부학을 숙지한다 하더라도 초음파의 재구성 단면상을 이해하지 못하면 초음파 영상을 이해하는데 어려움이 있다. 따라서 초음파 주사에 많은 시간을 투자하고 다양한 영상을 관찰하는 경험과 노력이 필요하다. 특히, 초음파의 질환 판별은 반사파 강도에 의한 회색도 분포와 에코 양상의 균질성 유무가 결정하므로 각 장기의 정상 에코패턴(normal echo pattern)을 많이 보다보면 점차 비정상 에코(abnormal echo pattern)에 대한 안목을 갖게 된다. 따라서 이 파트에서는 각 장기의 기본적인 에코 강도와 에코 양상에 관하여 설명하도록 한다.

1) (경)계면 영상(interface image)

계면 영상은 두 장기 사이의 경계면에 뚜렷한 휘도 차이를 보이는 영상을 말한다. 주로 간과 쓸개 사이, 방광과 자궁 사이, 장기 안의 물혹 등에서 쉽게 볼 수 있다. 그림 10-29는 자궁의 세로주사 영상으로 물로 충만한 방광과 자궁의 임피던스 차에 의해 선명한 계면 영상이 관찰된다.

2) 벽 영상(wall image)

벽 영상은 인접한 조직과 분리되는 선상의 영상을 말하는 것으로 혈관 벽 또는 쓸개관 벽 등에서 잘 나타난다. 그림 10-30은 간초음파 영상으로 간으로 유입하는 문맥이 분명한 벽 영상으로 보이고 문맥 앞쪽의 온쓸개관도 벽 영상을 보인다.

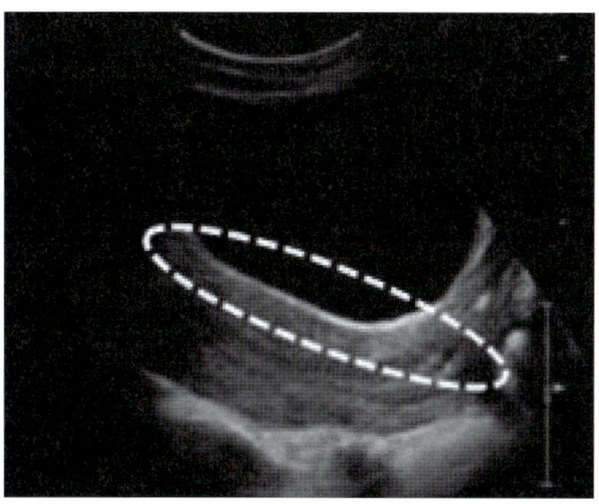

▶ 그림 10-29. 계면 영상

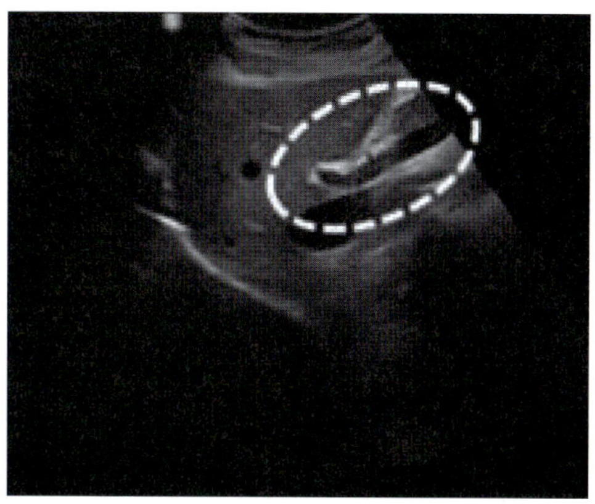

▶ 그림 10-30. 벽 영상

3) 에코반사의 정도

초음파 영상은 각 장기의 반사파 강도를 회색도 분포로 나타낸 집합체로써, 인체의 각 장기는 고유의 회색도 분포를 갖는다. 그러므로 각 장기의 회색도는 질병을 구별하는 중요한 요소이다. 예를 들면, 정상 간은 이자보다 휘도가 낮지만 지방간(fatty liver)이 침착하면 이자보다 휘도가 높게 나타난다. 또한, 정상 간에 비해 급성 간염은 휘도가 낮고 만성간염은 높다. 일반적으로 지방은 근육에 비해 휘도가 높게 나타난다. 그림 10-31은 정상 장기의 휘도 분포를 나타낸 것이다. 그림 10-31(a)에서 간은 콩팥 실질에 비해 휘도가 높게 나타나 있고, 콩팥굴은 높은 휘도로, 속질은 낮은 휘도를 보인다. (b)는 간 왼엽을 음향창으로 이자를 가로주사한 것으로 간과 이자는 거의 유사한 휘도를 보인다. 또한 (c)는 지라를 세로주사한 것으로 콩팥 실질에 비해 지라의 휘도가 약간 높은 것을 볼 수 있다. 일반적으로 복부 장기의 정상 휘도는 콩팥굴(renal sinus)이 가장 높고 이자(pancreas), 간(liver), 지라(spleen), 콩팥 겉질(renal cotex), 콩팥 속질(renal medulla)의 순서이다.

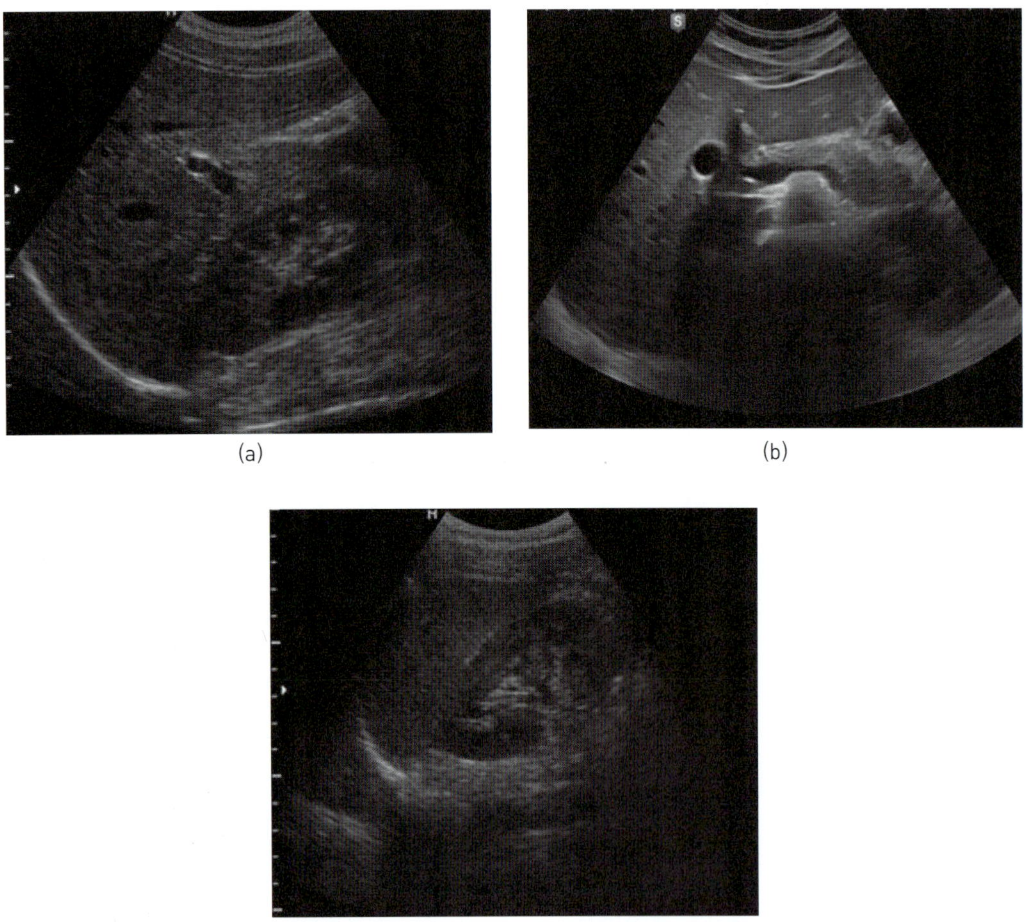

(a) (b) (c)

▶ 그림 10-31. 각 장기의 반사 정도(a: 간과 콩팥, b: 간과 이자, c: 지라와 콩팥)

4) 에코 양상(echo pattern)

에코 양상은 초음파 영상의 전체적인 회색도 형태를 의미한다. 육안으로 보아 휘도 양상이 전체적으로 비슷한 형태를 보이면 "균질하다"(homogeneous echo pattern)고 표현하고 차이가 나면 "불균질하다"(heterogeneous echo pattern)라고 표현한다. 즉, 에코 양상은 각 장기의 균질성 여부를 판단하는 지표이다. 하지만 균질하면 정상이고 불균질하면 비정상인 것을 의미하지는 않는다. 간, 지라, 이자 등은 하나의 에코 양상을 띠는 균질장기이고 콩팥은 여러 가지 휘도가 복합된 불 균질장기이다. 이를 평가할 때 균질장기는 균질하게, 불균질장기는 불균질한 그 상태로 나타나야 정상이다. 물론 균질장기가 불 균질하게 보이면 비정상이다. 그림 10-32(a)는 정상 간(normal liver)의 영상이고 (b)는 간경변증(liver cirrhosis) 영상이다. (a)영상은 간의 휘도가 전체적으로 균질한데 비해 (b)영상은 휘도가 높고 낮은 것이 혼합되어 매우 거칠어 보인다.

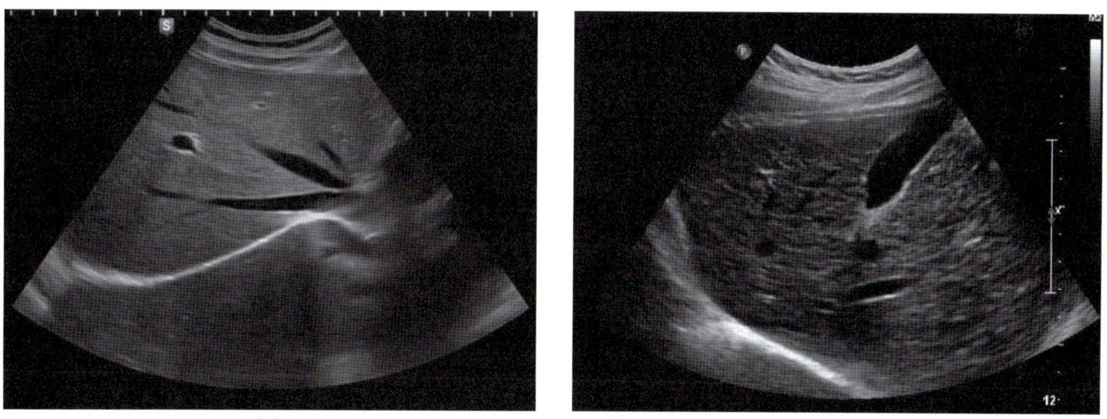

(a) (b)

▶ 그림 10-32. 에코 양상(a: 정상, b: 간경화증)

5) 낭성 종괴와 고형성 종괴의 판별

초음파검사가 CT와 MRI 보다 쉽게 가장 잘 표현하는 질환은 낭성 종괴(cystic mass)와 고형성 종괴(solid mass)의 판별이다. 낭성 종괴는 물혹이며 고형성 종괴는 충실성 종괴라고도 한다. 물혹의 특징은 표 10-1과 같이 원형 또는 타원형의 무에코 양상을 보이기 때문에 그 뒤에 후방음향증강이 생기며 주위 조직과 경계가 명확하고 후벽이 선례하게 나타난다. 이에 반해 고형성 종괴는 벽이 상대적으로 불균질하고 내부 에코가 있기 때문에 후방음향증강은 없으며, 간혹 석회화로 인한 후방음향음영이 보일 수

표 10-1. 낭성과 고형성 종괴의 초음파 영상 특징

cystic mass	solid mass
round no internal echo posterior wall sharp posterior enhancement	internal echo irregular no posterior enhancement or posterior shadow

있다. 그림 10–33(a)는 신장초음파검사의 세로주사에서 콩팥의 상극에 무에코의 콩팥 낭종(renal cyst)을 나타낸 것이고 (b)는 간초음파검사에서 원형의 혈관종(hemangioma)을 나타낸 것이다.

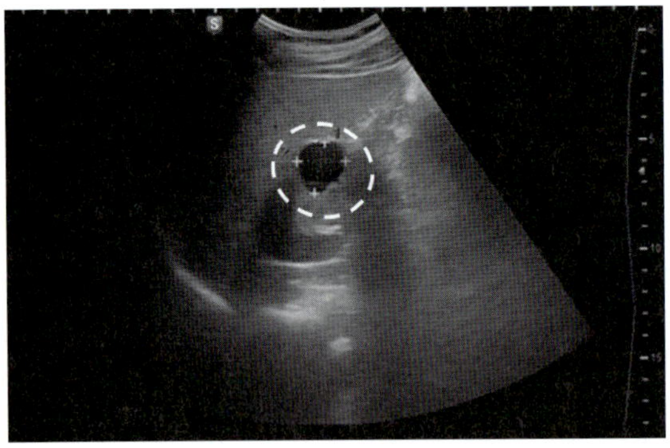

(a)

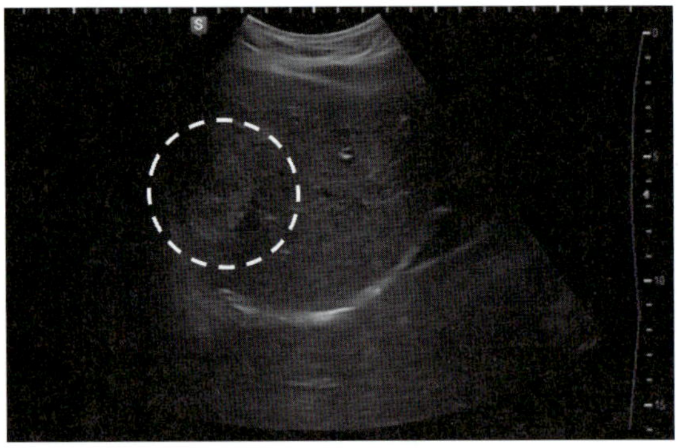

(b)

▶ 그림 10–33. 낭성 종괴(a)와 고형성 종괴(b)

핵심문제 및 해설

아래의 문항에서 가장 알맞은 답가지 하나를 고르시오.

문항 01 프로브를 인체 정중면에 수직으로 주사하는 방법으로 옳은 것은?

① 가로주사 ② 세로주사 ③ 갈비밑주사
④ 갈비사이주사 ⑤ 갈비밑사위주사

해설 가로주사는 프로브를 인체 정중면(MSL)에 수직으로 주사한다. 콩팥을 가로주사하면 원형의 단면이 관찰된다.

문항 02 초음파 영상에서 휘도가 높게 나타나는 것은?

① 간(liver) ② 지라(spleen) ③ 이자(pancreas)
④ 쓸개(gall bladder) ⑤ 콩팥굴(renal sinus)

해설 복부 장기의 정상 휘도(반사 에코)는 콩팥굴(renal sinus)이 가장 높고 이자(pancreas), 간(liver), 지라(spleen), 콩팥 겉질(renal cotex), 콩팥 속질(renal medulla)의 순서이다. 콩팥굴은 술잔, 깔데기, 지방, 근육 등 다양한 조직들로 구성되어 있으며 이들 각각의 임피던스 차이로 휘도가 높게 나타난다. 이것을 신중심복합체(central renal echo complex, CEC)라고 한다.

문항 03 이자의 장축을 관찰하는 주사방법으로 올바른 것은?

① 측면주사(flank scan)
② 갈비밑주사(subcostal scan)
③ 세로주사(longitudinal scan)
④ 갈비사이주사(intercostal scan)
⑤ 명치부가로주사(epigastrium transverse scan)

해설 이자는 명치부(칼돌기) 5 cm 아래, 위(stomach)의 뒤쪽에 가로로 길에 위치한 10 cm의 장기이다. 이것의 장축을 보려면 가로주사를, 단축을 보려면 세로주사를 한다.

정답 1. ① 2. ⑤ 3. ⑤

문항 04 초음파검사에서 물혹(낭종)에 대한 특징이 아닌 것은?

① 원형 ② 무에코 ③ 양성종양
④ 후방음향음영 ⑤ 선명한 경계

해설 물혹(cyst mass)의 초음파 영상학적 특징은 round, anechoic, posterior acoustic enhancement, wall sharpness 등이다. 종양은 병리학적으로 양성종양과 악성종양으로 나뉘며 물혹은 양성종양이다.

문항 05 프로브를 환자의 정중선과 평행하게 놓고 주사(scan)하는 방법으로 옳은 것은?

① 사위주사(oblique scan) ② 가로주사(transverse scan)
③ 세로주사(longitudinal scan ④ 갈비밑주사(subcostal scan)
⑤ 갈비사이주사(intercostal scan)

해설 세로주사는 프로브를 인체 정중면과 평행하게 또는 일치하게 주사하는 방법이다.

문항 06 주문맥과 온쓸개관의 긴 단면을 관찰할 수 있는 주사 방법은?

① 관상주사(coronal scanning)
② 가로주사(transverse scanning)
③ 세로주사(longitudinal scanning)
④ 갈비사이주사(intercostal scanning)
⑤ 갈비밑사위주사(hypochondriac oblique scanning)

해설 갈비밑사위주사로 주문맥(MPV)과 온쓸개관(CBD)의 긴 단면을 관찰한다.

문항 07 초음파검사에서 저 에코로 나타나는 부위는?

① 고환(testies) ② 유방(breast) ③ 자궁(uterus)
④ 콩팥 속질(renal medulla) ⑤ 이자머리(pancreas head)

해설 복부 장기의 정상 휘도는 콩팥굴 > 이자 ≥ 간 > 지라 > 콩팥 겉질 > 콩팥 속질의 순서이다. 고환과 자궁은 간과 유사한 에코 양상을 보인다. 유방은 다양한 에코 양상을 보이나 유방실질은 간과 유사한 에코 양상이다. 단, 연령에 따라 다르다.

문항 08 초음파검사에서 프로브 표면과 피부 사이에 공기층을 제거하여 초음파가 체내로 효율적으로 전달하도록 하는 물질은?

① 젤 ② 오일 ③ 접합층
④ 미세기포 ⑤ 요오드조영제

해설 초음파 젤은 프로브 표면과 피부 사이에 공기층을 제거하여 프로브에서 발생한 초음파를 체내로 효율적으로 전달하기 위한 물질이다. 이것을 사용하지 않으면 프로브 표면과 피부 사이의 공기층으로 인해 피부 표면에서 초음파가 모두 반사하여 체내로 전달되지 않는다.

정답 4. ④ 5. ③ 6. ⑤ 7. ④ 8. ①

문항 09 사진에서 왼쪽과 오른쪽은 서로 다른 성질을 가진 병변이다. 병리학적 구분이 옳은 것은?

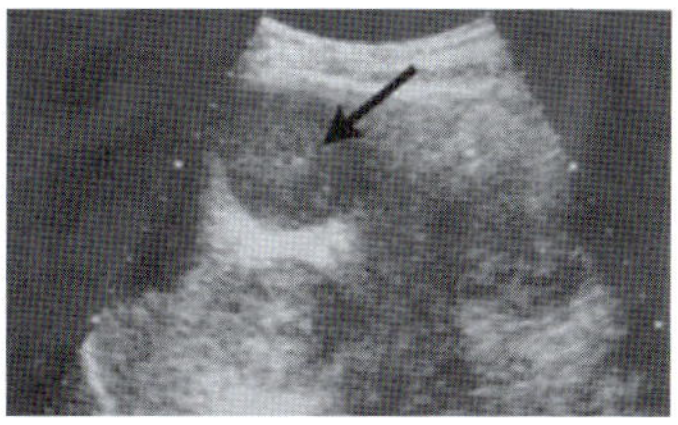

왼쪽

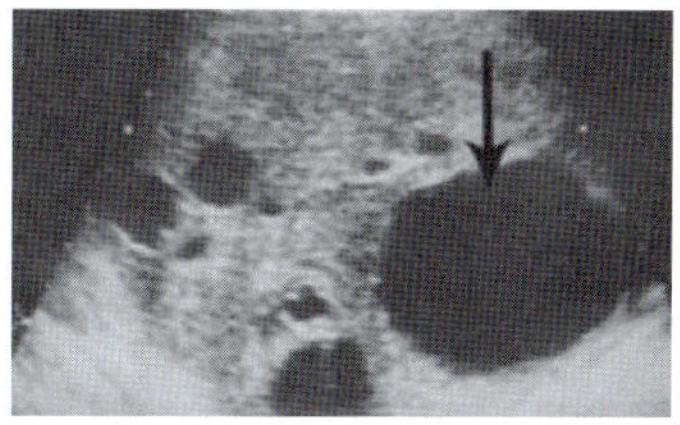

오른쪽

	왼쪽	오른쪽
①	고형결절(nodule)	낭종(cyst)
②	낭종(cyst)	고형결절(nodule)
③	석회화결절(calcification)	고형결절(nodule)
④	고형결절(nodule)	공기(air)
⑤	낭종(cyst)	격벽(septum)

해설 왼쪽 영상은 간암(hepatoma)으로 큰 고형성 종괴가 세 개 있으며, 오른쪽 영상은 크고 작은 간 낭종이 여러 개 보인다.

문항 10 갈비사이주사 영상은?

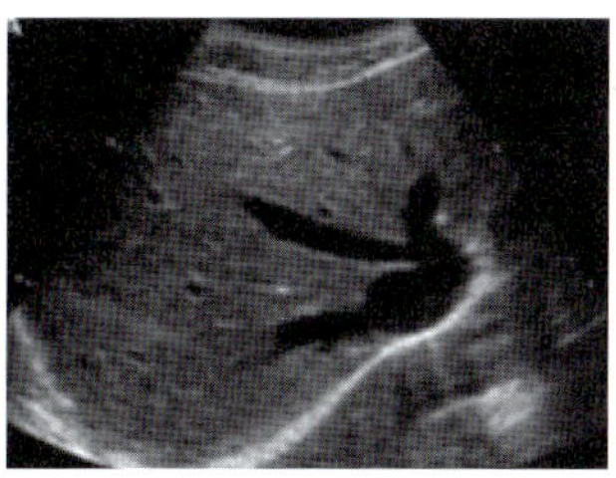

(가)

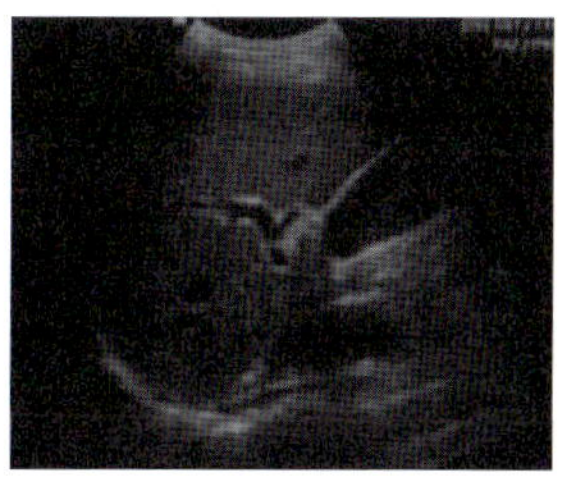

(나)

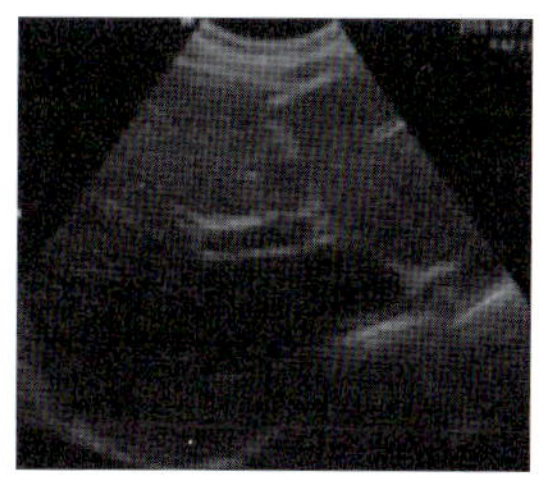

(다)

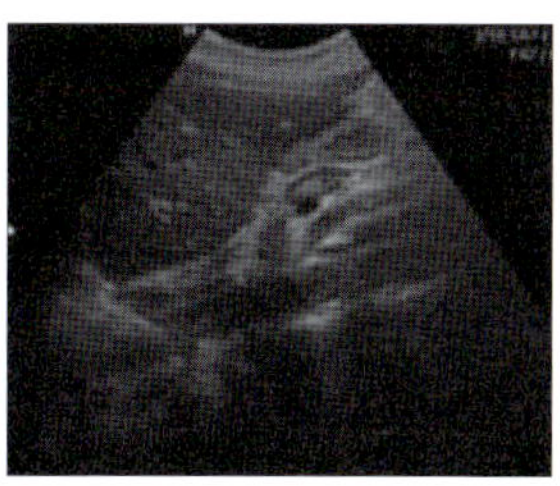

(라)

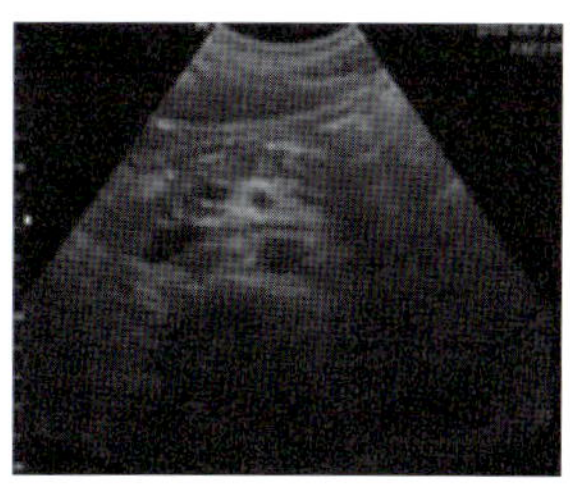

(마)

① 가 ② 나 ③ 다 ④ 라 ⑤ 마

해설 가는 간의 갈비밑주사, 나는 오른 갈비사이주사, 다는 가로주사, 라는 세로주사, 마는 이자의 가로주사이다.

정답 9. ① 10. ②

문항 11 그림의 설명이 옳은 것은?

1

4 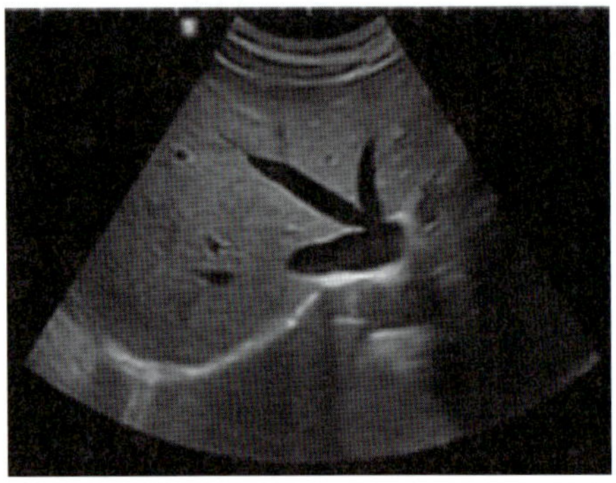 2

3

① 간의 세로주사이다.
② 1은 환자의 등쪽 방향이다.
③ 2는 환자의 머리쪽 방향이다.
④ 3은 환자의 배쪽 방향이다.
⑤ 4는 환자의 오른쪽 방향이다.

해설 간초음파의 갈비밑주사이다. 1은 환자의 배쪽이고, 2는 환자의 왼쪽이고, 3은 환자의 등쪽이고, 4는 환자의 오른쪽이다.

문항 12 그림의 주사방법이 옳은 것은?

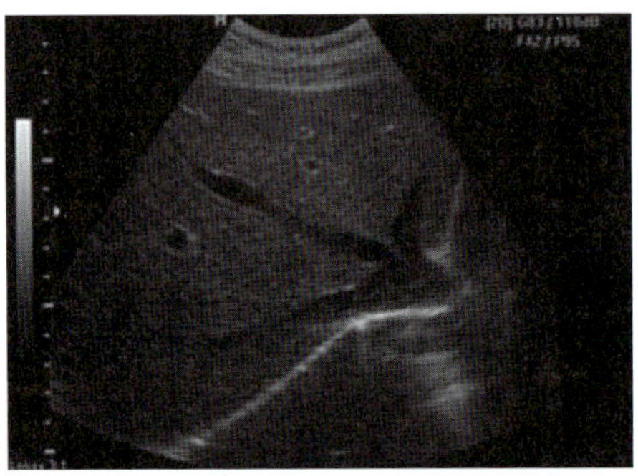

① 가로주사
② 세로주사
③ 갈비밑주사
④ 갈비사이주사
⑤ 갈비밑사위주사

해설 간초음파의 갈비밑주사로 왼간정맥, 중간정맥, 오른간정맥이 아래대정맥(IVC)으로 유입하는 것을 볼 수 있다. 갈비밑주사는 간을 전체적으로 잘 볼 수 있는 주사 방법이다.

정답 11. ⑤ 12. ③

문항 13 왼 갈비사이주사를 시행한 그림은?

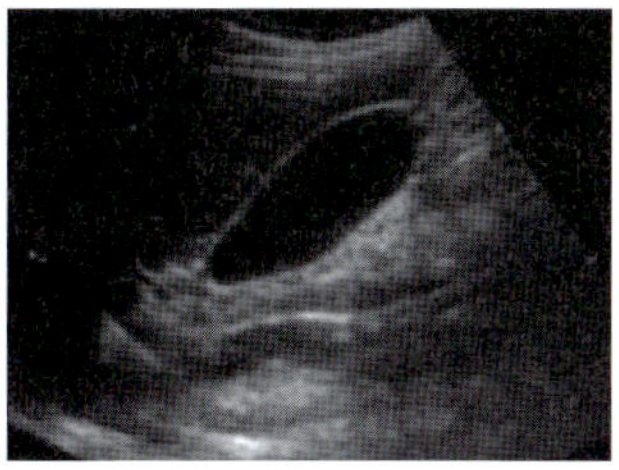
(가)

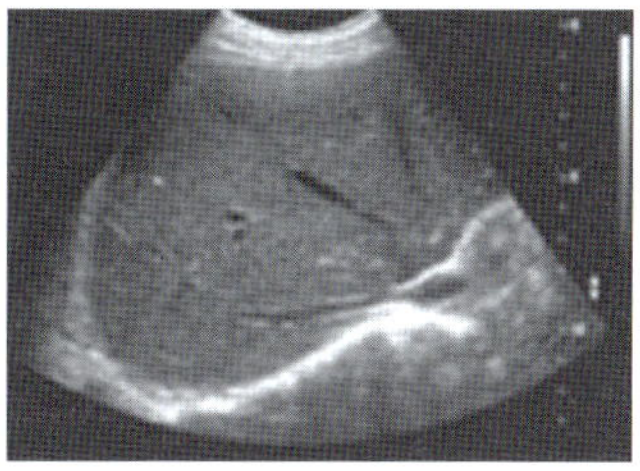
(나)

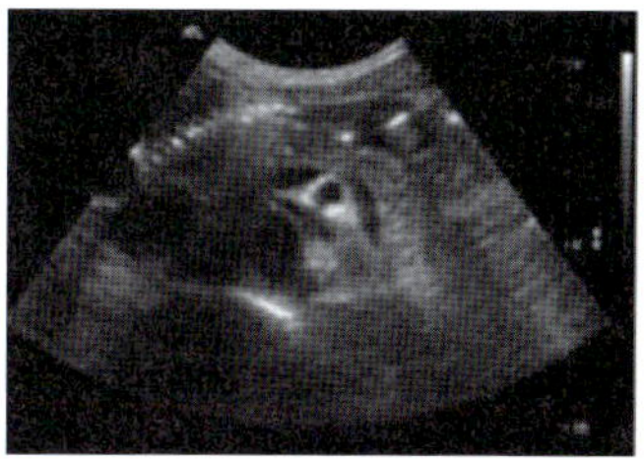
(다)

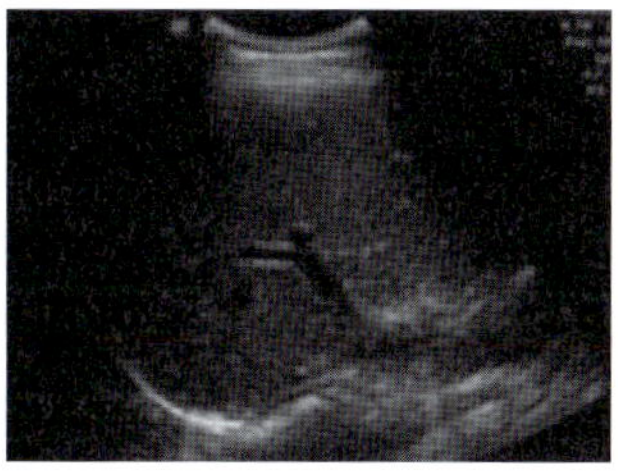
(라)

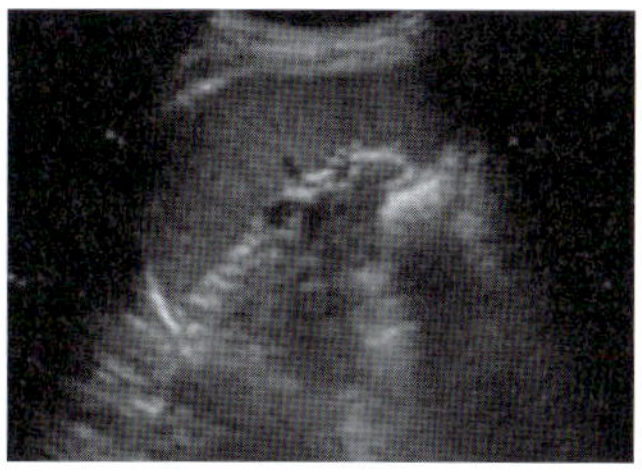
(마)

① 가 ② 나 ③ 다 ④ 라 ⑤ 마

해설 가는 쓸개의 세로주사, 나는 간의 갈비밑주사, 다는 이자의 가로주사, 라는 간의 오른 갈비사이주사, 마는 지라의 왼 갈비사이주사이다.

정답 13. ⑤

제 11 장

복부 초음파검사의 기초

수업 목표

1. 복부초음파검사의 전처치를 알아야 한다.
2. 간 내 혈관과 인대의 해부학을 알아야 한다.
3. Couinaud's의 간 분류를 설명할 수 있어야 한다.
4. 정상 간의 초음파 소견을 알아야 한다.
5. 간 낭종의 영상학적 특징을 알아야 한다.
6. 간 혈관종의 영상학적 특징을 알아야 한다.
7. 지방간의 영상학적 특징을 알아야 한다.
8. 간경변증의 영상학적 특징을 알아야 한다.
9. 간세포암의 영상학적 특징을 알아야 한다.
10. 정상 쓸개의 초음파 소견을 알아야 한다.
11. 쓸개돌과 살버섯의 초음파 소견을 비교 · 설명할 수 있어야 한다.
12. 쓸개즙찌꺼기의 영상학적 특징을 알아야 한다.
13. 급성 쓸개염의 영상학적 특징을 알아야 한다.
14. 쓸개선근종증의 영상학적 특징을 알아야 한다.
15. 쓸개관의 해부학적 구조를 알아야 한다.
16. 정상 쓸개관의 초음파 소견을 알아야 한다.
17. 황달의 영상학적 특징을 알아야 한다.
18. 정상 지라의 초음파 소견을 알아야 한다.
19. 지라 종대의 영상학적 특징을 알아야 한다.
20. 정상 이자의 초음파 소견을 알아야 한다.
21. 급성 이자염의 영상학적 특징을 알아야 한다.
22. 만성 이자염의 영상학적 특징을 알아야 한다.
23. 이자 가성낭종의 영상학적 특징을 알아야 한다.
24. 정상 콩팥의 초음파 소견을 알아야 한다.
25. 콩팥 낭종의 영상학적 특징을 알아야 한다.
26. 다발성단순콩팥낭포의 영상학적 특징을 알아야 한다.
27. 다발성낭포콩팥의 영상학적 특징을 알아야 한다.
28. 콩팥돌의 영상학적 특징을 알아야 한다.
29. 물콩팥증의 영상학적 특징을 알아야 한다.
30. 만성콩팥기능상실의 영상학적 특징을 알아야 한다.
31. 콩팥세포암의 영상학적 특징을 알아야 한다.

01 검사 전 준비

원활한 검사를 위해 검사 전에 시행하여야 할 조치와 환자자세는 다음과 같다.

1) 전처치

(1) 검사 8~12시간 전에 금식한다. 금식을 하지 않으면 복부에 가스가 차고 쓸개가 수축되어 원활한 검사를 할 수 없다. 소화관내 가스가 많은 환자, 변비 환자는 완하제를 투여한다. 그리고 같은 날 위내시경검사 또는 위장조영검사가 있으면 초음파검사를 먼저 실시한다. 만약 일정이 맞지 않으면 초음파검사는 위내시경, 위장조영검사 2~3일 후에 시행한다.

(2) 검사 목적을 확인한다.

(3) 자각 증상을 확인한다.

(4) chart를 확인한다.

(5) 기왕력를 확인한다.

2) 환자 자세

(1) 환자는 바로누운자세에서 양손을 머리 위로하여 팔베개 한다.

(2) 검사자는 환자의 오른쪽에 위치한다.

(3) 상복부에 적당량의 sonic gel을 바른다.

(4) 프로브를 가볍게 잡고 피부에 밀착 주사한다.

(5) 비만 환자는 왼쪽으로 돌아누운자세에서 주사한다.

02 간 초음파검사(ultrasonography of liver)

1) 혈관과 쓸개관의 해부학적 구조

간은 오른쪽 가로막 아래 위치하는 인체에서 가장 큰 장기로 무게는 1.5 kg, 크기는 가로, 세로, 두께가 20 cm × 15 cm × 12 cm이다. 간은 Couinaud's의 기능적 분류에 따라 8구역으로 구분한다. 혈류는 그림 11-1과 같이 안으로 유입하는 간동맥과 문맥이 있고 밖으로 유출하는 간정맥과 쓸개관이 있으며 이들을 연결하는 굴모양혈관(sinusoid)이 존재한다.

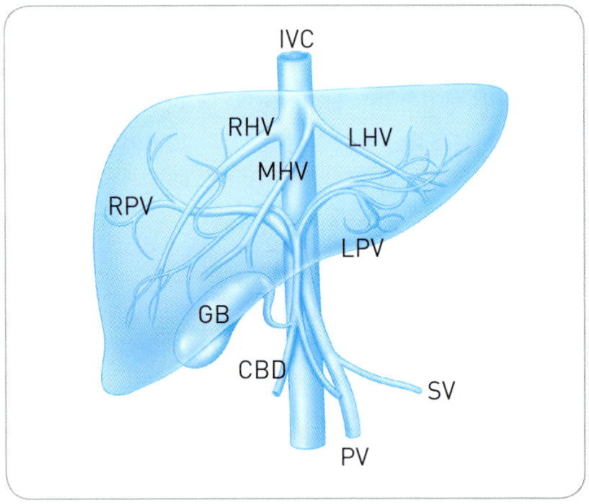

▸ 그림 11-1. 간내 혈관과 쓸개관의 해부학적 구조

(1) 간정맥(hepatic vein)

간정맥은 왼간정맥(left hepatic vein)과 중간정맥(middle hepatic vein)이 합쳐져 아래대정맥(inferior vena cava)으로 유입하고 오른간정맥(right hepatic vein)은 아래대정맥으로 직접 유입한다. 이들 정맥은 호흡에 의해 직경이 변화하며 아래대정맥으로 갈수록 직경이 커진다. 초음파 영상에서는 무에코의 관강구조로 보인다.

(2) 문맥(portal vein)

문맥은 위창자간막정맥(superior mesenteric vein), 아래창자간막정맥(inferior mesenteric vein), 지라정맥(splenic vein) 등을 간으로 유입한다. 직경은 주문맥(main portal vein) 11.8(±3.5) mm, 왼문맥 7.9(±3.2) mm, 오른문맥 9.0(±3.1) mm로 간문부에서 최대 직경을 보인다. 오른문맥은 앞가지와 뒷가지로, 왼문맥은 가로부, 오름부, 배꼽부로 구분한다. 문맥은 간으로 유입하는 혈류의 2/3를 공급한다. 초음파영상에서 문맥은 무에코의 관강 구조로 벽 에코(wall echo)를 보인다.

(3) 간동맥(hepatic artery)

간동맥은 복강동맥(celiac artery)에서 오른쪽으로 분지하여 간 안으로 유입하며 전체 간 혈류의 1/3을 공급한다.

(4) 간내 쓸개관(intrahepatic bile duct)

쓸개관은 쓸개즙을 운반하는 배출관이다. 배출경로는 간내 쓸개관, 온간관, 3관 합류부, 온쓸개관을 거쳐 샘창자로 이어진다.

2) 인대의 해부학적 구조

(1) 주엽틈새(main lobar fissure)

주엽틈새는 쓸개 위쪽의 지방조직으로 쓸개목과 오른문맥 사이에서 주행한다. 주엽틈새는 간을 오른엽과 왼엽으로 구분하는 지표하며 Cantlie line과 주행이 일치한다. 또한 초음파검사에서 쓸개의 해부학적 지표로 활용한다.

(2) 겸상인대(falciform ligament)

겸상인대는 제대정맥을 간으로 유도하여 간을 가로막에 부착하는 역할을 한다. 초음파영상에서 왼문맥 가쪽 측지에서 linear echo로 관찰된다.

(3) 간원인대(falciform teres)

간원인대는 문맥의 왼쪽 측지에서 제대와 연결되어 자궁 내 태반과 연결되며 원형인대라고도 한다. 출생 후에는 폐쇄된 제대정맥을 형성한다. 초음파 영상에서 밝은 점(hyperechoic dot)으로 관찰되며 간 왼엽을 안쪽구역과 가쪽구역으로 분리하는 지표로 활용한다.

(4) 정맥관인대(ligamentum venosum)

정맥관인대는 정맥관이 남아 있는 흔적으로 왼문맥의 오름부에서 시작하여 꼬리엽(S1)과 S2 사이로 이어져 꼬리엽(S1)과 S2를 분리하는 지표로 활용한다.

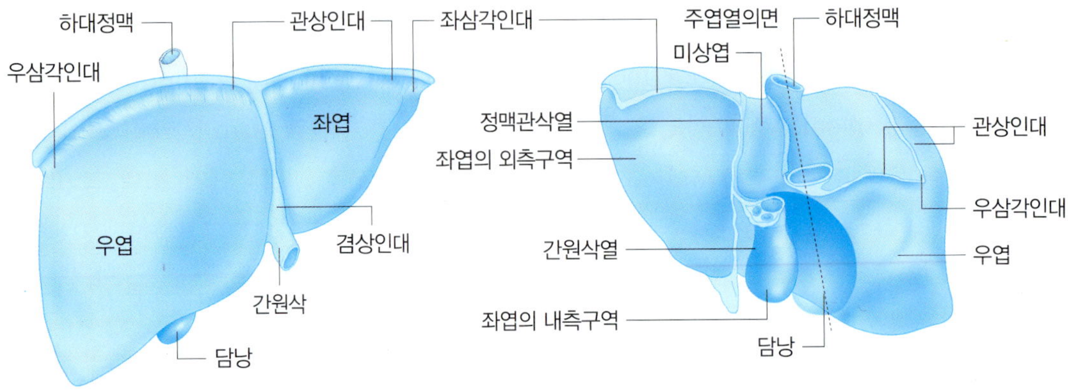

▶ 그림 11-2. 간내 인대의 해부학적 구조

3) Couinaud's의 간 분류(8구역)

간은 육안적과 기능적으로 구분한다. 일반적으로 영상의학에서는 기능적 분류를 이용한다. 기능적인 분류도 학자에 따라 다양하게 적용하지만 여기서는 초음파검사에 많이 활용하고 있는 기능적 분류인 Couinaud's의 간 8구역 분류에 대해 설명하기로 한다. 간을 구획하는 이유는 땅의 지번을 지정하여 누구나 쉽게 찾아 활용하기 위한 것과 같다. 초음파검사에서 간을 분류하는 지표는 간정맥과 문맥 그리고 인대이다. 간은 크게 오른엽과 왼엽으로 구분하고 오른엽과 왼엽을 각각 4구역으로 나누어 모두 8개 구역으로 분류한다. 오른엽과 왼엽을 나누는 기준은 주엽틈새(main lobar fissure)이다. 주엽틈새는 중간정맥 그리고 캔트리 선(Cantlie's line)과 주행이 일치한다. Cantlie's line은 쓸개와 아래대정맥 단면을 잇는 가상의 선이다. 따라서 초음파검사에서 오른엽과 왼엽을 구분하는 기준은 중간정맥, 주엽틈새, Cantlie's line의 세 가지이다. 오른엽은 오른간정맥에 의해 앞구역과 뒤구역으로 나눈다. 그리고 앞구역은 오른문맥앞가지에서 분지하는 앞위가지와 앞아래가지에 의해 오른문맥 앞위가지 구역(S8)과 오른문맥 앞아래가지 구역(S5)으로 나눈다. 뒤구역은 오른문맥뒤가지에서 분지하는 뒤위가지와 뒤아래가지에 의해 오른문맥 뒤위가지 구역(S7)과 오른문맥 뒤아래가지 구역(S6)으로 나눈다. 한편, 왼엽은 왼문맥의 배꼽부를 기준으로 안쪽구역(S1, S4)과 가쪽구역(S2, S3)으로 나눈다. 안쪽구역은 정맥관인대를 경계로 꼬리엽(S1)과 네모엽(S4)으로 나누고, 가쪽구역

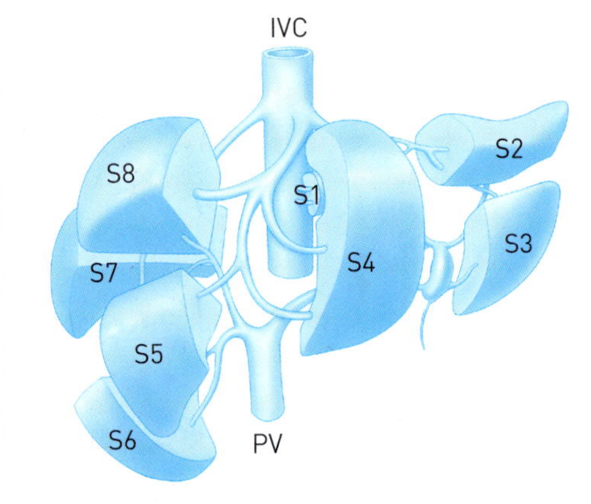

▶ 그림 11-3. Couinaud's의 간 분류

은 왼문맥 배꼽부 가쪽가지에서 분지하는 위가지와 아래가지에 의해 가쪽위가지구역(S2)과 가쪽아래가지구역(S3)으로 나눈다. 아래에 Couinaud's의 간 분류 8구역을 간략히 정리하였다.

(1) 간 오른엽(S5~S8)과 왼엽(S1~S4)의 구분

① 중간정맥(MHV)

② 주엽틈새(main lobar fissure)

③ Cantlie's line

(2) 오른엽의 앞구역(S8, S5)과 뒤구역(S7, S6)

① 오른간정맥(RHV)으로 앞구역과 뒤구역 구분

② 오른문맥 앞가지: 오른문맥 앞위가지(S8), 오른문맥 앞아래가지(S5)
오른문맥 뒤가지: 오른문맥 뒤위가지(S7), 오른문맥 뒤아래가지(S6)

(3) 왼엽의 안쪽(S1, S4)과 가쪽구역(S2, S3)

① 왼문맥의 배꼽부(Lt. PV umbilical portion)와 간원인대로 안쪽과 가쪽 구분
또는 왼간정맥으로 안쪽과 가쪽 구분

② 정맥관인대로 꼬리엽(S1)과 네모엽(S4) 구분
꼬리엽은 왼문맥, 아래대정맥, 정맥관인대가 경계
네모엽은 간원인대와 주엽틈새(중간정맥)가 경계

③ 배꼽부 가쪽가지로 가쪽위가지(S2), 가쪽아래가지(S3) 구분

4) 생리학

(1) 저장작용: 철, 비타민, 미네랄 등의 영양분

(2) 합성작용: 콜레스테롤, 혈액응고물질, 쓸개즙, 알부민

(3) 해독작용: 알코올, 약물

(4) 면역작용: 세균제거

(5) 조절작용: 글루코스, 단백질, 지방

5) 초음파 영상 소견

(1) 정상 간의 초음파 소견

① 표면이 평활하고 균질하며 혈관이 분명하게 보인다.

② 간실질의 휘도는 이자에 비해 비슷하거나 약간 낮다.

③ 간실질의 휘도는 콩팥 실질에 비해 높다.

④ 간 오른엽 하극의 변연각은 50~90도이다.

⑤ 간 왼엽 하극의 변연각은 45도 이하이다.

⑥ 빗장뼈중심선상의 갈비밑주사에서(오른 간정맥과 오른 문맥 단면이 보일 때) 오른엽 상연과 하연의 길이가 12 cm 이하이다.

⑦ 간 오른엽 아래 관상면(오른 콩팥의 장축이 보일 때)의 길이는 15 cm 이하이다.

6) 임상 증례

(1) 간 낭성종양(hepatic simple cyst)

① 원인: 비 기생충성 낭종이다.

② 영상학적 특징: 원형 또는 타원형(round or oval)을 보인다.
경계가 선례(wall sharp)하다.
내부는 무 에코(anechoic lesion)이다.
종양 뒤에 후방음향증강(posterior acoustic enhancement)이 있다.

(2) 혈관종(hemangioma)

① 원인: 가장 흔한 양성종양으로 정맥 혈관에 의한 종괴를 형성한다. 평균 크기는 3~4 cm 정도이다.

② 영상학적 특징: 원형 또는 타원형이다.
비교적 경계가 분명(smooth margin)하다.
고 에코 종양(hyperechoic mass)이 80% 정도이다.
비교적 균질한 에코 양상(homogeneous echo pattern)을 보인다.
75%에서 후방음향증강(posterior acoustic enhancement)을 보인다.
코인 사인(coin sign)을 보인다.

(3) 지방간(fatty liver)

① 원인: 비만, 당뇨, 알코올, 스테로이드, 임신 등에 의해 간세포질에 중성지방의 침착한다.

② 영상학적 특징: 정상 간에 비해 휘도가 높다(bright liver).
간심부에서 저에코(low echo level)를 보인다.
간정맥과 가로막이 불분명(unclear vessels&diaphragm)하다.
간신 대조도(hepatorenal contrast)가 높다.

간비 대조도(hepatosplenic contrast)가 높다.

(4) 급성 간염(acute hepatitis)

① 원인 : 바이러스성, 알코올성, 약물 등으로 인해 전신피로, 의욕상실, 구역질, 체중감소, 우상복부 통증을 호소한다.

② 영상학적 특징 : 간이 비대(hepatomegaly)하다.
저 에코(low echogenicity)를 보인다.
쓸개 벽이 두꺼워진다(GB wall thickening).
말초문맥의 에코 증가(peripheral echogenicity)를 보인다. 즉 문맥의 radicle walls을 보인다.
윤곽이 불규칙(irregular contour)하다.
복강 내 림프절 종대가 있다.

(5) 간경변(liver cirrhosis)

① 원인 : 만성간염과 알코올이며 발병률은 여자에 비해 남자가 3배 높다.

② 영상학적 특징 : 간이 섬유화 된다.
에코가 증가한다.
표면이 불규칙하고 변형된다.
간정맥이 불분명하다.
오른엽의 위축과 왼엽이 종대 된다.
지라가 종대 된다.
측부혈행로가 생긴다.
쓸개 벽이 비후해진다.

(6) 간세포암(hepatocellular carcinoma)

① 원발성 간암
- 원인 : 간경화의 80%에서 발생하며 발병률은 여자에 비해 남자가 5배 높다.
- 영상학적 특징 : 간 오른엽에서 65%가 발생한다.
경계가 불분명하다.
다양한 형태와 에코 양상을 보인다.

② 전이성 간암
- 영상학적 특징 : 폐암 전이는 bull's eye를 보인다.
대장암 전이는 halo sign을 보인다.
이자암과 위암 전이는 cluster 형태를 보인다.

하인두암 전이는 central anechoic mass 형태를 보인다.

03 담낭 초음파검사(ultrasonography of gall bladder)

1) 해부학적 구조

쓸개는 오른 상복부의 제9 갈비뼈 부분에 위치하며 바닥부(fundus), 몸통부(body), 목부(neck)로 구분한다. 쓸개 바닥부는 오른 콩팥 상극의 앞에 위치하고 쓸개 목부는 주엽틈새에 위치한다. 쓸개오목과 IVC를 잇는 가상의 선을 Cantlie line이라고 한다. 쓸개의 크기는 수축했을 때와 이완했을 때의 차이가 크며 보통 8.0×4.0 cm이고 용량은 30~50 ml이다. 쓸개 벽은 점막층, 근육층, 장막층으로 이루어졌으며 3.0 mm 이하가 정상이다. 쓸개는 보통 서양 배 모양을 하고 있으나 굴곡쓸개(folded GB, kinked GB)나 자유모쓸개(phrygian cap GB) 등의 정상변이를 갖는다. 쓸개는 초음파검사를 하는데 이상적인 장기이다. 검사 전 8시간 금식을 하면 쓸개즙이 충만되어 쓸개의 크기, 형태는 물론 작은 쓸개돌이나, 쓸개염, 종양, 쓸개 벽 비후, 쓸개 주위 액체 수집 등을 관찰할 수 있다. 간혹, 쓸개가 보이지 않는 경우는 식사로 인한 수축, 반복적 염증에 의한 위축, 쓸개 절제술, 오른결장굽이의 가스, 쓸개돌이 전체적으로 있는 경우, 고도의 비만증과 쓸개 위치 이상 등을 의심할 수 있다.

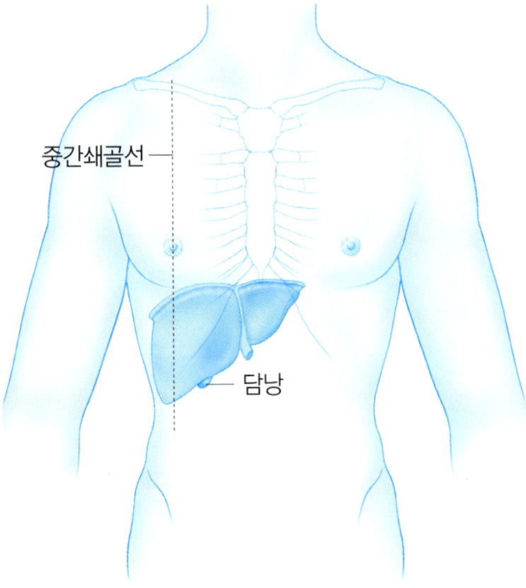

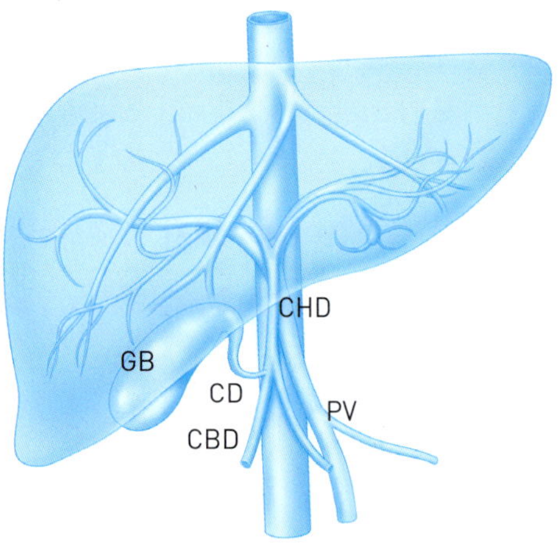

▶ 그림 11-4. 쓸개와 쓸개관의 해부학적 구조(GB 쓸개, CD 쓸개주머니관, CHD 온간관, CBD 온쓸개관, PV 문맥)

2) 생리학

쓸개즙(bile juice)은 다각세포(polygonal cell)에서 하루에 1,000 ㎖ 정도를 분비하여 간내 쓸개관(intra hepatic duct), 온간관(common hepatic duct), 3관 합류부, 온쓸개관(common bile duct), 바터 팽대부(Vater's ampulla)를 거쳐 샘창자로 배출한다. 쓸개즙은 수분, 쓸개즙색소, 쓸개즙산염, 지방산, 콜레스테롤, 무기염 등의 성분을 가지며 장에서 식이지방을 흡수한다. 쓸개의 기능은 저장, 농축, 배출의 3대 기능을 하는데 저장한 쓸개즙은 점막에서 10~30배로 농축하여 cholecystokinin(CCK)의 기전에 의해 수축과정을 거쳐 배출한다.

3) 정상 쓸개의 초음파 소견

서양 배 모양으로 목 부위에서 완만히 굽어있다.

쓸개 벽의 두께와 에코 강도는 균일하다.

쓸개 벽의 두께는 3.0 mm 이내이다.

안쪽은 선명하고 무 에코이다.

쓸개관은 잘 보이지 않는다.

정상 용적은 30~50 ㎖이며 용적은 길이×폭×깊이×0.52로 산출한다.

4) 임상증례

(1) 쓸개돌(gall stone)

① 종류: 콜레스테롤 결석, 칼슘 빌리루빈염 결석, 흑색석 등이다.

② 발생인자: 비만, 급격한 체중감소, 장질환, 고혈중 콜레스테롤 등이다.

③ 증상: 쓸개돌에 의한 통증을 호소한다.

④ 영상학적 특징: 쓸개돌의 초음파 정확도는 96%이며 1.0~3.0 mm까지 관찰한다.
강한 에코가 쓸개 벽과 분리된다.
후방음향음영(posterior acoustic shadow)이 발생한다.
콜레스테롤 결석은 후방음향음영이 불분명하다.
체위 변화에 따라 strong echo가 이동한다.

(2) 쓸개즙찌꺼기(sludge)와 쓸개모래(gravel)

① 성분: 쓸개즙에서 침전된 작은 미립자의 혼합물로써 콜레스테롤 단일 수산기 결정, 칼슘빌리루빈염, 칼슘염 등의 성분을 갖는다.

② 발생 인자: 급격한 체중감소, 임신, 호르몬 치료, 골수이식, 급성 담낭염 등이다.

③ 영상학적 특징: 체위변화에 의한 이동이 있다.
후방음향음영(posterior acoustic shadow)이 없다.
쓸개 벽비후(wall thickening)가 있다.

(3) 급성 쓸개염(acute cholecystitis)

① 원인: 쓸개돌에 의한 쓸개관폐쇄이다.
② 증상: 오른 상복부 통증, 발열, 오한, 소화불량, 구토를 호소한다.
③ 영상학적 특징: 쓸개 벽이 3.0 mm 이상 비후(GB wall thickening)된다.
쓸개 벽의 저음향성 환(halo sign)이 특징적으로 나타난다.
쓸개가 확장(enlargement GB)된다.
쓸개 주위에 액체저류가 있다.
색 도플러에서 쓸개 벽의 혈류 증가가 보인다.
Murphy sign(쓸개 주위 압통)을 호소한다.

(4) 쓸개 양성종양

① 발생 인자: 남자, 비흡연자, 고령, 비만 등이다.
② 종류: 선종성, 콜레스테롤, 과형성, 염증성, 용종형 등이 있다.
콜레스테롤 살버섯: 간실질보다 고 에코이고 5.0~10.0 mm의 다양한 형태이다.
선종성 살버섯: 간실질 에코와 유사하고 쓸개 벽 에코보다 낮다. 10.0 mm 이하의 평활한 표면을 갖는다.
③ 영상학적 특징: 내강으로 돌출된 고 음향성 결절이 보인다.
체위변화에 의한 이동이 없다.
후방음향음영이 없다.
직경은 1.5 cm 이하이다.

(5) 쓸개 선근종증(GB adenomyomatosis)

① 증상: 무증상 또는 오른 상복부 통증을 호소한다.
② 발생률: 0.04~9.0%이다.
③ 영상학적 특징: 점막의 증식과 평활근 층이 비후된다.
쓸개 벽이 비후(GB wall thickening)된다.
무 에코 또는 국소적 게실의 벽내 에코를 보인다.
혜성꼬리(comet tail echo)를 보인다.

(6) 쓸개 암(GB carcinoma)

① 발생 인자: 고령, 여자가 남자의 3배, 선암이 98%이다.

② 원인: 쓸개돌 환자의 70%에서 발생하고 쓸개즙 대사 이상이 기인한다.

③ 형태: 쓸개오목 부위의 종괴, 불규칙한 벽 비후, 폴립형태 등 다양하다.

④ 증상: 초기에는 무증상이며 우상복부 통증, 체중감소, 황달, 오심과 구토 등이다.

⑤ 영상학적 특징: 쓸개 벽 비후와 간내 침윤을 보인다.
균질 또는 불균질한 종괴를 보인다.
간실질과 유사한 에코를 보인다.

04 담관 초음파검사(ultrasonography of biliary tract)

1) 해부학적 구조

쓸개관(biliary duct)은 간세포에서 분비된 쓸개즙이 샘창자로 유입되는 배설경로로써 쓸개관과 쓸개를 포함한다. 쓸개즙의 배설경로는 간에서 생성되어 간내 쓸개관(intra hepatic duct, IHD)으로 유입되고 쓸개관(hepatic duct), 온간관(common hepatic duct, CHD), 3관 합류부, 온쓸개관(common bile duct, CBD), 바터팽대부의 대유두를 거쳐 샘창자로 이어진다. 쓸개관의 직경은 표 11-1과 같이 미세하여 정상인 경우는 잘 관찰되지 않지만 대부분 문맥의 앞에서 주행하기 때문에 초음파검사에서 문맥을 지표로 활용하면 쉽게 관찰할 수 있다. 문맥의 직경은 표 11-2를 참고하기 바란다. 담관초음파검사는 간내 쓸개관의 확장, 간외 쓸개관의 확장과 쓸개관 폐쇄의 원인을 규명하는데 매우 유용한 검사로써 색 도플러를 활용하면 확장된 쓸개관과 혈관을 쉽게 구별할 수 있다.

표 11-1. 쓸개관의 길이와 직경

구분	직경(mm)	길이(cm)
CBD	6	5
CHD	4	3
HD	2	
IHD	1	

표 11-2. 문맥의 직경

구분	직경(mm)
MPV	11.8(±3.5)
RPV	9.0(±3.1)
LPV	7.9(±3.2)
SV	6.7(±2.5)
Lt.GV	1.6(±0.5)

2) 초음파 영상 소견

(1) 정상 쓸개관의 초음파 소견

간내 쓸개관(IHD)은 정상에서 잘 관찰되지 않으며 비 정상인 경우 문맥보다 굴곡이 심하다.

간외 쓸개관(extra hepatic duct)은 문맥의 앞쪽에서 같이 주행한다. 쓸개관 벽은 linear echo 이고 내부는 저에코이며 고령에서 직경의 증가를 보인다.

3) 임상증례

(1) 황달(jaundice)

① 원인: 쓸개돌, 암, 협착 등이다.

② 증상: 우상복부 복통, 압통, 발열, 오한, 심와부 불쾌감 등을 호소한다.

③ 영상학적 특징: 간외 쓸개관의 쓸개돌 진단율은 90% 이상이다.
84%에서 후방음향음영을 보이나 muddy stone은 후방음향음영이 없다.
폐색이 있을 경우는 바터 팽대부까지 탐색한다.
쓸개관과 혈관을 감별하려면 색 도플러 또는 출력 도플러를 이용한다.

(2) 쓸개관기종(pneumobiliary)

① 원인: 수술중담도조영검사(OPC), 내시경적역행성췌담관조영검사(ERCP)로 쓸개관 내 공기가 유입된 경우이다.

② 영상학적 특징: 선상의 고에코로 보인다.
환자 위치 변화에 따라 이동한다.
여운허상(ring down artifact)이 발생한다.

(3) 쓸개관암(cholangiocarcinoma)

① 발생 인자: 쓸개돌과 간흡충증, 상피세포의 만성 염증, 상피세포의 이형성 선암(adenocarcinima) 등이다.

② 발생부위: 간외 쓸개관암 65%, 간문부 쓸개관암 25%가 발생한다.

③ 증상: 황달, 갈색뇨, 복부통증 등을 호소한다.

④ 영상학적 특징: 종양의 경계가 불분명하다.
65%에서 종양 내부 에코가 불균질하다.
76%에서 쓸개관 확장을 동반한다.

(4) 쓸개관내 회충 미입증

① 원인 : 쓸개관, 이자관, 충수돌기의 작은 개구부에 기생한다.

② 증상 : 쓸개돌 증상보다 심한 증상을 보인다.

③ 영상학적 특징 : 후방음향음영이 없는 긴 선상의 고 에코가 관찰된다.

(5) 온쓸개관낭(choledochal cyst)

① 원인 : 선천성 온쓸개관 확장이다.

② 온쓸개관(CBD)의 확장 형태

1형 : 온쓸개관의 양측이 확장한다.

2형 : 온쓸개관의 한쪽이 확장한다.

3형 : 먼쪽 온쓸개관(distal CBD)이 샘창자로 돌출되어 확장한다.

05 비장 초음파검사(ultrasonography of spleen)

1) 해부학적 구조

지라(spleen)는 왼쪽 9~11번째 갈비뼈 높이에 위치한다. 왼쪽 가로막과 왼쪽 콩팥 사이에 있으며 위쪽 앞면의 일부는 위바닥(stomach fundus) 뒤에 위치하고 위쪽 앞면은 지라만곡, 이자 꼬

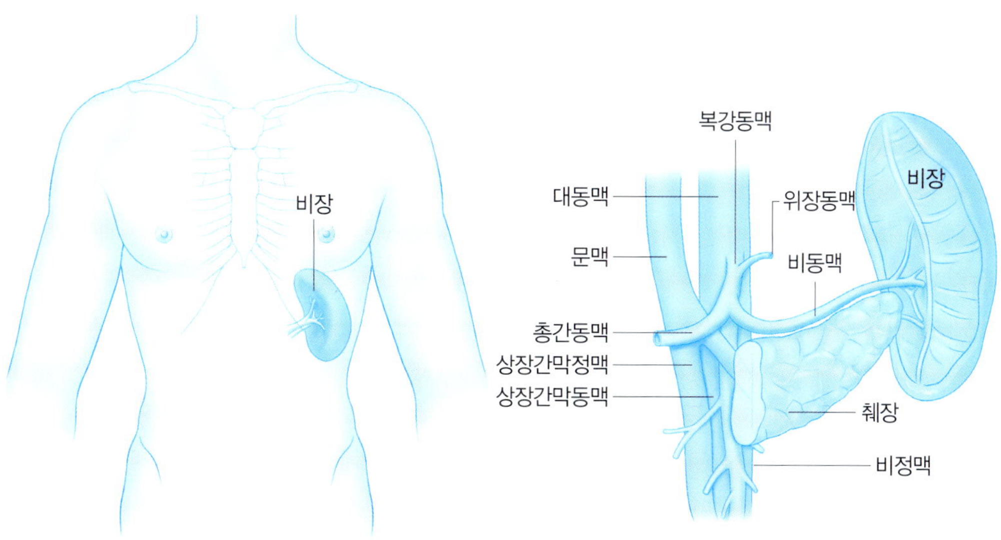

▶ 그림 11-5. 지라의 해부학적 구조

리부(pancreas tail), 왼 콩팥에 접해있다. 성인의 정상 크기는 가로, 세로, 두께가 12.0×7.0×5.0 cm이고 무게는 150 g이다. 초음파검사에서 환자자세는 우후사위(RPO) 또는 오른쪽 옆으로 누운자세(Rt. lateral position)로 하면 대장과 위의 가스를 치환할 수 있다. 주로 에코 양상, 종대, 종괴, 선천성 비정상, 지라정맥 확장 등을 관찰한다.

2) 생리학

지라는 인체에서 가장 큰 임프조직으로 여과기능과 면역기능을 한다. 적색수(red pulp)는 손상된 적혈구를 제거하고 백색수(white pulp)는 림프조직의 집합체로 면역기능을 담당한다. 태생기에는 골수를 형성하고 혈액의 흐름을 조절한다.

3) 초음파 영상 소견

(1) 정상 지라의 초음파 소견

외형은 평활하고 부드럽다.

지라의 정상 에코는 간보다 낮고 콩팥 겉질(renal cortex)보다 높다. 다만, 지라문부 에코는 높게 나타난다.

비문부에서 1~3개의 비정맥 가지가 보인다. 하지만 지라동맥은 잘 나타나지 않는다.

지라 크기는 지라지수(splenic index)로 구한다.

지라지수(splenic index) SI=(a+b cm^2)이다. (a: 지라 하연의 길이, b: 지라 하연과 수직인 길이) 정상인은 12.2±7.6 cm^2이며 최대 20 cm^2 이하이다.

지라의 크기는 연령이 증가하면 감소한다. 지라정맥의 평균 정상직경은 6.7(±2.5) mm이다.

4) 임상 증례

(1) 지라 종대(splenomegaly)

① 원인: 감염성질환, 외상, 문맥고혈압, 백혈병, 림프종, 전염성 단핵증, 골수섬유증 등이다.

② 영상학적 특징: 지라지수 20 cm^2 이상 또는 하연의 길이 12.0 cm 이상이다.

(2) 지라 혈관종(spleen hemangioma)

① 원인: 원인이 확실하지 않다.

② 영상학적 특징: 경계가 분명한 고 에코로 보인다.

대부분 단일 종괴이다.

출혈, 괴사에 의한 혼합종괴 또는 낭성 종괴로 석회화를 보이기도 한다.

(3) 지라 결핵(spleen tuberculosis)

① 원인 : 알코올, 당뇨병, 스테로이드, 속립성(좁쌀성, miliary) 폐결핵의 80%에서 혈행성으로 파급된다.

② 증상 : 발열, 지라 종대, 복수 등이 나타난다.

③ 영상학적 특징 : 지라 종대, 여러 개의 원형 또는 타원형의 저에코 결절을 보인다.

(4) 전이성 지라암(spleen metastases)

① 원인 : 위장암, 이자꼬리암, 대장암 등의 말기 전이가 원인이다.

② 영상학적 특징 : 고형성 종괴 또는 미만성의 다양한 에코 양상을 보이며 종종 target sign 이나 Bull's eye sign을 보인다.

06 췌장 초음파검사(ultrasonography of pancreas)

1) 해부학적 구조

이자(pancreas)는 후복막강장기로써 칼돌기 5.0 cm 아래(허리뼈 1~2 높이)에 위치하고 무게는 80~140 g, 길이는 15.0 cm이다. 이자는 갈고리돌기(uncinate process), 머리(head), 목(neck), 몸통(body), 꼬리(tail) 등으로 구분한다. 갈고리돌기는 그림 11-6과 같이 위창자간막정맥(SMV)의 후방에, 머리는 위창자간막동맥(SMA)의 오른쪽에, 목은 위창자간막정맥과 지라정맥(SV)이 만나는 앞쪽에, 몸통은 위창자간막정맥과 대동맥(aorta) 사이에 있으며 꼬리는 허리뼈 왼쪽 경계에서 지라문부까지 접해있다. 이자의 앞쪽에는 위가 있으며 뒤쪽에는 대동맥, 아래대정맥, 위창자간막동맥, 왼콩팥 등이 위치한다. 이자 머리부는 샘창자의 C-자 고리가 감싸고 있고 안쪽의 바터 팽대부(Vater ampulla)로 이자관(pancreatic duct)와 온쓸개관(CBD)이 개구하며 이자의 뒤쪽에는 지라정맥이 가로로 주행한다. 이자의 크기는 머리 3.5 cm, 몸통 2.0 cm, 꼬리 2.0 cm 이상일 때 종대로 보며 이자관(pancreas duct)의 직경은 머리에서 2.0 mm, 몸통과 꼬리에서 1.0 mm가 정상이다. 초음파 영상에서 이자의 에코 양상은 간보다 유사하거나 약간 높게 나타나고 고령화되면서 증가하는 경향을 보인다. 이자관은 linear echo 양상을 보인다. 이자의 주위에는 위, 샘창자, 대장의 만곡 등이 있어 장내 가스로 인한 주사의 어려움이 있어 음향창을 잘 활용해야 한다. 일반적으로 머리 몸통은 간을 음창향(sonic window)으로 하고 꼬리는 지라를 음향창으로 활용한다. 이자를 주사할 때는 에코 양상, 형태, 크기, 이자염, 가성낭종, 종양, 이자관확장, 이자관결석, 이자 주변의 액체 저류, CBD 확장, 지라정맥 등을 관찰한다.

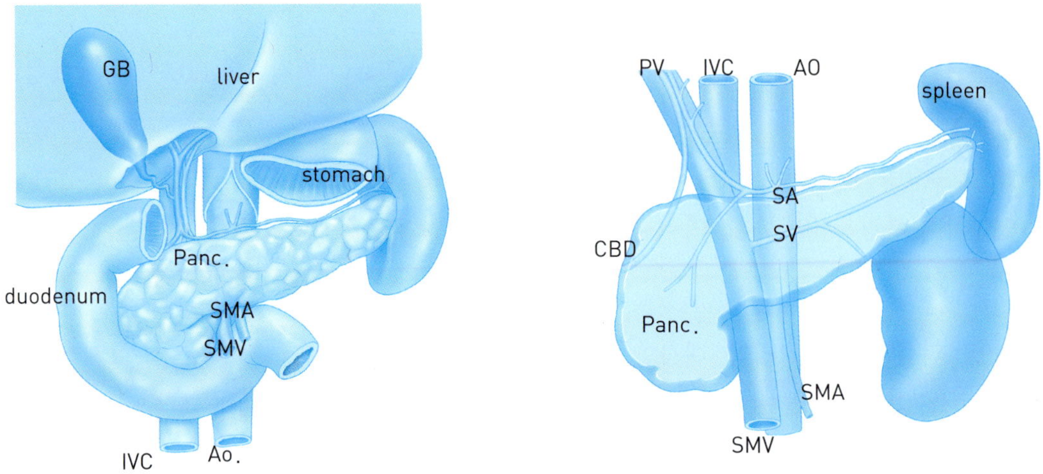

▶ 그림 11-6. 이자의 해부학적 구조

2) 생리학

이자는 내분비와 외분비를 하는 장기이다. 내분비선은 랑게르한스섬의 베타세포(68%), 알파세포(20%), 델타세포(10%), 폴리펩타이드 생성세포(2%)에서 이루어진다. 베타세포는 인슐린을 분비하고 알파세포는 글루카곤을 분비하며 델타세포는 소마토스테인을 분비하고 인슐린을 억제한다. 외분비선은 소화효소인 트립신, 키모트립신, 아밀라제, 리파제, 뉴클라제, 포스포리파제 등을 분비한다.

3) 정상 이자의 초음파 소견

이자의 길이는 15.0 cm이다. 정상 직경은 머리 2.0 cm, 몸통 1.2 cm, 꼬리 0.7~2.8 cm이다.

이자의 실질 에코는 균질하고 평활하며 간보다 약간 높거나 동일하며 노령이 될수록 에코가 증가하고 야윈 사람보다 뚱뚱한 사람의 에코가 높다.

이자관은 high linear echo 또는 double linear echo로 보인다.

이자관의 직경은 2.0 mm 이하이다.

4) 임상증례

(1) 급성 이자염(acute pancreatitis)

① 원인: 알코올, 쓸개관 폐쇄, 과식, 바이러스성 감염 등이다.

② 증상: 복부통증, 오심 및 구토, 방사통, 소화불량 등을 호소한다.

③ 혈액검사: 백혈구 증가, 혈청아밀라제 상승, 혈청 리파제 상승 등이다.

④ 영상학적 특징: 미만성으로 이자가 종대(diffuse pancreatic enlargement) 된다.
내부 에코가 감소(decreased internal echo)한다.
경계가 불규칙(irregular margin)하다.

⑤ 합병증: 출혈 및 괴사, 가성낭종, 농양 등이다.

(2) 만성 이자염(chronic pancreatitis)

① 영상학적 특징: 에코가 증가(increased echogenicity)한다.
불규칙한 에코 양상(heterogeneous echo pattern)을 보인다.
위축상 또는 국소적 종대를 보인다.
석회화에 의한 후방음향음영의 동반 가능성이 있다.
이자관과 온쓸개관이 확장할 가능성이 있다.
이자 가성낭종(pancreatic pseudocyst) 형태를 보인다.

(3) 이자 낭종(pancreatic cyst)

① 원인: 선천적인 경우와 결석 또는 종양의 이자관 압박에 의해 발생한다.

② 증상: 특별한 증상이 없다.

③ 영상학적 특징: 원형 또는 타원형을 보인다.
윤곽이 선례(cystic wall)하다.
내부가 무에코(free internal echo)이다.
후방음향증강(posterior acoustic enhancement)을 보인다.

(4) 이자 가성낭종(panc. pseudocyst)

① 원인: 급성 이자염, 만성 이자염, 외상에 의한 액체 수집이 원인이다.

② 증상: 상복부 통증, 오심, 구토, 요통, 발열 등을 호소한다.

③ 합병증: 감염, 폐쇄 출혈, 파열, 늑막삼출 등이다.

④ 영상학적 특징: 원형(round)이다.
경계가 선례(wall sharp)하다.
무 에코(echo free)를 보인다.
후방음향증강(posterior acoustic enhancement)을 보인다.
내부가 불규칙(internal irregular)하다.

(5) 이자 종양(pancreatic tumor)

① 원인: 이자염, 흡연, 고지방 식이, 가족성, 당뇨 등이다.

② 증상: 복부통증, 체중감소, 식욕부진, 구토 등을 호소한다.

③ 영상학적 특징: 이자선암(panc. adenocarcinoma)은 악성 상피세포암의 90%를 차지하고 이자암의 50% 이상이 간 전이이다.
국소적 이자 종대(focal pancreatic enlargement)를 보인다.
형태가 불규칙(irregular sharp)하다.
내부 에코가 거칠다(coarse internal echo).
이자관과 온쓸개관의 이중관 징후(double duct sign)를 보인다.

07 신장 초음파검사(ultrasonography of kidney)

1) 해부학적 구조

콩팥은 강낭콩 형태로 허리뼈 1~3번째 높이에 위치하는 후복막강장기이다. 세로 길이는 10.0~12.0 cm, 가로 길이는 3.0~5.0 cm, 무게는 150 g 정도이다. 콩팥은 위부터 상극(upper pole), 중극(mid pole), 하극(lower pole)으로 나뉘고 상극이 하극보다 1.0 cm 안쪽으로 위치하며 오른 콩팥은 왼 콩팥보다 조금 작고 1.5 cm 아래에 위치한다. 그림 11-7과 같이 오른 콩팥의 상극은 간, 내측은 샘창자, 하극은 오른결장굽이에 근접해 있고 왼 콩팥은 상극은 위, 중앙의 1/3은 이자, 하극은 빈창자, 위가쪽은 지라, 아래가쪽은 내림잘록창자와 근접해 있다. 오른쪽과 왼쪽 콩팥에 대한 종대 판정은 오른 콩팥 길이에서 왼 콩팥 길이를 빼서 1.0 cm보다 크면 오른 콩팥 종대이고 왼 콩팥 길이에서 오른 콩팥 길이를 빼서 1.5 cm 이상이면 왼 콩팥 종대로 본다. 콩팥은 콩팥 실질부(renal parenchyma)와 콩팥굴(renal siuns)로 구분한다. 실질부는 겉질(cortex)과 속질(medulla)로 나뉘며 두께는 각각 6~12 mm와 14~26 mm이다. 겉질은 콩팥의 가쪽에 위치하는 결합조직으로 콩팥의 기능적 단위인 신원(nephron)을 구성한다. 신원은 콩팥소체와 세뇨관으로 구성되어 있다. 콩팥소체는 토리와 보우만 낭으로 되어 있고 세뇨관은 근위세뇨관, 헨리고리, 원위세뇨관, 집합관으로 되어 있다. 한편, 속질은 콩팥의 안쪽에 위치하여 콩팥추체로 구성되어 있으며 여과와 배출물질을 농축하는 역할을 한다. 콩팥굴은 술잔, 깔데기, 지방, 섬유조직, 혈관, 림프, 신경 등으로 구성되어 있으며 실질부의 여과 물질을 집합관으로 모아 각각 콩팥유두, 작은술잔, 큰술잔, 깔데기, 요관을 통해 방광으로 배출한다. 그리고 대동맥에서 분지한 콩팥의 혈류는 콩팥동맥, 구역동맥, 엽사이동맥, 소엽사이동맥, 수입동맥, 모세혈관(사구체), 수출동맥, 소엽사이정맥, 엽사이정맥, 구역정맥, 콩팥정맥을 거쳐 아래대정맥으로 유입한다. 초음파검사를 하는 목적은 콩팥암을 조기에 발견하는 것이며 물콩팥증, 선천성 기형, 부신 종괴, 혈뇨, 콩팥의 이식을 평가하거나 조직검사 시 위치를 결정하는 것 등이다.

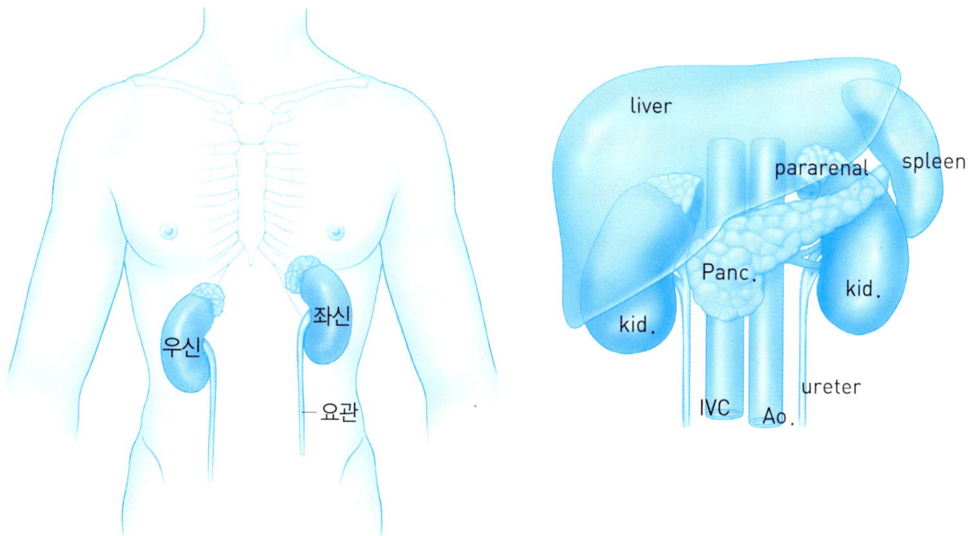

▶ 그림 11-7. 콩팥의 해부학적 구조

2) 초음파 영상 소견

(1) 정상 콩팥의 초음파 소견

콩팥은 주위에 여러 장기가 인접해 있어서 주위 장기와의 에코 양상을 비교, 평가할 수 있다. 콩팥의 에코 양상은 실질부와 콩팥굴에서 많은 차이가 난다. 주위 장기와의 휘도는 콩팥굴 > 이자 ≥ 간 > 지라 > 콩팥 겉질 > 콩팥 속질의 순서이다.

깔데기는 정상인 경우 잘 보이지 않는다.

속질은 삼각형의 저에코로 보인다.

콩팥굴은 고에코 영역으로 보인다. 이것을 신중심복합체(central renal echo complex, CEC)라고 한다. 콩팥의 장축은 10~12 cm, 단축은 3.0~5.0 cm이며, 체적은 길이×단축직경×전후직경×0.5이다.

(2) 선천성 비정상

① 이소성 콩팥(ectopic kid.): 위치 이상

② 마제 콩팥(horseshoe kid.): 하극의 융합(fusion)

③ 낙타봉(dromedary hump): 콩팥 겉질 조직이 가쪽으로 돌출

④ 중복 콩팥(double collecting system): 깔데기의 중복

⑤ 콩팥하수(nephroptois): 아래로 전위

⑥ 신주비대(renal column hypertrophy): 콩팥 겉질이 과형성되어 콩팥굴로 함입

3) 임상 증례

(1) 콩팥 낭종(renal simple cyst)

① 원인: 겉질의 상피세포 증식, 세뇨관에서 발생한 곁주머니가 기원이다.

② 증상: 특별한 증상이 없다.

③ 영상학적 특징: 원형 또는 타원형이다.
무에코이다.
경계가 선례하다.
후방음향증강이 있다.

(2) 다발성 단순 콩팥낭포(multiple cyst)

① 영상학적 특징: 원형을 보인다.
낭종의 크기가 비슷하다.
신중심복합체(CEC)가 존재한다.
다른 장기의 동반이 없다.
한쪽에만 발생한다.

(3) 다발성 낭포콩팥(polycystic kidney disease: PKD)

① 원인: 선천성 질환으로 양측 콩팥이 커진다.

② 영상학적 특징: 벽이 불규칙하다.
다양한 크기의 낭종이 있다.
일반적으로 양측에 동시에 나타난다.
중심에코복합체(CEC)가 보이지 않는다.
30%에서 간 낭종이 동반한다.
이자, 지라, 폐, 뇌동맥자루(brain aneurysm) 등 타 장기에 기형적으로 출현한다.
콩팥기능상실로 발전한다.

(4) 콩팥돌(renal stone)

① 원인: 감염과 요로 폐색을 유발한다.

② 종류: 요산, 요산염, 수산, 인산염, 마그네슘염, 탄산염 등이다.

③ 영상학적 특징: 후방음향음영을 동반한다.
물콩팥증을 유발할 수 있다.
콩팥조직의 괴사와 혈뇨를 유발하기도 한다.

결석이 작은 경우는 고주파수로 탐색한다.

(5) 콩팥 농양(renal abscess)

① 증상 : 열, 측복부 통증 등을 호소한다.

② 영상학적 특징 : 흔히 급성깔데기콩팥염을 보인다.
벽이 불규칙하다.
겉질에 저에코 영역으로 보인다.
콩팥 주위에 액체 수집이 있다.
후방음향증강을 보인다.

(6) 물콩팥증(hydronephrosis)

① 원인 : 결석, 종양으로 인한 요관폐쇄, 요관압박, 요관방광역류, 방광출구폐쇄 등이다.

② 영상학적 특징 : 콩팥 실질이 얇아지고 술잔과 깔데기는 확장한다.
신중심복합체(CEC)가 소실된다.
관구조의 내부에 무에코의 연결된 형태를 보인다.
낭포와 달리 주변 벽의 에코는 두껍고 규칙성이 없다.
배뇨 후 다시 주사한다.

(7) 만성콩팥기능상실(chronic renal failure)

① 원인 : 50% 이상이 사구체 콩팥염에 기인하며 고혈압, 당뇨병성 신증 유전성 콩팥염, 콩팥결핵, 동맥경화, 방광요관역류 등이다

② 영상학적 특징 : 콩팥의 크기가 작고 콩팥굴과 실질부 경계가 불분명하다.
간 실질부 에코보다 콩팥 에코가 다소 높다.
실질부가 얇아진다.
영구적인 사구체 여과율과 크레아티닌 청소율이 저하한다.

(8) 콩팥세포암(renal cell carcinoma)

① 원인 : 흡연, 비만, 유전, 콩팥질환 가족력, 투석치료, 고혈압 등이다.

② 증상 : 혈뇨, 동통, 종괴 촉진, 빈혈 등을 호소한다.

③ 영상학적 특징 : 출혈, 괴사, 낭성 변화로 인한 불균질한 종괴가 보인다.
3.0 cm 이하는 비교적 경계가 분명한 고에코로 보인다.
종괴 주변과 내부에 혈류 관통이 보인다.

핵심문제 및 해설

아래의 문항에서 가장 알맞은 답가지 하나를 고르시오.

문항 01 Couinaud's에 의한 간 분류에서 오른엽과 왼엽을 나누는 기준은?

① 캔트리선(Cantlie line)
② 중간정맥(middle hepatic vein)
③ 주엽틈새(major lobar fissure)
④ 1과 2
⑤ 1, 2, 3 모두

해설 초음파검사는 Couinaud's에 의한 간 분류를 적용한다. 오른엽과 왼엽을 구분하는 기준은 주엽틈새, 중간정맥, Cantlie's line의 세 가지이다. 주엽틈새는 중간정맥 그리고 캔트리 선(Cantlie's line)과 주행이 일치한다. Cantlie's line은 쓸개와 아래대정맥 단면을 잇는 가상의 선이다.

문항 02 정상 간 초음파 영상에 대한 설명이 아닌 것은?

① 변역각이 둥글다.
② 표면이 부드럽다.
③ 균질한 에코 양상이다.
④ 혈관이 분명하게 보인다.
⑤ 이자 에코보다 같거나 약간 낮다.

해설 정상 간은 왼엽 하극의 변연각(좌선)은 45도 이하이고 오른엽 하극의 변연각은 50~90도이다. 표면이 평활하고 균질하며 혈관이 분명하게 보인다. 휘도는 지라에 비해 약간 낮거나 비슷하다.

문항 03 오른 간내 담관(intra hepatic duct) 주사의 해부학적 지표로 활용되는 것은?

① 이자관(pancreatic duct)
② 쓸개주머니관(cystic duct)
③ 오른문맥가지(right portal vein)
④ 오른 간동맥(right hepatic artery)
⑤ 오른 간정맥(right hepatic vein)

해설 쓸개관의 직경은 1.0~6.0 mm로 정상인 경우는 잘 관찰되지 않지만 대부분 문맥의 앞에서 주행하기 때문에 문맥을 지표로 활용하면 쉽게 관찰할 수 있다.

문항 04 이자의 장축을 관찰하는 주사방법으로 올바른 것은?

① 측면주사(flank scan)
② 갈비밑주사(subcostal scan)
③ 세로주사(longitudinal scan)
④ 갈비사이주사(intercostal scan)
⑤ 명치부가로주사(epigastrium transverse scan)

해설 이자는 칼돌기 5.0 cm 아래(허리뼈 1~2 높이)에 가로로 길게 위치한다. 머리는 샘창자 C자 고리에 싸여있고 꼬리는 지라에 인접해 있으며 길이는 15.0 cm이다. 따라서 이자의 장축을 보려면 명치부 5.0 cm 아래에서 가로주사를 한다.

정답 1. ⑤ 2. ① 3. ③ 4. ⑤

문항 05 정상 쓸개의 영상학적 특징이 옳은 것은?

① 내부는 무 에코이다.
② 쓸개 벽이 전체적으로 균일하다.
③ 쓸개주머니관은 관찰되지 않는다.
④ 쓸개 벽의 두께는 3.0 mm 이하이다.
⑤ 위의 모두

해설 정상 쓸개는 서양 배 모양으로 목 부위에서 완만히 굽어있으며 안쪽은 선명하고 무에코이다. 쓸개 벽의 두께는 3.0 mm 이내로 에코 강도는 균일하다. 쓸개관은 잘 보이지 않는다.

문항 06 급성 이자염(chronic pancreatitis)의 초음파 영상에 대한 특징은?

① 섬유화와 지방변성
② 석회화와 이자관 확장
③ 간실질에 비해 에코가 높다.
④ 이자돌에 의한 후방음향음영
⑤ 윤곽의 불규칙과 국소적 종대

해설 급성 이자염은 미만성으로 이자가 종대 되며 내부 에코가 감소하고 경계가 불규칙하다.

문항 07 이자(pancreas) 초음파검사의 가로주사에서 해부학적 지표로 활용되는 혈관은?

① 콩팥정맥(renal vein)
② 지라정맥(splenic vein)
③ 왼위정맥(left gastric vein)
④ 중간정맥(middle hepatic vein)
⑤ 아래대정맥(inferior vena cava)

해설 이자는 경계가 분명하지 않아서 주위 장기를 해부학적 지표로 활용하여야 한다. 이자 머리부는 샘창자의 C-자 고리가 감싸고 있고 안쪽의 바터 팽대부(Vater ampulla)로 이자관(pancreatic duct)와 온쓸개관(CBD)이 개구하며 이자의 뒤쪽에는 지라정맥이 가로로 주행한다. 따라서 이자의 가로주사에서 지라정맥은 해부학적 지표로 활용한다.

문항 08 만성콩팥기능상실(chronic renal failure)의 초음파 영상학적 특징은?

① 콩팥의 크기가 작다.
② 후방음영증강이 있다.
③ 콩팥 실질부가 두껍다.
④ 콩팥굴과 실질부의 경계가 분명하다.
⑤ 간실질부 에코보다 콩팥 실질부 에코가 낮다

해설 CRF는 콩팥의 크기가 작고 콩팥굴과 실질부 경계가 불분명하다. 실질부는 얇아지며 간 실질부 에코보다 콩팥 에코가 다소 높다. 영구적인 사구체 여과율과 크레아티닌 청소율이 저하한다.

정답 5. ⑤ 6. ⑤ 7. ② 8. ①

문항 09 경복부 자궁 초음파검사의 음향창(sonic window)으로 이용하는 장기는?

① 질(vagina) ② 난소(ovary) ③ 방광(bladder)
④ 곧창자(rectum) ⑤ 자궁관(oviduct)

해설 자궁의 앞쪽에는 방광이 위치하기 때문에 자궁과 난소를 관찰할 때는 방광을 음향창으로 활용한다.

문항 10 경복부 초음파에서 고 주파수를 사용하는 부위는?

① 자궁(uterus) ② 고환(testies) ③ 전립선(prostate)
④ 이자(pancreas) ⑤ 쓸개(gall bladder)

해설 고환은 몸 밖으로 돌출되어 있으므로 7.5 MHz 이상의 고 주파수를 사용한다.

문항 11 간 왼엽의 안쪽구역과 가쪽구역을 구분하는 경계는?

① 주엽틈새 ② 중간정맥 ③ 오른문맥
④ 간원인대 ⑤ 아래대정맥

해설 간원인대는 문맥의 왼쪽 측지에서 제대와 연결되어 자궁 내 태반과 연결되며 원형인대라고도 한다. 왼엽에서 밝은 점상으로 관찰되며 간 왼엽을 안쪽구역과 가쪽구역으로 나누는 지표로 활용한다.

문항 12 초음파검사에서 물혹(낭종)에 대한 특징으로 옳은 것은?

① 석회화 ② 선명한 경계 ③ 후방음향음영
④ 1과 2 ⑤ 1, 2, 3 모두

해설 물혹의 초음파 소견은 round or oval, wall sharp, anechoic lesion, posterior acoustic enhancement 등이다.

문항 13 초음파 영상에서 간의 왼엽과 오른엽을 나누는 기준이 되는 것은?

① 왼간정맥 ② 간원인대 ③ 캔트리라인
④ 정맥관인대 ⑤ 문맥의 배꼽부

해설 초음파검사에서 오른엽과 왼엽을 구분하는 기준은 주엽틈새, 중간정맥, Cantlie's line의 세 가지이다. 주엽틈새는 중간정맥 그리고 캔트리 선(Cantlie's line)과 주행이 일치한다. Cantlie's line은 쓸개와 아래대정맥 단면을 잇는 가상의 선이다.

정답 9. ③ 10. ② 11. ④ 12. ② 13. ③

문항 14 초음파검사에서 쓸개의 돌과 살버섯을 구별하는 방법으로 옳은 것은?

① 음향창 활용 ② 고주파수 사용 ③ 색 도플러 주사
④ 환자자세 변경 ⑤ 프로브 각의 변경

해설 쓸개돌은 후방음향음영이 있고 한자자세를 변경하면 이동한다. 반면, 살버섯은 후방음향음영이 없고 이동하지 않는다.

문항 15 성인의 콩팥을 주사할 때 사용하는 프로브 주파수(MHz)로 옳은 것은?

① 3.5 ② 5.5 ③ 7.5 ④ 9.5 ⑤ 11.5

해설 성인의 복부초음파는 기본적으로 3.5 MHz를 사용하고 소아는 5.0 MHz를 사용한다.
표재성장기와 체내초음파검사는 7.5 MHz 이상을 사용한다.

문항 16 이자 초음파검사에 대한 설명으로 옳은 것은?

① 정상 에코는 간에 비해 같거나 낮다.
② 꼬리부는 지라를 음향창으로 활용한다.
③ 머리와 몸통부는 쓸개를 음향창으로 활용한다.
④ 가로주사에서 복강동맥을 해부학적지표로 한다.
⑤ 가로주사에서 단면 중앙에 배꼽정맥이 길게 보인다.

해설 이자 초음파에서 머리와 몸통은 간을 음향창으로, 꼬리는 지라를 음향창으로 활용하면 유리하다. 에코 강도는 간보다 약간 높거나 같다. 가로주사는 지라정맥을 해부학적 지표로 하며 단면 중앙에는 이자관이 주행한다.

문항 17 지라 초음파검사에 대한 설명이 올바른 것은?

① 호흡조절이 영향을 미친다.
② 지라의 휘도는 간실질보다 높다.
③ 연령이 증가할수록 지라는 커진다.
④ 지라문부는 지라실질보다 저에코를 보인다.
⑤ 지라지수에서 지라 종대는 12 cm^2 이상이다.

해설 지라는 왼쪽 갈비뼈에 가려 있어 한 번의 주사로 전체를 보는데 제한이 있으며 호흡조절을 하면서 관찰한다. 지라 실질의 휘도는 간보다 낮고 지라문부에서는 고에코로 보인다. 지라는 소아일 때 가장 크고 나이가 먹을수록 작아진다. 지라 종대는 20 cm^2 이상이다.

정답 14. ④ 15. ① 16. ② 17. ①

문항 18 이자 초음파검사에 관한 설명으로 옳은 것은?

① 엎드린자세에서 관찰한다.
② 검사 당일 식사 후 바로 검사한다.
③ 지라정맥이 해부학적 지표로 활용된다.
④ 정상이자는 콩팥 실질보다 저에코로 보인다.
⑤ 고령화하면서 이자의 실질에코는 감소한다.

해설 이자 초음파검사는 기본적으로 바로누운자세에서 간을 음향창으로 주사한다. 지라정맥은 이자의 바로 뒤쪽에 있어 해부학적 지표로 활용한다. 복부장기의 정상에코는 콩팥굴이 가장 높고 이자, 간, 지라, 콩팥 겉질, 콩팥 속질의 순서이다. 또한, 이자의 에코 강도는 고령화할수록 뚱뚱할수록 높다.

문항 19 질환과 초음파 영상학적 특징이 올바르게 연결된 것은?

① 쓸개돌-여운허상
② 혈관종-황소눈사인
③ 낭종-후방음향음영
④ 전이성 간암-코인사인
⑤ 급성 쓸개염-저음향성 환

해설 쓸개돌-후방음향음영, 혈관종-코인사인, 낭종- 무에코, 전이성 간암-황소눈사인, 급성 쓸개염-저음향성 환(할로사인)

문항 20 지방간의 초음파 영상학적 특징이 옳은 것은?

① 측부혈행로
② 간의 섬유화
③ 후방음향증강
④ 간신대조도의 증가
⑤ 오른엽 위축과 왼엽 종대

해설 지방간은 bright liver, 심부의 low echo level, unclear vessels&diaphragm, hepatorenal contrast의 echo level 차가 크다.

문항 21 간초음파에서 화살표의 고에코 물체가 관찰되었다. 이것의 명칭은?

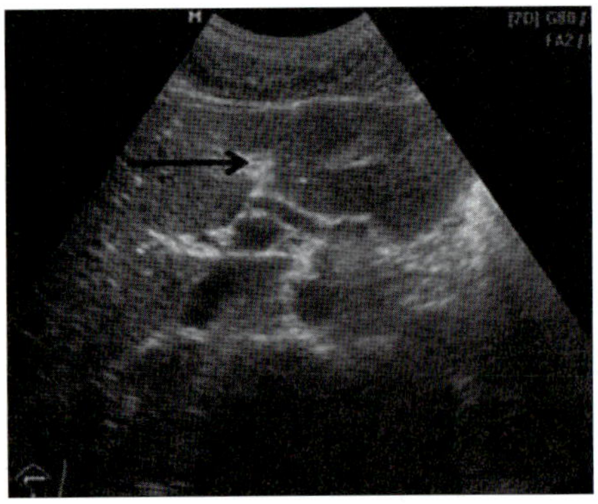

① 문맥
② 혈관종
③ 간원인대
④ 주엽틈새
⑤ 정맥관인대

해설 간원인대는 문맥의 왼쪽 측지에서 제대와 연결되어 자궁 내 태반과 연결되며 출생 후에는 폐쇄된 제대정맥을 형성한다. 그림과 같이 왼엽에서 밝은 점(hyperechoic dot)으로 관찰되며 간 왼엽을 안쪽구역과 가쪽구역으로 나누는 지표로 활용한다.

정답 18. ③ 19. ⑤ 20. ④ 21. ③

문항 22 두 영상의 질환을 판별하는 방법으로 옳은 것은?

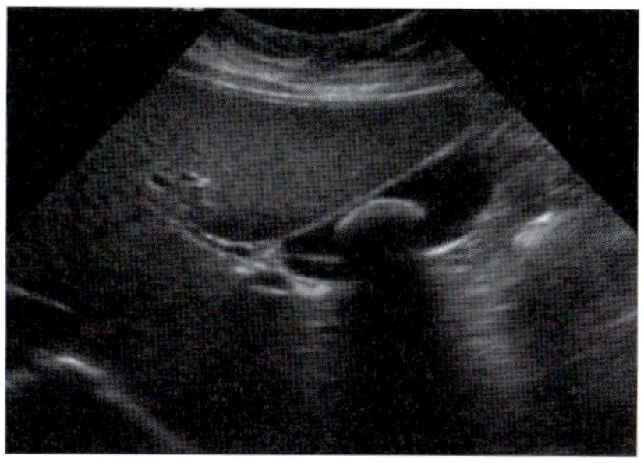

(a)

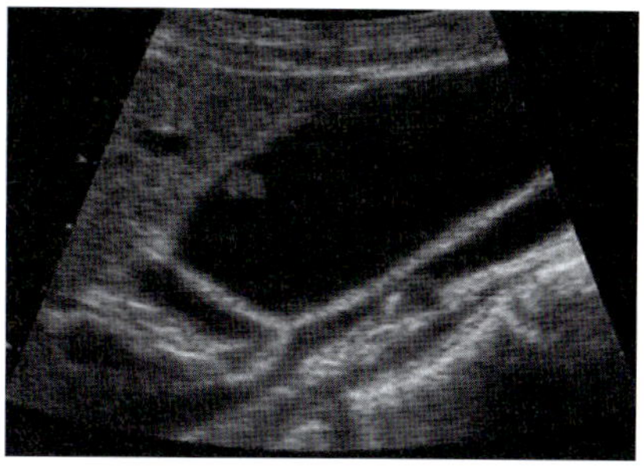

(b)

① 물을 마신다.
② 지방식을 한다.
③ 프로브를 압박한다.
④ 고주파수를 사용한다.
⑤ 환자자세를 변경한다.

해설 (a)는 쓸개돌에 의한 후방음향음영이 보이고 (b)는 살버섯에 의한 혜성꼬리가 보인다. 쓸개돌은 환자자세를 변경하면 움직이지만 살버섯은 움직이지 않는다.

문항 23 그림에서 화살표 한 것에 대한 설명이 옳은 것은?

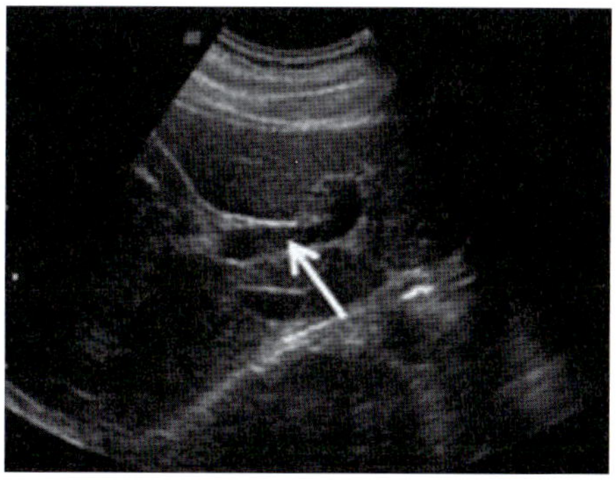

① 간에 영양을 공급하는 문맥
② 정맥관의 흔적인 정맥관인대
③ 제대정맥이 폐쇄된 간원인대
④ 전체 간 혈류의 1/3을 공급하는 간정맥
⑤ 제대정맥을 간으로 유도하는 겸상인대

해설 화살표 한 것은 문맥이다. 문맥은 위창자간막정맥, 아래창자간막정맥, 지라정맥 등을 간으로 유입하며 간 혈류의 2/3를 공급한다. 초음파영상에서 문맥은 벽 에코(wall echo)를 보인다.

정답 22. ⑤ 23. ①

문항 24 그림의 화살표 한 것에 대한 설명이 옳은 것은?

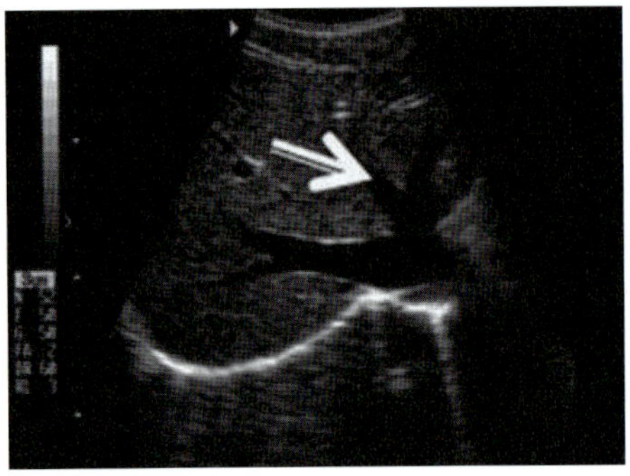

① 갈비사이주사로 관찰한다.
② 호흡에 따라 직경이 변화한다.
③ 혈관 벽의 에코가 강하게 나타난다.
④ 화살표는 간 전체 혈류의 2/3를 공급한다.
⑤ 화살표는 간의 왼엽을 내측과 외측으로 나눈다.

해설 화살표한 곳은 중간정맥이다. 간정맥은 호흡에 의해 직경이 변화하며 아래대정맥으로 유입된다. 문맥에는 벽 에코가 있지만 간정맥은 벽 에코가 없다. 단, 그림과 같이 오른 간정맥이 수직입사 되면 벽 에코가 발생한다. 중간정맥은 간을 오른엽과 왼엽으로 나누는 지표로 활용한다.

문항 25 그림에서 화살표 한 것의 설명이 옳은 것은?

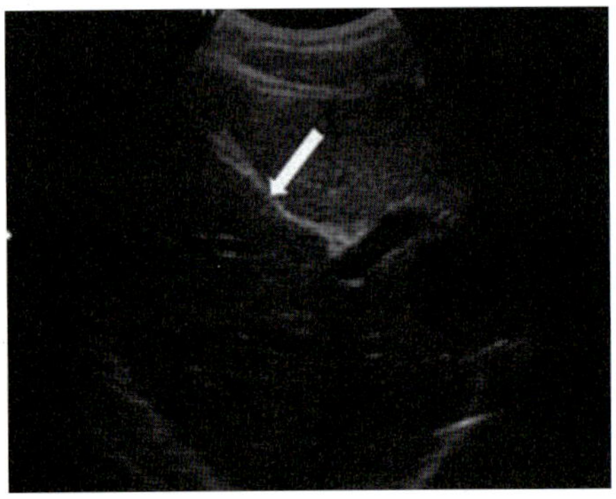

① 간원인대이다.
② 정맥관인대이다.
③ 이자를 관찰하는 지표이다.
④ 쓸개목과 문맥의 연결선이다.
⑤ 간 왼엽을 안쪽과 가쪽으로 나눈다.

해설 화살표 한 것은 쓸개오목이다. 쓸개목과 문맥의 연결선으로 아래대정맥과의 가상의 선을 캔트리 선이라고 한다. 이 선은 중간정맥, 주엽틈새와 일치하며 간을 오른엽과 왼엽으로 구분하는 지표로 활용한다.

정답 24. ② 25. ④

문항 26 그림에서 간 구분이 옳은 것은?

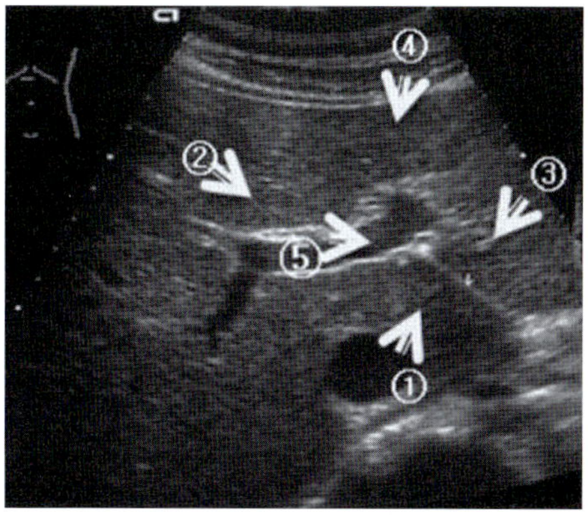

① S1 ② S2 ③ S3 ④ S4 ⑤ S5

해설 ① S1, ② S4, ③ S2, ④ S3, ⑤ 왼문맥 배꼽부이다.

문항 27 그림에 대한 설명으로 옳은 것은?

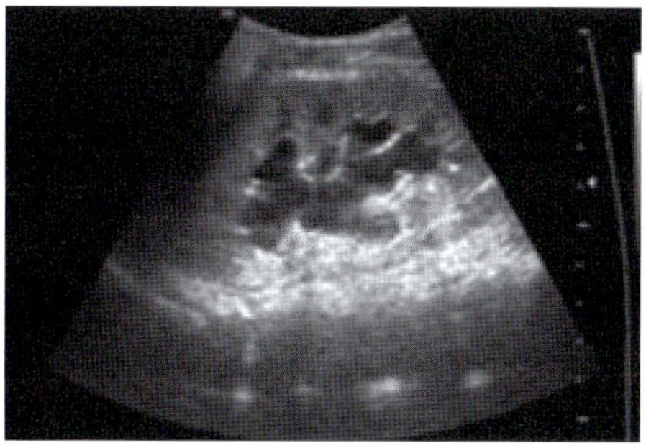

① 콩팥의 크기가 작아 보인다.
② 콩팥 뒤에 후방음영이 보인다.
③ 방광요관접합부가 협착되었다.
④ 콩팥에 무에코의 양성종양이 보인다.
⑤ 물콩팥증으로 술잔과 깔때기가 확장되었다.

해설 물콩팥증이다. 영상학적 특징은 콩팥 실질이 얇아지고 술잔과 깔데기는 확장한다.
관구조의 내부에 무에코의 연결된 형태를 보이고 신중심복합체(CEC)가 소실된다. 또한 낭포와 달리 주변 벽의 에코는 두껍고 규칙성이 없다.

문항 28 그림에서 출생 후 폐쇄된 제대정맥이 나타난 것은?

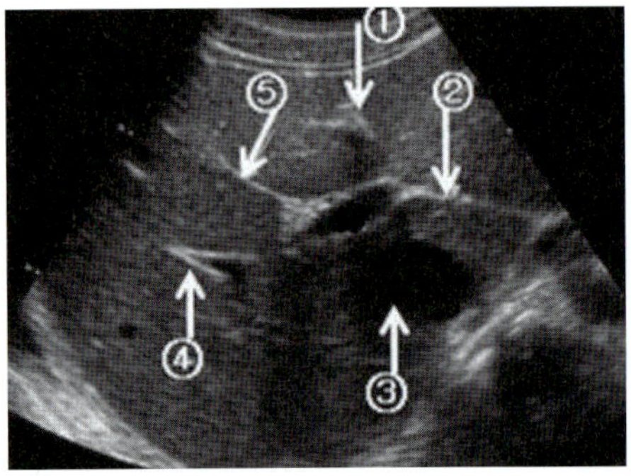

① 1　　② 2　　③ 3　　④ 4　　⑤ 5

해설 ① 간원인대(falciform teres). 간원인대는 문맥의 왼쪽 측지에서 제대와 연결되어 자궁 내 태반과 연결되며 출생 후에는 폐쇄된 제대정맥을 형성한다. ② 정맥관인대 ③ 아래대정맥 ④ 오른 문맥가지 ⑤ 쓸개오목이다.

문항 29 그림의 질환에 대한 내용이 올바른 것은?

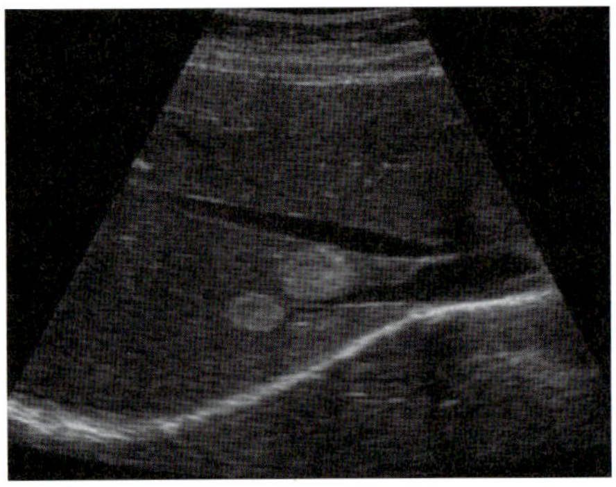

① 원형의 내부 에코를 띠는 낭종이다.
② 표적징후를 보이는 전이성 간암이다.
③ 할로사인을 보이는 급성 쓸개염이다.
④ 원형의 동전징후를 보이는 혈관종이다.
⑤ 희고 검은 에코의 대조도를 갖는 복수이다.

해설 혈관종으로 고에코의 동전사인(coin sign)이 보인다. 혈관종의 영상학적 특징은 원형 또는 타원형이고 비교적 경계가 분명하고 고에코 종양이 80% 정도이며 비교적 균질한 에코 양상을 보인다.

정답 28. ① 29. ④

제 12 장

표재성장기 초음파검사의 기초

수업 목표

1. 유방초음파검사의 전처치를 알아야 한다.
2. 정상 유방의 초음파 소견을 알아야 한다.
3. 유방암의 영상학적 특징을 알아야 한다.
4. 섬유선종의 영상학적 특징을 알아야 한다.
5. 정상 갑상선의 초음파 소견을 알아야 한다.
6. 갑상선결절의 영상학적 특징을 알아야 한다.
7. 갑상선종의 영상학적 특징을 알아야 한다.
8. 갑상선암의 영상학적 특징을 알아야 한다.
9. 정상 고환의 초음파 소견을 알아야 한다.
10. 고환낭종의 영상학적 특징을 알아야 한다.
11. 고환미석증의 영상학적 특징을 알아야 한다.

01 유방 초음파검사(ultrasonography of breast)

1) 전처치

유방초음파검사는 특별한 전처치가 없다. 단, 생리 후 3~4일 후에 검사하는 것을 권장한다. 프로브는 7.5~10 MHz 선형 프로브(linear probe)를 사용하고 표재성 질환이 있는 경우는 polymer gel을 사용하면 효율적이다. 환자자세는 바로누운자세를 기본으로 하나 오른쪽 유방은 좌후사위(LPO)로 왼쪽 유방은 우후사위(RPO)로 하면 편리하다.

2) 적응

낭성과 고형성 종괴를 구분한다.

양성과 악성을 감별한다.

유방 x선 검사에서 국소 비대칭 음영이 있을 때 확인한다.

유방 x선 검사에서 사각지역의 종괴를 검사한다.

치밀 유방을 선별 검사한다.

젊은 여성에서 만져지는 유방 종괴를 검사한다.

국소적 유방 통증의 원인을 규명한다.

유즙분비물 또는 감염 유방의 농양검사 시 시행한다.

임산부에서 일차검사를 한다.

유방 위치결정검사(mammo localization)의 유도를 한다.

3) 해부학적 구조

유방의 수직 위치는 제2~6 갈비뼈 사이, 수평 위치는 등뼈에서 겨드랑이선까지이며 형태적으로 그림 12-1과 같이 피부, 피하지방, 유방실질, 유선후지방, 큰가슴근의 순서로 구성되어 있다. 유방실질은 약 20개의 선조직으로 된 엽으로 구성되어 있고 엽은 섬유성조직, 지방, 쿠퍼인대에 의해 지지된다.

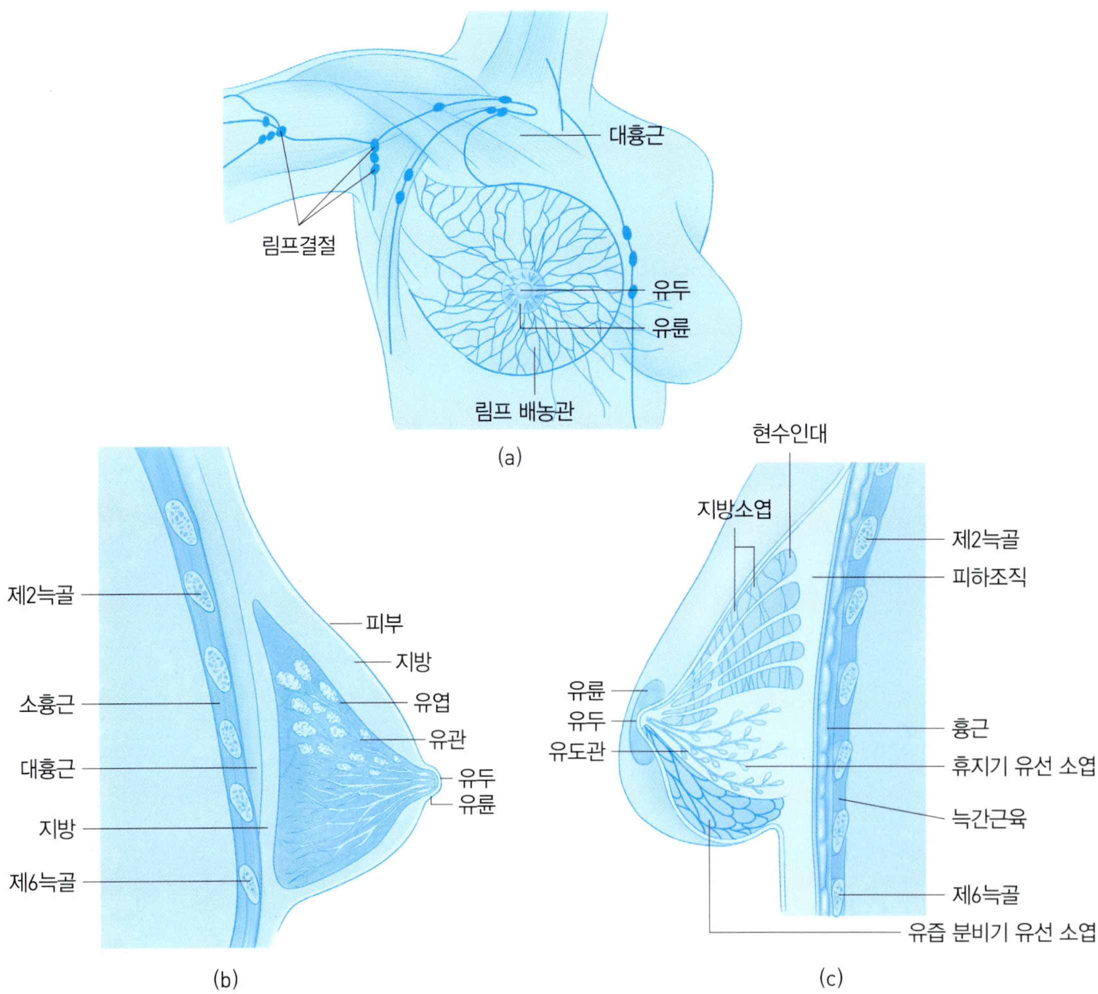

▶ 그림 12-1. 유방의 해부학적 구조(a: 림프조직, b: 주위조직, c: 시상면)

4) 생리학

프로게스테론는 유즙생산세포를 자극한다.

에스테로겐은 선조직과 유관을 증식한다.

프로락틴은 유선 발육과 유즙분비를 촉진한다.

옥시토신은 수유 유방으로부터 유즙사출과 분만 시 자궁을 수축한다.

5) 정상 유방 초음파 소견

유방의 두께는 다양하나 길이 12~15 cm, 두께 6 cm이다.

유방실질의 휘도는 연령에 따라 상이하다.

보통 유방실질은 균질하고 지방보다 휘도가 조금 높다.

젊은 여성은 유선이 발달하여 복잡한 에코 영상을 보인다.

폐경기 이후 여성은 유방실질이 조금 어둡게 보인다.

6) 임상 증례

(1) 유방암(carcinoma)

① 발생 : 40~50대에서 66%가 호발하며 79%에서 침윤성 유관암, 10%에서 상피내암이다.

② 증상 : 종괴 촉진, 겨드랑이 림프절 촉진, 유방실질 왜곡과 형태 변형, 유두 수축과 형태 왜곡, 유두 출혈 등이다.

③ 영상학적 특징 : 윤곽이 불규칙(irregular margin)하다.
후방음향음영(posterior acoustic shadow)이 발생한다.
내부에 불규칙한 저에코(internal irregular low echo)를 보인다.
점상의 석회화(dot calcification)가 있다.

(2) 유선 낭종(cyst)

① 발생 : 40세 이상 여성에서 다발한다.

② 증상 : 특별한 증상이 없다.

③ 영상학적 특징 : 무에코(anechoic cyst)양상을 보인다.
벽이 선례(define wall)하다.
후방음향증강(posterior acoustic enhancement)을 보인다.
미세한 측방음영(thin edge shadow)을 보인다.

(3) 섬유선종(fibroadenomas)

① 구성: 양성종양으로 섬유조직과 선조직의 신생물이다.

② 발생: 종말세관 유소엽에서 발생한다.

③ 증상: 특별한 증상이 없으며 촉진 시 유동성 종괴가 만져진다.

④ 영상학적 특징: 타원형(oval shape)이다.
   경계가 분명(define wall)하다.
   균질한 저에코를 보인다.
   퇴행성 섬유선종은 때때로 석회화(calcification)를 보인다.

(4) 유방성형(augmentation)

① 종류: 확대술, 축소술, 재건술 등이 있다.

② 영상학적 특징: paraffin은 후방음향음영을 보인다.
   saline은 무에코성 낭종 형태를 보인다.

02 갑상선 초음파검사(ultrasonography of thyroid)

1) 전처치

특별한 전처치는 없으며 필요에 따라 polymer gel을 사용할 수 있다.

2) 적응

목에 촉진되는 종괴의 특징 및 위치를 평가한다.
핵의학 등 타 검사에서 이상소견을 보인 경우에 검사한다.
갑상선 암 환자의 임파선 전이가 의심되는 경우 검사한다.
잠재성 갑상선 악성종양의 고위험군인 환자를 검사한다.
갑상선 종양의 내과적 억제 치료를 받고 있는 환자의 추적검사를 한다.
부갑상선기능항진증 환자에서 부갑상선의 위치를 파악한다.
인터벤션을 위해 위치를 파악한다.

3) 프로브

7.5 MHz 이상 고주파수의 선형 프로브로 small part scan을 하거나 갑상선 전용 사다리꼴프로

브를 이용한다. 낭성 종괴에 대한 혈류여부를 평가할 때는 색 도플러를 시행하고 국소적 혈류를 평가할 때는 출력 도플러를 시행한다.

4) 환자자세

환자는 바로누운자세에서 어깨 밑에 pad를 고여 목을 뒤로 젖힌다.

5) 해부학적 구조

갑상선은 그림 12-2와 같이 말굽형태를 이루고 있으며 아래에는 기관이 지나가고 그 아래에는 식도가 위치한다. 가쪽에는 온목동맥(common carotid artery)과 속목정맥(internal jugular vein)이 지나간다. 갑상선의 길이, 넓이, 두께는 5.0 cm×3.0 cm×2.0 cm이고 무게는 15~20 g이다. 오른쪽과 왼쪽의 2개 엽과 이것을 잇는 협부(isthmus)로 구성되어 있다. 협부는 양측 복장갑상근(sternothyroid muscle) 안쪽 사이에 위치하며 복장빗장유돌근(sternocleidomastoid muscle)은 측엽의 아래 부분과 겹쳐져 있다. 갑상선 조직은 여포(소포, follicle)라 불리는 기능적 단위(functional unit)로 구성되어 있다.

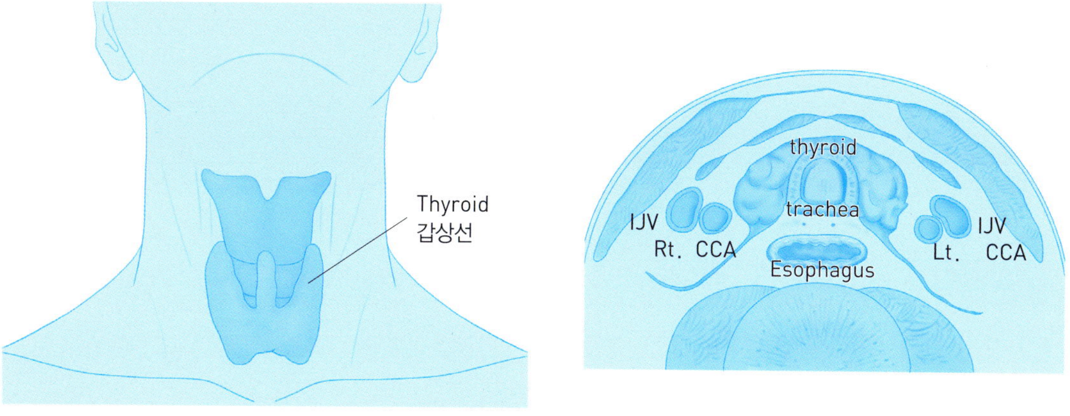

(a) (b)

▶ 그림 12-2. 갑상선의 해부학적 구조(a: 위치, b: 주위 구조물)

갑상선 주위의 근육은 아래쪽으로 복장뼈, 빗장뼈, 어깨뼈와 위쪽으로 턱과 후두부를 잇는 다양한 근육들로 이루어져 갑상선을 지지하고 목 운동에 관여한다. 이들 근육은 갑상선에 비해 저에코로 보인다. 갑상선 주위의 근육은 그림 12-3을 참고하길 바란다.

① 복장빗장유돌근(sternocleidomastoid muscle, SCM)

② 복장목뿔뼈근(sternohyoid muscle)

③ 복장갑상근(sternothyroid muscal)

④ 긴장근(longus colli muscle) : 갑상선 뒤쪽에 위치

⑤ 앞삼각근(anterior scalene muscla)

⑥ 어깨목뿔뼈근(omohyoid muscle)

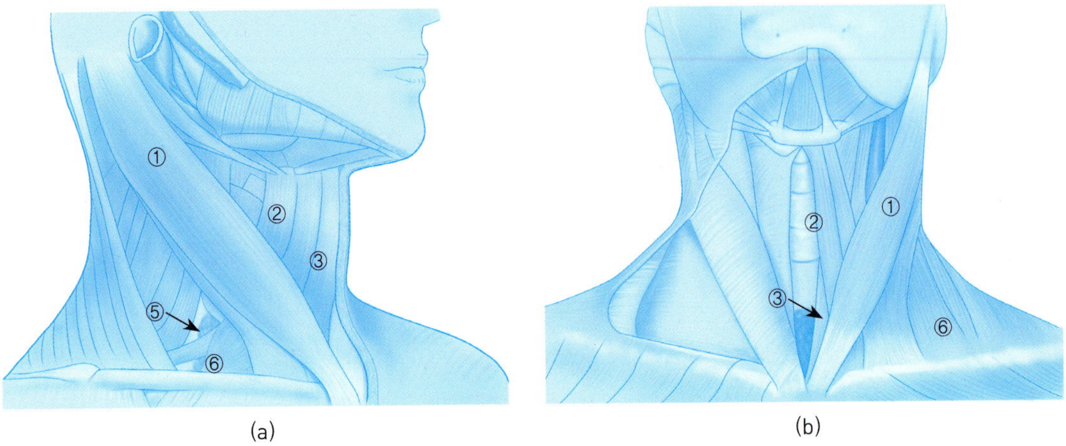

▸ 그림 12-3. 갑상선의 주위 근육(a : 측면, b : 정면)

6) 생리학

갑상선은 인체에서 가장 큰 내분비선으로 3 요오드 타이로닌, 타이로신, 칼시토닌 등의 호르몬을 분비하여 성장과 지적발달을 돕는다. 부갑상선에서 분비하는 부갑상선호르몬(PTH)은 혈액 내 칼슘을 조절한다.

7) 갑상선 초음파검사의 장단점

(1) 장점

미소병변의 검출 능력이 높다.

종양 내부구조의 관찰이 우수하다.

연부조직이 잘 나타난다.

비 침습적이고 추적관찰이 용이하다.

(2) 단점

기관, 식도, 전종격 침윤의 발견이 불가능하다.

샘종과 여포암(folliculoma)의 구별이 어렵다.

(3) 단점과 보완

기관 침윤과 종격 안의 종류 침윤은 CT 또는 MRI를 시행하고 암의 조직형 진단은 세포진검사를 시행한다. 석회화병변은 x선 촬영을 의뢰하고 폐, 골전이는 핵의학검사가 도움이 된다. 한편, 임상적으로 문제가 안 되는 미소병변은 초음파로 추적 관찰한다.

8) 갑상선의 정상 초음파 소견

(1) 갑상선 실질은 간과 유사한 에코 양상을 보인다.

(2) 갑상선 안에서 2.0 mm의 정맥이 관찰된다.

(3) 정상 갑상선의 크기는 5.0×3.0×2.0 cm이다.

(4) 정상 체적은 길이×폭×두께×0.52이며 성인 평균은 18.6 ㎖이다.

(5) 부갑상선의 크기는 5.0×3.0×1.0 mm이다.

9) 임상 증례

(1) 갑상선 단순 낭종(colloid cyst)

① 증상 : 특별한 증상이 없다.

② 영상학적 특징 : 교질성 결절(colloid nodule)이라고도 한다.
경계가 분명(well-fined)하다.
무에코 또는 저에코 영역(low echoic lesion)을 보인다.
단발성 또는 다발성(single or multiple)이다.
낭종 내 혈류(no vascularity)가 없다.
저에코 영역 안에 bright spot이 있다.
blood clot이 있다.

(2) 급성 갑상선염(acute thyroiditis)

① 원인 : 포도알균(staphylococcus), 폐렴사슬알균(pneumococcus), 슬알균(streptococcus) 등의 침입이 원인이다.

② 증상 : 종창, 고열, 오한, 통증 등을 호소한다.

③ 영상학적 특징 : 미만성 또는 국소적 저에코 영역을 보인다.

(3) 갑상선종(Goiter)

① 원인 : 풍토성 질환, iodine 부족, 독성 결절성(toxic multinodular) 등이 원인이다.

② 기능 : 대부분 정상이며 프러머 병(Plummer's disease)에서 비정상을 보인다.

③ 영상학적 특징: 미만성 확대(diffusely enlarged thyroid)를 보인다.
불균질한 저에코(heterogeneous low echo) 양상을 보인다.
혈류 증가(increased vascularity)를 보인다.
단발성 또는 다발성 결절(single or multinodular)이 있다.
낭성 변화(cystic change) 또는 석회화(calcification)를 보인다.

(4) 갑상선 결절(thyroid nodule)

① 구분: 낭성(37%), 고형성(44%), 혼합형(19%)으로 구분한다.
② 원인: 방사선, 가족력, 유방암 등이 원인이다.
③ 발병: 남성에 비해 여성이 3배 높다.
④ 영상학적 특징: 벽이 불규칙(irregular wall)하다.
halo sign을 보인다.
충실성일 때 고에코를 보인다.

(5) 갑상선암(thyroid cancer)

① 종류: 갑상선 여포세포에서 유래한다. 유두암, 여포암, 수질암, 수축성암, 림프종 등이 있다.
② 원인: 방사선, 가족력이 원인이다.
③ 증상: 통증, 연하곤란, 쉰 목소리 등을 호소한다.
④ 영상학적 특징: 불균질한 저에코(heterogeneous low echo)를 보인다.
충실성이며 종종 halo sign을 보인다.
혼합 에코(mixed echo) 양상을 보인다.
불규칙한 석회화(irregular calcification) 음영을 보인다.
혈류 증가(increased vascularity)를 보인다.

03 음낭 초음파검사(ultrasonograhy of scrotum)

1) 전처치 및 적응

특별한 전처치는 없으며 가능한 실온을 유지한 상태에서 고환의 형태, 크기, 고환염, 부고환염, 종양, 수종, 정계정맥류, 잠복 고환 등을 진단한다.

2) 프로브

표재성장기이므로 7.5 MHz 이상의 선형 프로브를 사용한다.

3) 환자자세

환자는 바로누운자세 상태에서 음경을 머리 방향으로 끌어 올린 후 음낭 아래를 패드로 고인다. 정계정맥류인 경우는 Valsalva maneuver 또는 erect position으로 한다.

4) 해부학적 구조

음낭(scrotum)은 그림 12-4와 같이 얇은 피부 낭과 근육으로 구성되어 있으며 고환, 부고환, 혈관, 정삭을 포함한다. 고환(testis)은 800개의 세정관으로 구성되어 있고 1억/일 이상의 정충을 생성하며 세정관 사이의 간질세포에서는 호르몬을 분비한다. 부고환(epididymis)은 고환의 후방에 위치하며 머리부, 몸통부, 꼬리부로 구분한다. 부고환은 정충을 성숙시키는 역할을 한다.

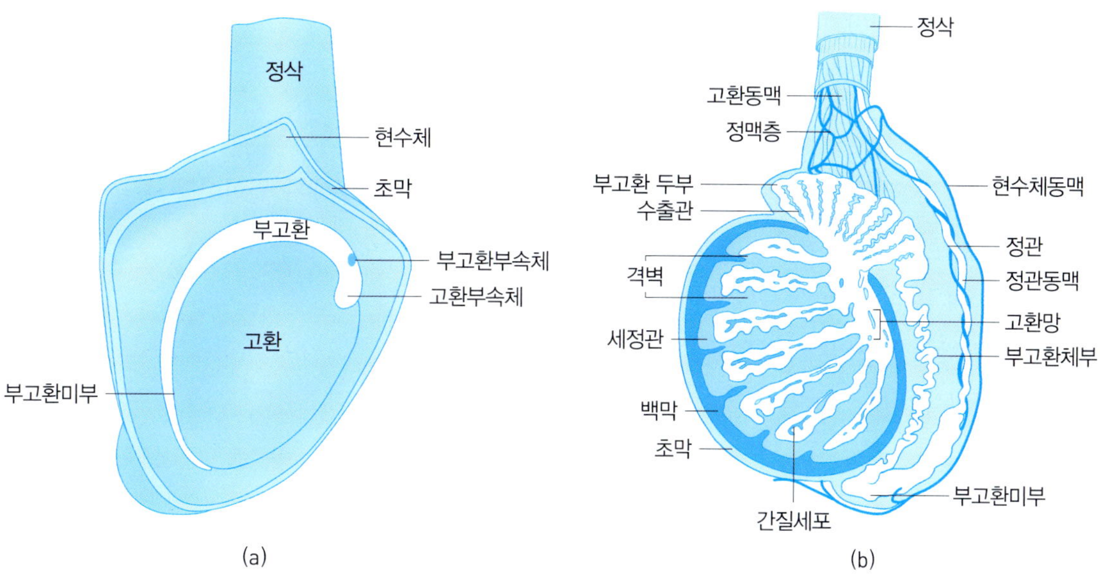

▶ 그림 12-4. 음낭과 고환의 해부학적 구조

5) 고환의 정상 초음파 소견

(1) 고환의 길이는 약 3.0~5.0 cm, 직경은 3.0 cm이다.

(2) 부고환의 길이는 약 6.0~7.0 cm, 머리 직경 1.2 cm, 꼬리 직경 0.3 cm이다.

(3) 고환은 타원형으로 간보다 균질하게 보인다.

(4) 부고환 에코는 고환과 유사하다.

(5) 고환 세로칸(mediastinum)은 두 선의 밝은 띠로 보인다.

(6) 고환과 부고환의 초막 사이에 소량의 액체가 있다.

6) 임상 증례

(1) 고환 위축(testicular atrophy)

① 원인: 고령, 고환 손상, 호르몬 치료, 바이러스성 감염, 정계정맥류가 원인이다.

② 영상학적 특징: 고환이 3.0 cm 이하로 작다.

(2) 고환 낭종(testis cyst)

① 원인: 외상, 수술, 염증 병력 등이다.

② 영상학적 특징: 원형 또는 타원형이다.

무에코이다.

단발성 또는 다발성이다.

크기는 2~20 mm이다.

(3) 부고환 낭종(epididymal cyst)

① 원인: 정액류 낭종은 정충(sperm) 수집이 원인이다.

부고환 낭종은 장액 수집, 정세관 폐색으로 인한 정충의 운반 장애가 원인이다.

② 증상: 음낭의 통증, 종창을 호소한다.

③ 영상학적 특징: 경계가 분명하다.

무에코 낭종을 보인다.

후방음향증강을 보인다.

(4) 고환 미석증(testicular microlithiasis)

① 원인: 만성염증, 반복적 외상, 음낭수종의 재흡수 방해로 인한 섬유소(fibronoid)의 침전이 원인이다.

② 증상: 무증상 또는 음낭 통증이 있다.

③ 영상학적 특징: 다발성 점상의 고에코를 보인다.

후방음향음영은 동반하지 않는다.

종종 comet tail echo를 보인다.

(5) 음낭 수종(scrotal hydrocele)

① 원인 : 소아는 선천성이며 성인은 초막 사이에 비정상적인 수액의 종창, 외상, 감염, 종양, 염전 등이 원인이다.

② 영상학적 특징 : 무에코의 액체저류 또는 저에코를 보인다.

핵심문제 및 해설

아래의 문항에서 가장 알맞은 답가지 하나를 고르시오.

문항 01 초음파검사에서 고 주파수를 사용하는 부위는?

① 간 ② 콩팥 ③ 위장
④ 쓸개 ⑤ 갑상선

해설 초음파검사에서 7.5 MHz의 고주파수를 사용하는 경우는 갑상선, 유방, 고환 등의 표재성장기를 검사할 때와 자궁, 난소, 전립선, 정낭 등의 체내초음파를 할 때이다.

문항 02 유방 초음파검사에 관한 설명으로 옳은 것은?

① 전처치로 금식이 필요하다.
② 미혼여성은 초음파검사가 제한적이다.
③ 심장검사와 동일한 프로브로 검사한다.
④ 7.5 MHz 이상의 고주파수 프로브로 검사한다.
⑤ 유방낭종이 있을 경우 후방음향음영이 나타난다.

해설 유방초음파검사는 특별한 전처치가 없다. 단, 생리 후 3~4일 후에 검사하는 것을 권장한다. 프로브는 7.5~10 MHz 선형 프로브(linear probe)를 사용한다. 미혼 여성은 x선 검사에 우선해서 적용한다.

문항 03 갑상선 초음파검사의 가로주사에서 갑상선 가쪽에 원형의 관상구조로 관찰되는 혈관은?

① 갑상선동맥과 정맥
② 온목동맥과 속목정맥
③ 바깥목동맥과 척추동맥
④ 오름대동맥과 내림대동맥
⑤ 빗장뼈아래동맥과 안가슴정맥

해설 갑상선의 양쪽 가쪽에는 온목동맥(CCA)와 속목정맥(IJV)이 지나간다.

정답 1. ⑤ 2. ④ 3. ②

문항 04 정상 유방 초음파의 영상학적 특징은?

① 유방실질은 연령에 따라 다르다.
② 젊은 여성의 유방실질은 저에코로 보인다.
③ 유방실질 안에 2 mm 정도의 정맥이 보인다.
④ 폐경기 이후는 유방실질이 고에코로 보인다.
⑤ 젊은 여성의 유방실질은 지방보다 휘도가 낮다

해설 유방의 두께는 다양하나 길이는 12~15 cm, 두께는 6 cm이다.
유방실질은 연령에 따라 상이하나 보통 유방실질은 균질하고 지방보다 휘도가 조금 높다. 젊은 여성은 유선이 발달하여 복잡한 에코 영상을 보이고 폐경기 이후 여성은 유방실질이 조금 어둡게 보인다.

문항 05 갑상선초음파의 가로주사에서 관찰할 수 없는 구조물은?

① 기도 ② 속목정맥 ③ 온목동맥
④ 쿠퍼씨인대 ⑤ 복장빗장유돌근

해설 갑상선의 가쪽에는 온목동맥과 속목정맥이 지나가고 뒤쪽에는 기도와 식도가 위치한다. 목 주위에는 복장빗장유돌근, 복장목뿔뼈근, 복장갑상근, 긴장근, 앞삼각근, 어깨목뿔뼈근 등이 있다. 쿠퍼씨인대는 유방조직을 지지한다.

문항 06 갑상선초음파검사의 해부학적 지표로 활용하는 것은?

① 침샘 ② 식도 ③ 척추동맥
④ 온목동맥 ⑤ 빗장밑동맥

해설 갑상선의 가쪽은 온목동맥이 지나가고 있어 해부학적 지표로 활용한다.

문항 07 유방의 섬유선종의 영상학적 특징이 옳은 것은?

① 무에코 ② 후방음향음영
③ 윤곽의 불규칙 ④ 균질한 저에코
⑤ 저에코 안에 bright spot

해설 유방의 섬유선종의 영상학적 특징은 oval shape, define wall, homogeneous lower echo, 퇴행성 섬유선종인 경우 calcification 등이다.

정답 4. ① 5. ④ 6. ④ 7. ④

문항 08 갑상선 단순 낭종(colloid cyst)의 영상학적 특징은?

① 내부에 혈류가 있다.
② 경계가 불분명하다.
③ 후방음향음영이 있다.
④ comet tail echo를 보인다.
⑤ 내부에 bright spot이 있다.

해설 갑상선단순낭종의 영상학적 특징은 well-fined, low echoic lesion, single or multiple, no vascularity, bright spot, blood clot 등이다.

문항 09 고환 초음파검사에 대한 내용이 올바른 것은?

① 8시간 이상 금식한다.
② 콩팥수질보다 휘도가 낮다.
③ 세로칸은 선형의 저에코를 보인다.
④ 3.5 MHz 이상의 컨벡스 프로브를 사용한다.
⑤ 정계정맥류인 경우는 Valsalva maneuver로 한다.

해설 특별한 전처치는 없으며 가능한 실온을 유지한 상태가 좋다. 7.5 MHz를 사용하며 간과 유사한 휘도를 가지며 더 균질하다. 세로칸(mediastinum)은 휘도가 높은 띠로 보인다. 부고환 에코는 고환과 유사하다.

문항 10 그림의 화살표 한 부분의 해부학적 명칭은?

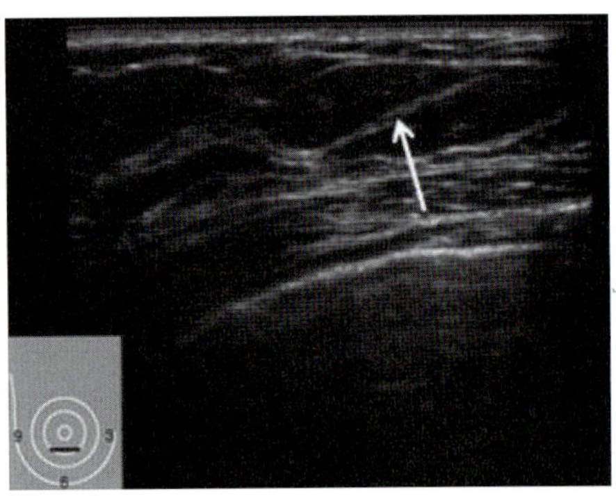

① 지방　② 유관　③ 유두
④ 큰가슴근　⑤ 쿠퍼씨인대

해설 유방초음파 영상으로 화살표 부위는 쿠퍼씨인대이다. 유방은 대흉근의 피막부터 진피조직까지 연결되어 있는 쿠퍼씨인대에 의해 형태가 유지된다.

정답 8. ⑤ 9. ⑤ 10. ⑤

문항 11 그림의 설명이 옳은 것은?

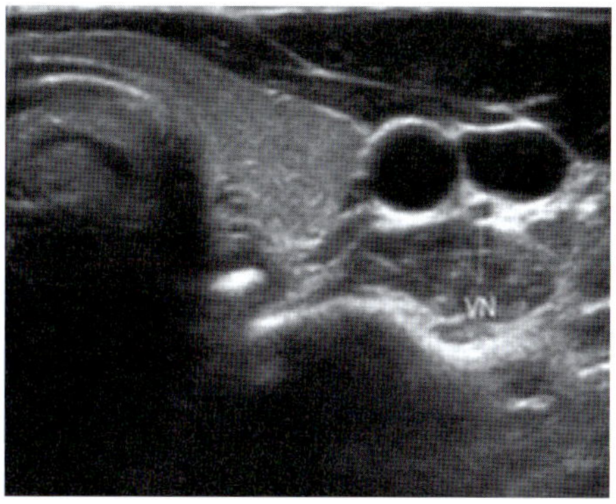

① 3.5 MHz로 주사하였다.
② 갑상선을 가로주사하였다.
③ 방광을 음향창으로 하였다.
④ 컨벡스 프로브를 사용하였다.
⑤ 위창자간막동맥과 정맥이 보인다.

해설 7.5 MHz로 왼 갑상선을 가로주사 한 영상이다. 갑상선 가쪽으로 온목동맥과 속목정맥이 지나가고 그 아래 전경근의 단면이 보인다.

문항 12 그림에 대한 설명으로 옳은 것은?

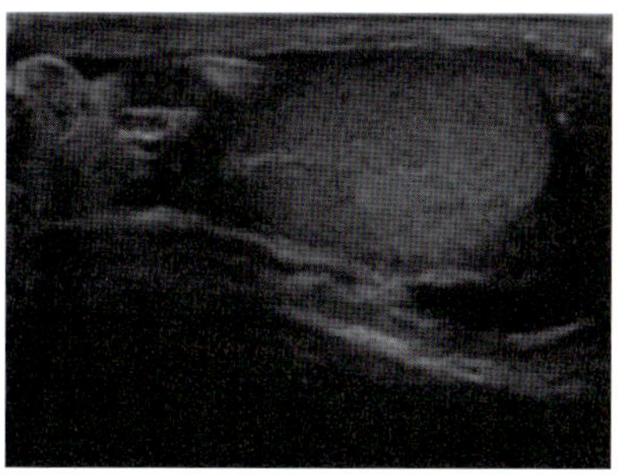

(a)

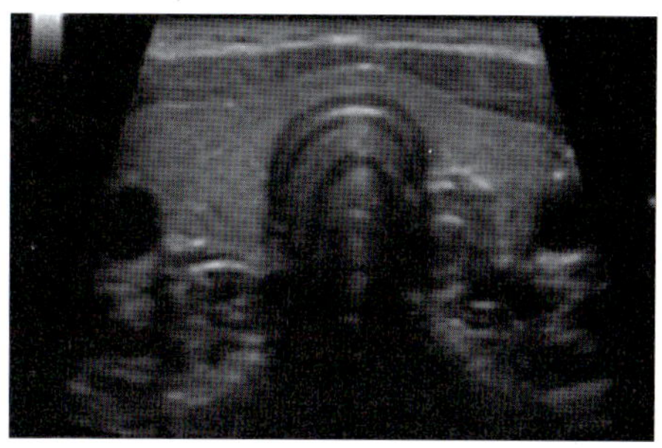

(b)

① (a)는 전립선 영상이다.
② (a)의 전처치는 관장이다.
③ (b)는 유방 영상이다.
④ (b)는 섹터프로브를 사용한다.
⑤ (a)와 (b) 모두 고주파수로 주사하였다.

해설 (a)는 선형 프로브로 고환을 세로주사 한 영상이고 (b)는 사다리꼴 프로브로 갑상선을 가로주사 한 영상이다. (a), (b) 모두 표재성장기이므로 7.5 MHz 이상의 고주파수를 사용한다.

정답 11. ② 12. ⑤

제 13 장

생식기계 초음파검사의 기초

수업 목표

1. 자궁과 난소의 해부학적 구조를 알아야 한다.
2. 자궁 초음파검사의 전처치를 알아야 한다.
3. 정상 자궁의 영상학적 특징을 알아야 한다.
4. 자궁근종의 영상학적 특징을 알아야 한다.
5. 자궁경부암의 영상학적 특징을 알아야 한다.
6. 난소낭종의 영상학적 특징을 알아야 한다.
7. 태아의 연령측정방법을 알아야 한다.
8. 정상 전립샘의 영상학적 특징을 알아야 한다.
9. 정상 정낭의 영상학적 특징을 알아야 한다.

01 부인과 초음파검사(gynecologic sonography)

1) 전처치

자궁과 난소 초음파검사는 경복부초음파 또는 경질초음파를 시행한다. 경복부초음파로 할 때는 물을 충분히 마시고 방광을 300 ㎖ 정도 충만(urinary bladder filling)시키는 것이 중요하다. 방광이 충만하면 장내 가스가 자궁 뒤로 전위되고 자궁이 프로브에 수직 입사되어 치밀도를 높일 수 있다. 하지만 방광이 과도하게 충만되면 환자가 고통스럽고 주위조직이 불안정한 상태가 된다. 경질초음파는 검사 전에 배뇨를 한다.

2) 해부학

자궁(uterus)은 방광(urinary bladder)과 곧창자(rectum) 사이에 위치한다. 크기는 연령에 따라 차이가 있다. 미 임신여성은 길이, 폭, 두께가 8.0 cm × 4.0 cm × 3.0 cm이고 다산 여성은 8.0 cm × 5.0 cm × 5.0 cm, 폐경기 이후는 4.0 cm × 2.0 cm × 2.0 cm이다. 또한 자궁의 형태도 미혼인 경우는 자궁과 목부의 비율이 1:1이지만 기혼은 자궁 몸통(uterine body)과 바닥부(fundus)가 확대되며 폐경기 이후는 자궁 몸통이 위축된다. 자궁은 그림 13-1과 같이 전체의 80% 여성에서 전굴(anteversion)되어 있다. 따라서 후굴인 경우는 질병에 의한 변형이 아닌지 잘 관찰하여야 한다. 초음파에서 자궁은 균질한 에코 양상(homogeneous echo pattern)을 보이며 월경기간은 자궁내막이 비후해지고 반사성을 띠고 분만 후는 자궁 강 내부에 액체에 의한 저에코 양상(low echo pattern)을 보인다. 난소(ovary)는 좌우 한 쌍이며 여성의 성선(genital gland)으로 난포를 형성하는 역할을 한다. 그림 13-1에서 보는 것처럼 난소는 자궁의 가쪽에 한 쌍이 위치하고 크기는 2.5×2.0×1.5 cm이다. 초음파 영상에서 균질한 무에코 양상(homogeneous echo free pattern)을 보인다. 난관(salpinx)은 자궁관(uterine tube) 또는 나팔관이라고도 하고 해부학자인 팔로피안에 의해 알려져서 Fallopian tube라고도 한다. 난관은 근막(musculomembranous)으로 형성된 11~12 cm의 미세한 관으로 간질부(intramural portion), 협부(isthmus), 팽대부(ampulla), 채부(fimbria)로 구분한다. 간질부는 자궁에 인접한 1~2 cm의 미세관이고 협부, 팽대부를 지나면서 점차 직경이 커지다가 채부에서 나팔꽃처럼 펼쳐져서 난소에서 형성된 난자를 잘 포획할 수 있는 구조로 되어 있다. 한편, 곧창자자궁오목(cul-de-sac)은 자궁 뒤쪽에 있으며 정상적인 월경기간 동안 cul-de-sac 내의 혈성 액체(bloody fluid)가 보인다. 질(vagina)은 방광 아래 뒤쪽에 위치하며 질 점막은 선상 에코(linear echo)를 보이고 질벽은 관구조의 저에코 구역(tubular hypoechoic zone)으로 보인다.

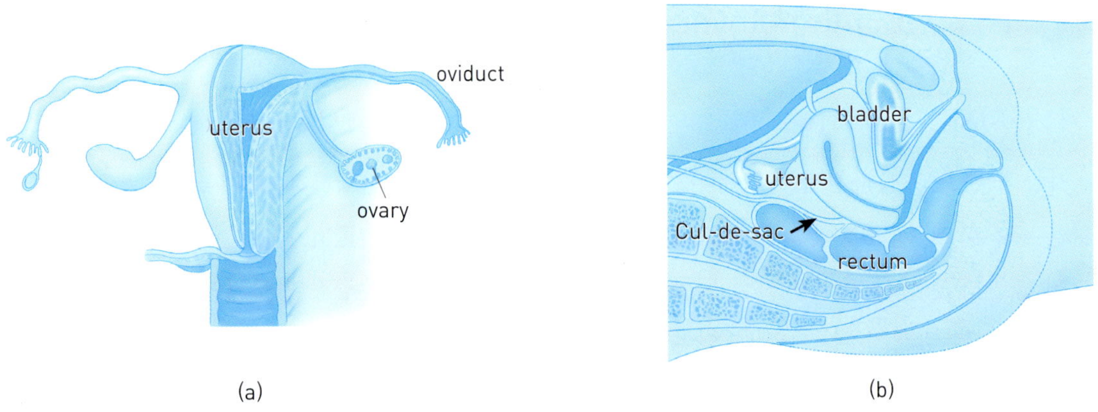

▶ 그림 13-1. 자궁의 해부학적 구조(a: 앞면, b: 옆면)

3) 자궁의 정상 초음파 소견

긴과 유사한 에코 강도를 보인다.

전체적으로 균질한 에코 양상을 보인다.

자궁내막은 linear 한 고에코를 보이며 이를 central uterine cavity echo라고 한다.

월경기간 동안 자궁내막은 비후해지고 반사성을 띤다.

분만 후는 자궁 강 내부에 액체에 의한 저에코 양상이 보인다.

4) 임상 증례

(1) 자궁근종(uterinmyoma, hysteromyoma)

① 원인: 에스트로겐의 영향으로 자궁 평활근층이 비정상적으로 증식하는 양성종양이다.

② 증상: 생리통, 생리과다, 하복부 불쾌감, 배변장애, 종괴 촉지 등이 있으며 점막하근종은 불임과 난임의 원인이 될 수 있다.

③ 영상학적 특징: 자궁 종대(uterus enlargement)를 보인다.
불규칙한 형태(shape irregular)를 보인다.
불균질한 에코 양상(heterogeneous echo pattern)을 보인다.
central uterine cavity echo의 변위를 보인다.
2차 변성을 일으킬 수 있다.

(2) 자궁선근종(uterine adenomyosis)

① 원인: 자궁체벽에 발생한 자궁내막증(endometriosis)으로 자궁내막층이 근육층으로 침입하면서 근육층이 비대해진다.

② 증상: 복부압박, 골반 압박통, 생리과다, 심한 생리통, 자궁내출혈 등을 호소한다.

③ 영상학적 특징: 자궁 종대(uterus enlargement)가 있다.
불규칙한 낭성 점거(irregular cystic space)를 보인다.

(3) 자궁내막증(endometriosis)

① 원인: 에스트로젠의 자극으로 자궁내막이 과다증식 한다.

② 증상: 하복부 통증, 월경과다, 월경불순, 비정상 출혈을 호소한다.

② 영상학적 특징: 자궁내막이 비후하다.
윤곽이 불규칙적하다.
낭포성, 충실성, 혼합형 등이 있다.

(4) 자궁경부암(uterine cervix cancer)

① 원인: 인유두종바이러스, 조기 성경험, 다수 성교 대상자, 흡연 등이 원인이다.

② 증상: 질 출혈, 배뇨곤란, 악취, 요통, 하지부종 등을 호소한다.

③ 영상학적 특징: 국소적 자궁 종대가 있다.
경계가 불규칙적이고 불균질한 에코 양상을 보인다.

(5) 난소 낭종(ovarian cyst)

① 원인: 정확한 원인은 알 수 없으며 지속적 배란과 외부 자극이 원인일 수 있다.

② 증상: 복부팽만, 복부통증, 질 출혈 등을 호소한다.

③ 영상학적 특징: 장액성 낭종(serous cysy)은 무에코, 유피성 낭종(dermoid cyst)은 후방음향음영, 쵸코렛 낭종(chocolate cyst)은 균질한 에코 양상을 보인다.

(6) 다낭포 난소(polycystic ovary)

① 원인: 호르몬 불균형으로 배란하지 못한 1.0 mm 이하의 난포가 여러 개 쌓인다.

② 증상: 무월경, 생리불순, 부정출혈 등을 호소한다.

② 영상학적 특징: 가장 흔한 난소의 선천성 이상이다.

난소가 종대 된다.

난소 주위에 여러 개의 원시 낭포(immature follicle)가 보인다.

02 산과 초음파검사(obstetric sonography)

1) 정상 임신의 초음파검사

(1) 임신과정

임신 7~8일 후 수정과 착상이 이뤄지고 임신기간은 38~42주이다. 임신 7주까지를 배아(embryo)라고 하고 8주부터 분만까지를 태아(fetus)라고 한다. 임신 9~10주에 태아의 영양막과 자궁내막의 일부가 합쳐서 태반(placenta)이 형성되어 영양물질과 산소를 교환한다. 분만 예정일(Naegele's rule)은 마지막 월경이 있던 날자에서 3개월을 빼고 7일을 더해서 추정예정일을 산정하고 그로부터 ±7일이다.

(2) 초기 임신 초음파검사

초기 임신의 초음파검사 기간은 4주~12주 사이이다. 주수별 배아 및 태아의 관찰 시기는 아래와 같다.

2~6주: 태낭(gestational sac, G-sac)을 관찰한다.

7주: 태낭 내의 구조물(fetal pole)을 관찰한다.

8주: G-sac의 길쭉한 모양과 심장의 움직임(fetal heart beat)과 난황주머니(yolk sac)를 관찰한다.

9주: fetal head를 관찰한다.

9~10주: 태반을 관찰한다.

11주: ventricle을 관찰한다.

12주: biparietal diameter(BPD)를 측정한다.

(3) 중기 이후의 초음파검사

중기 임신의 초음파검사 기간은 13주~28주 사이이다. 이 시기는 태아의 각 장기가 발육하는 시기로 머리부터 발끝까지 정밀검사를 한다.

① 검사 방법

태아의 위치를 정확히 파악한 후 검사하다. 태아 위치(fetal position)가 vertex, transverse, oblique, breech 인가를 확인한다. 주사방법은 가로주사와 세로주사를 시행한다.

② 태아의 해부학적 구조

- 태아의 머리(head)
  9주에 관찰이 가능하다. 12주에는 뇌 안의 구조를 관찰할 수 있다.
- 태아의 가슴(chest)
  심장 박동(heart beat)은 7~8주에 들을 수 있다.
  20주에는 심장 판막의 움직임(valve motion)을 볼 수 있다.
- 태아의 허파
  태아의 허파는 공기와 액체가 없어 연부조직의 에코 강도를 보인다.
- 태아의 사지(extremity)
  15주에 넙다리뼈, 종아리뼈, 정강뼈, 위팔뼈 등을 관찰할 수 있다.
- 척추(spine)
  태아의 척추는 12주에 관찰할 수 있으며 원형의 닫힌 고에코 양상을 보인다.
  20주에는 세로주사에서 척추 전정을 관찰할 수 있다.
- 복부(abdomen)
  14주에 콩팥(kidney)과 방광(bladder)을 관찰할 수 있다.
  15주에 위(stomach), 제대(umbilical code), 간(liver), 지라(spleen), 장(bowel), 대동맥(aorta) 등을 관찰한다. 제대에는 동맥 2개, 정맥 1개가 위치한다.

2) 태아의 연령측정 방법

태아연령측정은 태아의 성장 발육 정도를 측정하는 검사법으로 성장과정에 따라 각각 태낭측정, 태아머리엉덩이길이측정, 태아머리측정, 배주위길이측정, 넙다리뼈측정 등을 시행하여 기준치와 측정치를 비교하고 평가한다.

(1) 태낭 측정법

① 시기 : 4~7주 사이에 시행한다.

② 방법 : 태낭의 크기, 형태, 위치를 확인하고 태낭의 직경을 계측한다.

③ 평가 : 태낭 직경과 태낭 연령표를 비교하여 발육상태를 확인한다.

(2) 태아머리엉덩이길이 측정법(Crown-Rump-Length, CRL)

① 시기 : 7~12주 사이에 시행한다.

② 방법 : 머리끝에서 엉덩이까지의 장축을 측정한다. 이때 난황주머니(yolk sac)는 제외한다.

③ 평가 : 3회 측정하여 평균치를 구하고 CRL 연령표와 비교하여 발육상태를 확인한다.

(3) 태아머리 측정법(biparietal diameter, BPD) 또는 머리둘레측정법(head circumference, HC)

① 시기 : 12~26주 사이에 시행한다.

② 방법 : 태아머리측정은 제3 뇌실(ventricle)을 통과하는 가장 긴 장축이 보이게 주사하여 대뇌낫(falx cerebri) 중심부의 반사성 계면에서 양쪽 머리 벽이 대칭될 때 속판에서 바깥판까지 측정(leading edge to leading edge technique)한다.
머리둘레측정은 태아머리측정과 같은 면을 주사하고 트랙볼을 이용하여 태아머리둘레를 측정한다.

③ 평가 : 3회 측정하여 평균치를 구하고 BPD 또는 HC 연령표와 비교하여 발육상태를 확인한다.

(4) 배주위길이 측정법 또는 배둘레 측정법(abdominal circumference, AC)

① 시기 : BPD와 같은 시기에 비만 또는 야윈 태아를 판별할 때 이용한다.

② 방법 : 복부를 가로주사하여 왼문맥의 배꼽부의 단면이 나타나도록 주사하여 가로(D1)와 세로(D2) 길이를 측정한다. 이때 태아의 복부를 압박하지 말아야 한다. 배주위길이 = (D1+D2) × 1.57이다. 배둘레측정은 배주위길이 측정과 같은 면을 주사하고 트랙볼을 이용하여 배둘래를 측정한다.

③ 평가 : 3회 측정하여 평균치를 구하고 AC 연령표와 비교하여 비만여부를 확인한다.

(5) 넙다리뼈 측정법(femur length, FL)

① 시기 : 14~22주 사이에 시행한다.

② 방법 : 프로브 장축과 넙다리뼈의 장축(long axis)을 일치시켜 주사한다. 이때 먼쪽 넙다리뼈 골단(distal femoral epiphysis)은 제외 시켜서 측정한다.

④ 평가 : 3회 측정하여 평균치를 구하고 FL 연령표와 비교하여 발육상태를 확인한다.

3) 이상 임신의 초음파검사(abnormal pregnancy)

(1) 임신 초기

① 태낭(G-sac)의 경계가 분명한지, 기형(deformed) 인지를 관찰한다.

② 성장 결함(growth failure)이 있는지 관찰한다.

③ 태낭이 둘 또는 셋(double or triple sac) 인지 관찰한다.

④ 태낭이 자궁 바닥 부분에 착상했는지 관찰한다.

(2) 유산(abortion)

유산은 절박 유산과 계류 유산으로 구분한다. 절박 유산은 조직의 배출이 수반되거나 없는 자궁의 출혈을 포함한다. 한편, 계류 유산은 태아, 태반, 임신성 생성물 등이 배출되어 fetal pole을 관찰할 수 없다.

(3) 자궁 외 임신(ectopic pregnancy)

수정란이 정상 자궁내막 이외에 착상하는 것으로 주로 난관에 착상하는 경우가 많다. 자궁 외 임신은 응급 질환으로 임신 전반기 모성 사망의 주원인이다. 초음파에서 자궁이 확장되고 자궁내막에서 태낭이 관찰되지 않으며 곧창자자궁오목(cul-de-sac)에 혈액 저류상을 보인다.

(4) 다태 임신(multiple pregnancy)

다태 임신은 6주부터 진단 가능하다. 양수가 과다하고 자궁이 비대해 보인다.

(5) 전치태반(placenta previa)

전치태반은 임신 중반기와 후반기에 질 출혈의 가장 일반적인 원인이다. 완전 전치태반, 부분 전치태반, 변연 전치태반으로 구분한다.

(6) 일반적인 태아의 형태 이상은 다음과 같다.

① 무뇌아(anencephaly): 대뇌반구가 없거나 흔적만 남아 있고 이것을 덮는 두개골이 없는 선천성 이상 질환이다.

② 수두증(hydrocephalus ventriculomegaly): 뇌실과 거미막밑공간에 뇌척수액이 비정상적으로 차서 뇌압이 상승하는 질환이다.

③ 가슴이상: 심장이상, 허파낭포, 가로막 허니아 등이 발생할 수 있다.

④ 배이상: 대표적으로 소화관 폐쇄가 있다.

⑤ 콩팥이상: 콩팥의 무형성, 다낭포콩팥, 요로폐색, 협착 등이 발생할 수 있다.

⑥ 사지이상: 다지증, 합지증, 갈림손 등이 발생할 수 있다.

⑦ 제대이상: 정상 제대 안에는 2개의 동맥과 1개의 정맥이 있다. 동맥이 1개이면 염색체 이상을 포함한 다른 장기의 선천적 이상이 동한할 수 있으므로 염색체검사 또는 정밀검사를 하여야 한다.

03 전립샘과 정낭 초음파검사(ultrasound of prostate&seminal vesicle)

1) 전처치

전립샘(prostate)과 정낭(seminal vesicle)은 경복부초음파 또는 경직장초음파를 시행한다. 경복부초음파는 복부를 경유해서 전립샘과 정낭을 관찰하는 검사법이고 경직장초음파는 곧창자를 경유해서 전립샘과 정낭을 관찰하는 검사법이다. 프로브를 곧창자에 삽입하여 검사하는 것을 체내초음파검사라고 한다. 체내초음파검사는 검사 대상 부위에 프로브를 접근해서 주사할 수 있어 고주파수를 사용하고 이로 인해 고 해상력의 영상을 얻을 수 있다. 경복부초음파를 시행할 때는 방광을 음향창(sonic window)으로 활용한다. 따라서 검사 전에 물을 충분히 마시고 방광을 충만하여야 한다. 한편, 경직장초음파를 시행할 때는 관장과 배뇨를 시행한 후에 검사한다. 환자는 일반적으로 바로누운자세에서 시행하지만 경직장초음파는 Sim's position으로 하는 것이 바람직하다. 전립샘초음파는 전립샘의 형태와 대칭성, 전립샘 비대증, 전립샘염, 전립샘암 그리고 석회화의 유무를 관찰할 수 있으며 정낭초음파검사는 정낭의 크기와 형태, 종괴 유무를 관찰한다.

2) 해부학적 구조

전립샘은 후복막강 장기로 방광 후부에 위치하며 무게는 20 g으로 밤톨만하다. 측구역, 중심구역, 이행구역으로 구분한다. 측구역은 그림 13-2와 같이 방광에 근접한 가장 큰 구역이고 중심구역은 전립샘 바닥부로 부터 확장된 부위이며 이행구역은 근위 요도 양 측면에 위치한 가장 작은 구역이다. 정낭은 정관 팽대부 끝부분에 파생된 일종의 곁주머니로 사정관과 합류하며 전립샘 요도를 통과한다.

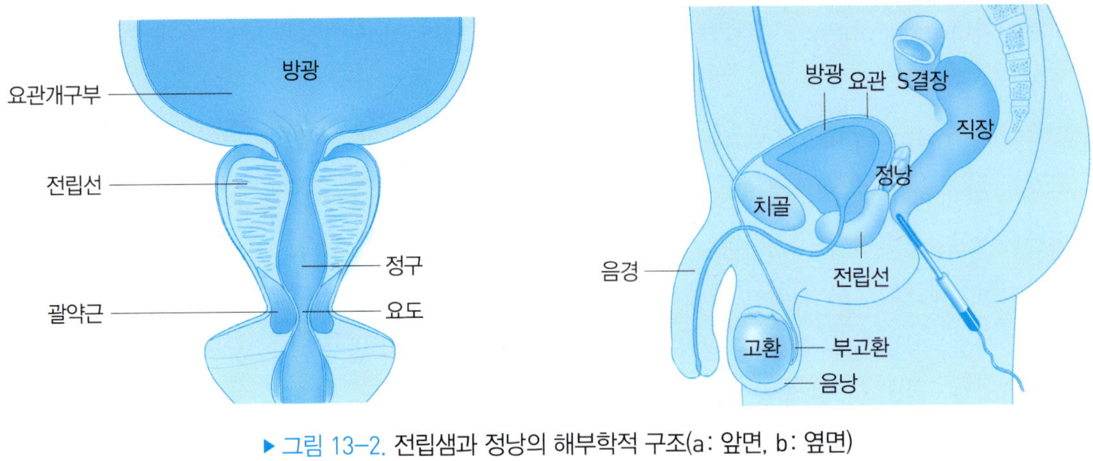

▶ 그림 13-2. 전립샘과 정낭의 해부학적 구조(a: 앞면, b: 옆면)

3) 생리학

고환에서 만들어진 정자와 전립샘과 정낭에서 분비된 분비물이 혼합되어 정액이 된다. 전립샘은 정액 액체의 30% 이상을 분비하고 정충에 영양분을 공급하며 방광과 요도를 조이는 역할을 한다. 또한 사정관과 방광을 병원균으로부터 보호하는 역할도 한다. 정낭 분비물은 정자 활동을 활발하게 하고 대사를 유지한다. 정액은 정자를 포함하고 있으며 1회 배출량은 2~6 ㎖이고 정낭은 정액량의 60%를 분비한다. 정액은 정자운동의 에너지원을 공급하고 정자가 이동하여 난자와 결합할 수 있도록 매개체 역할을 하며 프로스타글라딘은 정액에 대한 여성의 면역반응을 억제하고 피브리노겐은 혈소판 분자 사이에 가교 역할을 해 분자를 결합하게 한다.

4) 전립샘과 정낭의 정상 초음파 소견

(1) 정상 전립샘의 초음파 소견

전립샘의 크기는 가로, 세로, 전후의 직경이 4.0 cm×3.0 cm×2.0 cm이다.

평활하고 경계가 분명한 원형이다.

간보다 균질하고 약간 휘도가 높다.

(2) 정상 정낭의 초음파 소견

정낭의 크기는 2.0 cm이다.

대칭성으로 전립선보다 휘도가 약간 낮다.

5) 임상 증례

(1) 전립선 석회화(prostatic calculi)

① 원인: 분비물의 응고가 원인이나 확실한 원인은 알 수 없다.

② 증상: 50세 이상에서 호발하며 비뇨기계 재감염, 배뇨곤란, 하지 통증을 호소한다.

③ 영상학적 특징: 점상의 고에코를 보인다.
후방음향음영을 동반하거나 동반하지 않는다.

(2) 전립선 낭종(prostatic cyst)

① 원인: 안드로겐성 호르몬의 불균형이 원인이다.

② 증상: 회음부 종창, 복부팽만, 다뇨, 빈뇨, 배뇨곤란 등을 호소한다.

③ 영상학적 특징: 원형, 타원형으로 2.0~30 mm이다.
무에코이다.

(3) 양성 전립선 비대(benign prostatic hypertrophy)

① 원인: androgen과 estrogen의 불균형, 유전적 인자, 체질, 60세 이상에서 호발한다.

② 증상: 하부 요로 폐색, 지연, 빈뇨, 잔뇨감, 급박뇨 등을 호소한다.

③ 영상학적 특징: 가로, 세로, 전후의 직경이 5.0 cm×4.5 cm×3.5 cm 이상의 선증식에서 균일한 저에코를 보인다.

섬유조직의 증식은 불균질한 고에코를 보인다.

핵심문제 및 해설

아래의 문항에서 가장 알맞은 답가지 하나를 고르시오.

문항 01 경복부 자궁 초음파검사의 음향창(sonic window)으로 이용하는 장기는?

① 질(vagina) ② 난소(ovary) ③ 방광(bladder)
④ 곧창자(rectum) ⑤ 자궁관(oviduct)

해설 자궁은 방광의 뒤쪽에 위치하므로 방광에 물을 채우고 자궁을 주사하면 자궁 전체를 잘 관찰할 수 있다. 이와 같이 어떤 장기를 보고자 앞쪽에 있는 장기를 이용할 때 음향창(sonic window)로 활용한다고 한다. 초음파검사에서 음향창을 활용하는 것은 영상의 질 측면에서 매우 중요하다.

문항 02 태아연령측정 방법에 대한 내용으로 올바른 것은?

① AC는 3뇌실을 지표로 활용한다. ② BPD는 문맥을 지표로 주사한다.
③ CRL은 태아의 머리를 측정한다. ④ 태낭계측은 임신 4~7주에 시행한다.
⑤ FL은 넙다리뼈 골단을 포함하여 측정한다.

해설 CRL은 태아의 머리끝에서 엉덩이 끝까지의 길이를 측정한다. AC는 문맥을, BPD는 3뇌실을 해부학적 지표로 한다. FL은 넙다리뼈 먼쪽 골단을 제외하여 프로브의 장축과 일치시켜 주사한다.

문항 03 전립선 초음파에 대한 설명으로 옳은 것은?

① 낮고 균일한 에코패턴을 보인다. ② 경복부초음파는 7.5 MHz를 사용한다.
③ 경직장초음파는 3.5 MHz를 사용한다. ④ 경복부초음파는 검사 전 방광을 비운다.
⑤ 경직장초음파는 초음파 젤을 사용하지 않는다.

해설 전립선 경복부초음파는 검사 전에 방광을 채우고 3.5 MHz로 주사한다. 전립선 경직장초음파는 관장을 하고 방광을 비우고 7.5 MHz로 주사한다.

문항 04 경복부 초음파검사 전에 500 ㎖ 물을 마시고 음향창(sonic window)을 이용하는 검사 부위는?

① 고환 ② 난소 ③ 쓸개 ④ 콩팥 ⑤ 갑상샘

해설 부인과 초음파검사에서 경복부 초음파검사의 전처치는 방광을 300 ㎖ 충만하고 경질초음파검사의 전처치는 배뇨이다.

정답 1. ③ 2. ④ 3. ① 4. ②

문항 05 경복부초음파와 체내 초음파를 모두 할 수 있는 부위는?

① 고환 ② 유방 ③ 지라 ④ 갑상선 ⑤ 전립선

해설 경복부초음파는 인체의 모든 부위에 적용한다. 체내초음파의 대상 장기는 여성의 자궁과 난소, 남성의 전립선과 정낭이다.

문항 06 자궁초음파의 전처치로 방광을 충만하는 이유는?

① 감쇠 증가 ② 음향창 활용 ③ 휘도폭 증강
④ 전파속도 변화 ⑤ 후방음영 감소

해설 초음파검사에서 대표적인 음향창은 방광이다. 방광을 통하여 자궁, 난소, 전립선, 정낭을 주사한다. 또한, 이자머리와 몸통은 간을, 꼬리는 지라를 음향창으로 활용한다.

문항 07 임신 4~7주에 태아연령을 측정하는 부위는?

① 배 ② 손 ③ 머리 ④ 태낭 ⑤ 넙다리뼈

해설 태낭측정법은 임신 4~7주 사이에 태낭의 직경을 계측하여 태아연령을 측정한다.

문항 08 경질 초음파검사의 과정을 설명한 것으로 옳은 것은?

① 태아의 관찰에 유용하다.
② 전립선과 정낭을 검사한다.
③ 프로브에 덮개 씌우고 검사한다.
④ 5.0 MHz 이하의 주파수를 사용한다.
⑤ 검사 전날은 경식하고 당일은 금식한다.

해설 부인과 경질초음파검사는 경복부초음파검사에서 세밀한 검사가 필요할 때 시행한다. 전처치는 배뇨이며 7.5 MHz 체내용 프로브를 사용하여 자궁과 난소의 미세질환을 검사한다. 프로브는 일회용 덮개를 씌워 위생은 물론 삽입 시 저항을 최소화한다. 산과는 경질초음파검사를 하지 않는다.

문항 09 임신초기에 시행하는 태아연령의 계측법은?

① 머리측정법(BPD) ② 배둘레측정법(AC)
③ 머리둘레측정법(HC) ④ 넙다리뼈길이측정법(FL)
⑤ 머리엉덩이길이측정법(CRL)

해설 초기 임신기간은 4주~12주 사이이다. 태낭측정법은 4~7주 사이이고 CRL은 7~12주 사이에 시행한다.

정답 5. ⑤ 6. ② 7. ④ 8. ③ 9. ⑤

문항 10 방광의 경복부초음파검사에 대한 설명으로 옳은 것은?

① 배뇨 후 검사한다.
② 정상 방광의 내부는 고에코로 보인다.
③ 방광을 음향창으로 하면 고환이 잘 보인다.
④ 충만된 방광에서는 다중반사가 잘 나타난다.
⑤ 방광결석이 있을 경우 후방으로 음영증강이 발생한다.

해설 방광 초음파검사의 전처치는 방광 충만이다. 다중반사는 무에코 장기인 방광 또는 쓸개에서 자주 나타난다. 방광결석은 대부분 후방음향음영을 동반한다.

문항 11 그림의 태아연령측정 부위는?

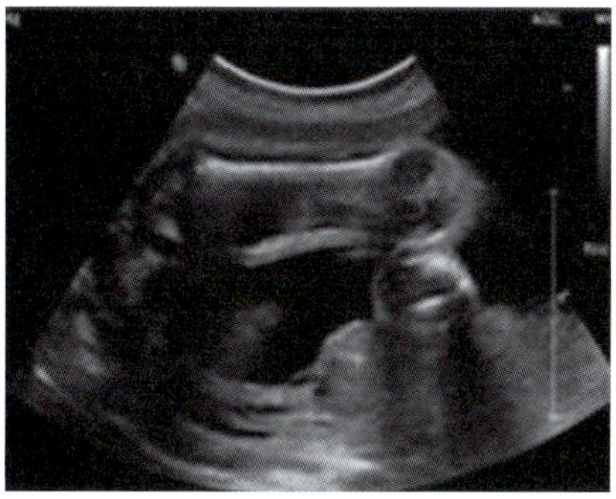

① 배 ② 태낭 ③ 머리 ④ 엉덩이 ⑤ 넙다리

해설 넙다리뼈 측정법으로 임신 14~22주 사이에 시행한다.

문항 12 그림의 검사 부위로 올바른 것은?

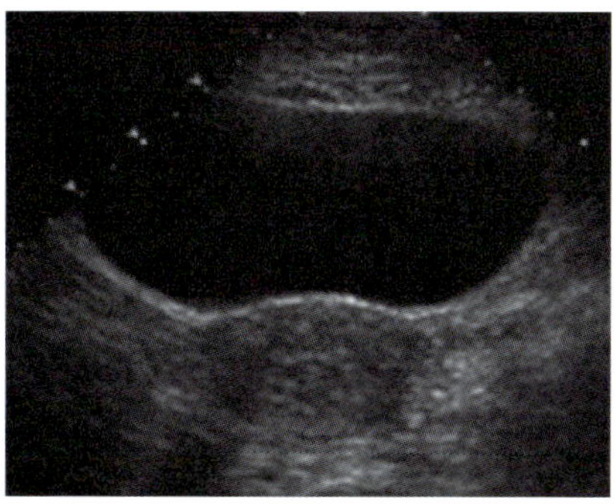

① 난소(ovary) ② 자궁(uterus) ③ 곧창자(rectum)
④ 전립선(prostate) ⑤ 쓸개(gall bladder)

해설 자궁을 가로주사 한 영상이다. 위쪽에 방광이 있고 아래쪽에 타원형의 자궁 단면이 있다. 자궁의 중앙에 자궁내막이 선상의 고에코로 보인다.

정답 10. ④ 11. ⑤ 12. ②

문항 13 그림의 검사 부위로 올바른 것은?

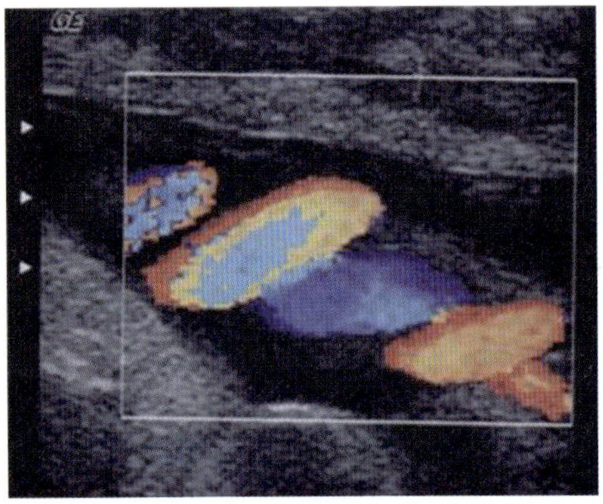

① 아래대정맥(IVC)
② 대동맥(aorta)
③ 문맥(portal vein)
④ 제대(umbilical cord)
⑤ 간동맥(hepatic artery)

해설 제대를 세로주사 한 영상이다. 두 개의 동맥과 한 개의 정맥이 꼬여 있다.

문항 14 그림의 태아연령측정 방법은?

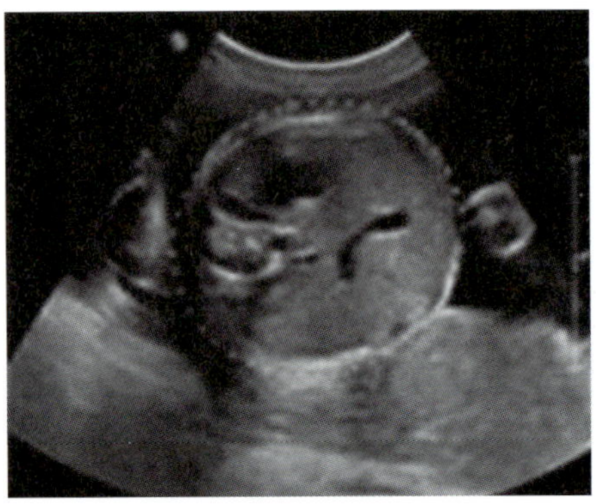

① 태낭측정법(G-sca)
② 배둘레측정법(AC)
③ 머리둘레측정법(HC)
④ 넙다리뼈길이측정법(FL)
⑤ 머리엉덩이길이측정법(CRL)

해설 배둘레 측정법(abdominal circumference, AC)이다. 임신 12~26주 사이에 비만 또는 야윈 태아를 판별할 때 이용한다.

정답 13. ④ 14. ②

문항 15 그림에 화살표 한 것의 해부학적 명칭은?

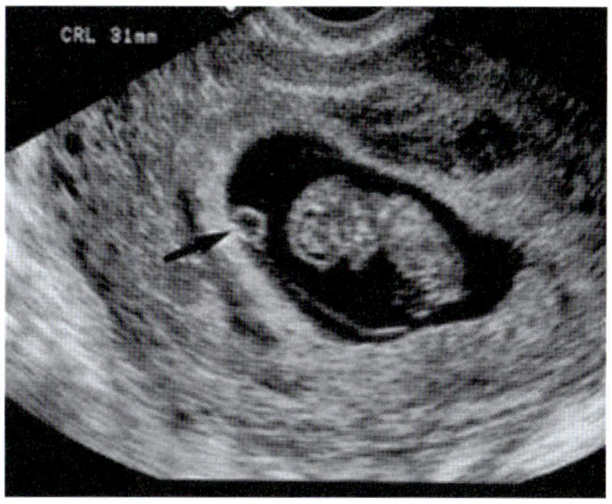

① 태낭(G-sac)　② 난소(ovary)　③ 자궁(uterus)
④ 태반(placenta)　⑤ 난황주머니(yolk sac)

해설 CRL을 측정한 것으로 화살표 부위는 난황주머니이다. 태아와 난황주머니 사이에 선상의 탯줄이 고에코로 보인다.

문항 16 사진의 검사부위는?

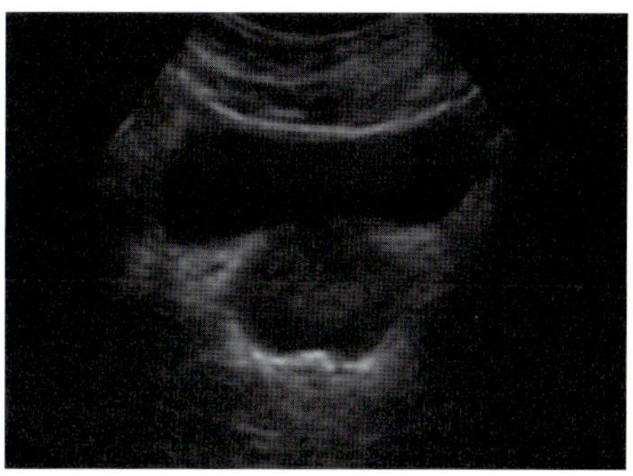

① 고환(testis)　② 자궁(uterus)　③ 콩팥(kidney)
④ 정낭(seminal vesicle)　⑤ 전립샘(prostate gland)

해설 경복부초음파의 전립샘 가로주사이다. 방광을 음향창으로 전립샘을 주사하였으며 방광 아래 전립샘이 밤톨 형태로 보인다.

정답 15. ⑤ 16. ⑤

문항 17 그림에서 화살표 한 부위의 해부학적 명칭과 사용한 프로브가 올바로 짝지어진 것은?

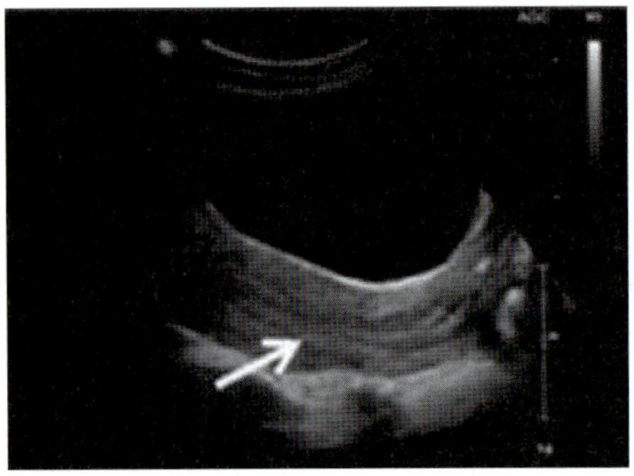

① 질(vagina)–사다리꼴
② 자궁목(uterine cervix)–체내용
③ 자궁몸통(uterine body)–체내용
④ 자궁바닥(uterine fundus)–컨벡스
⑤ 자궁내막(central uterine echo)–컨벡스

해설 Convex 프로브로 자궁을 세로주사한 것이다. 방광의 아래 자궁이 길게 보이고 안에 자궁내막이 두 줄의 고 에코로 보인다.

문항 18 그림에서 난소의 관찰이 가능한 것은?

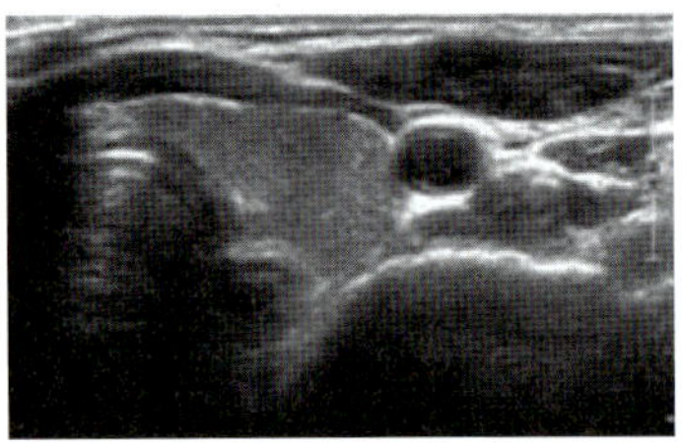

(가)

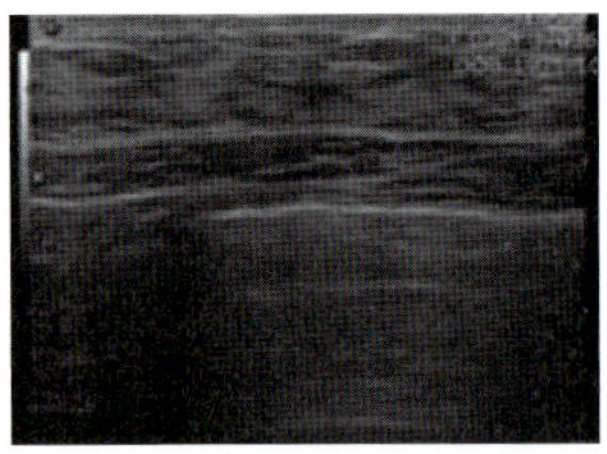

(나)

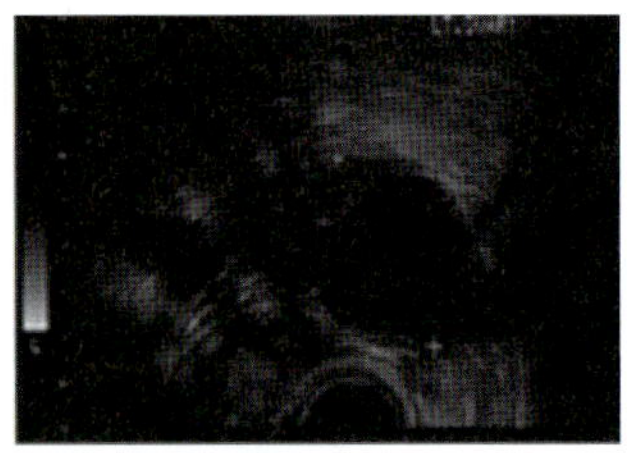

(다)

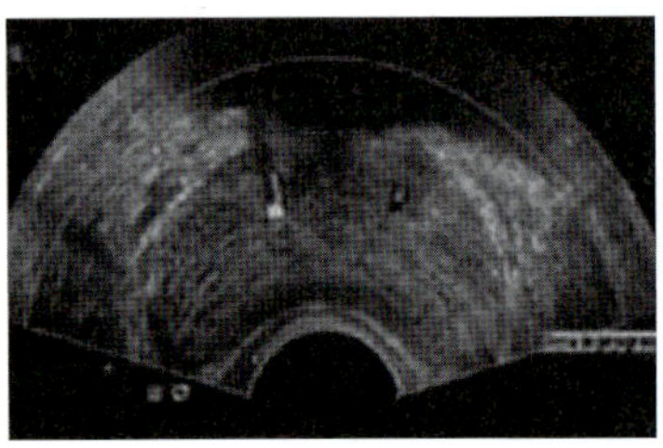

(라)

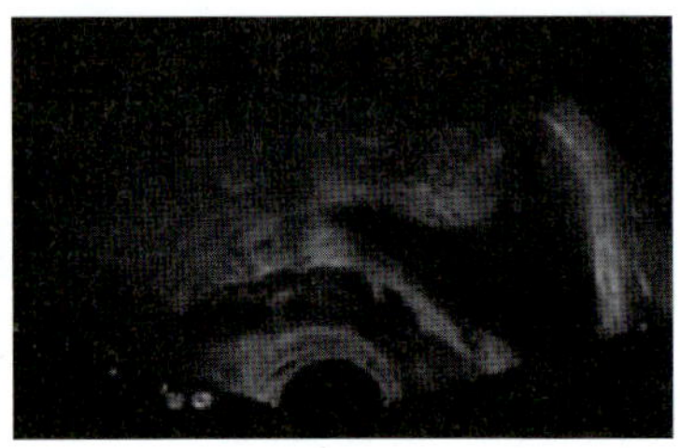

(마)

① 가 ② 나 ③ 다 ④ 라 ⑤ 마

해설 가는 왼쪽 갑상선 가로주사 영상이고, 나는 유방 초음파영상이고, 다는 체내초음파로 난소 물혹을 검사한 것이고, 라는 체내초음파로 전립샘을 가로주사한 것이며, 마는 체내초음파로 정낭을 주사한 것이다.

정답 17. ⑤ 18. ③

문항 19 태아연령 측정 그림이 아닌 것은?

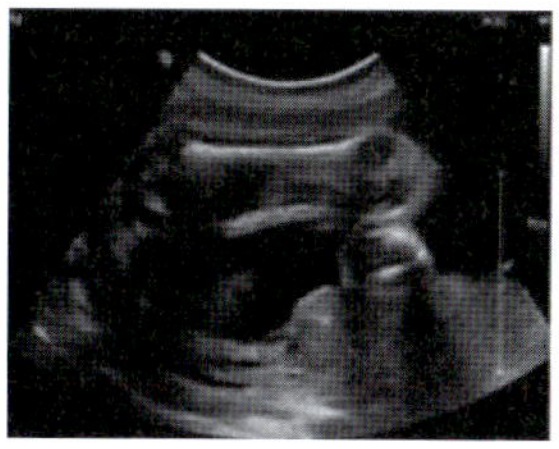
(가)

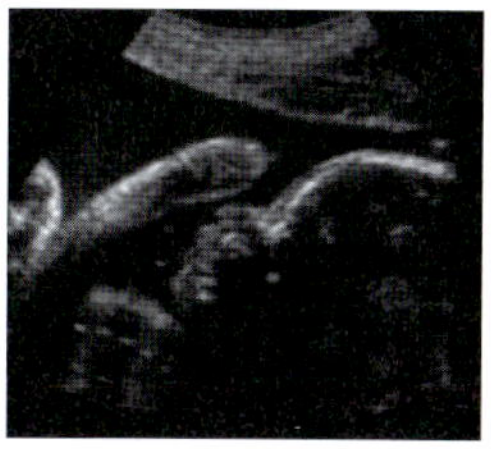
(나)

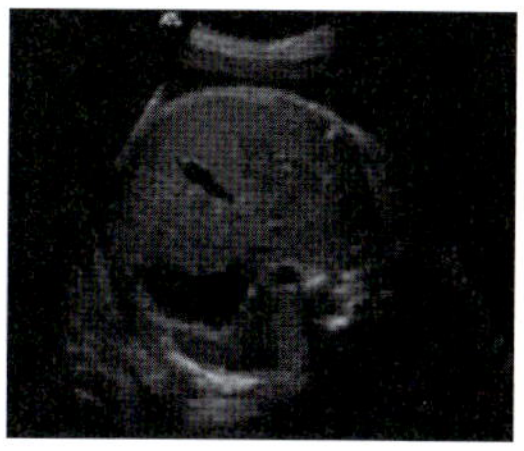
(다)

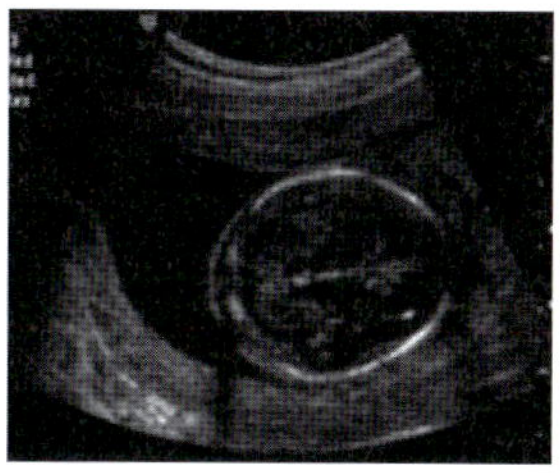
(라)

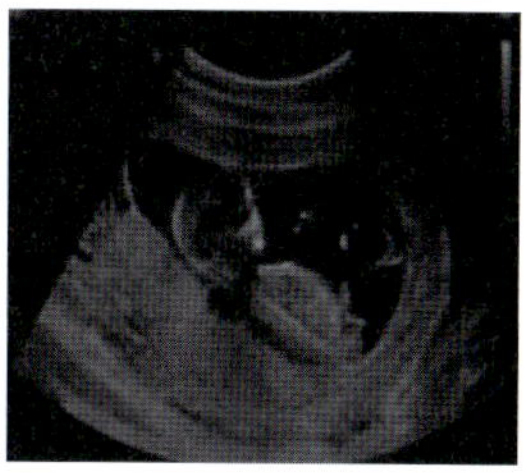
(마)

① 가 ② 나 ③ 다 ④ 라 ⑤ 마

해설 가는 FL, 나는 태아의 얼굴과 손, 다는 AC, 라는 HC, 마는 CRL이다.

문항 20 그림의 설명에 대한 내용이 옳은 것은?

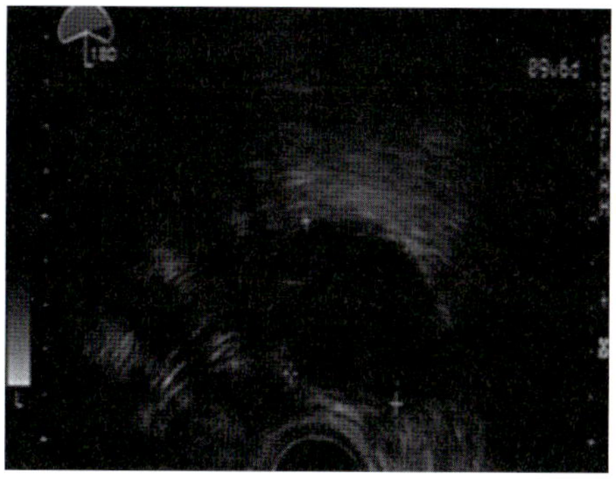

① 전립선이 보인다.
② 경직장초음파이다.
③ 높은 주파수를 사용하였다.
④ 검사 전 방광을 충만하였다.
⑤ 선형배열탐촉소자를 사용하였다.

해설 체내초음파는 프로브 삽입부위에 따라 경직장초음파검사와 경질초음파검사로 구분한다. 위 영상은 경질초음파로 자궁물혹(낭종)을 주사한 것이다. 경질초음파검사의 전처치는 배뇨이다. 프로브는 7.5 MHz 이상의 고주파수를 사용하고 탐촉자 배열형태는 곡면위상차배열(curvilinear phased array) 탐촉소자를 사용한다.

정답 19. ② 20. ③

문항 21 그림의 내용에 대한 설명이 옳은 것은?

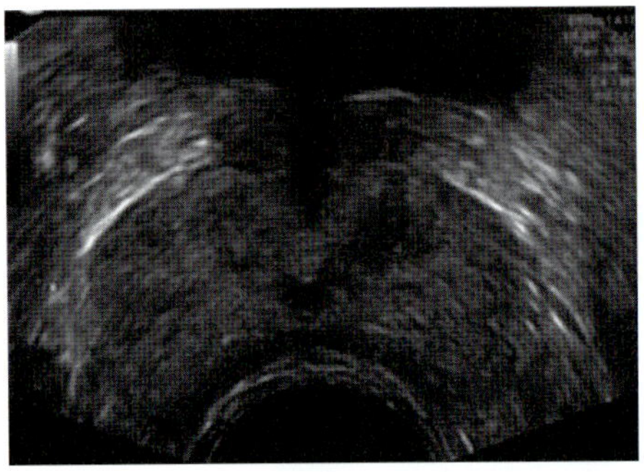

① 정낭을 세로주사하였다.
② 바로누운자세로 하였다.
③ 원형의 무에코가 보인다.
④ 전립샘 가로주사를 하였다.
⑤ 방광을 음향창으로 하였다.

해설 체내초음파로 전립샘을 세로주사한 것이다. 중앙에 원형의 물혹이 무에코로 보인다. 체내초음파로 전립샘을 주사할 때는 Sim's position을 한다.

문항 22 그림에 대한 설명이 올바른 것은?

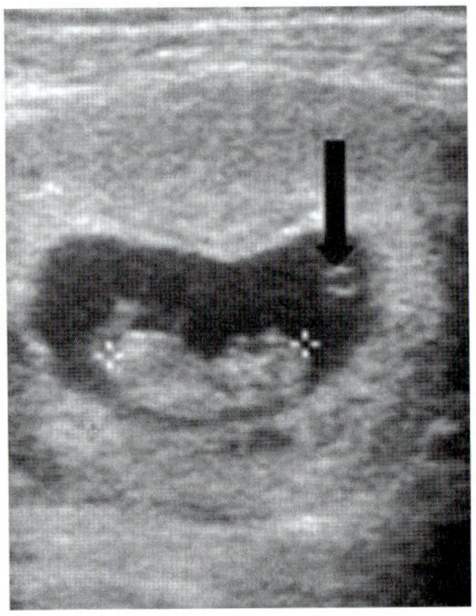

① 화살표 한 것은 태낭이다.
② 배꼽정맥을 지표로 측정하였다.
③ 임신 4~7주 사이에 측정하였다.
④ Crown Rump length을 측정하였다.
⑤ 태낭의 직경을 3회 측정하여 평균값을 구하였다.

해설 태아머리엉덩이길이측정(Crown-Rump-Length, CRL)을 한 것으로 임신 7~12주 사이에 시행한다. 머리끝에서 엉덩이까지의 장축을 측정하며 난황낭(yolk sac)은 제외한다. 오차를 줄이기 위해 3회 측정하여 평균치를 구하고 CRL 연령표와 비교하여 발육상태를 확인한다. 화살표 한 것은 난황주머니(yolk sac)이다.

정답 21. ③ 22. ④

참고문헌

- 구재흥 외, ultrasound physics&scanning, 청구문화사, 2015
- 강대현 외, text book of ultrasography, 대학서림, 2016
- 김주완, 박수성, 초음파진단의 원리, 일조각, 1982
- 유형식, 복부영상판독법, 신흥메드사이언스, 2009
- 유형식, 입체로 보는 복부초음파, CT 영상, 신흥메드사이언스, 2009
- 강효석, 초음파영상진단, 대한의학서적, 2009
- 송태복, 기형태아의 초음파영상 도해, 구암, 2009
- 요꼬자야 다모쯔, 갑상선, 부갑상선 초음파 진단 Atlas, 선우문화사 2018
- 고석신, 사례 생리학, JMK, 2018
- 문영수, 소화관초음파 아틀라스, 한국의학, 2009
- 마상철, 영상의학 초음파물리의 이해, JMK, 2016
- Herdrick, Hykers, Starchman, Ultrasound physics and instrumentation, Evolve, 2005
- Vivien Gibbs, David cole, Aantonio Sassano, Ultrasound physics and technology, Churchill livingstone, 2009
- James A. Zagzebskl, Essentials ultrasound physics, Mosby, 1996
- Kenneth J. W. Taylor, Atras of ultrasonigraphy, 2nd. ed., Churchill Livingstone
- 大石 元, 超音波 칼라도플러法 上達의 道, 2015, 金原出版株式會社
- 宮本幸夫, 超音波診斷 update, 2015, 金原出版株式會社

찾아보기

▸▸▸ ㄱ

가로막 254
가로주사 234
가쪽면 22
가쪽면 에코 22
가청영역 55
간 254
간경변 259
간 낭성종양 258
간내 쓸개관 264
간동맥 255
간문부 255
간섭 40
간세포암 259
간외 쓸개관 264
간원인대 255
간정맥 239
갈고리돌기 267
갈비사이주사 234
감쇠 70
감쇠계수 71
감약 25
갑상선 288
갑상선 결절 290
갑상선 단순 낭종 289
갑상선암 290
갑상선종 289
강도 46
강도 분포 47
거리 분해능 187, 215
거리 분해능 오차 215
거리 분해능 측정 215
검출 35
게인 101
게인조절 102
격벽 에코 23
결합층 90
겸상인대 255
경계에코 66
경도 44
경면현상 188
경직장초음파검사 121, 124
경질초음파검사 121
곁엽 189
계면 영상 243
계조 104
고에코 19
고형성 26
고형성 에코 양상 26
고형성 종괴 245
고환 291
고환 낭종 292
고환 미석증 292
고환 세로칸 292
고환 위축 292
곡면위상차배열 119
곡면탐촉자 133
곧창자자궁오목 300
공간 강도 222
공간 분해능 96
공간펄스길이 62
공간평균강도 47
공간피크강도 47
공동화 현상 225
관상주사 235
굴모양혈관 254
굴절 40
굴절각 40
균질성 27
균질성 평가 212
Grazing 현상 67
근거리 음장 130
급성 간염 244, 259
급성 갑상선염 289
급성 쓸개염 262
급성 이자염 268
기계적 섹터주사 100
기계적 진자형 100
기계적 회전형 100
기능적 분해능 216
기선치 159
긴 초음파 펄스 90
깊이게인보상 92
꼬리엽 256

▸▸▸ ㄴ

나일론 모노 필라멘트 210
낙타봉 271
난관 300
난소 300
난소 낭종 301
난황주머니 302
낭성 26
낭성 에코 양상 26
낭성 종양 26
내부 다중반사 182
내부 에코 23
내시경용 프로브 125
네모엽 256

▸▸▸ ㄷ

다각세포 261
다낭포 난소 302
다니엘 콜라동 9
다목적 QA 팬텀 208
다발성 낭포콩팥 272
다발성 단순 콩팥낭포 272
다소자 99
다소자 탐촉자 132
다중경로반사 190
다중반사 181
다태 임신 305
달무리 징후 28
대동맥 236

대역폭 137
대조도 17
대조도 분해능 96, 141
댐핑 140
댐핑층 89
더글라스 하우리 11
더블채널 사인 29
데시벨 70
델타세포 268
도달거리 74
도플러 각 154
도플러 변위 153
도플러 시프트 153
도플러 팬텀 208
도플러 편차 153
동등 에코 19
동심원형배열 120
동작주파수 137
동적영역 92
뒷면 에코 22
디지털 스캔 컨버터 141

▸▸▸ ㄹ

라자로 스팰란자니 9
랑게르한스섬 268
랜 도널드 11
레디알 주사 120
로버트 왓슨-와트 10

▸▸▸ ㅁ

마이너스 도플러 시프트 153
마제 콩팥 271
만성간염 244
만성 이자염 269
만성콩팥기능상실 273
맥동지수 158
모자이크 징후 30
무뇌아 305
무에코 19
문맥 239
물콩팥증 273
물혹 245
미국초음파의학회 209
미만성 27
미만성 에코 양상 27
미만성 지방간 27
민감도게인보상 92
밀도 45

▸▸▸ ㅂ

바터 팽대부 261
박쥐항법 9
반사 38, 65
반사강도계수 69
반사면 65
반사 에코 20
반사 에코법 63
반사의 법칙 38
반사파 38
반접현상 162
반향정위 9
발신기 87
발신 초점 135
방위 분해능 140
배아 302
배음 36
베타세포 268
벨 70
벽 영상 243
보간 95
보강간섭 40
보상 92
보우만 낭 270
보정 93
복강동맥 236
복조 93
볼록형 프로브 122
부갑상선 288
부고환 291
부고환 낭종 292
부엽 189
부엽 허상 189
부채꼴형 프로브 121
불 균질성 27
불 균질성 장기 27
비 압전 고분자물질 88
B/D 모드 97
비정상 에코 21
빔 포머 134
빔 포밍 129
뼈 열지수 224

▸▸▸ ㅅ

사각구역 213
사다리꼴 프로브 123
사입사 64
산란 39
산란파 39, 66
3 dimension real time image 126
3 dB-rule 72
3관 합류부 261
3차원 실시간 영상 126
색 도플러 160
샘창자의 C-자 고리 267
생물학적 효과 222
선상배열 118
선속 119
선진동작 119
선 표적물질 210
선형 프로브 121
섬유선종 286
세뇨관 270
세로주사 234
섹터 각 119
섹터 빔 119
섹터주사 99
소멸간섭 40
소자 88
소콜로프 10
수두증 305
수술 중 초음파 127
수신 초점 135
수용성 젤 241
수직거리 정확성 214
수직입사 64
수축기 혈류속도 158
수평거리 정확성 214
스캔 컨버터 105
스캔 컨버터 분해능 96
스티어링 129
스페클 노이즈 66
스펙트럴 도플러 156
슬라이스 폭 아티팩트 186
시간 강도 222
시간게인보상 92
시간평균강도 47
시간피크강도 47
시간회로정확성 214
신원 270
신주비대 271
신중심복합체 271
실시간 99, 104
실시간 모드 105
실시간주사 101
13 μs/cm 법칙 74

3D 볼륨 프로브 126
쓸개 260
쓸개관 255, 263
쓸개관기종 264
쓸개관내 회충 미입증 265
쓸개관암 264
쓸개돌 261
쓸개 선근종증 262
쓸개 암 263
쓸개즙 261
쓸개즙찌꺼기 261
Snell's 법칙 67

▸▸▸ ㅇ

안전공동 225
알파세포 268
압전물질 88
압전효과 88
압축 45
압축성 45
앞면 에코 22
애플톤 10
양성 전립선 비대 308
에스테로겐 285
A 모드 94
에코 강도 20
에코 반사 18
여운허상 182
역동적 초점 135
연부조직에서의 거리 분해능 138
연부조직에서의 투과심도 72
연속파 60
연속파 도플러 154
열지수 224
영상투과심도 72
오른간정맥 239
오른갈비사이주사 234
오른 관상주사 235
오른문맥 238, 239, 255
옥시토신 285
온쓸개관 240
온쓸개관낭 265
외음파 55
왼갈비사이주사 234
왼 관상주사 235
왼문맥 239, 255
왼문맥 배꼽부 257
용적률 45
원거리 영역 122
원거리 음장 130
원발성 간암 259
원형인대 255
위상차배열 119
위창자간막동맥 236, 237
유방 284
유방성형 286
유방암 285
유산 305
유선 낭종 285
유효주파수대역 56
음낭 291
음낭 수종 293
음색 36
음원 35
음향강도 62
음향렌즈 134
음향변수 41, 57
음향 임피던스 64
음향창 58
음향 출력 221
이소성 콩팥 271
이완기 혈류속도 158
이자 267
이자 가성낭종 269
이자관 267
2차 고조파 166
이자 낭종 269
이자 종양 269
인공세라믹 88
인공음영 179
인터벤션 14
임계각 67
임피던스 68
입사파 38

▸▸▸ ㅈ

자궁 243
자궁경부암 301
자궁근종 301
자궁내막증 301
자궁선근종 301
자궁 외 임신 305
잡음영역 92
저음향성 환 29
저항지수 158
전립샘 306, 307
전립선 낭종 307
전립선 석회화 307
전반사 24, 65
전이성 간암 259
전이성 지라암 267
전자 섹터 136
전자스캔 134
전자집속 140
전자초점 134
전치태반 305
전파속도 44
전파속도 오차 185
접촉매질 241
접촉복합주사 125
접촉복합주사 프로브 125
정낭 306
정류 93
정맥관인대 255
정상 에코 21
정액 307
정지 105
제대이상 305
제대정맥 255
제파 94
조영증강 하모닉 도플러 167
조직등가물질 71
조직 하모닉 도플러 165
존 줄리언 와일드 10
종파 37
죠지 루두비그 10
주기 42
주문맥 255
주사선 96
주엽 189
주엽틈새 239, 255
주파수 42
중간정맥 239
중복 콩팥 271
중심주파수 136, 137
중첩 현상 40
증폭 91
지라 266
지라 결핵 267
지라동맥 237
지라정맥 237
지라 종대 266
지라지수 266
지라 혈관종 266

지방간 244, 258
지연소자 100
직접접촉복합주사용 프로브 117
진동 36
진동수 36
진동자 88
진폭 46
집속 129
집속영역 130

▸▸▸ ㅊ
채널 129
천이공동 225
천자용 프로브 123
체내초음파검사 124
체외초음파검사 124
초음파 15
초음파 갑상선 팬텀 208
초음파 분해능 138
초음파 빔폭 130
초음파 선속 101
초음파 유방 팬텀 208
초음파 음장 130
초음파 정도관리 207
초음파 조직검사 124
초음파 조직등가물질 209
초음파 진단장치 86
초음파 팬텀 208
초음파 흡인술 124
초전현상 88
최고 혈류속도 158
최대투과심도 72
최저 혈류속도 158
추적검사 59
출력 도플러 164
충격계수 62
충실성 26
충실성 종괴 245
측면파 38
측방음영 24, 184
측 분해능 140, 187, 216
측엽 189

▸▸▸ ㅋ
카린 쥬린 9
칼슘 열지수 224
코인 징후 29
콩팥 270
콩팥 겉질 244
콩팥굴 270
콩팥 낭종 246, 272
콩팥 농양 273
콩팥돌 272
콩팥세포암 273
콩팥소체 270
콩팥 속질 244
콩팥 실질부 270
콩팥추체 270
콩팥하수 271
쿠퍼인대 284
Couinaud's의 간 8구역 분류 256
큐리온도 88
큐리점 88
크리스티안 도플러 9

▸▸▸ ㅌ
탄력성 45
탈분극현상 88
탐촉소자 99
탐촉자 88
태낭 302
태낭 측정법 304
태반 302
태아 302
토리 270
투과강도계수 69
투과법 16
투과심도 25, 72
TGC 증폭 92

▸▸▸ ㅍ
파동 36
파동 에너지 57
파장 43
펄스반복주기 61
펄스반복주파수 60
펄스-에코법 16
펄스파 48, 60
펄스파 도플러 155
펄스평균강도 48
펄스폭 61
평균 혈류속도 158
포화영역 92
폭 분해능 141
폴리머 패드 241
표적물질 210
표적 징후 29
프레임 율 107, 163
프로게스테론 285
프로락틴 285
프로브 87
프로브 절연체 88
플러스 도플러 시프트 153
피에르 퀴리 9

▸▸▸ ㅎ
허리근 240
혈관 내 초음파 126
혈관종 246, 258
혜성꼬리음영 182
Huygen's 원리 101
혼합 에코 26
혼합 에코 양상 26
화면평균 105
활형 프로브 123
황달 264
황소눈 징후 29
회색도 18
회절 41
회절현상 41
횡파 37
후방 산란 66
후방 산란 신호 167
후방음향음영 23, 183
후방음향증강 24, 184
후복막강장기 270
휘도 분포 244
흡음층 89

▸▸▸A

abdominal circumference 304
abortion 305
acoustical intensity 222
acoustical power 221
acute cholecystitis 262
acute hepatitis 259
acute pancreatitis 268
acute thyroiditis 289
adenocarcinima 264
aliasing 165
all point focusing 134, 135
amplitude mode 94
anechoic 19
angle correction 157
annular phased array 120
anterior echo 22
approaching flow 161
arc scanning probe 123
ARDMS 12
artifact 179
artifact by calculus 193
attenuation 25
audible sound 55
augmentation 286
axial resolution 187, 215

▸▸▸B

background materials 210
back scattering 66
back scattering echo 167
band width 137
base line 159
base line shift 162
beam 119
beam former 134
beam forming 129
beam thickness artifact 186
beam width 130
benign prostatic hypertrophy 308
biliary duct 263
biopsy needle 124
biparietal diameter 304
blooming artifact 165
B-mode static image 125
brightness 161
brightness-mode 95
bull's eye 259
bulls eye sign 29
bumps 93

▸▸▸C

Cantlie line 255
carcinoma 285
caudate 232
cavitation 225
celiac artery 255
central anechoic mass 260
central renal echo complex 271
central uterine cavity echo 300
cephalad 231
Chiba needle 124
cholangiocarcinoma 264
cholecystokinin 261
choledochal cyst 265
Christian Andreas Doppler 151
chronic pancreatitis 269
chronic renal failure 273
Cine memory 105
clean acoustic shadow 23
clean shadow 183
cluster 259
coin sign 29
colloid cyst 289
color box 164
color flash artifact 192
color flow display 161
color gain 162
color mapping 160
color scale bar 161
color window 163
comet tail echo 182
compressional pressure 222
contact compound scanning probe 125
continuous wave 60
continuous wave Doppler 154
contrast enhanced harmonic Doppler 167
contrast resolution 96, 141
convex probe 122
coronal scan image 240
coronal scanning 235
coronal scan plane 233
coupling medium 241
cranial 231
Crown-Rump-Length 304
curved transducer 133

cystic mass 26, 245

▸▸▸D
dead zone 213
delay circuit 100
densitiviry gain compensation 92
depth gain compensation 92, 103
diagnostic usable frequency 56
digital scan converter 141
direct contact compound scanning probe 117
dirty acoustic shadow 23
dirty shadow 183
Doppler angle 154
Doppler beam axis 157
Doppler effect 151
Doppler mode 97
Doppler shift 153
double channel sign 29
dual image 123
duplex Doppler 156
dynamic focusing 135
dynamic range 92

▸▸▸E
echo free 19
echo pattern 245
echo printer 99
echo printer paper 99
echovist 167
ectopic pregnancy 305
Edge enhance 107
edge shadow 67
edge shadow, lateral shadow 184
e-flow Doppler 165
electronic focusing 134, 140
electronic real time scan 101
electronic scan 134
electronic sector 136
element 88
endometriosis 301
endoscope probe 125
ensemble length 162, 163
epididymal cyst 292

▸▸▸F
falciform ligament 255
falciform teres 255
Fallopian tube 300
far field 130
far zone 130
fatty liver 258
femur length 304
fibroadenomas 286
flank scanning 235
flash artifact 165
fluid collection 121
focal zone 130
folded GB 260
frame average 105
frame fate 162
fraunhofer zone 130
freeze 105
fresnel zone 130
functional resolution 216

▸▸▸G
gall stone 261
GB adenomyomatosis 262
GB carcinoma 263
gestational sac 302
Goiter 289
gray scale 18, 95

▸▸▸H
Halo 28
halo sign 28
hard copy 98
harmonic Doppler 165
head circumference 304
hemangioma 258
hemodynamic information 158
hepatic artery 255
hepatic simple cyst 258
hepatocellular carcinoma 259
hepatomegaly 259
hepatorenal contrast 258
hepatosplenic contrast 259
heterogeneous echo pattern 245
high echo 20
homogeneous echo pattern 245
horizontal distance accuracy 214
hue 161
hydrogen peroxide solution 242
hydronephrosis 273
hyperechoic 19
hyperechoic dot 255

hypochondriac oblique scan image 240
hysteromyoma 301

▸▸▸ I
infrasound 55
intercostal scan image 238
intercostal scanning 234
interface image 243
interpolation 95
intrahepatic bile duct 255
intra vascular ultrasound 127
iosechoic 19

▸▸▸ J
jaundice 264

▸▸▸ K
kneeling position 231

▸▸▸ L
lateral echo 22
lateral plane 22
lateral resolution 216
left anterior oblique 229
left lateral position 230
left posterior oblique 228
lens effect 189
levovist 167
ligamentum venosum 255
linear echo 255
linear phased array 119
linear probe 121
linear switch array 118
line target materials 210
liver cirrhosis 259
longitudinal scan image 236
longitudinal scanning 234
longitudinal wave 37
long ultrasound pulse 90

▸▸▸ M
main lobar fissure 255
main lobe 189
Master synchronizer 87
maximum penetration 216
mean velocity 158
mechanical index 223
median scan plane 233
memory scan converter 135
minus Doppler shift 153
mirror image artifact 192
mirror phenomenon 188
moderately echo 21
mosaic sign 30
motion-mode 96
moving interface 164
moving target indicator 160, 162
muddy stone 264
multi-elements 99
multi elements transducer 132
multi-path reflection 190
multiple cyst 272
multiple pregnancy 305

▸▸▸ N
Naegele's rule 302
near field 130
near zone 130
negative Doppler shift 161
noise level 92
nonlinear propagation 166
nonpiezoelectric polymer 88
nylon mono-filament 210
nyquist limit 159

▸▸▸ O
One point focusing 135
operating frequencies 137
operative probe 127
oscillating type 100
ovarian cyst 301
overall gain 91

▸▸▸ P
panc. pseudocyst 269
pancreas 267
pancreas duct 267
pancreatic cyst 269
pancreatic tumor 269
peak pressure gradient 158
peripheral echogenicity 259
phrygian cap GB 260
pixel 96
placenta previa 305
plus doppler shift 153
pneumobiliary 264

polycystic kidney disease 272
polycystic ovary 302
polymer pad 241
positive Doppler shift 161
posterior acoustic enhancement 184
posterior acoustic shadow 183
posterior echo 22
power Doppler 164
pressure amplitude 222
pressure(Mpa) 46
probe 87
probe latex cover 242
prone position 229
propagation speed error 185
prostate 306
prostatic calculi 307
prostatic cyst 307
pulsatility index 158
pulse average intensity 48
pulse wave 48, 60
pulse wave Doppler 155
puncture probe 123

▸▸▸Q
Q-factor 137
quality assurance phantom 208
Qurie point 89
Qurie temperature 88

▸▸▸R
radial scan 120
radicle walls 259
rarefactional pressure 222
read zoom 106
real mode 105
real time 99, 104
receding flow 161
receive dynamic focusing 135
receive focusing 135
receive gain 91
rectification 93
region of interesting 162
renal abscess 273
renal cell carcinoma 273
renal simple cyst 272
renal stone 272
resistance index 158
resolution 187
resonance frequencies 137
reverberation artifact 181
right anterior oblique 229
right lateral position 230
right posterior oblique 228
ring down 213
ring down artifact 182
ROI 106
rostral 231
rotary type 100

▸▸▸S
sagittal scan 230
sample volume depth 157
sample volume size 157
saturation 161
saturation level 92
scale mark 185
scan converter 105
scan converter resolution 96
scan line 96
scrotal hydrocele 293
sector angle 119
sector beam 119
sector probe 121
semierect position 229
seminal vesicle 306
sensitivity time compensation 103
side lobe 189
side lobe artifact 189
slice thickness resolution 141
slice width artifact 186
sludge 261
small part scan 242
smoothing 93
Soft copy 98
solid mass 245
sonic window 58
sonoguided aspiration 124
sonoguided biopsy 124
sonolucent 25
sound field 130
spatial average intensity 47
spatial intensity 222
spatial peak intensity 47
spatial resolution 96
speckle 105
speckle noise 66

speckle pattern 66
spectral Doppler 156
spleen 265
spleen hemangioma 266
spleen metastases 267
spleen tuberculosis 267
splenic index 266
splenomegaly 266
spot 94
stable cavitation 225
steering 129
strong echo 21
subcostal scan image 239
subcostal scanning 235
summing 135
supine position 228
sweeping 119

▸▸▸T
target materials 210
target sign 29
temporal intensity 222
temporal peak intensity 47
teransrectal ultrasonography 121
testicular atrophy 292
testicular microlithiasis 292
testis cyst 292
thermal index 223
thyroid cancer 290
thyroid nodule 290
time gain compensation 92
tissue harmonic Doppler 165
tissue mimicking materials 71
total reflection 65
training phantom 208
transducer 88
transducer elements 99
transient cavitation 225
transmit focusing 135
transonic 25
transonicity 25
transrectal sonography 124
transvaginal ultrasonography 121
transverse scan image 237
transverse scanning 234
transverse scan plane 233
transverse wave 37
trapezoid scanning probe 123
trnaslucent 25

▸▸▸U
ul−de−sac 300
ultrasonography 15
ultrasound 55
ultrasound beam 101
ultrasound tissue mimicking materials 209
uterine adenomyosis 301
uterine cervix cancer 301
uterine tube 300
uterinmyoma 301
uterus 299

▸▸▸V
vertical distance accuracy 214

▸▸▸W
wall filter 162
wall image 243
Write zoom 106

초음파영상물리학

2021년 2월 26일 초판 발행
2025년 8월 15일 개정 2판 발행
저 자 마상철·강혜경·곽종길·구재흥·권덕문·김상현
김연민·김정구·김화선·박영준·이광성·이영진
장영일·정봉재·지태정·천해경·최준구
발행인 윤 진 영
발행처 도서출판 대학서림
주 소 03076 서울시 종로구 혜화로 2길 8
전 화 02) 763-1220, 744-2811
팩 스 02) 744-1210
등 록 1965. 1. 20
번 호 1-88
정 가 28,000원

ISBN 978-89-6940-358-2 93510
www.daihaks.com